Info

Hier werden Zusammenhänge geklärt und Begriffe eingeführt. Wichtige Versuchsergebnisse sind in diese Texte „eingearbeitet“. Manchmal werden sie auch mit Modellen erklärt.

Du kannst hier das Wichtigste nachlesen, z. B. wenn du mal gefehlt hast. Natürlich sind die roten Merksätze besonders wichtig. In ihnen steht das Wesentliche aus dem Info. Du brauchst also – z. B. beim Wiederholen – nicht immer das ganze Info zu lesen.

Info: Was ist ein Modell?

Wenn etwas so groß, so klein oder so unübersichtlich ist, dass man es nicht begreifen kann, nimmt man ein **Modell** zu Hilfe.

Ein Beispiel für ein Modell ist der **Globus**. Der Globus ist ein Modell der Erde (Bild 1). Man erkennt auf ihm die Form und die Lage der Kontinente sowie die Verteilung von Wasser und Land.

Der Globus stimmt aber nicht in allen Einzelheiten mit der Erde überein. Das Wetter und alle Veränderungen während der Jahreszeiten lassen sich mit einem Globus nicht darstellen.

Das **Kugel-Teilchenmodell** ist ein weiteres Beispiel. Es stellt dar, dass sämtliche Stoffe aus *kleinsten Teilchen* aufgebaut sind; wir stellen sie uns zunächst als kleine Kügelchen vor. Mit dem Kugel-Teilchenmodell kann man z. B. zeigen, worin die Unterschiede zwischen den drei Aggregatzuständen eines Stoffes bestehen (Bilder 2–4): Auch dieses Modell sagt nichts darüber aus, wie die kleinsten Teilchen wirklich aussehen, welche Größe, Form und Masse sie haben.

Kein Modell stimmt mit der Wirklichkeit (mit dem „Original“) völlig überein. Modelle helfen uns aber bestimmte Erscheinungen zu erklären. Sie können nur auch wesentliche Eigenschaften des Originals vereinfacht darstellen. Das heißt: **Ein Modell ist ein praktisches Hilfsmittel um bestimmte Sachverhalte verständlich zu machen. Es ist ein erdachtes (aber unvollständiges) Bild des Originals.**

Mit einem bestimmten Modell kann man nicht alle Beobachtungen in Physik und Chemie erklären. Man muss das Modell oft auch weiterentwickeln.

Aus der Umwelt Aus der Technik Aus ...

Hier werden interessante Themen behandelt. Wer in diesen Bauste[...] schmökert, erfährt eine ganze Menge über seine Umwelt – und erken[...] die Chemie auch im Alltag wieder.

Diese Texte eignen sich auch als Grundlage für kleine Vorträge. Vielleicht hättest du mal Lust dazu?

Oder ist Chemie gar nicht dein Lieblingsfach? Findest du Umweltthemen aus Biologie oder Technik interessanter? Dann sind diese Bausteine gerade das Richtige für dich!

[...]hren rund ums Salz

Wenn du schon einmal am Meer warst, dann weißt du, dass das **Meerwasser** salzig schmeckt. Alle Meere auf der Erde enthalten *gelöste* Salze. Da ist es nahe liegend, dass z. B. am Mittelmeer, wo die Sonne sehr stark scheint, *Meersalz* durch *Verdunstung* aus dem Meerwasser gewonnen wird (in sog. *Salzgärten*; Bilder 1 u. 2).

In Deutschland gibt es **Salzlager in der Erde**. Meist ist das Salz dort aber vermischt mit Gips, Ton und Gestein. Hier sind also andere Förder- und Trennverfahren nötig als beim Meerwasser.

ähnlich wie Steinkohle in einem Bergwerk. Das so geförderte Salz ist das *Roh-* oder *Steinsalz*.

In einem anderen Verfahren wird Salz zuerst unterirdisch in Wasser gelöst. Dadurch entsteht eine Salzlösung, **Sole** genannt, die heraufgepumpt wird.

In *Salinen dampft* man dann das Wasser dieser Lösung *ein* – und zurück bleibt das Salz, das sog. *Siedesalz*.

Früher benutzte man zum Eindampfen offene „Pfannen“. Dabei ging aber das Wasser und mit ihm viel Wärme verloren. Heute verwendet man deshalb in der Regel geschlossene Behälter, in denen auch das Wasser wieder zurückgewonnen wird (Bild 4).

Aus der Geschichte

Die Erkenntnisse der Chemie „fielen wahrlich nicht vom Himmel“. Manche Forscher brauchten ihr ganzes Leben, ehe sie die Lösung eines Problems herausfanden.

Diese Bausteine berichten von den Leistungen bekannter Forscher. Manchmal erfahrt ihr auch etwas von den Schwierigkeiten und Anfeindungen, die sie zu überwinden hatten. Und ihr bekommt einen Eindruck davon, wie Wissenschaft und Technik sich entwickelten und das Leben der Menschen veränderten.

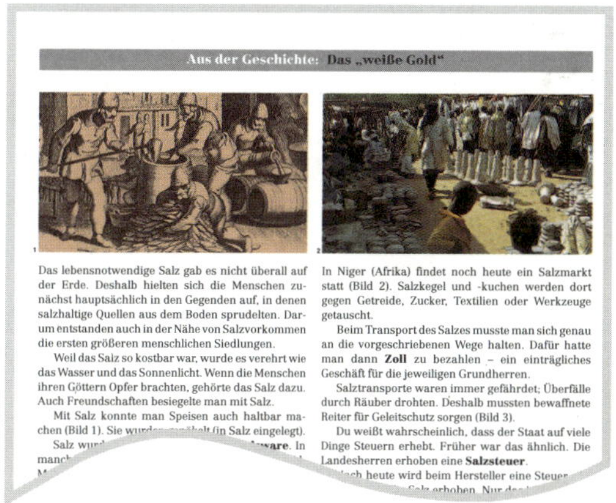
Aus der Geschichte: Das „weiße Gold“

Das lebensnotwendige Salz gab es nicht überall auf der Erde. Deshalb hielten sich die Menschen zunächst hauptsächlich in den Gegenden auf, in denen salzhaltige Quellen aus dem Boden sprudelten. Darum entstanden auch in der Nähe von Salzvorkommen die ersten größeren menschlichen Siedlungen.

Weil das Salz so kostbar war, wurde es verehrt wie das Wasser und das Sonnenlicht. Wenn die Menschen ihren Göttern Opfer brachten, gehörte das Salz dazu. Auch Freundschaften besiegelte man mit Salz.

Mit Salz konnte man Speisen auch haltbar machen (Bild 1). Sie wurden [...] (in Salz eingelegt).

In Niger (Afrika) findet noch heute ein Salzmarkt statt (Bild 2). Salzkegel und -kuchen werden dort gegen Getreide, Zucker, Textilien oder Werkzeuge getauscht.

Beim Transport des Salzes musste man sich genau an die vorgeschriebenen Wege halten. Dafür hatte man dann **Zoll** zu bezahlen – ein einträgliches Geschäft für die jeweiligen Grundherren.

Salztransporte waren immer gefährdet; Überfälle durch Räuber drohten. Deshalb mussten bewaffnete Reiter für Geleitschutz sorgen (Bild 3).

Du weißt wahrscheinlich, dass der Staat auf viele Dinge Steuern erhebt. Früher war das ähnlich. Die Landesherren erhoben eine **Salzsteuer**.

Zusammenfassung

Sie besteht aus zwei Teilen:

Zunächst wird das Wichtigste der vorhergehenden Seiten noch einmal zusammengefasst. Dieser Teil ist ideal zum Wiederholen und zum Nachlernen – am besten zusammen mit den Infos.

Unter *„Alles klar“* stehen dann Aufgaben, durch die ihr sehen und zeigen könnt, ob ihr in dem Thema wirklich fit seid.

Zusammenfassung

Metalle und Nichtmetalle reagieren mit Sauerstoff

Die Verbrennung ist ein chemischer Vorgang, der unter Licht- und Wärmeabgabe erfolgt; er verläuft also exotherm. Wenn sich bei der Reaktion ein Stoff mit Sauerstoff verbindet, ist der Vorgang eine **Oxidation**; dabei entsteht ein **Oxid**.

Wenn sich ein *Metall* mit Sauerstoff verbindet, entsteht als Oxidationsprodukt ein *Metalloxid* (Bild 4). Die allgemeine Wortgleichung zu dieser Reaktion lautet:

Metall + Sauerstoff → Metalloxid | exotherm.

Die Masse des Oxids setzt sich zusammen aus der Masse des Metalls und der Masse des Sauerstoffs.

Oxide haben also eine größere Masse als die betreffenden Metalle vor der Reaktion.

Die Oxide haben auch sonst andere Eigenschaften als ihre Ausgangsstoffe.

An der Luft bilden viele Metalle eine Oxidschicht, ohne dass man sie erhitzt. Dieser Vorgang wird **langsame** oder **stille Oxidation** genannt. Sie kann sich positiv, aber auch negativ auf die Metalle auswirken (Beispiel: das Rosten von Eisen).

Wenn *Nichtmetalle* mit Sauerstoff reagieren, entstehen als Reaktionsprodukte *Nichtmetalloxide*. Auch sie haben andere Eigenschaften als die Ausgangsstoffe (Bild 5). Allgemeine Wortgleichung:

Nichtmetall + Sauerstoff → Nichtmetalloxid.

Die Nichtmetalloxide sind meist gasförmig. Sie entweichen deshalb in die Luft.

Wenn man sie nachweisen will, muss man sie zunächst auffangen. Dann erst kann man geeignete *Nachweismethoden* anwenden (Bild 5).

4.
Wenn du eine kleine Flüssigkeitsmenge im Reagenzglas erhitzt, halte das Glas schräg und nur kurz über die Flamme! Schüttle den Inhalt vorsichtig hin und her! Die Glasöffnung nie auf Personen richten!

5.
Willst du eine Geruchsprobe durchführen? Dann fächle dir die aufsteigenden Dämpfe vorsichtig mit der Hand zu. Halte niemals deine Nase direkt über das Gefäß!

6.
Entferne verspritzte oder verstreute Chemikalien niemals selbst. Melde jede Panne sofort deiner Lehrerin bzw. deinem Lehrer! So bekommst du ganz sicher eine sachgerechte Hilfe.

7.
Arbeite stets nur mit kleinen Mengen! Gieße gebrauchte Stoffe nie in die Gefäße zurück! Fasse Chemikalien nicht mit den Fingern an; benutze dafür immer einen sauberen Spatel oder Löffel! Koste keine Chemikalien!

8.
Hast du vor mit einer Säure zu experimentieren? Dann gib beim Verdünnen immer die Säure in das Wasser – und niemals umgekehrt! („Erst das Wasser, dann die Säure – sonst geschieht das Ungeheure!")

Chemie – was ist das?

Chemie ist überall …

… um uns,
… für uns,
… in uns,
… durch uns.

6 7 8 9

1 2 3 4 5

16 17 18

12 13 14 15

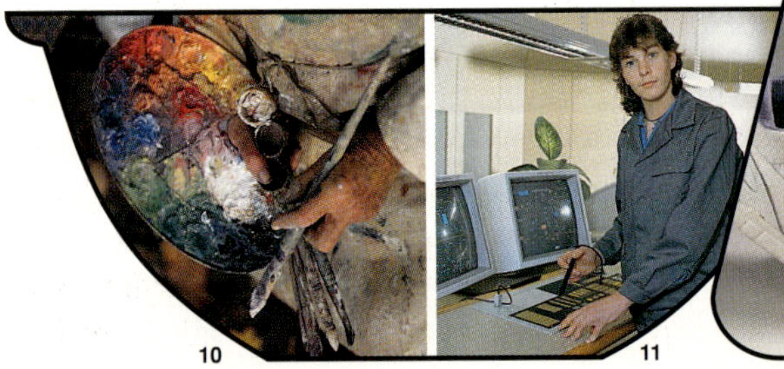

10 11

63316

Hier geht's um **Physik** (Bild 19): Marmor wird zerkleinert. 19

20 Und hier geht's um **Chemie** (Bild 20): Marmor zersetzt sich in Essig.

V1 *Zerschlage ein Stück Kalkstein (Marmor) auf einer festen Unterlage (Schutzbrille!). Versuche ein Stückchen davon zu Pulver zu zerreiben (Bild 19).*

a) *Prüfe, ob sich kleine Marmorstückchen wie Kochsalz in Wasser lösen.*

b) *Ein anderes Stück Marmor wird in etwas Essig (oder Zitronensaft) gegeben (Bild 20).*

c) *Wenn es im Glas nicht mehr schäumt (aber noch Marmor da ist), gießen wir einen Teil der Flüssigkeit in zwei Reagenzgläser ab. Wir haben nun 3 Proben.*

- *In die 1. Probe (mit Marmorstückchen) kommt frischer Essig (oder Zitronensaft). Bleibt etwas von dem Marmorstückchen übrig?*
- *In die 2. Probe geben wir ein Marmorstückchen. Wirkt die Flüssigkeit noch wie frischer Essig?*
- *Die 3. Probe lassen wir auf einem Uhrgläschen verdunsten. Löst sich der Rückstand im Wasser?*

V2 *„Zauberei" mit Rotkohlsaft (auch „Blaukrautsaft" genannt): Koche zunächst einige zerkleinerte Rotkohlblätter mit etwas Wasser. Es entsteht eine blauviolette Flüssigkeit.*
Lass die Flüssigkeit abkühlen und gieße sie durch einen Filter.

a) *Gib in je ein Reagenzglas etwas Essig, etwas Seifenwasser (Kernseife) und etwas Natron (Backpulver), das vorher in Wasser aufgelöst wurde.*
Tropfe dann jeweils Rotkohlsaft hinzu.

b) *Beschreibe, was dir an dem Rotkohlsaft auffällt. (Wenn die Flüssigkeiten zu dunkel sind, müssen sie mit etwas Wasser verdünnt werden. Dann kannst du die Farben besser unterscheiden.)*

c) *Was stellst du fest, wenn du in die 3. Portion von V1c etwas Rotkohlsaft gibst? (Vergleiche mit einer Probe von frischem Essig und Rotkohlsaft.)*

Info: Chemie – was ist das?

Wenn von „Chemie" die Rede ist, denken viele an Chemiefabriken und Labors. Oder sie haben Kunststoffe, Pflanzenschutzmittel und Medikamente im Sinn – alles Dinge, die „künstlich" entwickelt wurden.

Doch nicht das allein hat mit Chemie zu tun. Wir begegnen ihr auch in der Natur – sie ist *überall um uns herum* und sogar *in uns selbst* zu beobachten!

Chemische Vorgänge laufen zu Tausenden in unserer Umwelt ab. Doch merken wir oft nichts davon, weil sie sehr langsam vor sich gehen.

So scheint z. B. der Marmor (ein sehr harter Kalkstein) „für die Ewigkeit" geschaffen zu sein: Unsere Zerkleinerungsbemühungen (Bild 19) konnten ihm nichts anhaben; er blieb immer noch Kalkstein. Auch Wasser zeigte keine Wirkung – in etwas Essig löste er sich aber unter Aufbrausen auf (Bild 20).

Doch der Kalkstein ist nicht spurlos verschwunden: Nach dem Verdunsten der 2. Portion erhielten wir einen salzartigen Rückstand. Dieser verhielt sich allerdings nicht mehr wie Kalkstein. Der harte, in Wasser unlösliche Kalkstein hatte sich nun (unter dem Einfluss von Essig) in einen *anderen* (in Wasser löslichen) Stoff *umgewandelt*. Auch der Essig selbst war verändert; er wirkte nicht mehr so wie vorher.

Mit **Stoffumwandlungen** dieser Art beschäftigt sich die Chemie. Wir können sagen: **Chemie ist die Lehre von den Stoffen, ihrem Aufbau, den Stoffeigenschaften und den stofflichen Veränderungen.**

(Was wir im Kleinen durchgeführt haben, findet in der Natur im Großen ohne unser Zutun statt: So scheiden z. B. die Wurzeln eine saure Flüssigkeit aus und diese kann den Kalkstein im Boden auflösen.)

Aus der Geschichte: Von den Anfängen der Chemie

Schon vor rund 5000 Jahren – als die Pyramiden entstanden – befassten sich die **Ägypter** mit chemischen Vorgängen: Sie konnten ihre Toten **einbalsamieren** (Bild 1), sodass diese nicht verwesten. Solche *Mumien* sind heute noch in vielen Museen zu besichtigen.

Die Ägypter konnten auch Salben, Öle und Parfüme herstellen. Außerdem gelang es ihnen, Kalk und Ton zu brennen und Metalle aus ihren Erzen zu gewinnen.

1

Wenn der Nil weite Teile des Landes überschwemmte, blieb der fruchtbare Schlamm zurück. Die Ägypter nannten die schwarze, vom Nilschlamm gefärbte Erde *chemia*. Vielleicht wurde der Name „Chemie" davon abgeleitet.

Der Begriff *chemia* bezeichnete das geheimnisvolle Schwarze im Auge eines Menschen. Und vor gar nicht langer Zeit galt auch die Chemie tatsächlich als geheimnisvolle „schwarze (ägyptische) Kunst".

Aus der Geschichte: Die Chemiker des Mittelalters

Die **Alchemie** entstand schon vor der Zeitenwende. Sie war die *Geheimlehre zur Herstellung von künstlichem Gold*. Zwischen 1200 und 1500 hatte sie ihre Blütezeit.

Die **Alchemisten** – die „Chemiker des Mittelalters" – glaubten, dass man Stoffe in beliebig andere umwandeln könne, vielleicht sogar in Gold.

Meist arbeiteten sie für Fürsten. Diese hofften nämlich durch die Künste der Alchemisten reich zu werden. So zeigt z. B. Bild 2 den Alchemisten *Leonhard Thurneysser* bei einer Vorführung vor seinem Kurfürsten *Johann Georg von Brandenburg*.

Die Fürsten waren oft ungeduldig. Sie wollten Erfolge sehen. Deshalb führten ihnen die Alchemisten auch Versuche vor, bei denen nur scheinbar Gold neu entstand: Sie lösten heimlich Gold in Quecksilber auf, verdampften dieses – und zurück blieb das Gold …

Solche Tricks waren aber nicht ungefährlich. Noch aus dem Jahr 1709 ist bekannt, dass ein Alchemist für seine Betrügereien am Galgen büßte.

Viele Versuche der Alchemisten waren sehr gefährlich. Man wusste noch zu wenig über die **Stoffe**, mit denen sie beim Experimentieren umgingen: Quecksilber z. B. ist sehr giftig. Die Alchemisten aber führten ihre Quecksilberversuche ohne Vorsichtsmaßnahmen durch. Deshalb vergifteten sich einige von ihnen – und manchen Zuschauern erging es ebenso. Andere Alchemisten kamen bei unerwarteten Explosionen um.

2

Bei ihren vergeblichen Bemühungen, Gold herzustellen, machten die Alchemisten wertvolle Entdeckungen: So verdanken wir z. B. *Johann Friedrich Böttger* (1682–1719) und seinem Kollegen *Tschirnhaus* das weiße Porzellan. Und um 1520 gab der Arzt *Paracelsus* (1493–1541) der Alchemie eine neue Aufgabe – die der Heilung von Kranken.

Alchemisten entdeckten auch wichtige neue Stoffe, so z. B. den Phosphor und das Ammoniak.

Von den Alchemisten wurden außerdem Geräte und Arbeitsmethoden entwickelt, die heute noch von Bedeutung sind. Dazu zählen z. B. das Filtrieren, das Eindampfen, das Destillieren und das Kristallisieren. Somit war ihre Arbeit eine wichtige Grundlage, aus der sich die heutige Chemie entwickelte.

Vieles konnten sich die Alchemisten nicht erklären. Sie versuchten es oft mit Beschwörungsformeln. Was ihnen damals aber geheimnisvoll erschien, wurde inzwischen aufgeklärt. Wir wissen: **Chemie ist keine Zauberei!**

63318

Aus Umwelt und Technik: Chemie heute – ein erster Überblick

3

Viele der Gegenstände von Bild 3 sind Ergebnisse der Forschung der modernen Chemie. Sie stellen eine kleine Auswahl chemischer Erzeugnisse dar.

Überlege dir einmal, welche Folgen es hätte, wenn solche Dinge nicht zur Verfügung stünden!

Ein Leben ohne Chemie wäre gar nicht denkbar, zumal die Zahl der Menschen auf der Erde ständig zunimmt. Die Menschen müssen ernährt, gekleidet und gegen Krankheiten geschützt werden. Sie brauchen Wohnungen um darin leben zu können. Bei der Lösung dieser Probleme hilft die Chemie mit.

Düngemittel und neues Saatgut werden entwickelt (Bild 4) um die Ernteerträge zu vergrößern. Mit Arzneimitteln werden Krankheiten bekämpft und neue, künstliche Werkstoffe (z. B. Kunststoffe, Kunstfasern) ergänzen die in der Natur vorkommenden Werkstoffe.

Die Chemiker von heute wissen weitaus mehr über die Stoffe, mit denen sie arbeiten, als die Chemiker des Mittelalters. Trotzdem können sie Gefahren für Forscher und andere nicht völlig ausschließen.

So müssen z. B. manchmal Arzneimittel aus dem Handel gezogen werden, weil man erst allmählich ihre schädlichen Nebenwirkungen erkennt. Ähnliches gilt auch für manche Konservierungsstoffe, Schädlingsbekämpfungsmittel und Unkrautvertilger.

Weitere Probleme sind die Luftverschmutzung und der Müll (Bild 5), vor allem die Berge von Kunststoffabfällen. Dabei ist der Sondermüll besonders problematisch. Zu ihm gehören ölhaltige Abfälle, Farben, Lacke und gefährliche Chemikalien. So reicht 1 Liter Altöl aus, um tausende Liter Grundwasser zu vergiften. Sondermüll erfordert daher eine Sonderbehandlung. Meist wird er auf speziellen Deponien gelagert.

4

5

Methoden zur Untersuchung von Stoffen

1

In deiner Umgebung kommen die unterschiedlichsten Materialien vor (Bild 1).

2

Um mit ihnen richtig umgehen zu können (Bild 2), musst du einige ihrer Eigenschaften kennen.

Vorbereitende Aufträge

1. *In Bild 1 siehst du verschiedene Körper (Gegenstände). Sie bestehen aus unterschiedlichen Stoffen (Materialien). Ordne sie in eine solche Tabelle ein.*

Körper	*Stoff*
Zeitung	*Papier*

2. *In Bild 2 werden drei unpassende Körper eingesetzt.*

a) *Inwiefern sind sie unpassend?*

b) *Woraus müssten sie bestehen?*

3. *Sammle verschiedene Körper in zwei leeren Kartons: Blechstücke, Reste von Rohren, verschiedene Verpackungen, Drähte ... In einen legst du Körper, von denen du annimmst, sie seien aus Metall. In den anderen kommen alle anderen Körper.*
(Wenn du nur einen Karton hast, kannst du ihn auch durch eine Pappwand unterteilen.)

Info: Wir unterscheiden Körper und Stoff

Unter einem *Körper* versteht man in der Umgangssprache die Körper von Menschen und Tieren. In Physik und Chemie hat das Wort eine allgemeinere Bedeutung: **Alle Gegenstände oder Dinge, die einen Raum einnehmen, bezeichnet man als Körper.**

In der Chemie gehören dazu die Geräte für Versuche, aber auch der flüssige oder gasförmige *Inhalt* von Gefäßen (z. B. der Saft im Glas).

Ein Körper kann aus unterschiedlichen Materialien hergestellt sein (Bild 3). Dazu gehören Holz, Kunststoff, Porzellan, Glas oder Metall.

Diese Materialien werden in der Chemie als *Stoffe* bezeichnet. Man kann also sagen: **Körper bestehen aus Stoffen.**

Aus ein und demselben Stoff kann man ganz verschiedene Körper herstellen (Bild 4).

3

4

63320

Info: Stoffe erkennt man an ihren Eigenschaften

Du weißt, dass man zwischen einem *Körper* und dem *Stoff*, aus dem er besteht, unterscheidet.

Doch auch Stoff ist nicht gleich Stoff. **Jeder Stoff hat bestimmte Eigenschaften, die für diesen Stoff typisch sind.** Diese Eigenschaften helfen uns, Stoffe zu erkennen und zu unterscheiden.

Manche Stoffe erkennt man bereits mit den Sinnesorganen. Meist braucht man aber Hilfsmittel, z. B. beim Prüfen der elektrischen Leitfähigkeit, um Metalle und Nichtmetalle zu unterscheiden.

Einige Stoffe kann man aufgrund ihrer Eigenschaften gut unterscheiden, manche sehen aber fast gleich aus (z. B. Zucker und Kochsalz). Eine Unterscheidung ist also nicht immer einfach, zumal wir diese Regel beachten müssen: **Unbekannte Stoffe niemals kosten!**

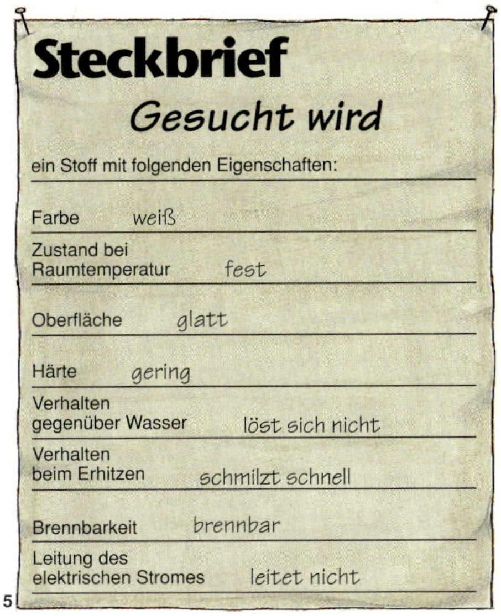

5

Typische messbare Eigenschaften, an denen man Stoffe erkennen und unterscheiden kann, sind z. B. die Schmelz- und Siedetemperatur und die Dichte. **Typische Stoffeigenschaften sind unabhängig von Form und Größe des betreffenden Körpers.**

Wir können Stoffeigenschaften als „Steckbrief" (Bild 5) oder in einer Tabelle notieren, z. B. so:

Eigenschaften	Tinte	Kochsalz
Farbe	blau	weiß
Zustand	flüssig	fest

Info: Die Dichte – auch eine Stoffeigenschaft

Welches Metall ist schwerer – Gold oder Silber? Um das herauszufinden, muss man Körper mit gleichem Volumen vergleichen. Dabei kann man so vorgehen:

- Man schmilzt beide Metalle und gießt sie in Förmchen mit gleichem Volumen. (Auch die kleinen 1-Kubikzentimeter-Würfel kann man nehmen.)
- Man vergleicht ihre Masse, indem man die Förmchen auf eine Balkenwaage legt. Dabei wird man feststellen: Gold ist schwerer als Silber. (Genaue Wägungen ergeben: 1 cm^3 Gold wiegt 19,3 g und 1 cm^3 Silber wiegt 10,5 g.)

Man kann allgemein sagen: Je größer die *Masse* eines Würfels mit dem *Volumen* 1 cm^3 ist, desto größer ist die **Dichte** des betreffenden Stoffes. Gold besitzt also eine Dichte von 19,3 g pro cm^3 (19,3 g/cm^3).

Jeder Stoff hat eine andere Dichte. Darin unterscheiden sich also die Stoffe. Die Dichte ist ein wichtiges Erkennungsmerkmal eines Stoffes.

Info: Die Geruchsprobe

***Geruchsproben* darf man nur durch vorsichtiges Zufächeln vornehmen (Bild 6)!** Auf diese Weise können nur kleine Stoffportionen in die Nase gelangen.

Diese Vorsichtsmaßnahme ist wichtig. Stoffe können nämlich ätzend wirken oder Allergien bzw. Hauterkrankungen auslösen.

6

Es kann sehr wichtig sein, einen Stoff an seinem Geruch zu erkennen. Man kann dadurch z. B. einen Hinweis auf eine Gefahr erhalten. Denke nur an den Gasgeruch in einem Haus mit Gasheizung.

In diesem Fall kann man sofort die nötigen Sicherheitsmaßnahmen ergreifen.

Info: Wasser löst viele Stoffe

1

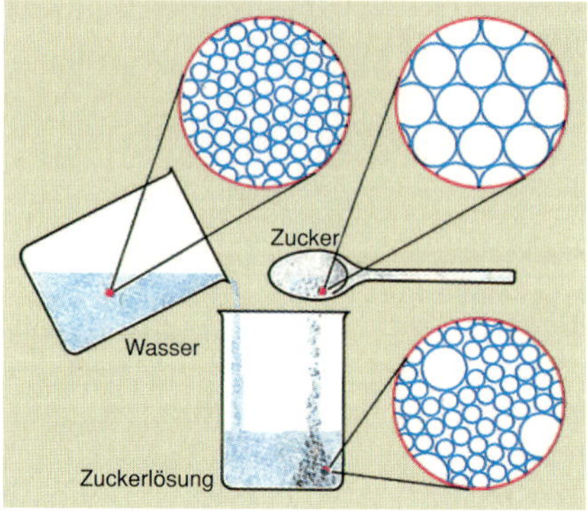

2

3

Ein Stück Zucker löst sich nicht nur in heißem Tee (Bild 1), sondern auch in Wasser. Er zerfällt langsam und ist bald nicht mehr zu sehen. Man könnte den Zucker nur noch schmecken. Wenn das Wasser verdunstet, wird der Zucker wieder sichtbar.

Wenn sich Zucker im Wasser löst, wird er in seine *kleinsten Teilchen* zerlegt. Diese verteilen sich gleichmäßig zwischen den Wasserteilchen (Bild 2).

Ähnlich verhalten sich die kleinsten Teilchen von Kochsalz (Bild 3) und anderen Stoffen, die in Wasser löslich sind. Das sieht man besonders gut, wenn sich ein farbiger Stoff in Wasser löst. Die Lösung nimmt dann die Farbe des Stoffes an.

Wenn das Wasser verdampft, entweichen die Wasserteilchen. Die Teilchen des festen Stoffes lagern sich wieder zusammen und bilden Kristalle.

Für viele Stoffe ist Wasser ein gutes Lösemittel (Lösungsmittel). Es bildet mit den Stoffen wässrige Lösungen.

Wenn eine Lösung nichts mehr von ein und demselben Stoff aufnehmen kann, ist sie **gesättigt**. Der ungelöste Stoff bleibt dann als *Bodensatz* (auch *Bodenkörper* genannt) im Gefäß liegen.

Nicht alle Stoffe lösen sich im Wasser gleich gut. Man sagt dazu auch: **Die Löslichkeit von Stoffen in Wasser ist unterschiedlich.**

Die Löslichkeit ist eine *messbare Eigenschaft* der Stoffe. Sie gibt an, wie viel Gramm eines Stoffes sich in 100 g Wasser bei 20 °C lösen (→ Tabelle). Sie wird meist durch *Erwärmen* der Flüssigkeit erhöht.

Eine *konzentrierte* Lösung enthält – im Verhältnis zur Masse des Lösemittels – einen hohen Anteil des gelösten Stoffes. Bei einer *verdünnten* Lösung ist dieser Anteil geringer.

Auch Flüssigkeiten und Gase können sich in Wasser lösen. Manche **Flüssigkeiten** sind *in jedem Verhältnis mit Wasser mischbar* und *dauerhaft* ineinander löslich (z. B. Frostschutzmittel in Wasser).

Mit bestimmten Flüssigkeiten (z. B. Öl, Benzin) lässt sich Wasser nur *vorübergehend* mischen: Es entsteht eine meist trübe *Emulsion*. Nach einiger Zeit entmischen sich die beiden Flüssgkeiten wieder.

Die Löslichkeit von **Gasen** (z. B. von Luft) in Wasser hängt vom Druck und von der Temperatur ab: Je größer der *Druck* ist, desto mehr Gas wird im Wasser gelöst. Und je höher die *Temperatur* des Lösemittels ist, desto geringer ist die Löslichkeit.

Löslichkeit fester Stoffe in Wasser

Stoff	in 100 g Wasser (20 °C)
Zucker	203,9 g
Kochsalz	36,0 g
Kupfersulfat	20,9 g
Gips	0,26 g
Kalkstein	0,0015 g

A1 *Erkläre den Begriff „gesättigte Lösung".*

A2 *Wie könnte man den Bodensatz aus einer gesättigten Lösung doch noch auflösen? Beschreibe!*

A3 *Wasser löst auch Luft und damit den lebenswichtigen Sauerstoff.*
a) *In welcher Jahreszeit ist der Sauerstoffanteil in Gewässern niedrig? Begründe deine Antwort.*
b) *Was kann das für das Leben der Fische in einem Gewässer bedeuten?*

64916

Info: Wasser in Lebewesen und Nahrungsmitteln

Menschen, Tiere und Pflanzen enthalten viel Wasser. Der Mensch z. B. besteht zu etwa zwei Dritteln aus Wasser (Bild 4). Bei einem Körpergewicht von 75 kg trägt er also 50 kg Wasser mit sich herum.

Wir scheiden ständig Wasser aus, z. B. mit dem Schweiß und dem Urin. Diesen Wasserverlust müssen wir ausgleichen. Deshalb benötigt unser Körper täglich etwa drei Liter Wasser.

Allerdings müssen wir nicht 3 Liter Wasser trinken. Wir nehmen nämlich auch beim *Essen* Flüssigkeit auf. Das zeigt dir die Tabelle rechts.

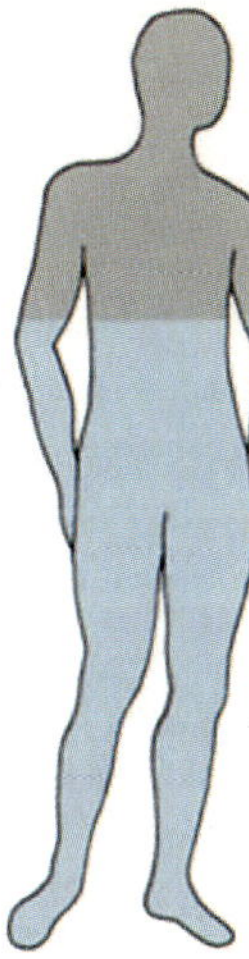

4

Nahrungsmittel (je 100 g)	Wassergehalt
Gemüse (z. B. Möhren)	ca. 90 g Wasser
Obst (z. B. 1 Apfel)	ca. 90 g Wasser
Milch (1 große Tasse)	ca. 88 g Wasser
Kartoffeln (1 Kartoffel)	ca. 80 g Wasser
Fisch (nur der Rumpf)	ca. 80 g Wasser
Ei (etwa 2 Eier)	ca. 70 g Wasser
Fleisch (1 kl. Schnitzel)	ca. 70 g Wasser
Brot (2 Scheiben)	ca. 40 g Wasser
Käse (am Stück)	ca. 40 g Wasser
Butter	ca. 15 g Wasser
Zucker	kein Wasser
Öl (Speiseöl)	kein Wasser

A4 *Wie kannst du auf einfache Weise zeigen, dass sich in Lebensmitteln Wasser befindet?*

A5 *Du solltest täglich 3 l (3000 g) Wasser zu dir nehmen. Stelle in einem Schaubild Nahrungsmittel dar, mit denen du etwa die Hälfte dieser Menge zu dir nimmst.*

A6 *Jeder Mensch in Deutschland verbraucht täglich durchschnittlich 128 Liter Wasser bei verschiedenen Vorgängen im Haushalt.*
a) *Schreibe auf, wofür das meiste Wasser verbraucht wird.*
b) *Mache Vorschläge, wie man Wasser einsparen könnte.*

Aus der Umwelt: Wasser transportiert gelöste Mineralstoffe

Die sorgfältige Pflege von Pflanzen ist eine schöne Aufgabe. Dabei muss diese Pflege regelmäßig erfolgen. Vielleicht ist das der Grund dafür, dass heute immer häufiger eine *Pflanzenhaltung ohne Erde* betrieben wird – die **Hydrokultur** (von griech. *hydor:* Wasser; lat. *cultura:* Landbau, Pflege).

Das Besondere an der Hydrokultur ist, dass die Pflanze nicht in Pflanzenerde steht. Ihre Wurzeln werden von vielen kleinen Kugeln aus *Blähton* gehalten (Bild 5); das ist Ton mit einer durchlässigen Oberfläche. Der Ton ist innen voller Poren, die viel Wasser aufsaugen können. So gelangt das Wasser nur bei Bedarf zu den Wurzeln, sodass diese nicht – infolge eines zu großen Wasserangebots – zu faulen beginnen.

5

Normalerweise wird eine Pflanze durch Pflanzenerde mit Mineralstoffen versorgt – oft unterstützt durch einen Dünger. Bei der Hydrokultur entfällt aber die Versorgung der Pflanze über den Boden. Der Dünger wird ins Wasser gegeben und dort **gelöst**; so kann er zu den Pflanzen **transportiert** werden. Die Pflanzen entnehmen dann nur die Menge Wasser und Mineralstoffe, die sie benötigen.

Am Beispiel der Hydrokultur wird deutlich, welche Bedeutung das Wasser mit seiner *Fähigkeit, gelöste Stoffe zu speichern und zu transportieren*, hat.

Die Hydrokultur ist also eine vereinfachte Versorgung von Pflanzen. Durch die **Speicherfähigkeit** des Blähtons können sie auch Urlaubszeiten überstehen.

Info: So erkennen wir Säuren und Laugen

Du weißt, dass Essig und Zitronensaft sauer schmecken. Und wenn du aus Versehen einmal Seife in den Mund bekommen hast, weißt du, was es heißt, wenn etwas einen „seifigen" Geschmack hat.

Unseren Geschmackssinn dürfen wir in der Chemie jedoch auf keinen Fall zur Prüfung von Stoffen einsetzen. Die Stoffe könnten nämlich z. B. giftig oder auch ätzend sein. Aus diesem Grund gilt: **Geschmacksproben sind verboten!**

Deshalb brauchen wir in der Chemie so genannte *Indikatoren* (lat. *indicator:* Anzeiger). **Indikatoren sind Stoffe, die bei Zugabe von Säuren oder Laugen ihre Farbe verändern.**

Ein einfacher Indikator ist *Blaukrautsaft*, den du dir selbst herstellen kannst. Wenn du vergessen hast, wie das geht, kannst du noch einmal auf Seite 7 in Versuch 2 nachlesen.

Der Blaukrautsaft hat eine kräftige Farbe. Wenn du nun in eine kleine Menge des Saftes z. B. etwas Essig tropfst, färbt sich der Saft rot. Mit Seifenwasser färbt er sich grün.

Auch *schwarzer Tee* ist als Indikator geeignet. Wenn du z. B. etwas Zitronensaft in den Tee tropfst, wird er deutlich heller. Nimmst du ein paar Tropfen Kernseifenlösung, wird er dunkler.

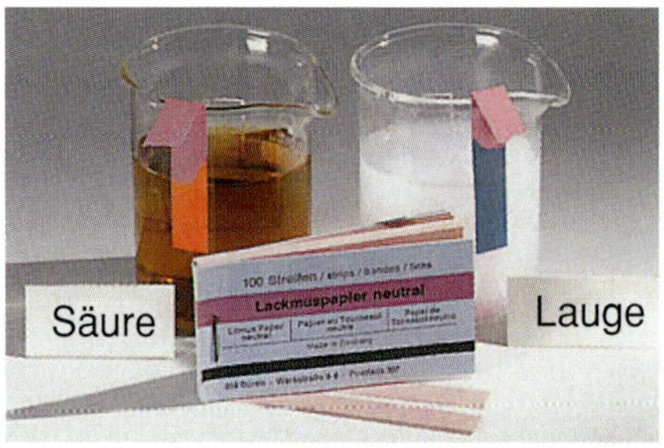

1

Ein weiterer Indikator ist **Lackmus**. Das ist ein Farbstoff, der aus einer Pflanze gewonnen wird. Lackmus*papier* ist mit dem Farbstoff getränkt.

Alle Flüssigkeiten, die Lackmus rot färben, sind Säuren (Bild 1). Man sagt, *sie reagieren sauer*.

Alle Flüssigkeiten, die Lackmus blau färben, sind Laugen (in der Chemie werden sie auch *Basen* genannt). Man sagt, *sie reagieren alkalisch*.

Der **Universalindikator** ist ein Gemisch aus verschiedenen Farbstoffen. Zum Experimentieren kann man ihn in flüssiger Form nehmen oder die mit dem Farbstoffgemisch getränkten Papierstreifen.

Auf der Verpackung des Universalindikators ist meist eine Farbskala aufgedruckt (→ S. 17). Wenn man die Indikatorfärbung mit dieser Farbskala vergleicht, kann man erkennen, wie stark sauer bzw. alkalisch die untersuchte Lösung wirkt.

Tiefrot bedeutet: Die Lösung reagiert stark sauer. Dunkelblau bedeutet: Die Lösung reagiert stark alkalisch. Bei Hellgrün ist die Lösung *neutral*; sie reagiert dann weder sauer noch alkalisch.

A1 *Welche Methode würdest du wählen um Puderzucker von Mehl zu unterscheiden?*

A2 *Einzelteile des Fahrrads von Bild 2 wurden mit Ziffern versehen.*
Aus welchen Stoffen bestehen diese Teile? Beschreibe einige ihrer Eigenschaften.

2

A3 *Untersuche die Stoffe Holz und Zink. Wähle dafür Methoden, die du bisher kennen gelernt hast.*
Stelle anschließend für beide Stoffe jeweils einen „Steckbrief" auf.

A4 *Vielleicht hast du schon folgende Stoffe untersucht: Holz, Glas, Aluminium, Eisen, Kupfer, Styropor®, Kohlenstoff (Bleistiftmine), Essig, Tinte, Kochsalz, Kerzenwachs, Zinn, Blei, Zuckerwasser …*

a) *Welche dieser Stoffe sind Metalle?*

b) *Beschreibe die gemeinsamen Eigenschaften der Metalle.*

A5 *Im Kühlschrank stehen zwei Flaschen. In der einen befindet sich Öl und in der anderen Essig. Leider sind die Flaschen unbeschriftet.*
Wie kann man erkennen, welche Flasche Öl und welche Essig enthält? (Die Flaschen sollen dabei nicht geöffnet werden.)

64918

Info: Wie man ein Versuchsprotokoll anlegt

Zu einem Versuch gehört in der Regel ein Versuchsprotokoll. Protokolle sind in der naturwissenschaftlichen Arbeitsweise üblich. Mit ihrer Hilfe kann man Durchführung und Ergebnisse von Versuchen exakt erfassen. So können sie sogar später ausgewertet oder überprüft werden. Wir verabreden nebenstehende Gliederung:

1. Überschrift (Aufgabenstellung)
2. Benötigte Geräte und Stoffe (Chemikalien)
3. Versuchsaufbau (Zeichnung mit Beschriftung)
4. Versuchsdurchführung (kurze Beschreibung)
5. Beobachtung (auch Messergebnisse)
6. Versuchsauswertung, Ergebnis
7. Eventuell Sicherheits- und Entsorgungshinweise

Beispiel: Versuchsanleitung mit dazugehörigem Versuchsprotokoll

Versuchsanleitung:
Wir bestimmen die Schmelztemperatur von Kerzenwachs. Dazu benötigen wir ein Schmelzpunkt-Bestimmungsröhrchen, ferner einen Brenner mit Ceranplatte, ein Stativ, ein Wasserbad, ein Thermometer, eine Laboruhr, ein Gummiband und etwas Kerzenwachs. Den Versuchsaufbau zeigt Bild 3.

Gib Kerzenwachs in das Röhrchen. Befestige es mit Gummiband so am Thermometer, dass sich das Kerzenwachs neben der Thermometerkugel befindet.

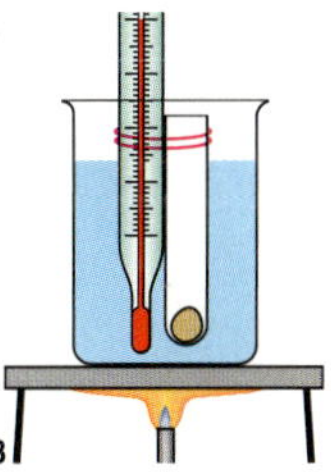
3

Tauche Thermometer und Röhrchen ins Wasserbad. Erwärme vorsichtig. Lies die Temperatur ab, bei der das Wachs flüssig wird. (Die Thermometerkugel darf den Glasboden nicht berühren!)

Versuchsprotokoll:

Bestimmung der Schmelztemperatur von Kerzenwachs

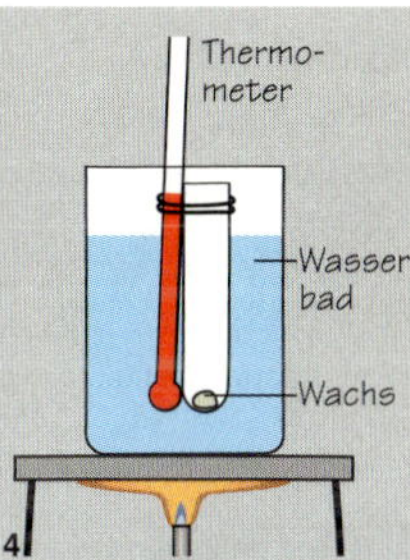

4

Geräte und Chemikalien:
Schmelzpunkt-Bestimmungsröhrchen, Brenner mit Ceranplatte, Stativ, Wasserbad, Thermometer, Uhr, Gummiband, Kerzenwachs

Versuchsaufbau: Siehe die nebenstehende Zeichnung.

Versuchsdurchführung:
In das Röhrchen wurde Kerzenwachs gegeben. Dann wurde das Röhrchen so an einem Thermometer befestigt, dass sich das Kerzenwachs neben der Thermometerkugel befand. Anschließend hielten wir das Thermometer mit dem Röhrchen in ein Wasserbad. Das Wasser wurde erwärmt.

Beobachtung:
Bei 71 °C wurde das Kerzenwachs zunächst durchsichtig, dann wurde es flüssig. Dabei blieb die Temperatur unverändert. Kurz nachdem das Kerzenwachs völlig geschmolzen war, stieg die Temperatur wieder an.

Versuchsauswertung, Ergebnis:
Die Schmelztemperatur von Kerzenwachs beträgt ungefähr 71 °C.

Sicherheitshinweis, Entsorgungshinweis:
Kerzenwachs ist ungefährlich. Es wird deshalb im Behälter für feste Abfälle entsorgt.

A6 *Kohlenstoff (Graphit), aus dem z. B. Bleistiftminen hergestellt werden, ist kein Metall. Trotzdem hat er eine bestimmte Eigenschaft mit den Metallen gemeinsam. Nenne diese Eigenschaft.*

A7 *In Versuch 15 wurde die Siedetemperatur von Brennspiritus ermittelt.*
a) *Weshalb wurde der Brennspiritus im Wasserbad (und nicht direkt mit einer Flamme) erhitzt?*
b) *Vergleiche die Messwerte mit den Angaben in der entsprechenden Tabelle im Anhang.*
Worauf sind Abweichungen zurückzuführen?

A8 *Michael meint: „Die Schmelztemperatur eines Stoffes entspricht seiner Erstarrungstemperatur." Hat er Recht? Was meint er damit?*

A9 *Bei dieser Aufgabe hilft dir wieder die Tabelle im Anhang.*
a) *Vergleiche die Siedetemperaturen der Metalle Blei, Zinn und Quecksilber. Inwiefern ist Quecksilber ein besonderes Metall?*
b) *Thermometer enthalten heute meist Alkohol. Gib an, für welchen Temperaturbereich man sie einsetzen kann.*

Schülerversuche

Sieh dir zunächst die Grundregeln zum Experimentieren (S. 4 u. 5) und die Hinweise zum Umgang mit dem Brenner (S. 192) an.

Wasser löst viele Stoffe

V1 *Untersuche die* ***Löslichkeit*** *fester Stoffe in Wasser (z. B. Holzkohle, Schwefel, Kochsalz, Zucker, Kreide). Miss die Zeit, bis die Stoffe gelöst sind. (Worauf musst du bei der Vorbereitung achten?)*

V2 *Nimm einige kleine, flache Behälter (z. B. Deckel von Einmachgläsern). Gieße Leitungswasser, Mineralwasser oder klare Salz- und Zuckerlösungen hinein. Der Boden soll gerade bedeckt sein. Lass diese Behälter einige Tage lang ruhig stehen. Was kannst du beobachten?*

V3 *Wasser ist auch ein Lösemittel für Gase (z. B. Luft).*
a) *Stelle drei Gläser mit Leitungswasser, mit abgekochtem Wasser und mit Mineralwasser in die Sonne. Was siehst du nach einigen Minuten an den Wänden der Gläser?*
b) *Wir bauen den Versuch nach Bild 1 auf. Das Wasser in dem Becherglas soll langsam erhitzt werden. Bei den aufsteigenden Bläschen handelt es sich um Luft.*

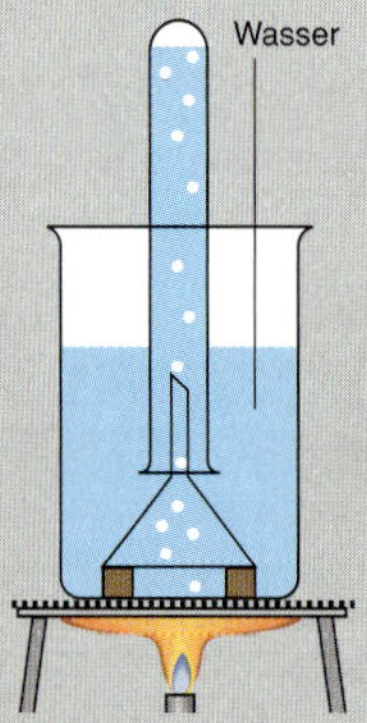

1

V4 *Fülle ein Schraubglas halb voll Wasser. Gieße einen Teelöffel Speiseöl hinein. Verschließe das Glas und schüttle es kräftig.*
Wie sieht die Flüssigkeit im Glas direkt nach dem Schütteln aus? Was geschieht, wenn die Flüssigkeit 5 Minuten lang ruhig stehen bleibt?

V5 *So kann man Lösevorgänge beschleunigen:*
a) *Fülle zwei Bechergläser halb voll Wasser. Gib je einen Kristall Kaliumpermanganat* O, Xn *hinzu. Lass ein Glas ruhig stehen, rühre dagegen die Flüssigkeit im anderen Glas um.*
b) *Von zwei gleich großen Kristallen Kaliumpermanganat wird einer zerkleinert. Gib beide gleichzeitig in gleich große Mengen Wasser.*
c) *In zwei halb mit Wasser gefüllte Reagenzgläser geben wir zwei gleich große Kaliumpermanganatkristalle. Ein Glas bleibt stehen, das andere wird erwärmt.*

Unsere **Sinnesorgane** helfen uns einige Stoffeigenschaften zu erkennen:

V6 *Mit den Augen bestimmen wir* ***Farbe*** *und* ***Glanz*** *von Stoffen (z. B. Eisen, Kupfer, Aluminium, Kreide, Kohlenstoff, Schwefel).*
Außerdem sehen wir, in welchem ***Aggregatzustand*** *(z. B. fest oder flüssig) sie vorliegen.*

V7 *Wie riechen die Stoffe? Führe* ***Geruchsproben*** *bei einigen Stoffen durch – z. B. bei Essig, Reinigungsbenzin, Apfelsaft, Wasser und Brennspiritus.*
Lies vorher das Info zur Geruchsprobe auf Seite 17.

V8 *Wie fühlen sich die Stoffe an? Untersuche die* ***Festigkeit*** *und die* ***Oberflächenbeschaffenheit*** *einiger fester Körper.*
Nimm z. B. Schwämme, Schleifpapier, eine Glasplatte und Folien aus Aluminium und Kunststoff.

Wir benötigen **Hilfsmittel** um weitere Eigenschaften festzustellen:

V9 *Mit einem Nagel kann man die* ***Härte*** *einiger fester Stoffe vergleichen (Bild 2).*
Man spricht hierbei auch von der „Ritzprobe".
Stelle anschließend eine Rangfolge der Stoffe auf.

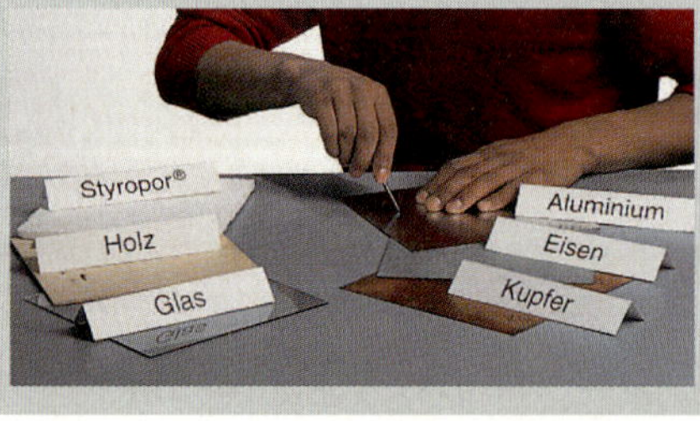

2

V10 *Auch mit einem* ***Magneten*** *kannst du feste Stoffe untersuchen. Überlege vorher, was du dabei feststellen kannst.*
Lege dann eine Liste von Körpern an, die für diese Untersuchung geeignet sind.

64920

Schülerversuche

V11 *Wie verhalten sich verschiedene Stoffe (z. B. Kerzenwachs, Zinn, Zink), wenn sie über einer Brennerflamme oder mit einer Kerze erwärmt werden (Bild 3)?* ***Schmelzen*** *sie?*

V12 *Wir halten Stoffe (vom Lehrer ausgeteilt) mit der Tiegelzange in die Flamme. So prüfen wir die* ***Brennbarkeit****. Ordne: brennt nicht – brennt nur in der Flamme – brennt ohne Flamme weiter.*

V13 *Welche Stoffe* ***leiten elektrischen Strom****? Untersuche daraufhin einige feste Stoffe, z. B. die von Bild 4, und einige Flüssigkeiten wie die in Bild 5.*

3

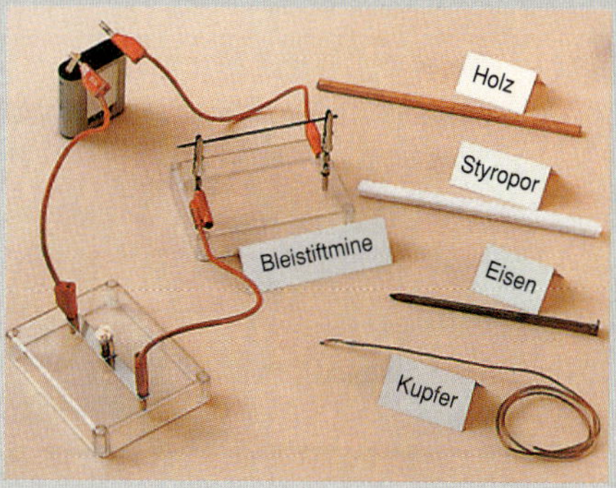

4

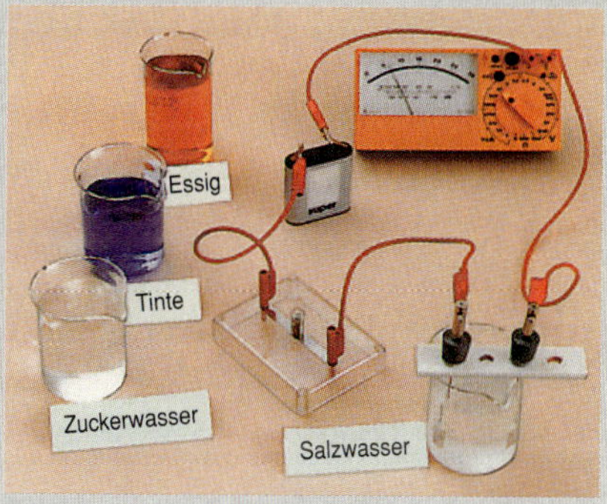

5

Einige Eigenschaften der Stoffe sind **messbar**.

V14 *Hier bestimmen wir die* ***Schmelztemperatur*** *von Kerzenwachs (Bild 6).*

V15 *In diesem Versuch wird die* ***Siedetemperatur*** *von Brennspiritus* F *bestimmt (Bild 7).*

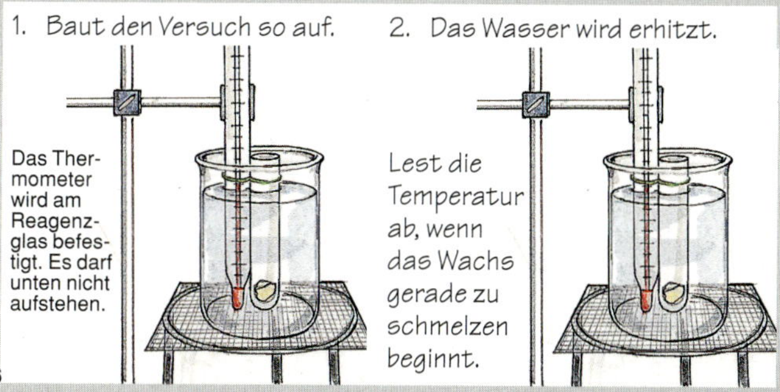

6

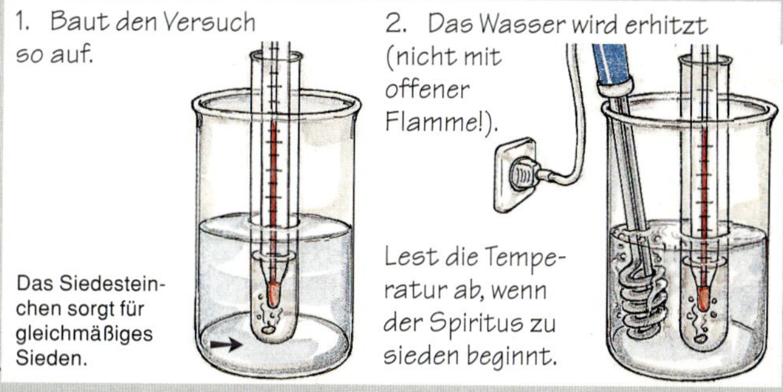

7

Wir untersuchen Lösungen mit verschiedenen **Indikatoren**.

V16 *Es sollen folgende Lösungen geprüft werden: Zitronensaft, Seifenlösung, Haushaltsessig, Lösung von Soda* Xi *und Kochsalzlösung.*
Als Indikatoren dienen Blaukrautsaft, schwarzer Tee, Lackmuslösung und Universalindikator.

a) *Wir füllen in fünf Reagenzgläser jeweils 2 cm hoch Blaukrautsaft. Dann tropfen wir je eine Probe der genannten Lösungen hinein.*

b) *Es müssen noch einmal fünf Reagenzgläser vorbereitet werden. Dann geben wir jeweils 2 cm hoch schwarzen Tee als Indikator hinein und fügen die Lösungen hinzu.*

c) *Wir wiederholen den Vorgang mit Lackmuslösung und dann mit Universalindikatorlösung. Vergleiche die Färbungen des Universalindikators mit der Farbskala von Bild 8.*

d) *Stelle alle Ergebnisse der Versuchsreihe in einer Tabelle zusammen.*

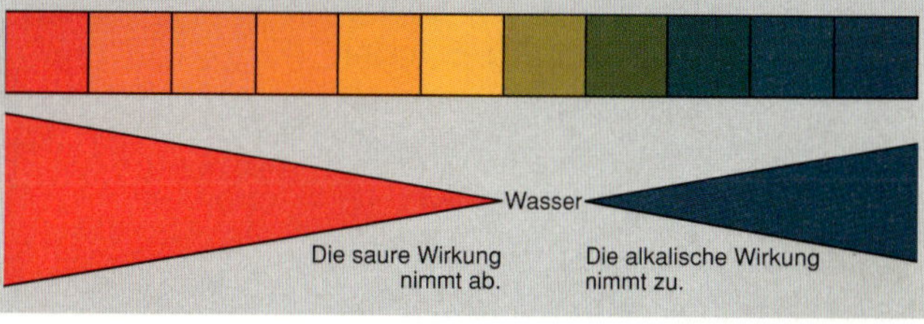

8

Zusammenfassung

Eigenschaften von Stoffen

Wir unterscheiden zwischen Körper und Stoff. In der Chemie beschäftigen wir uns mit den *Stoffen* (Materialien), aus denen die Körper bestehen.

Ein Körper kann aus verschiedenen Stoffen hergestellt sein. Umgekehrt können aus ein und demselben Stoff die verschiedensten Körper hergestellt werden.

Die vielen Stoffe, die es gibt, haben die unterschiedlichsten **Eigenschaften**. Dadurch kann man sie voneinander unterscheiden.

Für jeden Stoff lassen sich mit Hilfe verschiedener **Untersuchungsmethoden** mehrere Eigenschaften bestimmen. Man kann diese in einer Tabelle oder zu einem „Steckbrief" zusammenstellen (Bild 1).

Manche Stoffe können wir unter dem Oberbegriff **Metalle** zusammenfassen (z. B. Eisen, Aluminium). Sie haben *gemeinsame Eigenschaften* und unterscheiden sich von „Nichtmetallen" (z. B. Kohlenstoff, Schwefel) durch
- ihre Farbe bzw. ihr Aussehen (ihren „metallischen Glanz"),
- ihre Fähigkeit gut die Wärme zu leiten,
- ihre Fähigkeit den elektrischen Strom zu leiten.

(Unter den Nichtmetallen leitet nur der Kohlenstoff in Form von Graphit den elektrischen Strom.)

Jeder Stoff nimmt bei Raumtemperatur einen für ihn charakteristischen **Aggregatzustand** (eine Zustandsform) ein: Er kann entweder **fest**, **flüssig** oder **gasförmig** sein.

Eigenschaften des Stoffes Titan:	
Farbe	silbergrau
Geruch	geruchlos
Härte	hart, zäh
Schmelztemperatur	1670 °C
Siedetemperatur	3287 °C
Leitung des elektrischen Stromes	leitet
Verhalten in Wasser	verändert sich nicht
Verhalten gegenüber Magneten	wird nicht angezogen

1

Viele Stoffe können wir mit unseren Sinnesorganen nicht eindeutig bestimmen. Man braucht Hilfsmittel, z. B. zur Bestimmung der elektrischen Leitfähigkeit.

Die wichtigsten Eigenschaften zur Bestimmung und zur Unterscheidung von Stoffen sind die *messbaren Eigenschaften*.

Man erhält sie durch Messverfahren, die genaue Ergebnisse liefern. Dazu gehören die **Siedetemperatur** (der „Siedepunkt"), die **Schmelztemperatur** (der „Schmelzpunkt") und die **Dichte**. Die Dichte gibt die Masse (in Gramm) je Kubikzentimeter des Stoffes an (oder die Masse in Kilogramm je Kubikmeter).

So erkennen wir Säuren und Laugen

Da Geschmacksproben im Chemieunterricht grundsätzlich verboten sind, brauchen wir zum Nachweis von Säuren und Laugen **Indikatoren**. Solche Indikatoren färben sich in charakteristischer Weise, wenn ihnen Säuren oder Laugen zugesetzt werden.

Ein Indikator, der in der Chemie häufig eingesetzt wird, ist **Lackmus**, ein Farbstoff, mit dem das Lackmuspapier getränkt ist.

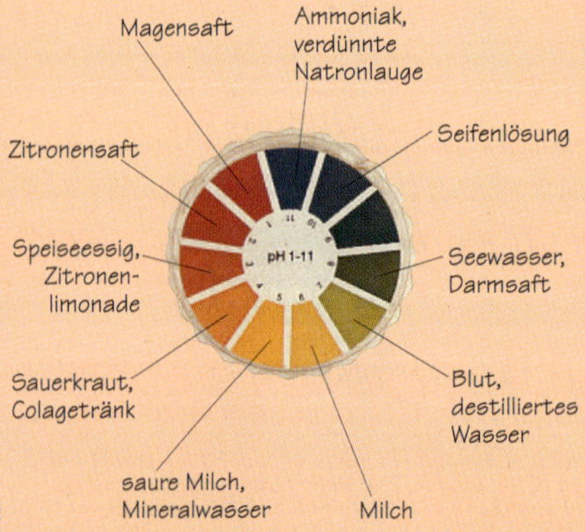

2

Flüssigkeiten, die Lackmus *rot* färben, sind *Säuren*. Flüssigkeiten, die Lackmus *blau* färben, sind *Laugen*.

Häufig wird auch **Universalindikator** eingesetzt. Wenn man die Indikatorfärbung mit der dazugehörigen Farbskala (Bild 2) vergleicht, kann man den **pH-Wert** der Flüssigkeit ablesen. Bei *pH 7* ist die Lösung weder sauer noch alkalisch; sie ist *neutral*.

63326

Methoden zur Untersuchung von Stoffen

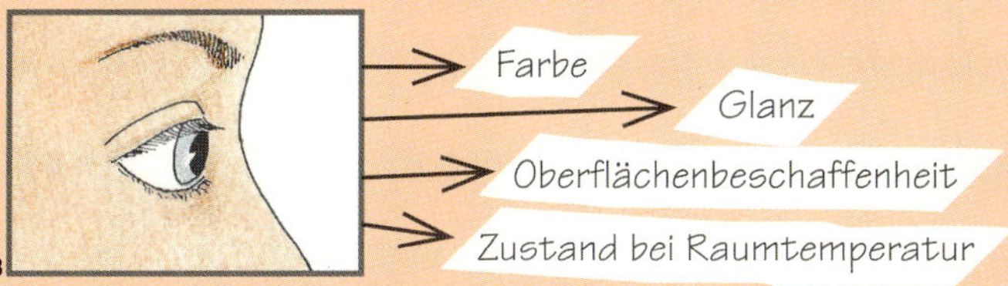

3

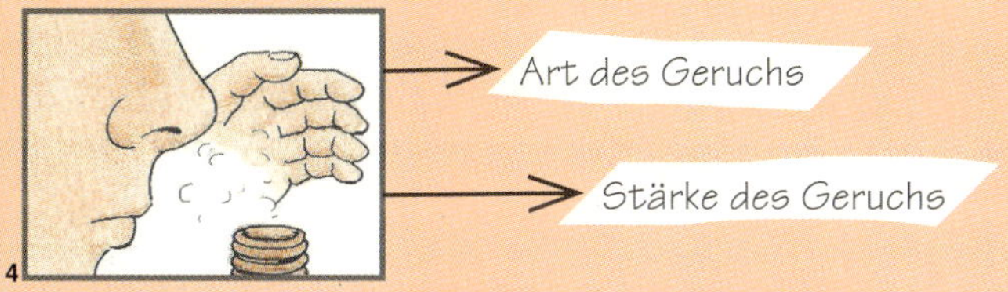

4

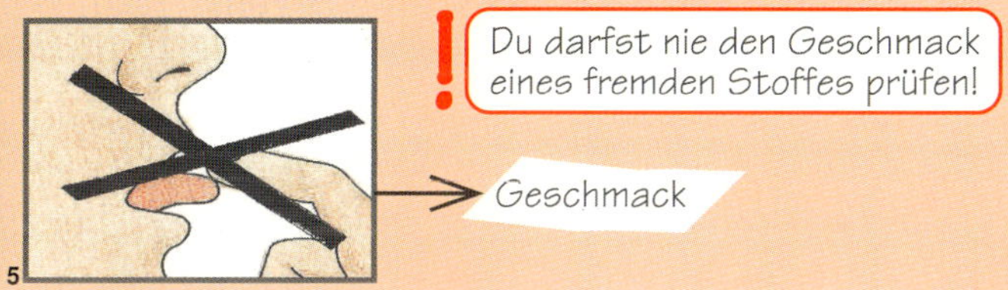

5

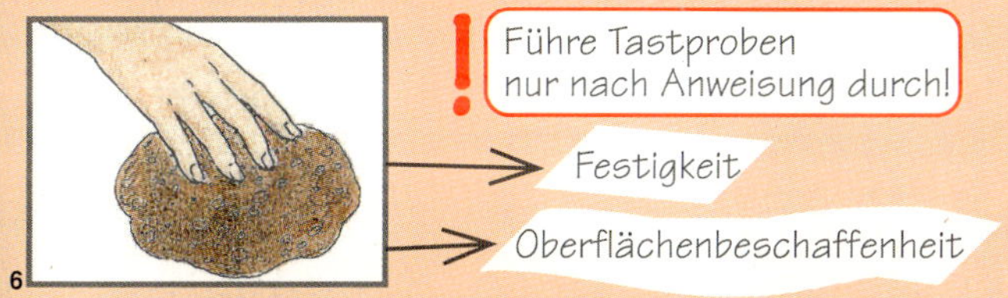

6

7

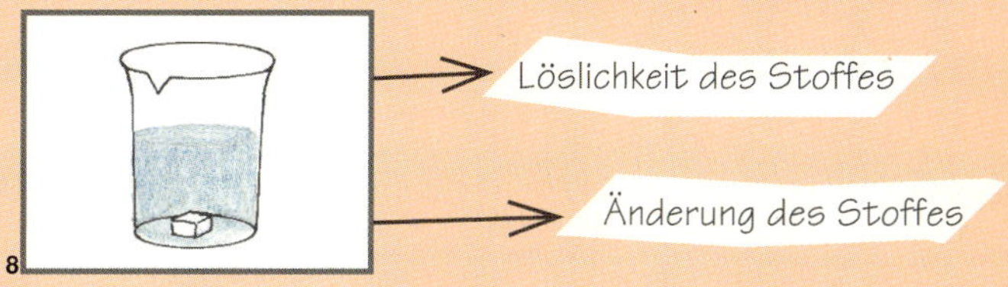

8

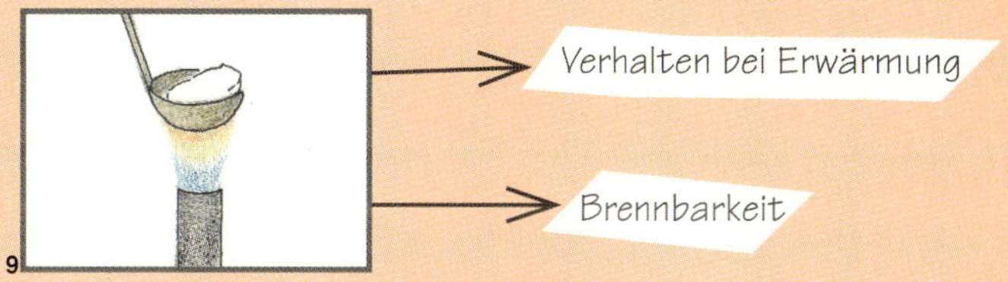

9

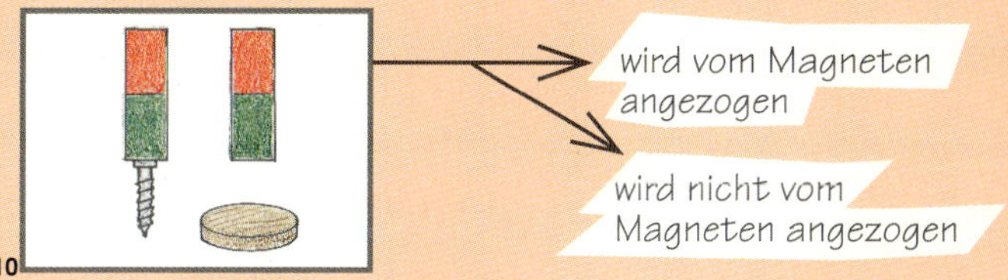

10

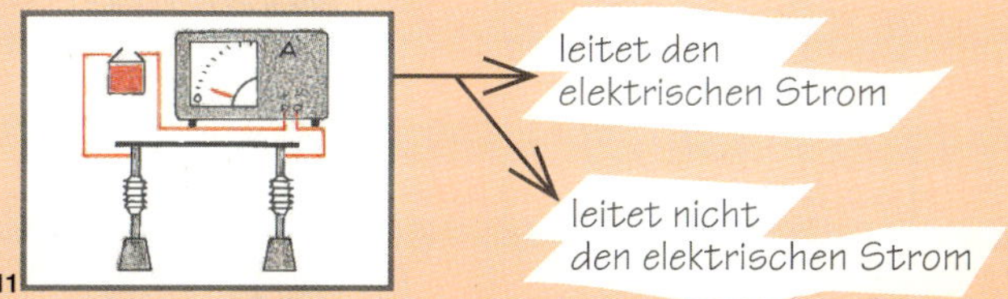

11

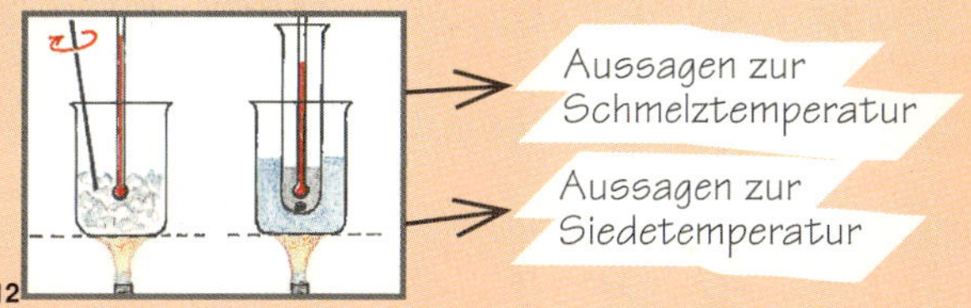

12

Alles klar?

1. *Stoffe lassen sich unterscheiden, wenn man ihre Eigenschaften vergleicht. Welche Eigenschaften eignen sich dafür ganz besonders gut? Begründe!*

2. *Von den Stoffen, die du untersucht hast, gehören einige zu den Metallen, andere aber nicht.*
Metalle unterscheiden sich von anderen Stoffen in einer bestimmten Eigenschaft (außer in ihrem metallischen Glanz).
Um welche Eigenschaft handelt es sich dabei? (Das Nichtmetall Kohlenstoff macht dabei eine Ausnahme.)

3. *Auch Magnete kann man bei der Untersuchung von Stoffen einsetzen. Warum?*

4. *Bild 13 zeigt Kubikzentimeterwürfel einiger Stoffe.*
a) *Stell dir vor, du hättest gleich große Kugeln aus verschiedenen Stoffen – aus Aluminium, Eisen, Blei, Zink, Kupfer und Messing. Ordne die Kugeln nach der Masse.*
b) *Metalle, deren Kubikzentimeterwürfel weniger als 5 g wiegen, heißen „Leichtmetalle“.*
Nenne einige „Schwermetalle“.

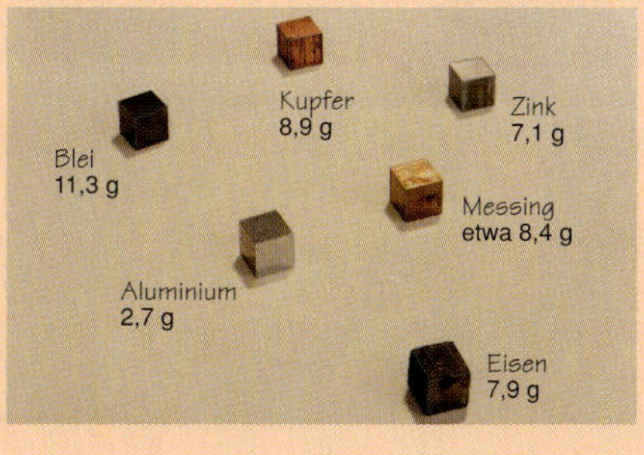

13

5. *Die Dichte von Aluminium beträgt 2,7 g/cm³. Erkläre!*

6. *Die Dichte-Tabelle im Anhang gibt für Holz keinen bestimmten Wert an. Warum nicht?*

7. *Was ist ein Indikator? Beschreibe seine Wirkungsweise.*

Stoffe mit besonderen Eigenschaften

Einige Metalle genauer betrachtet

Aus Umwelt und Technik: Silber – vielseitig und schön

Alexander der Große war ein griechischer Feldherr. Er startete 330 v. Chr. einen Feldzug gegen Indien. Dort gab es wie jedes Jahr eine Regenzeit; gleichzeitig war es heiß und schwül.

Das machte Alexanders Soldaten schwer zu schaffen. Außerdem litten viele an Darm- und Magenbeschwerden. Sie wurden dadurch so entkräftet, dass Alexander den Feldzug abbrechen musste.

Schon damals fiel den Geschichtsschreibern auf, dass nur die Soldaten erkrankten, die Heerführer aber nicht. Den Grund erkannte man später: Die Soldaten tranken aus *Zinn*bechern, die Heerführer aus *Silber*gefäßen. Das Silber löste sich in winzigen Mengen in den Getränken auf und tötete darin die Krankheitserreger (Bakterien). So blieben die Heerführer von den Beschwerden verschont.

1

Die Bakterien tötende Wirkung silberhaltiger Stoffe nutzte man später in der Medizin, z. B. für silberhaltige Salben gegen Ekzeme.

Die Ägypter kannten das Metall Silber schon vor über 6000 Jahren. Reines Silber (gediegenes Silber, Bild 1) kommt in der Natur nur selten vor. Deshalb war es früher sehr teuer. Später fand man dann heraus, wie man es aus Silbererzen gewinnen konnte.

Aus Silber werden **Schmuckstücke** sowie wertvolle **Gebrauchsgegenstände** (z. B. Bestecke) hergestellt. Heute ist Silber für die **Elektrotechnik** besonders wichtig; es ist nämlich der beste Leiter für den elektrischen Strom. Große Mengen von Silber werden auch in der **Fotografie** verwendet. Filme haben nämlich eine lichtempfindliche Schicht, die aus einem silberhaltigen Stoff besteht.

Aus der Geschichte: Silber durch Sklavenarbeit

Um 525 v. Chr. gab es in der Nähe Athens einen regen **Silberbergbau**. Hier trieben bis zu 20 000 Sklaven 2000 Schächte bis 125 m tief in den Berg.

Wie schwer diese Arbeit war, zeigt eine Tontafel aus Korinth (Bild 2, in einer Tongrube): Ein Hauer schlägt Erz- oder Gesteinsbrocken los und ein Junge sammelt sie in eine Ledertasche. Ein dritter Sklave reicht das Erz nach oben. Dort nimmt es ein vierter in Empfang. Zur Beleuchtung dienten oft Tonlämpchen. Meist wurde aber im Dunkeln gearbeitet. Die Gruben waren schlecht belüftet. Die Arbeit war also gesundheitsschädigend. Nur die kräftigsten und gesündesten Sklaven hielten das mehrere Jahre lang durch. Der römische Dichter *Lukrez* schilderte das so:

2

Wie viel Unglück geschieht, wenn die goldreichen Metalle ausdampfen! Was für ein Antlitz geben sie den Menschen und was für eine Farbe! Sieht man nicht und hört man nicht, in welch kurzer Zeit sie gewöhnlich zugrunde gehen und wie denen alle Lebensfülle fehlt …!

Während der Arbeiten wurden die Sklaven mit der Peitsche angetrieben. Oft trugen sie auch Fußfesseln. Dafür gibt es einen grausigen Beweis: Man fand einen Fußgelenkknochen, der noch von einer Eisenkette umschlossen ist.

Das meiste Silber, das auf diese Weise gewonnen wurde, diente der Münzprägung. Damals begann eine Zeit der Blüte von Wirtschaft und Kultur im alten Griechenland.

63328

Aus Umwelt und Technik: Eisen - das „Allerweltsmetall"?

„Natürlich", wirst du auf die Frage in der Überschrift antworten, „Eisen wird doch überall und für alles Mögliche verwendet!" Dabei denkst du bestimmt an Werkzeuge, Nägel oder Maschinenteile – vielleicht auch an T-Träger, Eisenbahnschienen oder Schiffe.

Die meisten dieser Gegenstände bestehen nicht aus **Eisen**, sondern aus **Stahl**. Das ist eine *Legierung;* darin sind *Eisen und Kohlenstoff* miteinander verschmolzen. Reines Eisen kommt in der Natur sehr selten vor. Nur *Meteore*, die aus dem Weltraum auf die Erde fallen (Bild 3), enthalten reines Eisen.

Häufiger sind die verschiedenen *Eisenerze* anzutreffen (Bild 4). Aus diesen Erzen gewinnt man im Hochofen *Roheisen*. Das wird dann weitgehend zu Stahl verarbeitet. Stahl ist nämlich viel härter als Eisen; er lässt sich auch sehr gut verarbeiten.

Stahl war einmal sehr selten und kostbar. Vor mehr als tausend Jahren wurden aus ihm vor allem Waffen und Brustpanzer gefertigt. Im Laufe der Jahrhunderte gelang es dann, immer mehr Stahl von immer besserer Qualität herzustellen.

Heute kann man die Eigenschaften von Eisen – je nach Bedarf – so verändern, dass die entstehenden Eisenlegierungen (Stähle) für fast jeden Zweck verwendbar sind. Wenn man z. B. Stahl mit den Metallen Chrom und Nickel legiert, erhält man *Edelstahl*, der nicht rostet. Aus Edelstahl werden z. B. Kochtöpfe (Bild 5) gefertigt.

3

4

5

Aus Umwelt und Technik: Blei – ein „zwiespältiges" Metall

Bleigießen kennst du sicher als Silvesterspaß. Man braucht dafür eine **Bleilegierung**, in der das Blei mit anderen Metallen vermischt und verschmolzen ist. Sie schmilzt bei niedrigeren Temperaturen als reines Blei. Wenn man sie erhitzt und in kaltes Wasser gießt, erstarrt sie zu bizarren Gebilden.

Frisch geschnittenes **Blei** (Bild 6) glänzt bläulich weiß. An der Luft überzieht es sich schnell mit einer grauen Schicht. Mit seiner Dichte von 11,34 g/cm³ gehört es zu den *Schwermetallen*. Das nutzen Taucher, indem sie an ihrer Kleidung Bleistücke befestigen.

Blei ist sehr *weich*. Man kann es mit bloßen Händen biegen. Deshalb nimmt man es auch, um Glasscheiben (z. B. solche von Kirchenfenstern) einzufassen. Da das Blei so biegsam ist, verwendet man es auch, um die Ziegelsteine des Schornsteins gegen die Dachziegel abzudichten (Bild 7).

6

7

Blei wird auch in der Medizin eingesetzt. Hier schützen sich Ärzte und Schwestern gegen Röntgenstrahlung durch Gummischürzen, in die Blei eingearbeitet ist.

Doch Blei ist nicht nur nützlich, sondern auch *giftig* – es ist eben „zwiespältig". Wer Bleistaub oder Bleidämpfe einatmet, kann sich eine *Bleivergiftung* zuziehen.

Deshalb werden bei uns dem Benzin keine bleihaltigen Stoffe mehr zugesetzt – man fährt vielmehr „bleifrei".

Aus Umwelt und Technik: Kupfer – nicht nur für die Elektrotechnik

1

Kupfer kommt in der Natur nur selten als Metall vor. Es gibt aber viele unterschiedliche *Kupfererze* (Bild 1), in denen Kupfer mit anderen Stoffen verbunden und mit Gesteinen vermischt ist. In einigen Ländern liegen diese Erze direkt an der Erdoberfläche und werden im Tagebau abgebaut (Bild 2).

Kupfer wird – wie andere Metalle ebenfalls – allmählich knapp. Deshalb bemüht man sich heute, Kupfer aus gesammeltem Kupferschrott wiederzugewinnen.

Es gibt zahlreiche Verwendungsmöglichkeiten für Kupfer:

Mehr als die Hälfte des gewonnenen Kupfers wird in der *Elektrotechnik* verwendet. Unser Leitungsnetz „strotzt“ geradezu von Kupfer. Nicht nur Leitungsdrähte und Kabel (Bild 3), sondern auch wichtige Teile von Generatoren, Transformatoren und Schaltgeräten werden aus diesem Metall hergestellt.

Kupfer setzt man auch häufig in der *Bauwirtschaft* ein, z. B. für Dachrinnen sowie für Verkleidungen von Dächern und Wänden. Auch die Leitungen für Kalt- und Warmwasser (Bild 4) sowie für Erd- und Stadtgas bestehen oft aus Kupferrohren.

Das Kupfer dient ebenso als Baumaterial für Maschinenteile und Messgeräte.

Aus Kupfer fertigt man auch hübsche Geschenkartikel, Haushaltsgegenstände, Schmuck und Uhren (Bild 5).

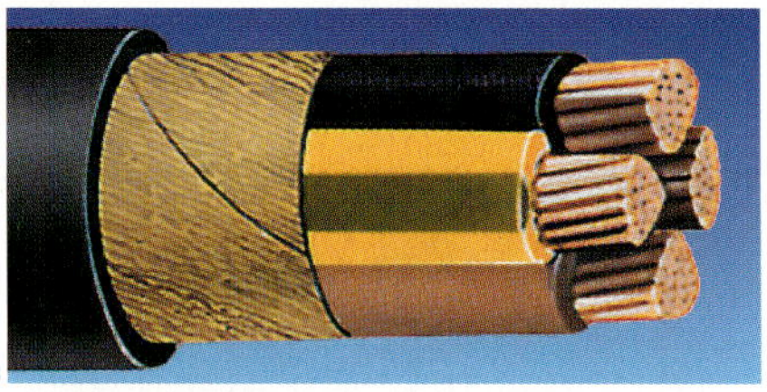
3

4

2

5

Info: Kupferlegierungen

6

7

Von Kupfer gibt es *Legierungen*. Darin ist das Kupfer mit anderen Metallen verschmolzen.

Die Legierungen sehen verschiedenfarbig aus (Bild 6) und unterscheiden sich auch sonst in ihren Eigenschaften. Das liegt daran, dass Kupfer mit verschiedenen Metallen legiert werden kann.

Eine dieser Legierungen ist das **Messing**. Es besteht meist zu zwei Dritteln aus *Kupfer* und zu einem Drittel aus *Zink*. Messing hat eine große Ähnlichkeit mit Gold – man muss also aufpassen, dass man die beiden Metalle nicht miteinander verwechselt (→ den Zeitungsartikel und Bild 8).

Messing lässt sich so leicht verarbeiten wie Kupfer. Es ist gegen Witterungseinflüsse beständig. Aus ihm werden z. B. Verschraubungen, Zahnräder, Steuerräder und Schalthebel hergestellt. Von Vorteil ist, dass auf Messing keine Krankheitserreger (Bakterien) leben können. Das ist wichtig für Türklinken in öffentlichen Gebäuden, die täglich von Tausenden von Händen berührt werden.

Eine weitere Kupferlegierung ist die **Bronze**. Sie besteht aus 80 Teilen *Kupfer* und 20 Teilen *Zinn*. Sie ist härter und widerstandsfähiger gegenüber Witterungseinflüssen als Kupfer.

Schon vor 4000 Jahren schaffte man es, Kupfer und Zinn zu Bronze zusammenzuschmelzen. Die Bronze eignete sich zur Herstellung von Gebrauchsgegenständen, Werkzeugen und Waffen. Sie wurde so vielseitig verwendet, dass man ein ganzes Zeitalter nach ihr benannte: die *Bronzezeit*.

Bronze kennst du sicher vom Sport her: Bei den Olympischen Spielen wird der Drittbeste jeder Disziplin mit einer Bronzemedaille geehrt (Bild 7).

Vorsicht vor Goldhändlern im Urlaub!

Juweliere warnen Urlauber: Fallt nicht auf „fliegende Goldhändler" im sonnigen Süden herein!
Für 300 Euro kaufte z. B. ein Tourist eine 50 g schwere „Goldkette". (Der Händler hatte geäußert: „Die ist 1500 Euro wert.") Die Kette bestand aber nur aus Messing – nicht mehr als 30 Euro wert.

A1 *In der Elektrotechnik wird Kupfer häufiger verwendet als Silber, obwohl Silber den elektrischen Strom noch besser leitet. Versuche dafür eine Erklärung zu finden.*

A2 *Sieh dir einige Auslagen in Schaufenstern an und suche dabei nach Gegenständen aus Kupfer. Notiere sie. Wer von euch findet die meisten?*

8

A3 *Das Kunstwerk von Bild 8 besteht aus Messing. Gib an, weshalb die Warnung in obigem Zeitungsartikel berechtigt ist.*

A4 *Nimm drei Bleche aus Messing, Kupfer und Zink und ritze sie mit einem Stahlnagel. Was stellst du fest?*

A5 *Ziehe einige Vergleiche zwischen Messing und Bronze.*

Zwei Nichtmetalle genauer betrachtet

Aus Umwelt und Technik: Schwefel – das leuchtend gelbe Nichtmetall

Schwefel gehört zu den wenigen Stoffen, die in reiner Form direkt an der Erdoberfläche zu finden sind, z. B. an den Hängen des Vulkans *Ätna* auf Sizilien.

Reiner Schwefel bildet schöne gelbe Kristalle (Bild 1). Sie können mehrere Zentimeter groß sein.

Früher wurde Schwefel bergmännisch abgebaut. Er wurde aus dem Gestein herausgeschmolzen. Dabei setzte man einen Teil des Schwefels als Brennstoff ein. Das war eine gesundheitsschädigende Arbeit.

1

Heute wird der Schwefel (z. B. in den USA) noch im Erdboden durch überhitzten Wasserdampf ausgeschmolzen; noch flüssig wird er dann an die Erdoberfläche gebracht. Dieser Schwefel ist sehr rein.

Der in Deutschland verwendete Schwefel stammt (als Nebenprodukt z. B. bei der Rauchgasentschwefelung) aus der chemischen Industrie. Er gehört dort zu den wichtigsten Rohstoffen. So werden z. B. mehr als zwei Drittel des gewonnenen Schwefels zu Schwefelsäure verarbeitet. Wichtig ist Schwefel in der Reifenindustrie. Er wird dort dem Kautschuk beigemengt, aus dem die Reifen hergestellt werden. Dadurch wird der Kautschuk in elastischen Gummi umgewandelt.

Auch für Zündhölzer, Farben, bestimmte Sprengstoffe und Medikamente benötigt man Schwefel. Schwefelhaltige Salben können einige Hautkrankheiten heilen. Auch in Haarwaschmitteln, die gegen Schuppen helfen sollen, ist Schwefel enthalten.

Dämpfe, die beim Verbrennen von Schwefel aufsteigen, sind giftig. Manche Bakterien und Schimmelpilze werden durch sie abgetötet.

Aus Umwelt und Technik: Kohlenstoff – ein Stoff „mit drei Gesichtern"

Wenn Brennstoffe verbrennen, bildet sich leicht **Ruß**. Er setzt sich meist im Ofen und im Kamin ab. Dieser Ruß ist fast *reiner Kohlenstoff*.

Kohlenstoff ist – mit anderen Stoffen verbunden – in Brennstoffen enthalten. *Holzkohle* ist ziemlich reiner Kohlenstoff. Sie wird deshalb oft zum Experimentieren in der Schule für Kohlenstoff eingesetzt.

Wie der Name sagt, wird Holzkohle aus Holz hergestellt. Früher machte man das in Kohlenmeilern. Heute wird Holzkohle industriell (in Kesseln) hergestellt. Nur noch wenige Meiler schwelen in einigen Wäldern der Pfalz, Oberbayerns und des Harzes – als Sehenswürdigkeit für die Touristen.

Auch **Graphit** ist reiner Kohlenstoff. Es ist in allen Bleistiftminen enthalten. Obwohl Graphit kein Metall ist, leitet es – wie alle Metalle – den elektrischen Strom. Graphit wird deshalb auch in vielen Bauteilen der Elektrotechnik als elektrischer Leiter eingesetzt.

2

Das dritte „Gesicht" des Kohlenstoffs ist der **Diamant**. Diamanten werden nur selten gefunden. Wenn sie „lupenrein" und ganz klar sind, werden sie zu Schmuckstücken verarbeitet. Geschliffene Diamanten heißen *Brillanten*.

Der weitaus größte Teil der gefundenen Diamanten ist von geringer Qualität. Sie werden deshalb in der Industrie verwendet. Diamanten sind sehr hart. Man setzt sie daher in Werkzeuge zum Schneiden, Schleifen oder Bohren ein. Auch bei Geräten, mit denen nach Erdöl oder Erdgas gebohrt wird, sind die Bohrköpfe oft mit Diamanten besetzt (Bild 2).

Mit Diamanten kann man sogar Glas ritzen. Gute Glasschneider sind deshalb mit Diamanten ausgestattet.

63332

Aus der Geschichte: Die Diamantenstory

3

Das „Feuer" des Diamanten und seine unübertroffene Härte üben schon lange eine große Faszination auf die Menschen aus.

Es begann wohl im Jahr 1866. Damals wurden am Ufer des *Oranje*-Flusses in Südafrika einige Diamanten gefunden. Bald darauf brach das *Diamantenfieber* aus. Zahlreiche Abenteurer strömten herbei. Es entstanden *Schürfstellen* an den Ufern des Oranje und im Bergland, nahe der heutigen Stadt *Kimberley*.

Dort entdeckte man diamanthaltige Vulkanschlote. Das blauschwarze Erz dieser „Röhren" wurde als *Kimberlit* bezeichnet.

Dem Kimberlit rückten die Diamantschürfer zunächst mit Hacke und Schaufel zu Leibe. Sie waren so besessen, dass sie im Laufe von vierzig Jahren ein 400 m tiefes, rundes Loch buddelten – das *Big Hole*, wie es später genannt wurde (Bild 3).

Heute wird das Erz der Diamantenminen bergmännisch abgebaut. So werden mit Hilfe moderner technischer Geräte auch kleinste Diamantsplitter gewonnen (*Rohdiamanten*, Bild 4).

Aus einer Tageszeitung:

Ein Goldsucherlehrling fand beim Abwaschen von Geschirr in einem kleinen Bach in Carma do Parnasilo (Brasilien) einen Riesendiamanten von 164 Karat. Sein Wert: etwa 1,5 Millionen Euro. Sein Arbeitgeber, dem er diesen Diamanten übergab, verschwand damit spurlos.

4

5

Aus 22 000 t Erz gewinnt man etwa 8000 Karat (kt) Diamanten (1 kt = 0,2 g). Davon sind nur etwa 20 % für Schmuckstücke geeignet. Sie werden in Diamantenschleifereien zu Brillanten (frz. *brillant:* glänzend) verarbeitet (Bild 5).

Der größte Rohdiamant, der jemals gefunden wurde, wog 3106 Karat. Es ist der *Cullinan*.

1908 wurde er in 105 Teile gespalten. Das war eine aufregende Angelegenheit. Es kann nämlich passieren, dass er dabei in viele, recht wertlose Stücke zerbricht.

Der Stress war damals so groß, dass der *Cutter* (engl. Schneidender) nach Abschluss der Arbeiten drei Monate mit einem Nervenzusammenbruch darnieder lag.

Die 3 größten Stücke wurden zu kostbaren Schmuckstücken geschliffen. Das schwerste davon, der *Cullinan I* (530 kt), ziert das englische Königszepter, der *Cullinan II* (317 kt) die Königskrone.

Von Reinstoffen und Gemischen

Zwei Stoffgruppen

1

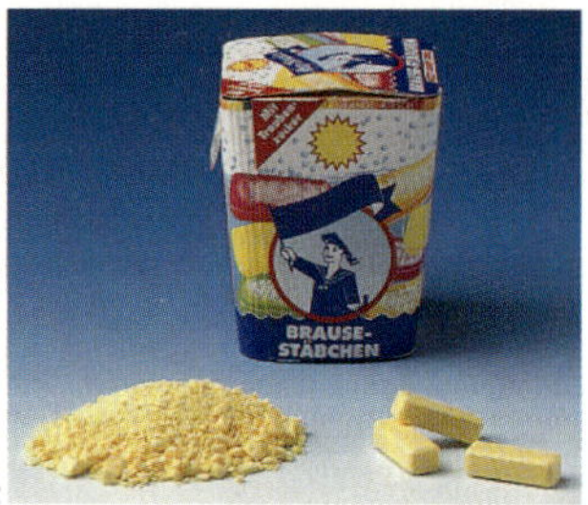

2

3

4

Ein Häufchen Zucker, etwas Brausepulver, ein Brocken Granit und ein Kochsalzkristall – ein Vergleich dieser und anderer Stoffe zeigt: Es gibt „reine“ Stoffe und solche, die mit anderen vermischt sind.

Vorbereitende Aufträge

1. *Hole dir aus verschiedenen Gewässern Wasserproben – aber nur wenn dies gefahrlos möglich ist. Fülle sie jeweils in ein Glas. Beschrifte die Gläser.*
a) *Stelle einige Eigenschaften dieser Proben fest, z. B. Aussehen, sichtbare Bestandteile, Geruch, Farbe (Tabelle anlegen!).*
b) *Vergleiche die Wasserproben – sofort und nach einer Woche.*

2. *Stelle dir Schmutzwasser aus Wasser und Erde her. Rühre gut um. Lass das Schmutzwasser 5 Minuten lang stehen. Was stellst du fest?*

3. *Vergleiche Zucker und Brausepulver.*

4. *Untersuche Studentenfutter und Frühstücksmüsli, möglichst auch Vogelfutter. Wie viele Bestandteile stellst du jeweils fest? Welche sind es?*

5. *Betrachte die folgenden Stoffe mit der Lupe und prüfe, ob es sich um reine Stoffe handeln könnte oder ob die Stoffe miteinander vermischt sind: Gartenerde, einen Stein (möglichst Granit), ein Stück Kupferrohr, Kochsalz, Zucker, Brausepulver, einen Tropfen Milch.*

Info: Wie wir Reinstoffe und Gemische unterscheiden

Wenn man Proben von Stoffen (z. B. Zucker, Kochsalz, Kupfer, Wasser) näher untersucht, stellt man fest: Diese Stoffe haben immer gleich bleibende Eigenschaften; sie sind mit keinen anderen Stoffen vermischt. Man nennt solche Stoffe **Reinstoffe**.

Weitere Beispiele für Reinstoffe sind die Metalle, die Nichtmetalle Kohlenstoff und Schwefel, außerdem zahlreiche Gase (z. B. das Kohlenstoffdioxid).

Reinstoffe erkennt man an ihrer Schmelztemperatur, ihrer Siedetemperatur und ihrer Dichte: Sie bleiben stets gleich.

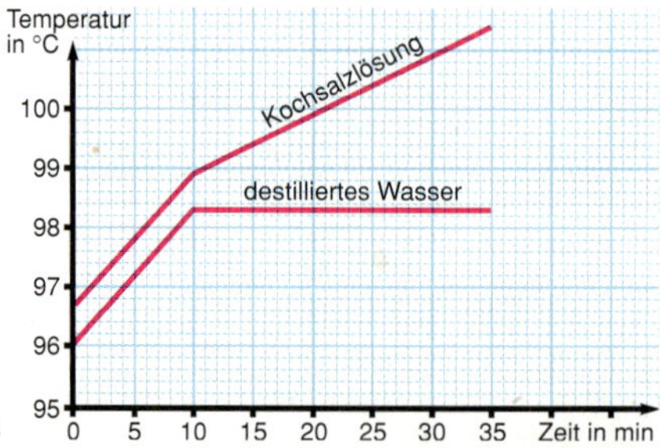

5

In einem Versuch wurde die Siedetemperatur eines Reinstoffs (destilliertes Wasser) und die eines Stoffgemisches (Kochsalzlösung) ermittelt. Die Ergebnisse sind in Bild 5 als Diagramm dargestellt.

Der Reinstoff hat eine ganz bestimmte, stets gleich bleibende (konstante) Siedetemperatur. Das Stoffgemisch siedet dagegen innerhalb eines Temperatur*bereiches*. Die Temperatur steigt während des Siedens noch an.

63334

Info: Gemische

Die meisten Stoffe, die uns begegnen, sind keine Reinstoffe. Sie sind mehr oder weniger stark vermischt. **Gemische bestehen aus Reinstoffen, deren Eigenschaften im Gemisch erhalten bleiben.**

Granit, Marmor, Sandstein, Gartenerde, Brausepulver, Flusswasser, Salzlösung und Milch sind einige Beispiele für Gemische. (Granit z. B. besteht aus den drei Reinstoffen Feldspat, Quarz und Glimmer, Sandstein mindestens aus zweien: Sand und Ton.)

Gemisch ist jedoch nicht gleich Gemisch:

- *Studentenfutter* ist ein **Gemisch** aus festen Bestandteilen: Rosinen, Mandeln, Nüsse.
- *Schmutzwasser* ist eine **Suspension** *(Aufschlämmung)* fester Stoffe in Wasser.
- *Milch* ist eine **Emulsion** von winzigen Fettkügelchen in Molke. (Emulsionen sind in der Regel wenig haltbar; nach einiger Zeit entmischen sich die Bestandteile wieder ganz von selbst.)
- Über einer *rußenden Kerze* bildet sich **Rauch** aus den festen Rußteilchen der Abgase.
- Wenn *Wasserdampf* kondensiert, bildet er **Nebel**, ein Gemisch feinster Wassertröpfchen in Luft.
- Auch **Lösungen** gehören zu den Gemischen, obwohl ihre Bestandteile nicht mit bloßem Auge zu unterscheiden sind. Lösungen sind klar und sehen durch und durch einheitlich aus. Sie besitzen aber – im Gegensatz zu Reinstoffen – keine bestimmte Siedetemperatur.
- **Legierungen** sind eine besondere Form von Gemischen. Man erhält Legierungen (z. B. Messing), wenn man geeignete Metalle (z. B. Kupfer und Zink) gemeinsam schmilzt und dann erstarren lässt.

In der folgenden *Übersicht über die Stoffgemische* sind auch die Zustandsformen der Bestandteile mit angegeben.

Übersicht über die Stoffgemische

Zustandsformen der Bestandteile	Beispiele für die Gemische
fest in fest	*Gemisch:* Hausmüll, Granit *Legierung:* Messing, Bronze, Weißgold, Rotgold
fest in flüssig	*Suspension:* Schmutzwasser, Kakao *Lösung:* Salzwasser
fest in gasförmig	Rauch, Staubluft
flüssig in fest	feuchter Sand
flüssig in flüssig	*Emulsion:* Milch *Lösung:* Alkohol in Wasser
flüssig in gasförmig	Nebel (Wasser in Luft)
gasförmig in fest	*poröser Stoff:* Schaumstoff, Bimsstein
gasförmig in flüssig	*Schaum:* Seifenschaum *Lösung:* Luft oder Kohlenstoffdioxid in Wasser
gasförmig in gasförmig	*Gasgemisch:* Luft, Autoabgase

A1 *Erläutere die Begriffe Reinstoff und Stoffgemisch (Gemisch).*

A2 *Wie kann man ein flüssiges Gemisch von einem flüssigen Reinstoff unterscheiden?*

A3 *Deute den Verlauf der Kurven von Bild 5. Ordne sie dann den Begriffen Reinstoff und Stoffgemisch richtig zu.*

A4 *Zwei Schüler streiten sich darüber, ob Wasser mit darin schwimmenden Eisstückchen ein Gemisch ist oder ein Reinstoff. Was meinst du dazu? Begründe deine Antwort.*

A5 *Der Erdboden ist ein Gemisch verschiedener Stoffe. Wie könntest du möglichst viele seiner Bestandteile voneinander trennen?*

A6 *„Garantiert reiner Bienenhonig" steht auf einem Honigglas. Ist Honig ein Reinstoff? Lies im Lexikon über Bienenhonig nach.*

Schülerversuche

V1 *Die Bilder 1 u. 2 zeigen Granit und Marmor.*
a) *Sieh dir jeweils ein Stück mit der Lupe an. Sehen sie körnig oder einheitlich aus?*
Bewege sie im Licht. Sind Kristalle zu erkennen?
b) *Versuche je ein Stück Granit und Marmor mit einem Hammer in Stücke zu schlagen. (Schutzbrille nicht vergessen! Die Steine vorher in Tücher wickeln!)*
Vergleiche das Aussehen und die Härte der beiden Gesteine.
c) *Untersuche zum Vergleich ein Stück Sandstein. Zerstoße es in einer Reibschale.*

1

2

V2 *Sieh dir Kochsalz und Traubenzucker mit einer Lupe an.*

V3 *Wir stellen uns selbst Gemische her, z. B. aus Sand und Kochsalz oder aus Sand und Eisenfeilspänen.*

V4 *Wir füllen vier kleine Erlenmeyerkolben jeweils etwa 1 cm hoch mit folgenden Flüssigkeiten: Wasser, Seifenlösung, einem klaren Spülmittel und Reinigungsbenzin [F]. Dann fügen wir jeweils einen halben Teelöffel Speiseöl hinzu.*
Wir verschließen die Erlenmeyerkolben mit Stopfen und schütteln sie kräftig.
a) *Beschreibe die Flüssigkeiten direkt nach dem Schütteln und nach 5 Minuten.*
b) *Ordne den Flüssigkeiten die folgenden Begriffe richtig zu: Lösung, Emulsion.*

V5 *Wir sehen uns einen Tropfen Milch unter dem Mikroskop an. Ist Milch demnach eine Lösung oder eine Emulsion?*

V6 *Putze je ein Stück Kupfer, Zink und Messing, bis sie metallisch glänzen. (Messing ist eine Legierung aus Kupfer und Zink.) Was kannst du erkennen, wenn du die Stücke mit der Lupe betrachtest?*

Ein Versuch zur Unterscheidung von flüssigen Stoffgemischen und Reinstoffen

V7 *Reinstoffe und Gemische haben ein besonderes Unterscheidungsmerkmal: die Siedetemperatur. Wir können jetzt den Beweis dafür liefern.*
a) *Reinstoff* ***Alkohol****:*
Wir bestimmen seine Siedetemperatur.
Versuchsmaterialien: *Becherglas, Glasstab, Thermometer, Reagenzglas, Wärmequelle (z. B. Tauchsieder), Wasser, Siedesteinchen, Alkohol (Ethanol [F])*
Versuchsaufbau u. -durchführung: *Siehe Bild 3.*

b) *Gemisch* ***Alkohol–Wasser****:*
Wir bestimmen seine Siedetemperatur.
Versuchsmaterialien: *Siehe Versuchsteil a.*
Versuchsaufbau und -durchführung: *Stellt ein Gemisch her aus 5 ml Alkohol und 5 ml dest. Wasser (Bild 4). Dann siehe Bild 3.*

4

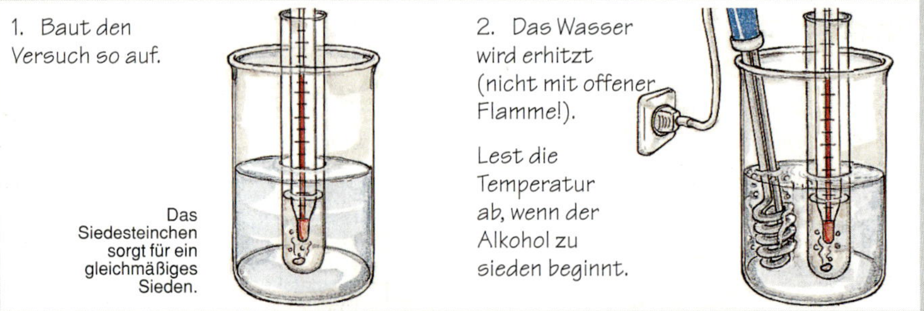

3

Einfache Trennverfahren für Gemische

Blick in die Abbaukammer eines Salzbergwerks (Bild 5)

5

6

Auch so wie in Bild 6 gezeigt kommt das Rohsalz (Steinsalz) im Erdboden vor.

Die Salzbrocken von Bild 6 sehen gar nicht so aus wie Kochsalz in der Küche. Sie sind nämlich durch verschiedene Beimengungen gefärbt.

Wie könnte man aus dem Gemisch Rohsalz sauberes Kochsalz gewinnen?

Für den folgenden Versuch wird Rohsalz oder Steinsalz benötigt. Falls davon keine Brocken zur Verfügung stehen, kann man sie vielleicht in Förstereien als „Lecksteine" erhalten.

V1 *Aus natürlichem Steinsalz, das Beimengungen anderer Stoffe enthält, soll das reine Kochsalz gewonnen werden.*

a) *Zunächst wird das Steinsalz zerkleinert und versucht das Kochsalz durch* ***Sieben*** *von den anderen Beimengungen zu trennen.*

b) *Wir geben etwas zerkleinertes Steinsalz in ein 100-ml-Becherglas. Dann fügen wir etwa 30 ml destilliertes Wasser hinzu und rühren vorsichtig um. Die entstandene Lösung müssen wir* ***filtrieren****. Möglichkeiten dazu zeigt Bild 7. Im Standzylinder sammelt sich das Filtrat. Es enthält gelöstes Kochsalz. Betrachte auch den Rückstand im Filter.*

c) *Das Filtrat wird langsam und vorsichtig* ***eingedampft****. Betrachte den Rückstand mit der Lupe. Kann man das entweichende Wasser „retten"?*

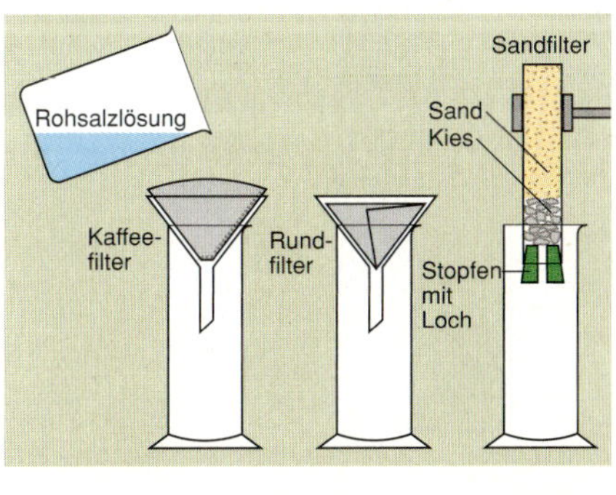

7

V2 *Stelle etwas „Meerwasser" her, indem du einen halben Teelöffel Kochsalz in einem Becherglas mit Wasser auflöst. Jetzt gilt es, das Salz vom Wasser zu trennen.*

8

a) *Du weißt zwar, dass man eine Lösung einfach eindampfen kann. Aber überlege: Könnte man dadurch das Wasser bekommen?*

b) *Bild 8 kommt dir vielleicht noch bekannt vor. Dieser Versuchsaufbau „weist in die richtige Richtung". Wie ist diese Aussage zu verstehen?*

c) *Die* ***Destillation*** *mit Hilfe eines Liebig-Kühlers (Bild 9) bringt den entscheidenden Vorteil.*

- *Wie läuft dabei die Destillation ab?*
- *Woraus besteht das Destillat im Becherglas und was bleibt im Kolben zurück?*
- *Könnte man das entstandene Destillat trinken?*

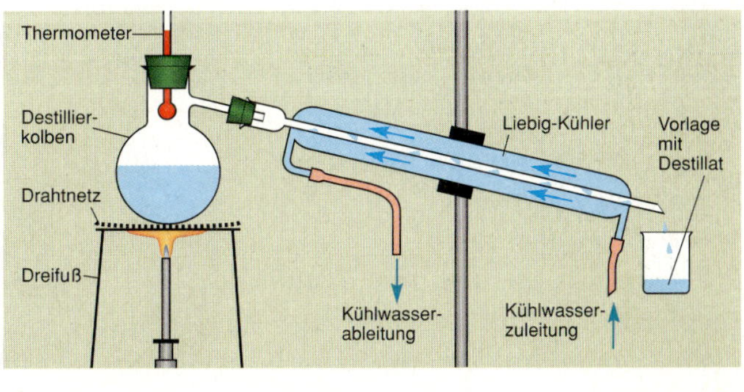

9

Info: Trennverfahren – Arbeitstechniken des Chemikers

Der Chemiker muss meist Stoffgemische trennen, an denen Wasser beteiligt ist. Dabei werden die unterschiedlichen Eigenschaften der Bestandteile genutzt.

○ **Das *Aufschlämmen, Sedimentieren* und *Dekantieren* wendet man an, wenn z. B. Bodenproben untersucht werden sollen.**

Die Bodenprobe wird mit Wasser verrührt *(aufgeschlämmt)*. Wenn dieses Gemisch ruhig stehen bleibt, können sich seine Bestandteile in dem Wasser absetzen – die größten und schwersten zuerst *(sedimentieren)*. Die überstehende Flüssigkeit kann man vorsichtig abgießen *(dekantieren)*.

○ **Oft werden Bestandteile eines Gemisches durch *Filtrieren* voneinander getrennt.**

Dazu gießt der Chemiker die Flüssigkeit durch einen Glastrichter, in dem sich ein Filter befindet. Der Filter wirkt wie ein feines Sieb; die Poren des Filters sind aber wesentlich feiner als die Löcher eines Siebes. Sie lassen deshalb die Schwebeteilchen nicht durch. Das *Filtrat* wird in einem Becherglas gesammelt; im Filter zurück bleibt der *Rückstand*.

○ **Das *Eindampfen* wird angewendet um gelöste Stoffe vom Lösemittel zu trennen.**

Dazu wird das Gemisch (die Lösung) erhitzt. Das Lösemittel (in unseren Versuchen Wasser) geht in den gasförmigen Aggregatzustand über. Es verdampft und der gelöste Stoff bleibt zurück. Wenn man eine Salzlösung eindampft, erhält man einen „kristallinen" Rückstand.

○ **Durch *Destillation* kann man aus einer Lösung sowohl den gelösten Stoff als auch das Lösemittel gewinnen.**

Um das Lösemittel als reinen Stoff zu gewinnen, wird die Lösung erhitzt, sodass das Lösemittel verdampft. Der Lösemitteldampf wird abgekühlt und die entstehende Flüssigkeit aufgefangen. Ein Beispiel ist die Gewinnung von Trinkwasser aus Meerwasser.

In der Technik wird die Destillation auch angewendet, um z. B. aus Wein reinen Alkohol herzustellen oder um aus Erdöl Treibstoffe und Schmieröle zu gewinnen. Dabei nutzt man die unterschiedlichen Siedetemperaturen der Flüssigkeiten aus.

A1 *In Versuch 3, S. 28, haben wir uns selbst Gemische hergestellt. Wie könntest du die Bestandteile wieder voneinander trennen? Plane dazu einen Versuch.*

A2 *Oft sieht man beim Filtrieren, wie eine Flüssigkeit erst schnell durch einen Filter läuft, dann aber immer langsamer fließt. Erkläre, woran das liegt.*

A3 *Studentenfutter ist ein Gemisch meist aus verschiedenen Nüssen, Rosinen und Mandeln. Nina mag die Rosinen nicht. Sie liest sie deshalb heraus. Damit wendet sie ein Trennverfahren an. Wie könnte man dieses Verfahren nennen?*

A4 *Wenn Quark in einem Behälter steht, setzt sich oben eine Flüssigkeit ab. Woran liegt das?*

A5 *Bei der Herstellung von Holzspanplatten („Spanplatten") werden Holzspäne mit anderen verholzten Faserstoffen verleimt; anschließend werden sie gepresst. Oft geraten dabei Eisenspäne unter die Holzspäne. Die können erheblich stören. Durch welches Verfahren könnte man die Eisenspäne von den Holzspänen trennen?*

1

A6 *Durch „Windsichten" – wie in Bild 1 gezeigt – trennt man noch heute in einigen Entwicklungsländern das Korn von Spelzen und Strohhalmstücken. Gib an, welche Eigenschaft von Spreu und Korn man bei diesem Trennverfahren nutzt.*

A7 *Du kennst den Unterschied zwischen destilliertem Wasser und Leitungswasser.*
a) *Würde destilliertes Wasser, das man eine Weile im Glas stehen lässt, Ränder hinterlassen?*
b) *Warum verwenden Chemiker beim Experimentieren destilliertes Wasser statt Leitungswasser?*

A8 *Der Liebig-Kühler (Bild 9 der Vorseite) wird bei Versuchen in Schule und Labor oft eingesetzt. Was kann man grundsätzlich mit ihm erreichen?*

63338

Aus der Geschichte: Gold – heiß begehrt

2

Es war Mitte des 19. Jahrhunderts – da erlebte Nordamerika seinen **Goldrausch**: Nach ersten Goldfunden in Kalifornien versuchten viele Menschen ihr Glück im *Goldwaschen* (Bild 2). In seinem Buch „Lockruf des Goldes" beschreibt der Schriftsteller *Jack London* die Erlebnisse eines Goldsuchers:

Dort, wo der Steilhang das Ufer des Teiches bildete, blieb er stehen, hob eine Schaufel voll Erde aus und schüttete die Erde in die Pfanne.

Dann hockte er sich am Bach nieder, tauchte das Gefäß halb unter das Wasser und schwenkte es sacht hin und her. Schneller und schneller wurden die kreisenden Bewegungen der Pfanne, kleinere und größere Erd- und Kieselteilchen kamen an die Oberfläche und glitten über den Rand des Gefäßes hinweg.

Um den Prozess des Auswaschens zu beschleunigen, hielt der Mann manchmal inne und suchte die größeren Steine mit den Fingern heraus. Jetzt befanden sich nur mehr dünner Sand und kleinere Kieselsteine in der Pfanne.

Mit unendlicher Vorsicht setzte der Goldgräber seine Arbeit fort; seine Bewegungen wurden langsamer und behutsamer … Der Boden des Gefäßes war mit einer dünnen, schwarzen Schicht überzogen, die der Mann einer sorgfältigen Untersuchung unterzog.

Da! Ein winziger, goldig flimmernder Punkt fesselte seine ganze Aufmerksamkeit. Noch mal spülte eine Flut von Wasser über den Boden des Gefäßes hinweg. Er kehrte die Pfanne um, ließ ihren Inhalt auf den Boden gleiten und entdeckte unter den schwarz schimmernden Sandkörnern einen neuen goldenen Punkt.

3 Nugget

Der Mann unterzog sich seiner Aufgabe mit der größten Genauigkeit. Immer kleiner wurde die Menge schwarzen Sandes, die er auf den Rand der Pfanne gleiten ließ, um sie dort auf ihren Goldgehalt zu prüfen. Kein noch so kleines Sandkörnchen entging seinen forschenden Blicken. … Schließlich fanden sich nur mehr Goldkörner auf dem Boden des Gefäßes …

Nur seine Augen verrieten die Erregung, in der er sich befand, als er sich nach getaner Arbeit vom Boden aufrichtete. „Sieben", murmelte er beglückt vor sich hin, „sieben." Er konnte sich nicht genug daran tun, die verheißungsvolle Zahl zu wiederholen …

Gold (Bild 3) war schon immer ein begehrtes Metall. Es kommt im Gestein der „Goldminen" oder im Sand mancher Flüsse vor. Daher wird es entweder in Bergwerken *unter Tage abgebaut* oder aus dem Flusssand *herausgewaschen*. Das Gold ist im Gestein oder Sand meist nur als Staub oder in Form winziger Körnchen enthalten. Nur selten werden auch größere Stückchen *(Nuggets)* gefunden.

Mehr als die Hälfte des gewonnenen Goldes wird als *Zahlungsmittel* verwendet. In Form gegossenes Gold *(Goldbarren)* und zu *Münzen* geprägtes Gold kann man überall auf der Erde bei Banken gegen die in dem betreffenden Land gültige Währung eintauschen.

Nur drei Zehntel des vorhandenen Goldes werden zur Herstellung von *Schmuck* und von *Zahngold* gebraucht.

Ein Zehntel verwendet man in der Industrie.

4 Goldplättchen (5 g) in Originalgröße

Aus der Technik: Trennverfahren rund ums Salz

1

2

Wenn du schon einmal am Meer warst, dann weißt du, dass das **Meerwasser** salzig schmeckt. Alle Meere auf der Erde enthalten *gelöste* Salze. Da ist es nahe liegend, dass z. B. am Mittelmeer, wo die Sonne sehr stark scheint, *Meersalz* durch *Verdunstung* aus dem Meerwasser gewonnen wird (in sog. *Salzgärten*; Bilder 1 u. 2).

In Deutschland gibt es **Salzlager in der Erde**. Meist ist das Salz dort aber vermischt mit Gips, Ton und Gestein. Hier sind also andere Förder- und Trennverfahren nötig als beim Meerwasser. Dafür gibt es zwei Möglichkeiten: So wie in Bild 3 gezeigt kann man das Salz „unter Tage" **abbauen** – ähnlich wie Steinkohle in einem Bergwerk. Das so geförderte Salz ist das *Roh-* oder *Steinsalz*.

In einem anderen Verfahren wird Salz zuerst unterirdisch in Wasser gelöst. Dadurch entsteht eine Salzlösung, **Sole** genannt, die heraufgepumpt wird.

In *Salinen dampft* man dann das Wasser dieser Lösung *ein* – und zurück bleibt das Salz, das sog. *Siedesalz*.

Früher benutzte man zum Eindampfen offene „Pfannen". Dabei ging aber das Wasser und mit ihm viel Wärme verloren. Heute verwendet man deshalb in der Regel geschlossene Behälter, in denen auch das Wasser wieder zurückgewonnen wird (Bild 4).

3

4

Aus dem Alltag: Extrahieren – beinahe alltäglich

Teekochen mit dem Teebeutel (Bild 5) – die einfachste Sache der Welt: Du brauchst nur den Teebeutel in heißes Wasser zu hängen.

Du wirst vielleicht fragen: Was hat das mit Chemie zu tun? Nun, dabei handelt es sich um ein *Trennverfahren* für Gemische: Verschiedene Stoffe werden durch **Extrahieren** getrennt. Dabei ist ein Lösemittel erforderlich, das nur den Stoff herauslöst, den man haben möchte.

Den zerkleinerten Teeblättern werden beim Teekochen Wirkstoffe, Aromastoffe sowie Farbstoffe entzogen. Die dabei gewonnenen Stoffe heißen *Extrakte*. Solche Extrakte findest du in vielen Bereichen des Haushalts. Lies nach, was auf Behältern von löslichem Kaffee oder Fleischbrühe steht. Auch Essig, Haarwasser und Badezusätze enthalten verschiedene Extrakte.

5

Auch beim **Kaffeekochen** werden durch das heiße Wasser, das auf das Kaffeepulver einwirkt, Aromastoffe, Wirkstoffe und Farbstoffe extrahiert. Außerdem wird das fertige Getränk vom Kaffeepulver durch Filtrieren getrennt.

Bei der **Reinigung** verschmutzter Kleidung spielt das Extrahieren ebenfalls eine Rolle. Dabei können unterschiedliche Stoffe als Lösemittel dienen, z. B. Benzin, Fleckenwasser und Seifenlösung.

63340

Aus der Technik: Die Destillation löst Wasserprobleme

Trinkwasser aus salzigem Meerwasser! Dafür wurden (z. B. am Mittelmeer) große **Anlagen zur Trinkwassergewinnung** errichtet.

Einige dieser Anlagen gleichen Gewächshäusern (Bild 6). Innen befinden sich lange Becken, die nach oben hin durch schräge Glasdächer (mit Rinnen an der Innenseite) abgeschlossen sind. In diesen Becken befindet sich Meerwasser. (Das Meerwasser wird alle zwei Tage abgelassen und ersetzt.)

Außen am Glasdach hat man eine weitere Sammelrinne angebracht. Hier sammelt sich Regenwasser. Es kann dann ebenfalls als Trinkwasser genutzt werden. Wie funktioniert eine solche Anlage?

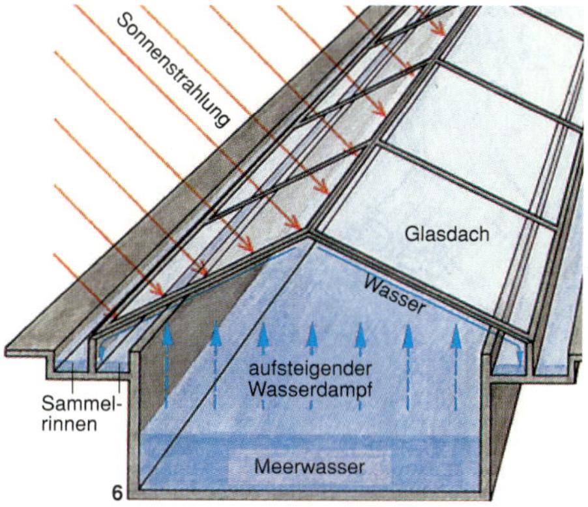

6

Eigentlich kennst du das Verfahren schon:

Das Meerwasser in den Becken – ein Gemisch aus Wasser und den darin gelösten Salzen und Schwebestoffen – wird durch **Destillation** getrennt (so ähnlich wie in Versuch 1). Dabei ist die *Sonne* die dafür erforderliche Wärmequelle.

Täglich werden hier von jedem Quadratmeter Wasserfläche drei Liter destilliertes Wasser gewonnen. Dieses Verfahren eignet sich aber nur für Gebiete, in denen die Sonne das ganze Jahr über kräftig scheint und ausreichend große Flächen zur Verfügung stehen.

Dem destillierten Wasser werden dann noch Mineralsalze zugefügt – fertig ist das Trinkwasser.

Aus der Technik: Aus Wein wird Weinbrand

Wein ist vergorener Traubensaft. Chemisch gesehen ist er aber ein **Gemisch** aus Alkohol, Wasser und Aromastoffen.

Vielleicht sagst du nun: „Wenn das so ist, dann könnte man ja durch ein geeignetes Trennverfahren – z. B. durch **Destillieren** – Wein in seine Bestandteile zerlegen und sogar reinen Alkohol gewinnen."

Das gelingt beim Wein aber nicht ganz. Wenn man nämlich Wein destilliert, gewinnt man nur eine Flüssigkeit mit höherem Alkoholgehalt – reinen Alkohol aber nicht.

Trotzdem wird die Destillation von Wein häufig durchgeführt: Durch dieses Verfahren kann man nämlich schließlich **Weinbrand** herstellen.

Dabei macht man sich zunutze, dass Wasser und Alkohol *unterschiedliche Siedetemperaturen* haben: Wasser siedet bei 100 °C und Alkohol schon bei 78 °C.

In Bild 7 siehst du einen einfachen **Laborversuch zur Weindestillation**. Wenn der Wein im Kolben erhitzt wird, steigt die Temperatur zunächst auf etwas über 80 °C an. Bei dieser Temperatur verdampft vor allem der Alkohol und nur ganz wenig von dem Wasser, aus dem der Wein ebenfalls besteht.

Das Gemisch aus Alkoholdampf und Wasserdampf entweicht aus dem Kolben.

Im Liebig-Kühler wird das Gemisch abgekühlt, sodass es wieder kondensiert. Das Destillat ist zwar viel alkoholhaltiger als der Wein, aber eben kein reiner Alkohol.

Wenn der größte Teil des Alkohols verdampft ist, steigt die Temperatur der Flüssigkeit im Kolben langsam an. Dabei verdampft dann immer mehr Wasser.

In der Industrie wird der Wein ähnlich destilliert wie in dem abgebildeten Versuch.

Allerdings sind noch mehrere Schritte nötig, bis aus dem Wein ein echter Weinbrand wird.

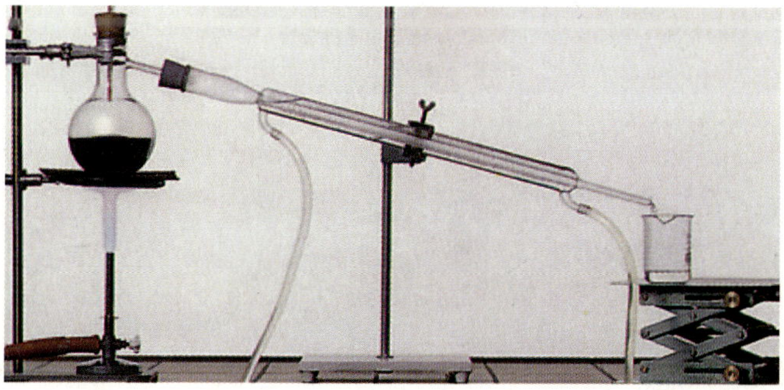
7

Wir trennen Farbstoffe durch Chromatographie

1

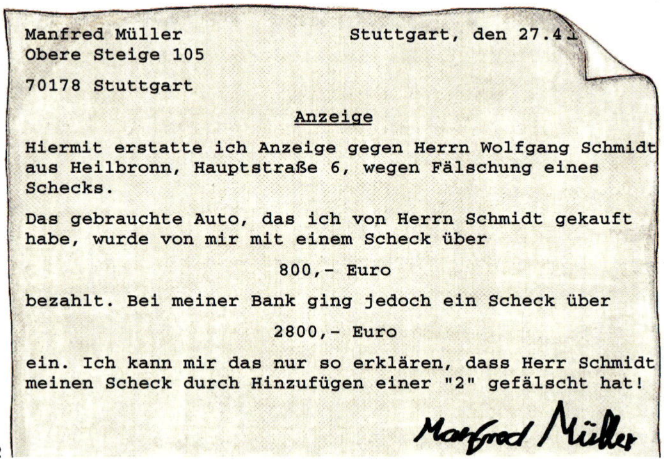
Manfred Müller   Stuttgart, den 27.4.
Obere Steige 105
70178 Stuttgart

Anzeige

Hiermit erstatte ich Anzeige gegen Herrn Wolfgang Schmidt aus Heilbronn, Hauptstraße 6, wegen Fälschung eines Schecks.

Das gebrauchte Auto, das ich von Herrn Schmidt gekauft habe, wurde von mir mit einem Scheck über

800,- Euro

bezahlt. Bei meiner Bank ging jedoch ein Scheck über

2800,- Euro

ein. Ich kann mir das nur so erklären, dass Herr Schmidt meinen Scheck durch Hinzufügen einer "2" gefälscht hat!

Manfred Müller

2

Ob da wirklich mit zwei verschiedenen Filzstiften geschrieben wurde?

Schülerversuche

V1 *Wir untersuchen, ob man die Schrift von Filzstiften durch Chromatographie voneinander unterscheiden kann.*
Versuchsmaterialien: *farbige Filzstifte von unterschiedlichen Herstellern, 3 runde Filterpapiere (Rundfilter), 2 flache Gefäße, Wasser*
Versuchsaufbau und -durchführung: *Bilder 3 u. 4.*

1. Malt mit einem Filzstift einen dicken Punkt auf einen Rundfilter. Mit dem anderen Stift malt ihr den Punkt auf den anderen Filter.

2. Schneidet den dritten Rundfilter in der Mitte durch.

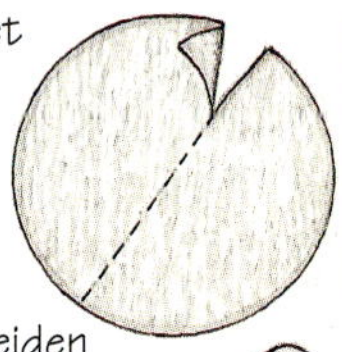

Rollt die beiden Hälften zu je einem „Docht" auf.

3

3. Steckt die selbst gefertigten „Dochte" durch die farbigen Punkte hindurch in die Rundfilter.

4. Legt die Rundfilter mit den darin steckenden „Dochten" auf die Gefäße mit Wasser. Die „Dochte" sollen ins Wasser eintauchen, die Filter nicht.

4

V2 *Auch so können wir untersuchen, ob man die Schrift von Filzstiften durch Chromatographie voneinander unterscheiden kann.*
Versuchsmaterialien: *weißes Küchenpapier, verschiedenfarbige Filzschreiber, Becherglas, Bleistift, Wasser, Brennspiritus* F
Versuchsaufbau und -durchführung: *Bilder 5 u. 6.*

1. Beschneidet das weiße Küchenpapier so, dass es ausgebreitet in das Becherglas passt.

2. Klebt dann eine schmale Seite des Papiers so um den Bleistift.

5

3. An der anderen Seite des Papiers zieht ihr 1 cm vom Rand entfernt eine dünne Linie. Setzt einige Farbpunkte auf die Linie.

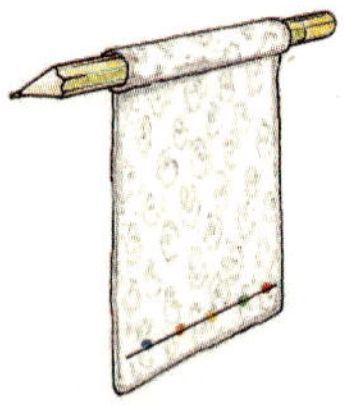

4. Hängt das Papier ins Glas mit Wasser als Fließmittel.

5. Wiederholt dann den Vorgang mit Brennspiritus als Fließmittel.

6

63342

Info: So entstehen Chromatogramme auf Papier

In V 1 hast du ein besonderes Verfahren zur *Stofftrennung* kennen gelernt: die **Chromatographie** (genauer: *Papierchromatographie*). Das Wort ist von den griechischen Wörtern *chroma* (Farbe) und *graphein* (schreiben) abgeleitet.

Bei diesem Verfahren dient das Wasser als *Fließmittel (Laufmittel)*: Auf seinem Weg durch das Filterpapier nimmt es die verschiedenen Farbstoffe unterschiedlich weit mit. So entstehen die *Farbringe*. Das Farbbild, das sich so bildet, heißt *Chromatogramm*.

Durch Chromatographieren kann man Farbstoffgemische nicht nur zerlegen – so kann man Stoffe auch *erkennen*: Man vergleicht einfach das Chromatogramm des unbekannten Stoffes mit den Chromatogrammen bekannter Stoffe.

A1 *Woran könnte man erkennen, ob der Scheck in der Situation der Bilder 1 u. 2 gefälscht war?*

A2 *Hier siehst du sechs Chromatogramme (Bilder 7–12). Welche davon gehören wohl zu Farben mit gleicher Zusammensetzung? Begründe!*

A3 *Mit Hilfe der Papierchromatographie kann man auch feststellen, ob eine Farbe aus nur einem einzigen Farbstoff oder aus einem Farbstoffgemisch besteht. Woran ist das zu sehen?*

A4 *Überlege, ob man durch Papierchromatographie ganz sicher nachweisen kann, ob ein Scheck wie der von Bild 2 gefälscht wurde.*

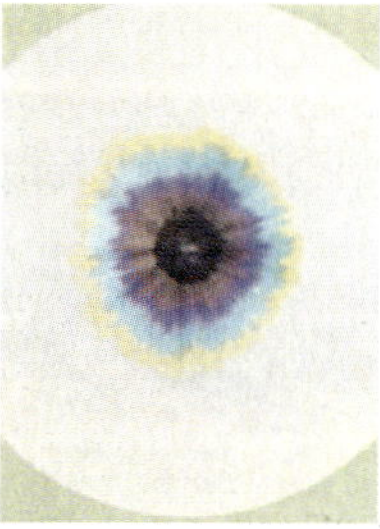
7

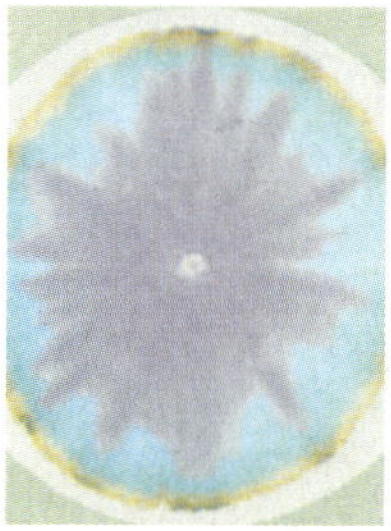
8

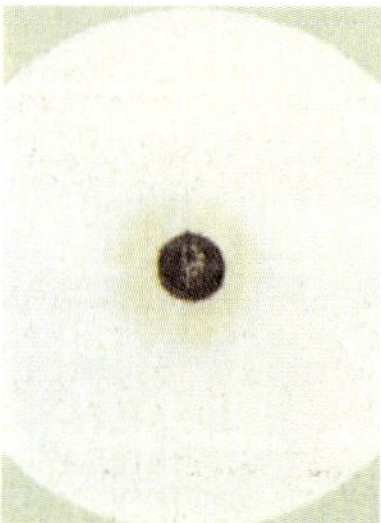
9

10

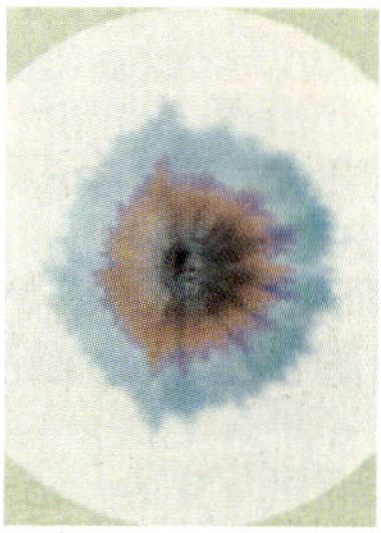
11

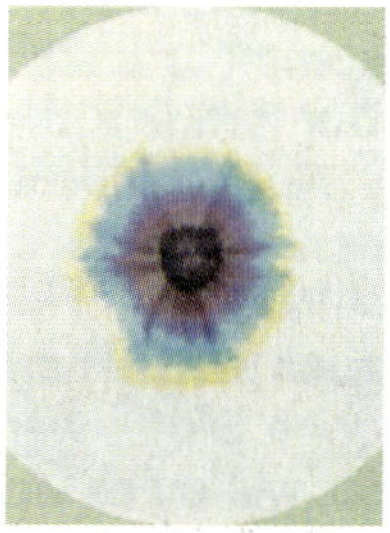
12

Aus dem Alltag: Chromatographie im Dienst der Kriminalpolizei

Manchmal werden Pässe, Testamente oder Zeugnisse gefälscht. Wie bekommt man das heraus?

In der Kriminaltechnik wird zwar nicht mit der Papierchromatographie gearbeitet, es wird aber ein ähnliches Verfahren angewandt: das der **Dünnschicht-Chromatographie** (*DC* genannt).

Dabei nimmt man Glasplatten, die auf einer Seite mit einer dünnen Pulverschicht überzogen sind.

Die zu untersuchenden Proben werden entlang einer Linie aufgetragen (Bild 13). Dann stellt man jede Platte senkrecht in ein Gefäß, in dem sich ein Fließmittel befindet. Meist handelt es sich dabei aber nicht um Wasser, sondern um ein spezielles Stoffgemisch.

13

14

15

Das Fließmittel steigt in der saugfähigen Pulverschicht empor. Dabei nimmt es die unterschiedlichen Farbstoffe verschieden weit mit (Bilder 14 u. 15).

Das Verfahren der Dünnschicht-Chromatographie wird in der Kriminaltechnik auch zu medizinischen Untersuchungen eingesetzt.

Man kann so z. B. die Zusammensetzung von Lebensmitteln, Arzneimitteln und Körperpflegemitteln feststellen. So prüft man manchmal auch, ob Verunglückte Drogen genommen hatten.

Vom Bau der Stoffe aus Teilchen

Info: Was ist ein Modell?

Wenn etwas so groß, so klein oder so unübersichtlich ist, dass man es nicht begreifen kann, nimmt man ein **Modell** zu Hilfe.

Ein Beispiel für ein Modell ist der **Globus**. Der Globus ist ein Modell der Erde (Bild 1). Man erkennt auf ihm die Form und die Lage der Kontinente sowie die Verteilung von Wasser und Land.

1

Der Globus stimmt aber nicht in allen Einzelheiten mit der Erde überein. Das Wetter und alle Veränderungen während der Jahreszeiten lassen sich mit einem Globus nicht darstellen.

Das *Kugel-Teilchenmodell* ist ein weiteres Beispiel. Es **stellt dar, dass sämtliche Stoffe aus kleinsten Teilchen aufgebaut sind; wir stellen sie uns zunächst als kleine Kügelchen vor.** Mit dem Kugel-Teilchenmodell kann man z. B. zeigen, worin die Unterschiede zwischen den Aggregatzuständen eines Stoffes bestehen (Bilder 2–4): Auch dieses Modell sagt nichts darüber aus, wie die kleinsten Teilchen wirklich aussehen, welche Größe, Form und Masse sie haben.

Kein Modell stimmt mit der Wirklichkeit (mit dem „Original") völlig überein. Modelle helfen uns aber bestimmte Erscheinungen zu erklären. Sie können auch wesentliche Eigenschaften des Originals vereinfacht darstellen. Das heißt: **Ein Modell ist ein praktisches Hilfsmittel um bestimmte Sachverhalte verständlich zu machen. Es ist ein erdachtes (aber unvollständiges) Bild des Originals.**

Mit einem bestimmten Modell kann man nicht alle Beobachtungen in Physik und Chemie erklären. Man muss das Modell oft auch weiterentwickeln.

Im **festen** Zustand sind die Teilchen „fest gepackt", sie können ihren Platz nicht verlassen, führen dort aber Schwingungen aus.

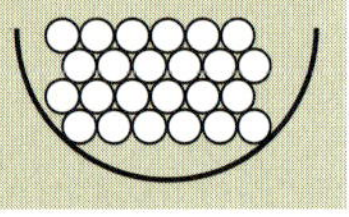
2

Im **flüssigen** Zustand bleiben die Teilchen zwar noch zusammen, sie können jetzt aber Platzwechsel vornehmen; die Abstände zwischen den Teilchen sind größer als im festen Zustand.

3

Im **gasförmigen** Zustand bewegen sich die Teilchen sehr schnell im ganzen Raum, der ihnen zur Verfügung steht.

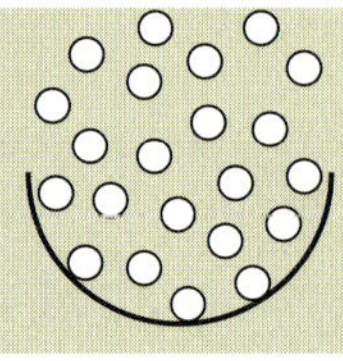
4

Info: Die Vorgänge beim Verdampfen im Teilchenmodell

Eine Salzlösung wird destilliert. Man erhält destilliertes Wasser, das keine salzartigen Stoffe mehr enthält. Mit dem **Teilchenmodell** können wir die Vorgänge, die beim Destillieren ablaufen, deutlich machen:

Zunächst sind die Wasser- und die Salzteilchen miteinander vermischt. Alle sind in Bewegung und gleiten aneinander entlang.

Die Lösung wird nun erhitzt. Dadurch bewegen sich die Teilchen immer schneller. Schließlich sind die meisten Wasserteilchen so schnell, dass sie die Wasseroberfläche verlassen und in den Raum darüber gelangen (Bild 5). Dann siedet die Flüssigkeit. Nun haben die Wasserteilchen gar keinen Zusammenhalt mehr; sie bewegen sich frei und schnell in dem ganzen Raum, der ihnen zur Verfügung steht. Die Salzteilchen dagegen verlassen die Flüssigkeit nicht. Ihr Zusammenhalt ist noch zu groß.

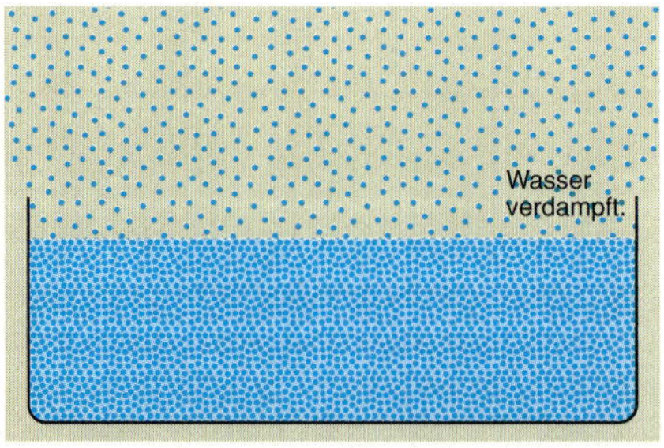

5

Der Wasserdampf kühlt sich im Liebig-Kühler ab; die Teilchen werden langsamer, sie rücken zusammen. Der Dampf wird also wieder zu flüssigem Wasser. Da die Salzteilchen zurückgeblieben waren, ist *reines* Wasser entstanden.

63344

Zusammenfassung

Gemische und Reinstoffe

6

7

Die meisten Stoffe sind mehr oder weniger stark miteinander vermischt. Es sind **Gemische**. Granit (Bild 6), Gartenerde oder Flusswasser sind Beispiele für Gemische.

Die Bestandteile der Gemische liegen ungeordnet nebeneinander. Ihre Eigenschaften wurden durch das Vermischen nicht verändert.

Reine, einheitliche Stoffe, die keine Beimengungen enthalten, werden **Reinstoffe** genannt.

Im Gegensatz zu einem Gemisch hat jeder Reinstoff immer gleich bleibende Eigenschaften (z. B. die gleiche Schmelz- und Siedetemperatur). Beispiele für Reinstoffe sind Kochsalz (Bild 7), Zucker und sämtliche Metalle.

Zwischen Gemischen und Reinstoffen besteht ein weiterer Unterschied: Nur Gemische lassen sich durch die folgenden **Trennverfahren** in ihre Bestandteile zerlegen.

8

Auslesen

9

Absetzen lassen, abgießen

10

Sieben

11

Filtrieren

2
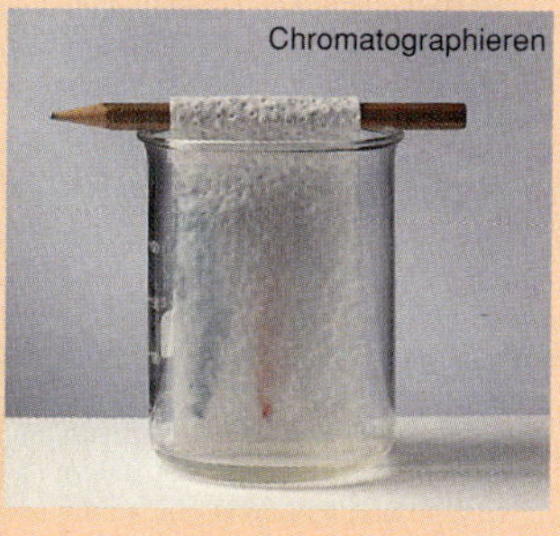
Chromatographieren

13
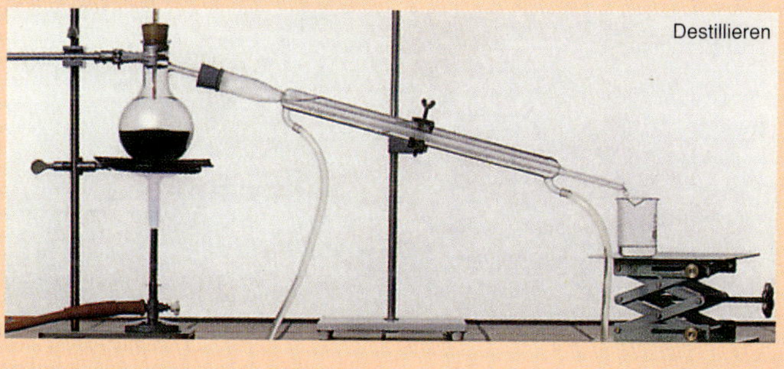
Destillieren

14

Eindampfen

Alles klar?

1. *Unter den Stoffen gibt es Gemische und Reinstoffe.*
Wie lassen sie sich voneinander unterscheiden?

2. *Im Schmutzwasser schweben unterschiedlich große Schmutzteilchen. Auf welche Weise könnte man sie entfernen?*

3. *Kurz nach einem Regenguss ist das Wasser in Pfützen trübe. Nach einiger Zeit wird es aber klar. Wie kommt das?*

4. *„Vor Gebrauch schütteln!“, das steht oft auf Flaschen mit Kakao oder Fruchtsaft. Warum sollte man das tatsächlich tun?*

5. *Die Bestandteile eines Gemisches aus Sand, Kochsalz und Wasser sollen getrennt werden. Welche Verfahren würdest du anwenden? Welche Eigenschaften der Stoffe werden dabei genutzt?*

6. *In einer Tabelle über Siedetemperaturen findet man bei Benzin die Angabe 60 … 95 °C. Was bedeutet das?*

7. *Beschreibe, was beim Destillieren geschieht. Welche Stoffgemische lassen sich trennen? Worauf beruht dieses Trennverfahren?*

Chemische Reaktionen

Stoffumwandlungen im Alltag

1

Das sind Veränderungen, die du sicher auch schon beobachtet hast.

Vorbereitende Aufträge

1. *Nimm drei 10 cm lange Eisennägel und putze sie blank.*
a) *Lege einen der Nägel in eine Schale mit Wasser; er soll völlig vom Wasser bedeckt sein. Einen anderen stellst du so in die Schale, dass er zur Hälfte vom Wasser bedeckt ist (Bild 2).*
b) *Den dritten Nagel stellst du in ein Einmachglas (in ein größeres Marmeladenglas). Gib einen angefeuchteten Wattebausch hinzu. Verschließe das Glas möglichst dicht (Bild 3).*
c) *Lass die Schale und das Glas etwa eine Woche lang ruhig stehen. Ersetze regelmäßig verdunstetes Wasser. Beobachte die Nägel täglich. Notiere Veränderungen.*

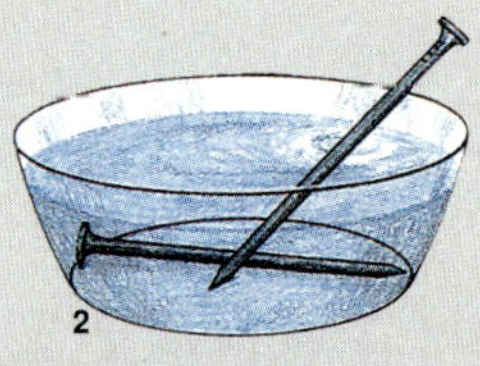

2

3

2. *Gib zwei Teelöffel schwarzen Tee in eine Tasse. Übergieße den Tee mit einer halben Tasse kochendem Wasser. Lass den Tee anschließend 10 Minuten lang ziehen. Gieße ihn in eine zweite Tasse ab. Presse nun eine Zitrone aus. Gieße den Zitronensaft langsam in den Tee. Beobachte!*

3. *Entzünde eine Kerze (Vorsicht!). Beobachte und notiere alle Veränderungen.*

V1 *Wir füllen ein Reagenzglas 2 cm hoch mit Zucker und erhitzen ihn erst vorsichtig, dann kräftig (Bild 4).*
Beobachte, ob sich der Zucker verändert. Wenn ja, notiere alle Veränderungen.

V2 *Diesmal tropfen wir Zitronensaft auf eine kleine Probe Backpulver und auf etwas Kalk.*

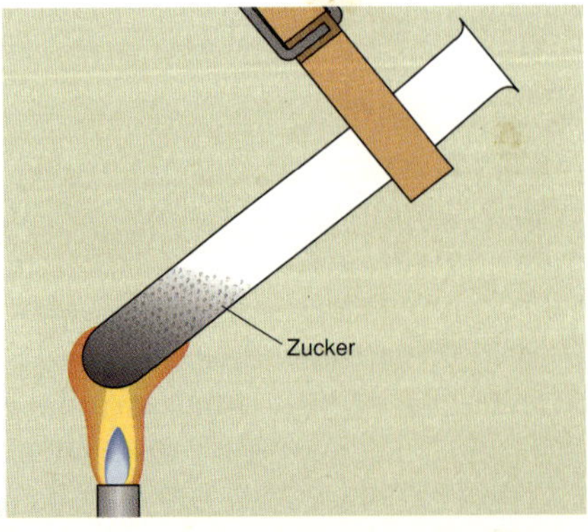

4

V3 *Wir geben in jeweils ein Reagenzglas einen kleinen Eiswürfel, eine Spatelspitze Kerzenwachs und die gleiche Menge Zucker.*
Die Reagenzgläser werden zuerst vorsichtig erwärmt, dann kräftig erhitzt. (Das Reagenzglas mit dem Eis hin und her schwenken, damit kein Wasser herausspritzt!)
Beschreibe das Verhalten der drei Stoffe beim Erhitzen.

63346

Info: Was geschieht, wenn Stoffe kräftig erhitzt werden?

Eis und Kerzenwachs (Paraffin) schmelzen beim Erhitzen, Wasser siedet und beginnt zu verdampfen. Durch Abkühlen können die Vorgänge wieder umgekehrt werden. In diesen Fällen hat sich der *Aggregatzustand* der Stoffe geändert; die Stoffe an sich sind jedoch unverändert geblieben. Es haben also nur **Zustandsänderungen** stattgefunden.

Auch *Zucker* schmilzt zunächst beim Erhitzen. Wenn man ihn weiter erhitzt, geht er in eine hellbraune bis dunkelbraune Schmelze über, den *Karamellzucker*. Bei stärkerem Erhitzen entstehen übel riechende, brennbare Dämpfe und schließlich erhält man einen festen, schwarzen Stoff, die *Zuckerkohle*.

Der Zucker hat als Stoff zu bestehen aufgehört; es sind neue Stoffe mit anderen Eigenschaften entstanden. Aus der Zuckerkohle und den aufgestiegenen Dämpfen lässt sich der Zucker auch nicht zurückgewinnen. Hier hat eine **Stoffumwandlung** stattgefunden, eine **chemische Reaktion**.

Bei einer chemischen Reaktion finden stets Stoffumwandlungen statt: Aus den Ausgangsstoffen entstehen Reaktionsprodukte. Die Ausgangsstoffe und die Reaktionsprodukte haben unterschiedliche Eigenschaften.

Ausgangsstoffe → Reaktionsprodukte

Chemische Reaktionen können wir im Alltag oft beobachten. So ist z. B. beim Toasten (Bild 1) aus dem duftenden Brot eine ungenießbare, schwarze Masse entstanden. Wenn sich schwarzer Tee durch Zugabe von Zitronensaft aufhellt, eine Kerze brennt oder Milch sauer wird, laufen chemische Reaktionen ab.

Man muss also nicht immer erhitzen, um eine Reaktion auszulösen. Auch Eisen wandelt sich z. B. bereits bei normaler Temperatur in Rost um.

Info: Was hat eine chemische Reaktion mit Wärme (Energie) zu tun?

Unsere Versuche zeigen: Entweder mussten wir erwärmen, damit eine chemische Reaktion stattfand (Beispiel: Zucker), oder es wurde Wärme an die Umgebung abgegeben (Beispiel: brennende Kerze).

Chemische Reaktionen sind mit Wärmeübertragungen verbunden.

Manchmal sind auch Lichterscheinungen zu beobachten (Beispiel: Kerzenflamme).

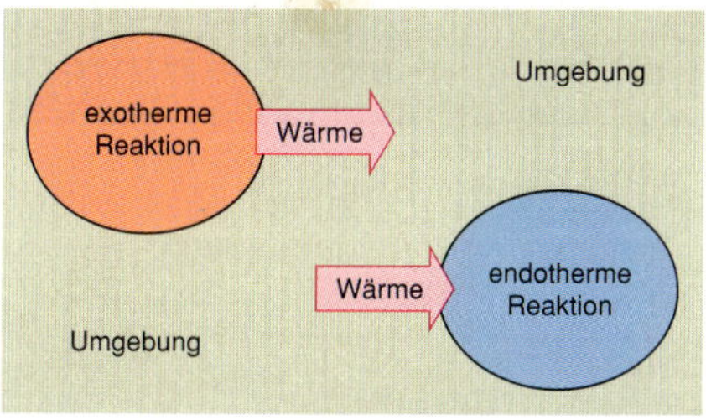

5

Bei chemischen Reaktionen findet immer ein Wärmeaustausch mit der Umgebung statt (Bild 5). Wenn dabei Wärme an die Umgebung *abgegeben* wird, spricht man von **exothermen Reaktionen** (griech. *exo:* außerhalb; *therme:* Wärme). Ein Beispiel dazu: das Abbrennen einer Kerze.

Chemische Reaktionen, bei denen ständig Wärme aus der Umgebung *aufgenommen* oder *zugeführt* werden muss, nennt man **endotherme Reaktionen** (griech. *endon:* drinnen). Beispiel: die Bildung von Zuckerkohle.

A1 *Eine Mischung aus gebranntem Gips und Wasser wird zu einem festen Stoff.*
Vergleiche diesen Vorgang mit dem Gefrieren von Wasser.

A2 *Überlege, ob bei den Versuchen auf der Nachbarseite immer neue Stoffe entstanden sind. Fasse das wesentliche Ergebnis der Versuche zusammen.*

A3 *Sind das chemische Reaktionen, ja oder nein?*
a) *Verbrennen von Holz oder Abbrennen einer Wunderkerze*
b) *Die Explosion des Kraftstoff-Luft-Gemisches im Motor*
c) *Schmelzen von Blei*
d) *Herstellen einer Zuckerlösung*
e) *Die Verdauung von Speisen im Körper*
f) *Feilen von Eisenblech*

A4 *Wo findet bei einer brennenden Kerze eine Zustandsänderung statt und wo eine Reaktion?*

A5 *Welche der folgenden Aussagen ist richtig? Eine chemische Reaktion erkennt man daran, dass*
a) *man aus den Ausgangsstoffen neue Stoffe erhält;*
b) *ein Stoff bei Temperaturerhöhung schmilzt.*

Wir stellen neue Stoffe her

Steckbrief Schwefel

ein Stoff mit folgenden Eigenschaften:

Farbe	gelb
Zustand bei Raumtemperatur	fest (Pulver)
Oberfläche	matt
Härte	–
Verhalten gegenüber Wasser	löst sich nicht
Verhalten beim Erhitzen	schmilzt schnell
Brennbarkeit	brennbar
Leitung des elektrischen Stroms	leitet nicht

1

Steckbrief Kupfer

ein Stoff mit folgenden Eigenschaften:

Farbe	rotbraun
Zustand bei Raumtemperatur	fest
Oberfläche	glatt, glänzend
Härte	hart, biegsam
Verhalten gegenüber Wasser	löst sich nicht
Verhalten beim Erhitzen	wird sehr schnell heiß
Brennbarkeit	nicht brennbar
Leitung des elektrischen Stroms	leitet

2

Schwefel und Kupfer wirst du schon kennen (Bilder 1 u. 2), …

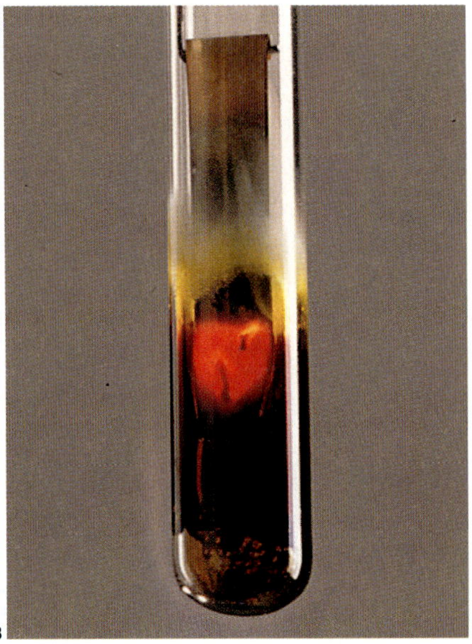

3

… doch welcher Stoff ist im Reagenzglas von Bild 3 entstanden?

V1 *Der oben abgebildete Versuch kann wie in Bild 4 durchgeführt werden:*

a) *Der* ***Schwefel*** F *wird erhitzt, bis er zu verdampfen beginnt.*

b) *Danach wird das* ***Kupfer*** *ins Reagenzglas gehalten.*

c) *Vergleiche frisches Kupferblech mit dem Stoff, der in diesem Versuch entstanden ist. (Kratze an seiner Oberfläche.)*

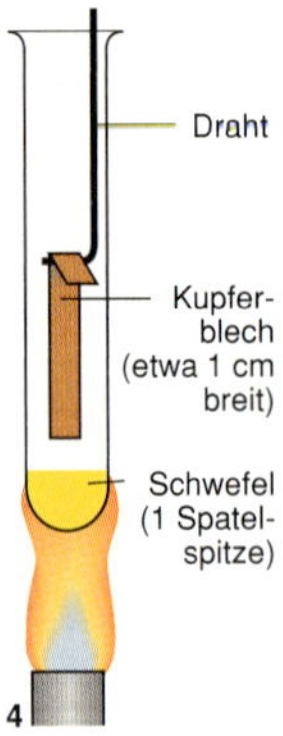

4

V2 *Wir prüfen nach, ob* ***Schwefel*** F *und* ***Eisen*** *miteinander reagieren. Dazu werden in einer Porzellanschale zwei Spatel Schwefelpulver und ein Spatel Eisenpulver sorgfältig vermischt.*

a) *Ein Teil des Gemisches wird mit einem weiß glühenden Metallstab – z. B. mit einer Stricknadel oder Fahrradspeiche – entzündet (Bild 5, Schutzbrille!).*

b) *Vergleiche den Rest des Gemisches und den durchgeglühten Stoff auf dem Drahtnetz. Nimm eine Lupe zu Hilfe.*

c) *Nun versuchen wir die Ausgangsstoffe zurückzugewinnen – sowohl aus dem Rest des Gemisches als auch aus dem durchgeglühten Stoff:*
Probiere es zuerst mit einem Magneten. Beschreibe das Ergebnis, das du dabei erhältst.
Gib den erkalteten Stoff dann vom Drahtnetz in ein Becherglas; es soll zur Hälfte mit Wasser gefüllt sein. Nimm für das Gemisch ein zweites Becherglas.

d) *Kann man den durchgeglühten Stoff noch „Gemisch" nennen? Wie könnte er heißen?*

5

63348

Info: Wenn Kupfer und Schwefel miteinander reagieren

Wenn man *Kupfer* und *Schwefel* gemeinsam erhitzt, **reagieren** sie (unter Aufglühen) miteinander.

Untersucht man anschließend den entstandenen Stoff, so zeigt sich, dass die Eigenschaften von Kupfer und Schwefel nicht mehr zu finden sind. Es ist ein **neuer Stoff** entstanden. Er wird *Kupfersulfid* genannt (lat. *sulfur:* Schwefel). Dieser Stoff hat andere Eigenschaften als die Ausgangsstoffe Kupfer und Schwefel.

Wenn Kupfer und Schwefel miteinander reagieren, werden sie umgewandelt. Es entsteht ein neuer Stoff: das *Kupfersulfid*.

Sämtliche Vorgänge, bei denen neue Stoffe mit anderen Eigenschaften entstehen, sind *chemische Reaktionen*.

Chemiker beschreiben die Reaktion auch so:

Kupfer + Schwefel → Kupfersulfid.

(Lies: Kupfer und Schwefel reagieren zu Kupfersulfid.)

Diese Schreibweise heißt *Wortgleichung*, denn sie beschreibt die Reaktion in Worten. Den Pfeil in der Wortgleichung nennt man *Reaktionspfeil*.

Mit einer Wortgleichung kann man eine Reaktion kurz und übersichtlich beschreiben. Auf der linken Seite des Reaktionspfeils stehen die *Ausgangsstoffe* und auf der rechten die neu entstandenen Stoffe: die *Reaktionsprodukte*. Da das Stoffe mit anderen Eigenschaften sind, darf kein Gleichheitszeichen anstelle des Reaktionspfeils geschrieben werden.

Wenn Kupfer und Schwefel miteinander reagieren, entsteht also Kupfersulfid. Einen solchen Vorgang bezeichnet man auch als *Synthese* (von griech. *synthesis:* Zusammensetzung). **Eine Synthese ist also ein Vorgang, bei dem aus Ausgangsstoffen ein neuer Stoff aufgebaut wird.**

Schwefel kann nicht nur mit Kupfer reagieren. Auch Reaktionen mit anderen Metallen sind möglich. Jedes Mal entsteht ein neuer Stoff, ein **Metallsulfid**.

Eisen + Schwefel → Eisensulfid
Zink + Schwefel → Zinksulfid
Silber + Schwefel → Silbersulfid

Die allgemeine Wortgleichung hierfür lautet:

Metall + Schwefel → Metallsulfid.

Den Namen erhalten die Metallsulfide nach ihrer Zusammensetzung:

Name des Metalls (z. B. **Eisen**),
Name des zweiten Stoffes (**sulf** von *sulfur*),
Endung: **id**.

A1 *Stelle je einen Steckbrief für die folgenden Stoffe auf. Vergleiche die jeweiligen Eigenschaften.*
Zink – Schwefel – Zinksulfid,
Blei – Schwefel – Bleisulfid,
Kupfer – Schwefel – Kupfersulfid.

A2 *Vergleiche Eigenschaften von Eisen, Schwefel und Eisensulfid. Lege dazu eine Tabelle an, in die du die Eigenschaften einträgst.*

A3 *Woran kann man erkennen, dass bei einem Versuch eine chemische Reaktion abläuft?*

A4 *Auch wenn das Metall Nickel mit Schwefel reagiert, entsteht ein neuer Stoff. Wie heißt er?*

A5 *Bild 6 zeigt einen Versuch, bei dem der Stoff Silbersulfid hergestellt wird.*
a) *Wie heißen die Ausgangsstoffe? Beschreibe sie.*
b) *Schreibe zu dieser chemischen Reaktion die passende Wortgleichung auf.*

6

A6 *Teil einer Wortgleichung ist auch der Reaktionspfeil. An seiner Stelle darf man kein Gleichheitszeichen setzen. Warum?*

A7 *Was sagt der Name „Quecksilbersulfid" über die Zusammensetzung dieses Stoffes aus?*

A8 *Die Entstehung von Silbersulfid (wie in Bild 6) kann man auch als Synthese bezeichnen.*
Erkläre den Begriff anhand dieses Beispiels.

A9 *Sieh dir noch einmal die Bilder 1–3 an.*
Welche der dort gezeigten Stoffe sind Reinstoffe?

Stoffe lassen sich zerlegen

1  2  3 

In der Natur kommen viele Metallsulfide in *Erzen* vor.
Sie sind schon seit Jahrhunderten bekannt und tragen noch ihre alten Namen, z. B. *Pyrit* (Eisensulfid; Bild 1), *Bleiglanz* (Bleisulfid; Bild 2) und *Zinkblende* (Zinksulfid; Bild 3).
Aus diesen Erzen kann man in großtechnischen Verfahren das jeweilige Metall gewinnen.
Überlege dir, wie man das machen könnte.

V1 *Wir füllen etwas Silbersulfid in ein dünnes Quarzrohr. Dieses wird auf einer Seite mit einem Stopfen verschlossen. Dann erhitzen wir das Silbersulfid kräftig (Gebläsebrenner benutzen).*

a) *Beobachte, was sich an dem verschlossenen Ende des Quarzrohrs absetzt.*

b) *Beschreibe die Vorgänge, die bei der Reaktion ablaufen. Stelle die Wortgleichung auf.*

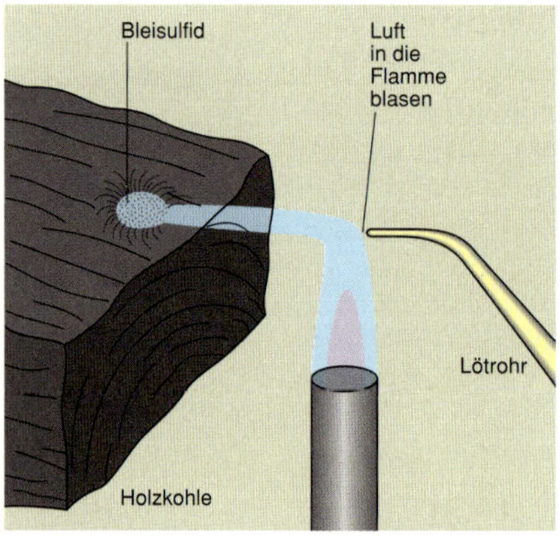

4

V2 *(Lehrerversuch) Diesmal soll versucht werden aus einer Probe Bleisulfid* Xn *Blei* T *zu gewinnen.*

Dazu wird ein Stück Holzkohle etwa 3 mm tief ausgehöhlt. In die Grube kommt eine erbsengroße Menge Bleisulfid. Mit Brenner und Lötrohr wird erst die Umgebung der Grube zum Glühen gebracht (Bild 4), dann die Grube (Abzug!).

Wie könnte man feststellen, ob tatsächlich Blei entstanden ist?

Info: Metallsulfide werden zerlegt

Silbersulfid lässt sich durch Erhitzen in seine Ausgangsstoffe Silber und Schwefel zerlegen. Die Wortgleichung zu dieser Reaktion lautet:

Silbersulfid → Silber + Schwefel.

In der chemischen Fachsprache nennt man die Zerlegung eines Stoffes in seine Bestandteile Analyse (von griech. *analysis:* Auflösung, Zergliederung). (In der *Technik* versteht man unter einer Analyse etwas anderes, nämlich die *Bestimmung von Art und Menge der Bestandteile eines Stoffes.*)

Meist sind für die Zerlegung eines Stoffes so hohe Temperaturen erforderlich, dass man sie im Schulversuch nicht erreichen kann. Oder es müssen während der Reaktion bestimmte andere Stoffe vorhanden sein. Dabei ist es noch verhältnismäßig einfach, nur das Metall aus seiner Verbindung Metallsulfid zu gewinnen (z. B. das Blei aus Bleisulfid). Aus dem Schwefel entsteht nämlich beim Erhitzen ein gasförmiges Reaktionsprodukt, das in die Luft entweicht.

A1 *An welchem Merkmal kann man erkennen, dass bei der Analyse eines Metallsulfids eine chemische Reaktion abläuft?*

A2 *Was haben die Versuche 1 u. 2 gemeinsam und worin unterscheiden sie sich?*

63350

Info: Chemische Elemente – chemische Verbindungen

Metallsulfide sind durch chemische Reaktionen der Metalle mit Schwefel entstanden; es sind **Reinstoffe**. Aus ihnen lassen sich die Ausgangsstoffe durch chemische Reaktionen *wiedergewinnen*.

Die Metalle und der Schwefel, die man zurückerhält, sind ebenfalls Reinstoffe. *Diese* kann man nicht mehr in andere Stoffe zerlegen.

Reinstoffe, die man nicht in andere Stoffe zerlegen kann, bezeichnet man als chemische Elemente.

Zu den Elementen gehören neben den Metallen z. B. auch die Nichtmetalle Kohlenstoff und Schwefel.

Es gibt 92 natürlich vorkommende Elemente. Außer ihnen sind noch weitere Elemente künstlich hergestellt worden (→ Übersicht im Anhang); einige davon existierten aber nur für Bruchteile von Sekunden. 98,6 % der Masse der Erdkruste mit den Meeren und der Lufthülle sind aus nur neun Elementen aufgebaut (s. Tabelle). Alle übrigen Elemente machen 1,4 % aus.

Viele chemische Elemente lassen sich untereinander *mischen*; so entstehen die *Gemische*.

Elemente können sich aber auch durch chemische Reaktionen miteinander verbinden. Auf diese Weise entstehen dann *chemische Verbindungen* (z. B. Sulfide). *Eine* Verbindung kann aus zwei oder mehreren Elementen bestehen.

Wie viele chemische Verbindungen mag es geben? Überlege einmal, wie vielfältig die Natur ist! Denke dabei an Tiere, Pflanzen und Gesteine, aber auch an Gerüche, Aromastoffe, künstlich hergestellte Farben und Medikamente, Nahrungsmittel und Werkstoffe.

So wie wir aus den wenigen Buchstaben des Alphabets viele tausend Wörter bilden können, so können auch aus der begrenzten Zahl von Elementen die verschiedensten Verbindungen entstehen.

Vor etwa fünfzig Jahren kannte man „nur" etwa 400 000 Verbindungen. Heute sind es bereits über 12 000 000! Noch immer werden weitere Verbindungen in der Natur entdeckt und Chemiker aus aller Welt stellen neue künstliche Verbindungen her.

Häufigkeit der Elemente

Element	Wie häufig?	In welcher Form?
Sauerstoff	49,5 % (Massenanteile)	frei in der Luft, gelöst im Wasser, gebunden in Oxiden
Silicium	25,8 %	in Verbindungen (Sand, Gestein)
Aluminium	7,6 %	in Verbindungen
Eisen	4,7 %	in Verbindungen
Calcium	3,4 %	in Verbindungen
Natrium	2,6 %	in Verbindungen
Kalium	2,1 %	in Verbindungen
Magnesium	2,0 %	in Verbindungen
Wasserstoff	0,9 %	in Verbindungen

Info: Synthese und Analyse im Teilchenmodell

Bei einer Synthese verbinden sich die Teilchen der beiden Elemente. Dabei entstehen die zusammengesetzten Teilchen einer Verbindung.

Bei einer Analyse werden die zusammengesetzten Teilchen der Verbindung gespalten. Dabei entstehen die Teilchen der Elemente.

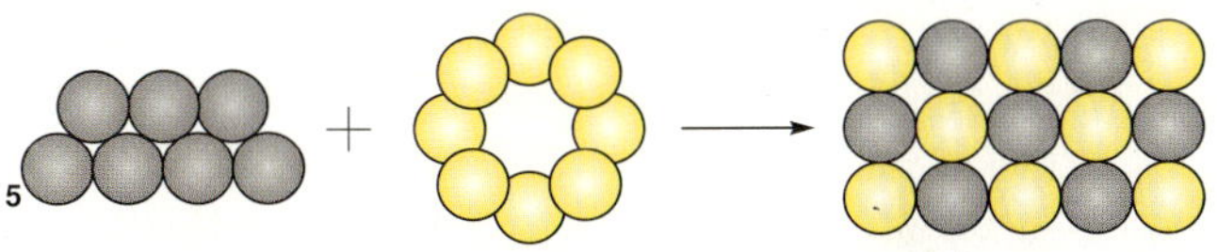

5

Blei + **Schwefel** → **Bleisulfid**

Element + Element → Verbindung

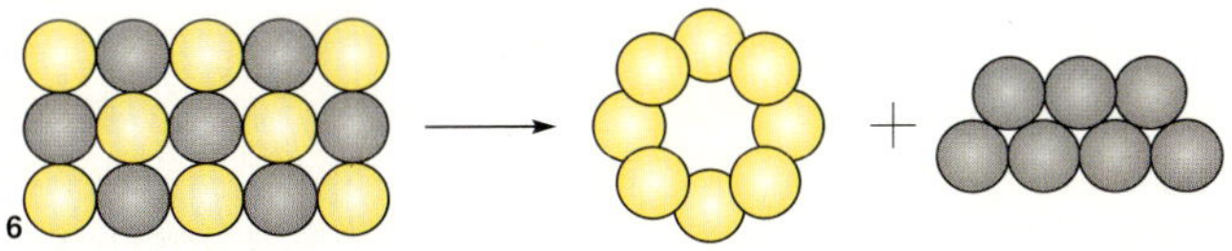

6

Bleisulfid → **Schwefel** + **Blei**

Verbindung → Element + Element

A1 *Es gibt Reinstoffe, die weder durch unsere Trennverfahren noch durch chemische Reaktionen in andere Stoffe zerlegt werden können. Wie heißen diese Reinstoffe? Nenne Beispiele.*

A2 *Wir kennen über hundert chemische Elemente. Viele können miteinander reagieren; dabei entstehen neue Stoffe mit neuen Eigenschaften.*
Wie nennt man diese neuen Stoffe? Nenne auch zu dieser Stoffgruppe Beispiele.

A3 *Außer den Reinstoffen gibt es eine weitere große Stoffgruppe, zu der z. B. Salzwasser und Luft gehören. Nenne diese Stoffgruppe und suche auch dazu weitere Beispiele.*

A4 *Wir müssen zwischen Stoffgemischen und Verbindungen unterscheiden.*
a) *Erkläre, wie Stoffgemische entstehen.*
Was kannst du über die Eigenschaften der Bestandteile eines Stoffgemisches sagen?
b) *Wie entstehen chemische Verbindungen? Sage etwas über die Eigenschaften der Ausgangsstoffe und der Reaktionsprodukte bei einer Reaktion aus.*

A5 *Carola liebt Wortspiele und hat so formuliert: „Stoffe, die nicht aus sich selbst bestehen, bestehen aus Stoffen, die aus sich selbst bestehen."*
a) *Wie hat sie das gemeint? Hat sie Recht?*
b) *Drücke diese Aussage einfacher aus. (Denke dabei an die Begriffe „Element" und „Verbindung".)*

A6 *In der Übersicht von Bild 1 sind einige Stoffgruppen zusammengestellt.*
Ordne die folgenden Stoffe den richtigen Gruppen zu und achte darauf, dass einige Stoffe zu mehreren Gruppen gehören: Eisen, Eisensulfid, Schwefel, Kohlenstoff, Aluminium, Silber, Silbersulfid, Salzwasser, Hautcreme, Blei, Zuckerwasser, Kupfer.

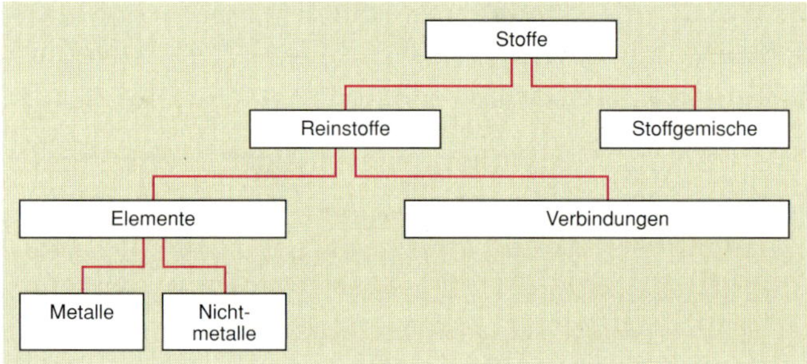

1

Aus dem Alltag: Von Katzengold und anderen Sulfiden

Immer wieder fallen Menschen auf den Goldglanz von **Pyrit** herein und sammeln das „falsche Gold" ein.

Das ist z. B. auch noch 1970 beim Bau der Bodenseewasserleitung durch die Schwäbische Alb passiert: Hier legten die Arbeiter ihre Arbeit nieder, als sie auf goldglänzende Pyrit-Fossilien (Bild 1 der Vorseite) stießen, und sammelten die Steine ein. Wenig später warfen sie sie jedoch enttäuscht wieder weg.

Wie die Menschen früher, so stellten auch die Arbeiter fest, dass sie „falschem Gold" aufgesessen waren. Man nennt dieses Eisensulfid *Katzengold*; im Englischen heißt es *fool's gold* (Narrengold).

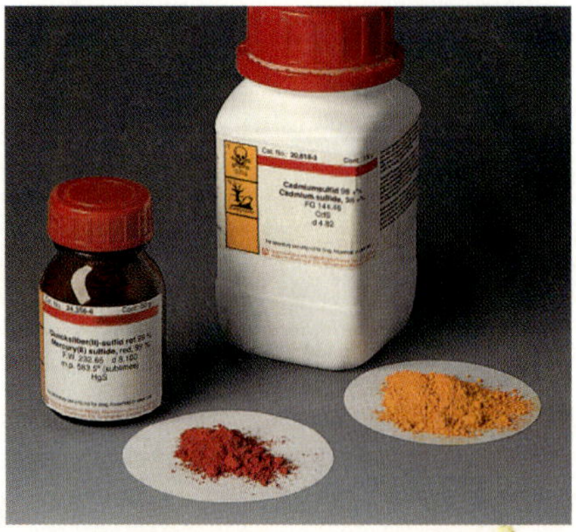
2

Viele Metallsulfide bilden besonders schöne Kristalle aus und werden deshalb gern gesammelt. Ein Beispiel ist der schwarze **Bleiglanz** (Bleisulfid; Bild 2 der Vorseite) mit seinen würfelförmigen Kristallen. Er tritt immer zusammen mit Silbersulfid auf und ist deshalb die wichtigste Quelle für die Silbergewinnung.

Der rote **Zinnober** ist Quecksilbersulfid. Er wird vor allem in Spanien gefunden. Wie viele andere Schwermetallsulfide ist er ein wichtiges *Farbpigment* (Bild 2) z. B. für Malerfarben.

Für diesen Zweck gibt es nicht nur pulverisierte, natürlich vorkommende Metallsulfide, sondern auch künstlich hergestellte.

63352

Chemische Reaktionen und Energie

3 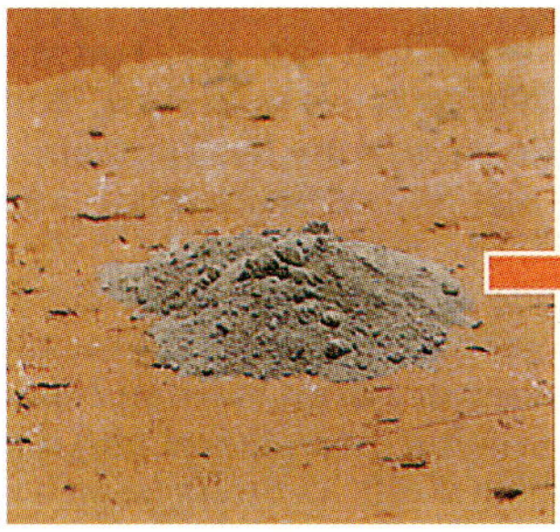 4  5  6 

Hier reagieren Zink und Schwefel miteinander.
Welche Rolle spielt die Energie bei einer chemischen Reaktion?

V1 *Wir mischen 2 g Zinkpulver* F *und 1 g Schwefelpulver sorgfältig. Dann entzünden wir einen Spatellöffel des Gemisches auf einem Eisenblech mit einem glühenden Metallstab (Vorsicht, heftige Reaktion! Schutzbrille! Abzug!). Reagiert das Gemisch nach dem Entzünden weiter, wenn der glühende Metallstab entfernt wird? Beobachte und beschreibe genau.*

V2 *Nun geben wir in ein schwer schmelzbares Reagenzglas ein Gemisch aus 2 g Schwefelpulver und 3,5 g Eisenpulver. Der Versuch wird nach Bild 7 aufgebaut. Lies die Wassertemperatur ab. Das Gemisch wird dann mit einem glühenden Metallstab gezündet. Lies die Wassertemperatur nach Ablauf der Reaktion ab. Was kannst du daraus schließen? Zum Vergleich tauchen wir den glühenden Metallstab „nur so" ins Wasser (Bild 8). Erkläre!*

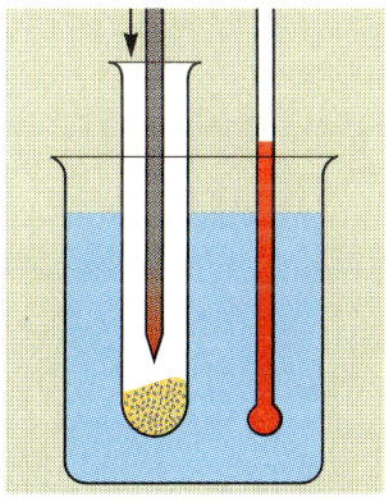
7

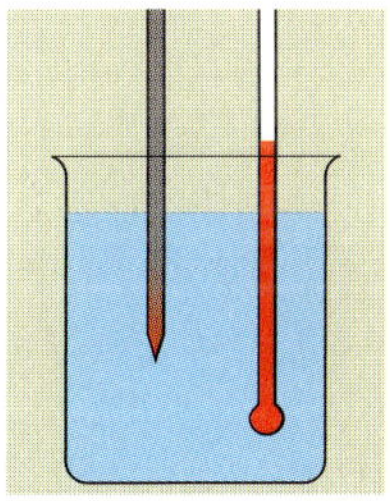
8

Info: Die Aktivierungsenergie

Eine chemische Reaktion setzt erst ein, wenn eine ausreichende Anzahl Teilchen der Ausgangsstoffe eine bestimmte *Mindestenergie* haben. Damit sie diese erreichen, müssen sie meist erst **aktiviert** werden (lat. *activus:* tätig). Dazu führt man ihnen z. B. Wärme zu. Das kann – wie im Versuch – durch die Brennerflamme oder durch einen glühenden Metallstab geschehen.

Die zum „Start" einer Reaktion erforderliche Energie wird *Aktivierungsenergie* genannt.

Dazu ein Beispiel: Ein Gemisch aus Zinkpulver und Schwefelpulver kann man bei Raumtemperatur lange aufbewahren, ohne dass es sich merklich verändert. Erst wenn man es erhitzt (ihm also Aktivierungsenergie zuführt), erreichen die Teilchen des Gemisches die nötige Mindestenergie. Nun erst setzt die chemische Reaktion ein. Wie wir uns diesen Sachverhalt vorstellen können, zeigt Bild 9.

Sobald das Gemisch an einer Stelle entzündet ist, läuft die Reaktion ab, ohne dass weiter erwärmt werden muss. Es wird ja ständig Energie frei und diese aktiviert die Teilchen im Stoffgemisch in benachbarten Bereichen.

Nicht nur durch zugeführte Wärme können Teilchen aktiviert werden, auch andere Energieformen sind dafür geeignet. Dazu gehören z. B. natürliches und künstliches Licht oder elektrische Energie.

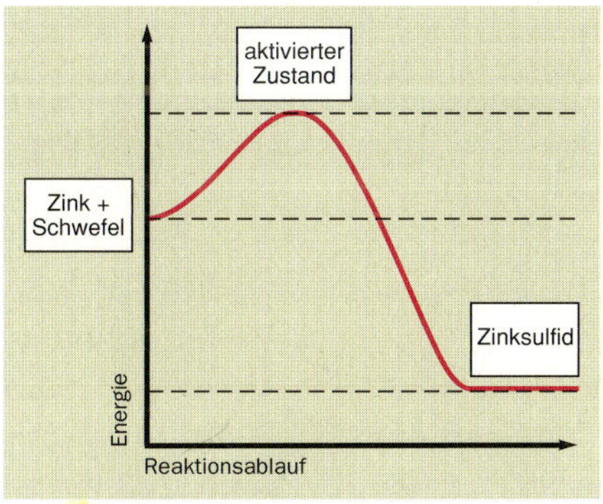

9

Info: Keine chemische Reaktion ohne Energie!

Wenn man einem Stoffgemisch, z. B. aus Eisen- und Schwefelpulver, an einer Stelle Wärme zuführt, glüht das Gemisch an dieser Stelle auf. Die Wärmequelle kann danach entfernt werden. Trotzdem glüht das gesamte Stoffgemisch nach und nach durch. Je heißer das Gemisch ist, desto heller glüht es.

Das Reaktionsprodukt Eisensulfid ist zunächst sehr heiß. Es kühlt langsam ab, dabei wird Wärme an die Umgebung abgegeben. Das konnten wir an der Temperaturerhöhung in V2 feststellen.

Wie kommt es, dass das Stoffgemisch weiterglüht, obwohl wir nicht ständig Wärme zuführen?

Aus dem Physikunterricht weißt du, dass Wärme eine *Energieform* ist. Jeder Stoff besitzt eine bestimmte Energie. In dem Gemisch aus Eisen und Schwefel ist ebenfalls Energie vorhanden („gespeichert"). Man sagt auch: Das Gemisch hat einen bestimmten **Energieinhalt**.

Wenn man nun das Gemisch an einer Stelle entzündet und Eisen und Schwefel miteinander reagieren, wird ein Teil der gespeicherten Energie als Wärme frei. Diese Wärme kann nicht sofort vollständig an die Umgebung abgegeben werden. Deshalb steigt die Temperatur des restlichen Stoffgemisches an: Die Bestandteile reagieren ebenfalls miteinander.

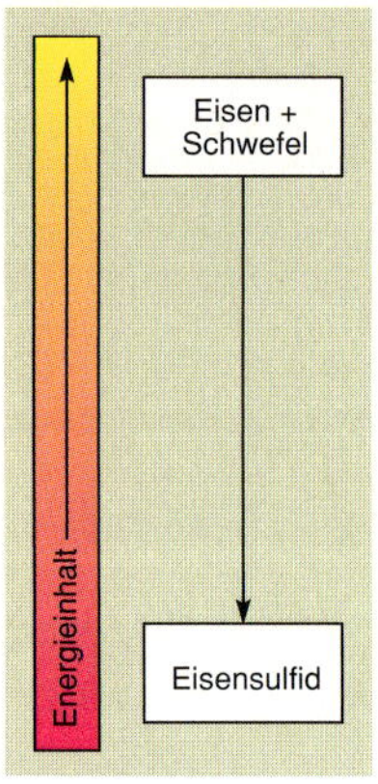

1

Da man Energie insgesamt weder vernichten noch erzeugen kann, ist das Reaktionsprodukt *energieärmer* als die Ausgangsstoffe – es wurde ja Energie (Wärme) an die Umgebung abgegeben.

Die Darstellung von Bild 1 zeigt: Das Eisensulfid hat einen geringeren Energieinhalt als die Ausgangsstoffe Eisen und Schwefel.

Die Bildung von Eisensulfid ist eine *exotherme Reaktion*. Ein Beispiel für eine *endotherme Reaktion* ist die Zerlegung von Silbersulfid in Silber und Schwefel. Dabei sind dann die Reaktionsprodukte insgesamt *energiereicher* als der Ausgangsstoff.

Die **Energie** wird auch **in der Wortgleichung** berücksichtigt. Dazu setzt man die Begriffe *exotherm* oder *endotherm* hinter die Gleichung und trennt sie durch einen senkrechten Strich ab.

Eisen + Schwefel → Eisensulfid | *exotherm*
Zink + Schwefel → Zinksulfid | *exotherm*
Silbersulfid → Silber + Schwefel | *endotherm*

Info: Warum chemische Reaktionen ablaufen

Die Reaktion von Eisen mit Schwefel ist eine *exotherme Reaktion*.

Bei exothermen Reaktionen wird Energie (als Wärme) an die Umgebung abgegeben. Die Reaktionsprodukte sind also energieärmer als die Ausgangsstoffe.

Stoffe mit geringerem Energieinhalt sind chemisch *stabiler* (beständiger) als energiereichere Stoffe. Bei exothermen Reaktionen erreichen die energiereicheren Ausgangsstoffe einen stabileren Zustand, wenn sie in energieärmere Reaktionsprodukte umgewandelt werden.

Exotherme Reaktionen laufen ab, weil durch die Umwandlung energiereicher Stoffe in energieärmere Stoffe ein stabilerer Zustand erreicht wird.

Aus der *Aktivierungsenergie*, die zum Start einer Reaktion aufgewendet werden muss, kann man schließen, wie stabil der reagierende Stoff ist: **Je mehr Aktivierungsenergie, desto stabiler ist der Stoff.**

Bei endothermen Reaktionen wird Energie (als Wärme) aus der Umgebung aufgenommen. Die Reaktionsprodukte sind also energiereicher als die Ausgangsstoffe.

Aus energiearmen Stoffen können energiereichere Stoffe werden, wenn dabei z. B. aus festen oder flüssigen Stoffen gasförmige Stoffe entstehen. Darin sind die kleinsten Teilchen in größerer Unordnung als in flüssigen oder festen Stoffen. (Um das besser zu verstehen, siehst du dir am besten noch einmal die Bilder 2–4 auf Seite 36 an.)

Endotherme Reaktionen laufen nur ab, wenn gleichzeitig die Unordnung der Teilchen zunimmt.

64923

Info: Energieänderungen bei verschiedenen Reaktionen

Zink, Eisen, Kupfer und Silber (sowie andere Metalle) reagieren jeweils mit Schwefel. **Wenn man die Reaktionen vergleicht, stellt man fest: Die frei werdende Energie ist unterschiedlich groß.**

In Bild 2 sind die Stoffgemische aus Metallen und Schwefel so angeordnet, dass die bei der Reaktion frei werdende Energie von links nach rechts abnimmt. Je länger also der Pfeil ist, desto mehr Energie wird bei der Reaktion frei.

Die Energie wird sowohl in Form von *Wärme* als auch in Form von *Licht* an die Umgebung abgegeben.

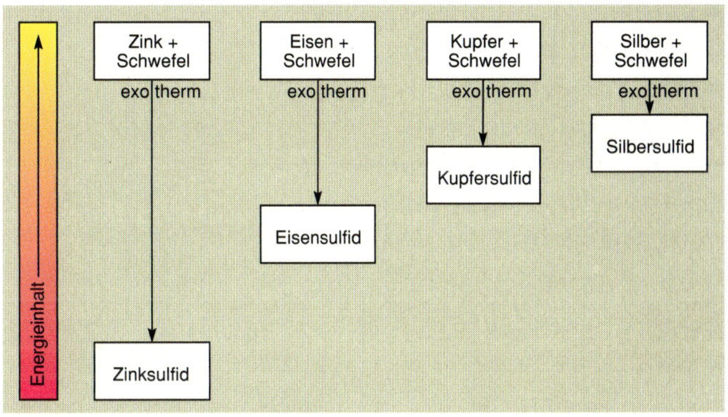

2

A1 *Was versteht man unter Aktivierungsenergie?*

A2 *Erkläre, warum eine angezündete Kerze „von selbst" weiterbrennt.*

A3 *Warum muss man in das Gemisch aus Eisen und Schwefel erst eine glühende Stricknadel halten, damit beide Stoffe miteinander reagieren? Verwende bei deiner Erklärung den Begriff Mindestenergie.*

A4 *Eine Reaktion von Schwefel mit Eisen verläuft exotherm. Was bedeutet diese Angabe? Wann bezeichnet man eine Reaktion als endotherm?*

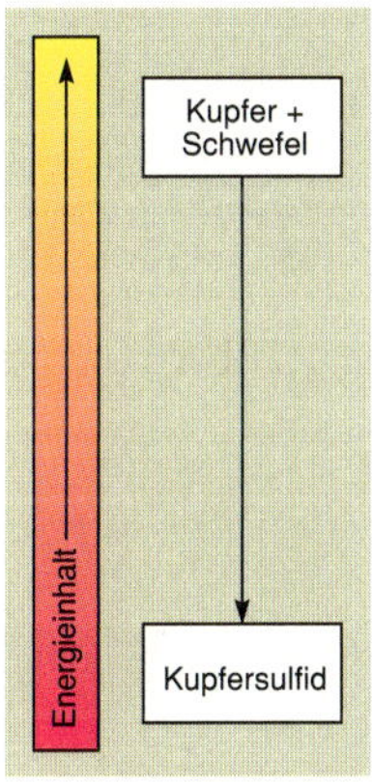

3

A5 *Beschreibe ausführlich die Reaktion von Bild 3.*

A6 *Um eine Verbindung zu zerlegen, ist so viel Energie erforderlich, wie zur Bildung der Verbindung gebraucht wurde. Dahinter steckt ein chemisches Grundgesetz. Versuche es zu formulieren.*

Aus der Biologie: Die Fotosynthese – eine endotherme Reaktion

Grüne Pflanzen nehmen über ihre Blätter Kohlenstoffdioxid aus der Luft auf und über ihre Wurzeln Wasser aus dem Boden. Daraus bauen sie in einer chemischen Reaktion Traubenzucker (Glucose) auf. Dabei entsteht Sauerstoff. Den geben die Pflanzen wieder an die Luft ab.

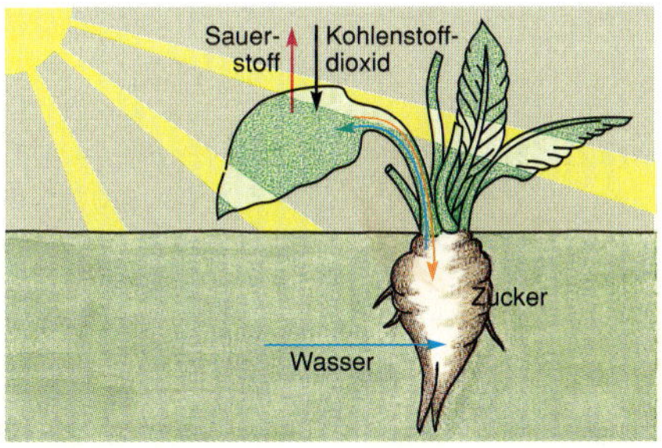

4

Diese Reaktion läuft nur ab, wenn die Sonne scheint. Deshalb wird sie **Fotosynthese** genannt. Die Sonnenenergie ist erforderlich um aus den energiearmen Ausgangsstoffen die energiereiche Glucose zu bilden (Bild 4). Die folgende Wortgleichung beschreibt die Fotosynthese.

Kohlenstoffdioxid + Wasser
→ Glucose + Sauerstoff | endotherm

Bei der **Atmung** der Tiere und der Pflanzen verläuft die Reaktion in umgekehrter Richtung: Die Glucose reagiert mit Sauerstoff zu Kohlenstoffdioxid und Wasser. Außerdem wird Energie frei – so viel, wie zuvor an Sonnenenergie zur Synthese erforderlich war. Die Reaktion verläuft also exotherm.

Glucose + Sauerstoff
→ Kohlenstoffdioxid + Wasser | exotherm

Die Lebewesen können also durch den Abbau der energiereichen Glucose Energie für ihre Lebensvorgänge gewinnen.

Die Fotosynthese der grünen Pflanzen und die Atmung von Tieren und Pflanzen bilden einen Kreislauf, der von der Sonne in Gang gehalten wird.

Die Wasserzerlegung – auch eine chemische Reaktion?

V1 *Die Bilder 1 u. 2 zeigen Wasserzersetzungsapparate. Damit kann man Wasser durch elektrischen Strom zerlegen.*

a) *Die Gase, die sich in den Rohren über den Elektroden gesammelt haben, werden jeweils über Wasser aufgefangen (Bild 3).*

b) *Dann werden die Gase nach Bild 5 mit einem glimmenden Holzspan oder so wie in Bild 6 geprüft.*

c) *Ist die Wasserzerlegung nur eine Zustandsänderung oder eine chemische Reaktion? Begründe deine Antwort.*

1
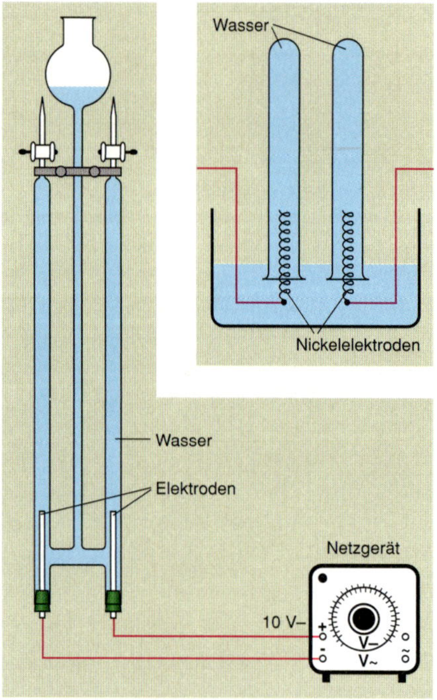

2

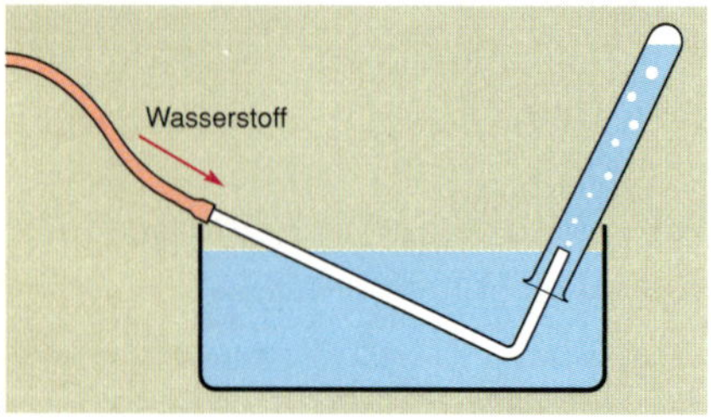

3

V2 *Ein Standzylinder ist mit Wasserstoff* F+ *gefüllt (Bild 4). Der Wasserstoff wird mit einem brennenden Holzspan oder einer Streichholzflamme entzündet. Beschreibe, was du hörst und siehst. Achte auch auf die Wand des Standzylinders.*

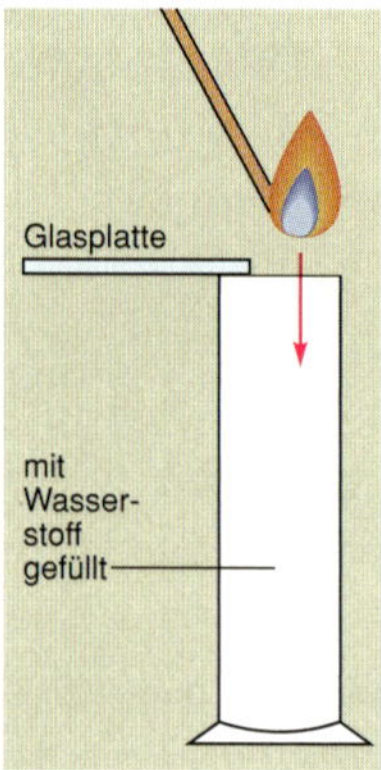

4

Info: Nachweismethoden für zwei wichtige Gase

Mit einem glimmenden Holzspan kann man **Sauerstoff** durch die sog. **Glimmspanprobe** *nachweisen*: Zunächst wird ein dünner Holzspan entzündet. Wenn er richtig brennt, wird die Flamme ausgeblasen, sodass das Holz gerade noch glimmt. **Führt man den glimmenden Span in Sauerstoff ein, so fängt der Span wieder an zu brennen (Bild 5).**

Mit der **Knallgasprobe** wird **Wasserstoff** nachgewiesen: Wenn Wasserstoff mit Sauerstoff (oder Luft) in bestimmten Mengen vermischt wird, entsteht ein explosives Gemisch, das *Knallgas*. **Wird das Knallgas in einem kleinen Gefäß entzündet, hört man ein leises Pfeifen oder Knallen. Reiner Wasserstoff brennt dagegen ruhig mit bläulicher Flamme (Bild 6).**

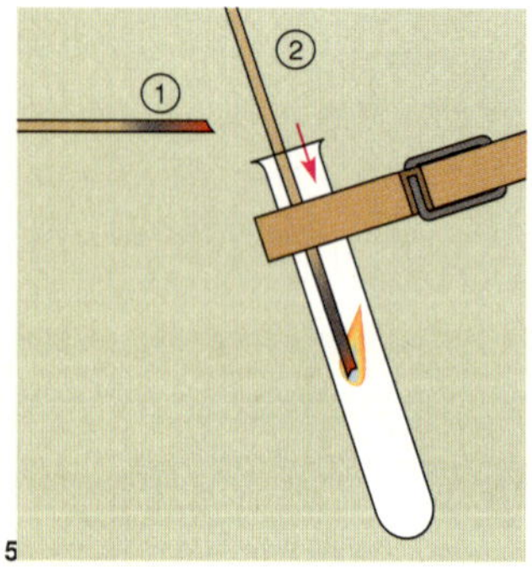

5

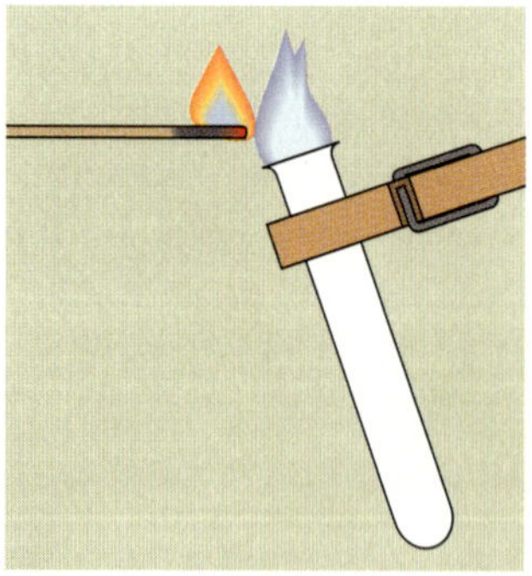
6

A1 *Beantworte ausführlich die Frage in der Überschrift oben. Vergleiche die Wasserzersetzung mit dem Verdampfen von Wasser. Begründe deine Antwort.*

A2 *Die Knallgasprobe ist nicht nur ein Nachweis, sondern auch eine Vorsichtsmaßnahme bei Versuchen mit Wasserstoff. Warum ist sie so wichtig? Beschreibe möglichst genau, wie man dabei vorgeht.*

A3 *Beschreibe, wie die Glimmspanprobe durchgeführt wird.*

63356

Info: Analyse und Synthese von Wasser – chemische Reaktionen

Bei der Zerlegung und der Bildung von Wasser findet man alle Merkmale von chemischen Reaktionen, die wir bereits kennen gelernt haben.

Es finden Stoffumwandlungen statt. Bei der Zerlegung von Wasser entstehen zwei andere Stoffe, nämlich Wasserstoff und Sauerstoff. Diese beiden Stoffe lassen sich nicht weiter zerlegen, es sind **chemische Elemente**.

Wasser ist demnach eine **chemische Verbindung**. Die Zersetzung von Wasser ist eine **Analyse**.

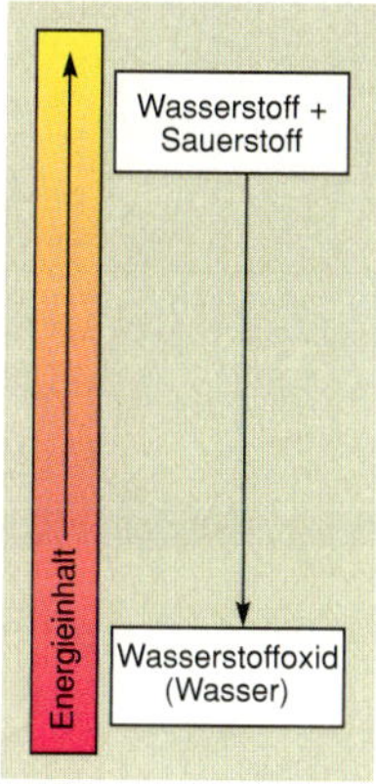

7

Die Bildung von Wasser aus Wasserstoff und Sauerstoff ist eine **Synthese**. Auch hier entsteht aus den beiden Ausgangsstoffen ein anderer Stoff.

Die Stoffumwandlung ist mit Energieübertragung verbunden. Zur Zersetzung von Wasser muss ständig (elektrische) Energie zugeführt werden. Die Reaktion verläuft also **endotherm**.

Bei der Synthese von Wasser wird Energie (als Wärme) an die Umgebung abgegeben. Sie verläuft **exotherm**. Wasserstoff und Sauerstoff sind energiereicher als das Wasser, das aus ihnen entsteht.

Bild 7 und die folgenden Reaktionsgleichungen machen diese Zusammenhänge noch einmal deutlich.

Analyse:
Wasser → Wasserstoff + Sauerstoff | endotherm
Synthese:
Wasserstoff + Sauerstoff → Wasser | exotherm

Aus der Technik: Elektrischer Strom zerlegt Wasser

Um Wasser durch Zufuhr von *Wärme* zu zerlegen, wären so hohe Temperaturen erforderlich, dass der Versuch nur sehr schwer in der Schule durchgeführt werden kann. Deshalb führt man dem Wasser anstelle von Wärme *elektrische Energie* zu.

Das geschieht z. B. im *hofmannschen Wasserzersetzungsapparat* (Bild 1; erfunden von *August Wilhelm von Hofmann*, 1818–1892).

Das Wasser wird zuvor durch Zugabe von etwas verdünnter Schwefelsäure leitfähig gemacht. Für die Stromzuführung sorgen zwei Platinelektroden.

Um die Gase Wasserstoff und Sauerstoff getrennt auffangen zu können, befinden sich über den Elektroden zwei Glasröhren. Nach dem Einschalten des Stroms sieht man von den Elektroden Gasbläschen im Wasser aufsteigen. Das Wasser wird also durch Zuführen von elektrischer Energie zerlegt.

Wenn sich in den Röhren genügend von beiden Gasen gesammelt hat, lassen sich Wasserstoff und Sauerstoff getrennt nachweisen.

Auch in der Technik wird Wasser durch elektrischen Strom zerlegt. Der entstehende Wasserstoff hat nämlich gute Aussichten in Zukunft als eine wichtige Energiequelle eingesetzt zu werden.

In der Oberpfalz gab es bis vor wenigen Jahren das *Solar-Wasserstoff-Projekt* (Bild 8). Wie der Name schon andeutet, wurde hier die elektrische Energie aus Sonnenstrahlung gewonnen (lat. *sol:* Sonne).

Diese Energie wurde eingesetzt um Wasser in Wasserstoff und Sauerstoff zu zerlegen. Die so gewonnenen Gase wurden gespeichert, so z. B. der Wasserstoff in einem riesigen 500-m³-Tank.

Damit stand der Wasserstoff als Energieträger zur Verfügung. Er gibt nämlich beim Verbrennen die Energie wieder ab, die bei seiner Gewinnung aufgewendet werden musste.

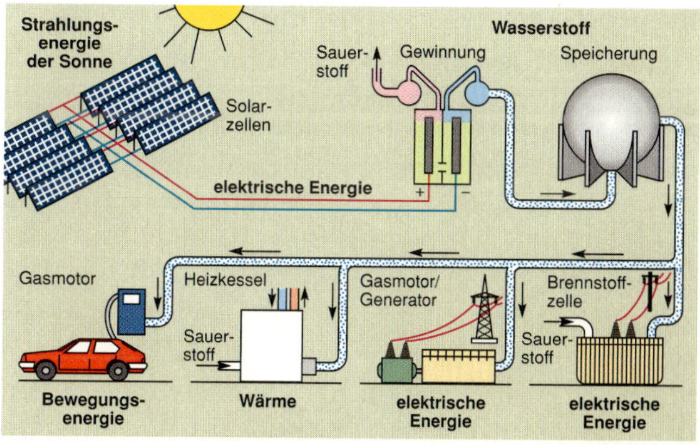

8

Von Katalysatoren und Katalysen

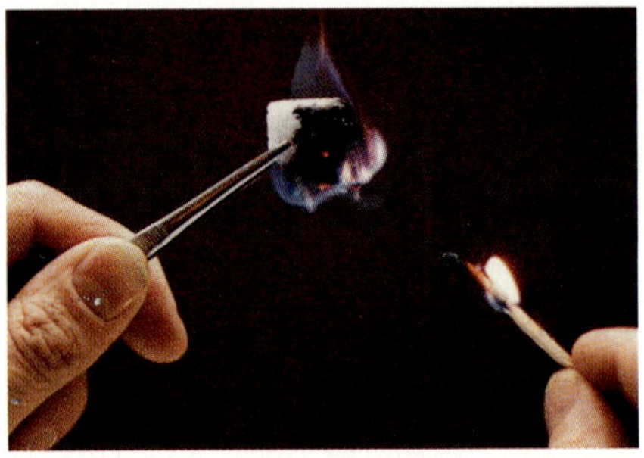

1

Viele chemische Reaktionen können mit Hilfe eines Katalysators beeinflusst werden. Wie wirken Katalysatoren eigentlich?

V1 *Wir versuchen ein Stück Würfelzucker von unten her an einer Ecke mit einem Streichholz anzuzünden (Bild 1).*
Wir wiederholen den Versuch mit einem Zuckerwürfel, auf den Holzkohlenasche gestreut wurde.

V2 *(Lehrerversuch) Es geht um das Entzünden von Wasserstoff* F+.

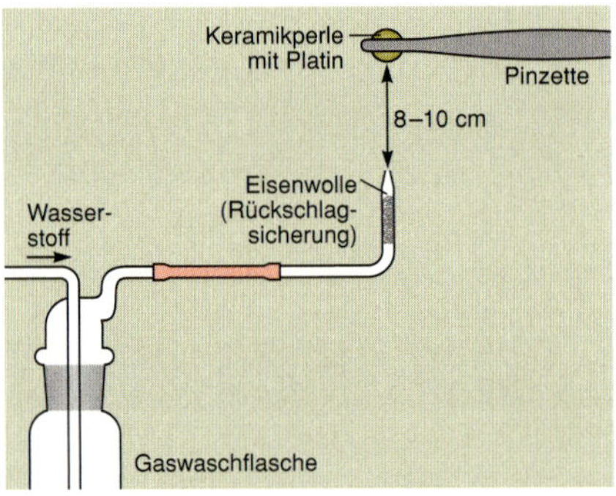

2

Der Versuch wird nach Bild 2 aufgebaut. Der Wasserstoffstrom sollte kräftig sein. (Die Gaswaschflasche mit 95–98%iger Schwefelsäure C *dient als Blasenzähler.) Sobald die Keramikperle glüht, bewegt man sie 1–2 cm nach oben oder hin und her. Beschreibe! Statt der Keramikperle geht auch mit Platin belegte Quarzwolle.*

Aus der Biologie: Biokatalysatoren steuern Lebensvorgänge[Z]

Hast du schon einmal etwas länger auf einem Stück Brot herumgekaut und es nicht gleich heruntergeschluckt? Dann wirst du sicher bemerkt haben, dass es allmählich süß schmeckt. Hier ist ein **Katalysator** am Werk, der die Stärke aus dem Brot in Zucker umwandelt; er ist im Speichel enthalten. Katalysatoren, die in lebenden Organismen wirken, nennt man **Biokatalysatoren** oder **Enzyme**.

Im Magen leitet ein bestimmtes Enzym den Abbau des Eiweißes ein, das in der Nahrung enthalten ist. Im Dünndarm wirken verschiedene Enzyme: Sie sind z. B. an der Verdauung des Zuckers, dem weiteren Abbau der Eiweißstoffe und der Verdauung der Fette beteiligt.

Das sind jedoch nur wenige Beispiele für die Wirkung von Enzymen. In jeder Zelle unseres Körpers sind etwa 1000 Enzyme wirksam! Sie steuern die Stoffwechselvorgänge im Körper und sorgen dafür, dass die vielen komplizierten chemischen Reaktionen schon bei Körpertemperatur und unter normalem Druck störungsfrei ablaufen. Dabei kann jedes Enzym nur jeweils eine bestimmte Reaktion steuern.

Enzyme wirken auch bei alltäglichen Vorgängen mit: Geschältes Obst (Äpfel, Birnen, Bananen) wird an der Luft schon nach kurzer Zeit braun und unansehnlich. Es schmeckt dann auch nicht mehr frisch. Die Enzyme aus den Zellen der Früchte beeinflussen unter Beteiligung der Luft die chemischen Vorgänge, die zum Braunwerden führen.

Es gibt jedoch einfache Möglichkeiten, dem Wirken dieser Enzyme Einhalt zu gebieten. Schon Luftabschluss kann helfen: Legt man das frisch geschälte Obst in Wasser, dem man etwas Essig zugesetzt hat, oder beträufelt es mit Zitronensaft, bleibt das Braunwerden aus (Bild 6).

Sowohl Essig als auch Zitronensaft setzen die Geschwindigkeit der Reaktion stark herab. Das Enzym kann nun nicht mehr ungehindert wirken.

64925

Info: Was ein Katalysator bewirkt

Ein Gemisch aus Wasserstoff und Sauerstoff kann man aufbewahren, ohne dass die Gase miteinander reagieren. Für eine spontane Reaktion ist nämlich die nötige Aktivierungsenergie zu hoch. Die bringt man z. B. auf, indem man das Gemisch entzündet.

Hält man jedoch fein verteiltes Platin in einen Wasserstoffstrom, gelingt die Entzündung auch ohne Brenner (Bild 3).

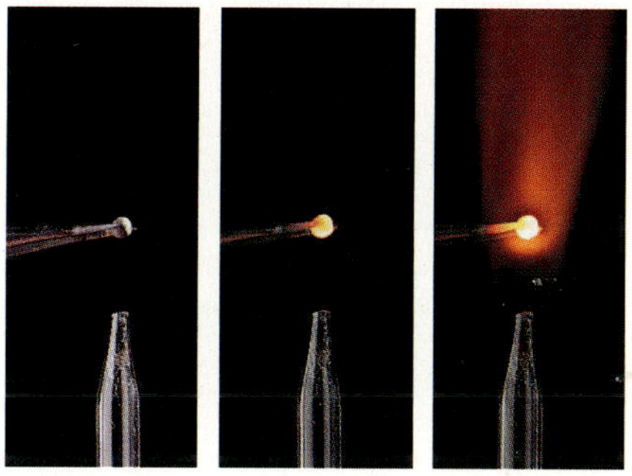
3

Die Perle im Wasserstoffstrom besteht aus einer Verbindung von Aluminium mit Sauerstoff. Sie ist von einer dünnen Schicht aus fein verteiltem *Platin* (und etwas Rhodium) bedeckt.

Wenn der Wasserstoff an der Perle vorbeiströmt, beginnt sie nach einigen Sekunden zu glühen. Wird sie dann bewegt, sodass Luft hinzutreten kann, entzündet sich der Wasserstoff mit einem leisen Knall. Anschließend brennt das Gas mit ruhiger Flamme weiter. Die Perle bleibt dabei unverändert.

Das fein verteilte Platin auf der Perle bewirkt, dass die Knallgasreaktion abläuft, ohne dass ein Zündfunke vorhanden ist. Das Platin setzt hier also die erforderliche Aktivierungsenergie herab.

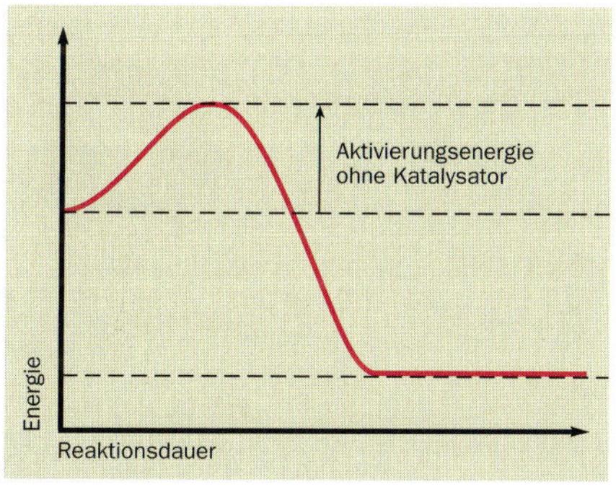

4

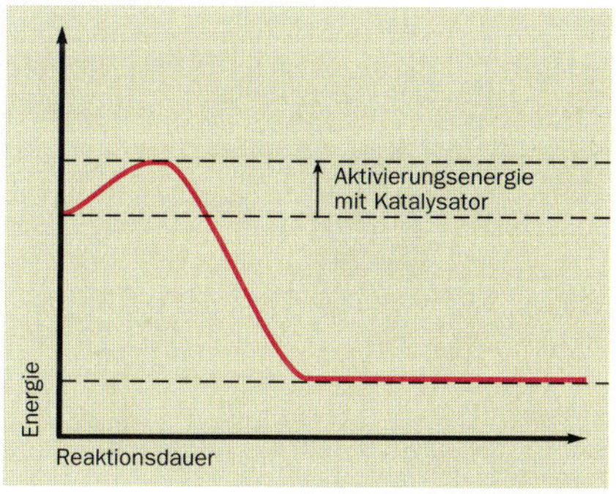

5

So kann die Knallgasreaktion bereits bei niedrigen Temperaturen ablaufen. Die frei werdende Reaktionsenergie bringt die Perle zum Glühen und entzündet dann das Gasgemisch.

Stoffe, die Reaktionen auslösen oder beeinflussen, ohne selbst verbraucht zu werden, heißen Katalysatoren (griech. *katalyein:* auslösen, aufheben). In unserem Versuch ist das *Platin* der eigentliche Katalysator, die Perle nur sein Träger. Die Wirkung von Katalysatoren zeigen auch die Bilder 4 u. 5.

Den Vorgang, bei dem eine Reaktion unter Beteiligung eines Katalysators abläuft, bezeichnet man als **Katalyse**. Eine andere Katalysereaktion ist z. B. das Anzünden von Zucker. Dies gelingt nur in Gegenwart von Holz- oder Zigarrenasche.

A1 *Was bezeichnet man als Katalysator und was bewirkt er?*

A2 *Beschreibe, welche Vorgänge ablaufen, wenn ein Katalysator eingesetzt wird. Denke an den Beginn der Reaktion und dann an deren Ablauf.*

A3 *Nenne Vorgänge, von denen du weißt oder vermutest, dass es sich hierbei um Katalysen handelt. Begründe deine Antwort.*

A4 *Enzyme werden Biokatalysatoren genannt. Versuche das zu erklären. Beschreibe ihre Aufgabe im Körper an einem Beispiel.*

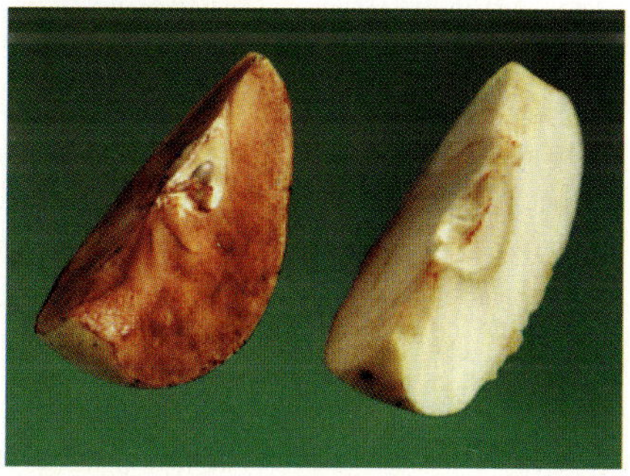
6

A5 *Frisch geschältes Obst wird an der Luft schnell braun (Bild 6). Woran liegt das?*
Wie kann man das Braunwerden verhindern?

A6 *Informiere dich (im Lexikon oder Internet) über technische Anwendungen katalytischer Vorgänge.*

A7 *Der Autokatalysator wirkt auf chemischem Weg und nicht als Filter.*
Erläutere den Unterschied.

A8 *Vergleiche Döbereiners Feuerzeug mit Versuch 2.*
Nenne Gemeinsamkeiten und Unterschiede.

Aus der Technik: Der Katalysator im Auto

Die Auspuffgase von Benzinmotoren enthalten neben den ungiftigen Verbrennungsprodukten Kohlenstoffdioxid und Wasser auch giftige Stoffe.

Die zurzeit wirksamste Methode, den Anteil an Schadstoffen in Autoabgasen zu verringern, stellt der geregelte **Dreiwegekatalysator** (mit Lambdasonde) dar. Er wird zwischen Motor und Auspuff montiert (Bilder 1 u. 2). Nur mit seiner Hilfe können die Schadstoffe gleichzeitig zu mehr als 90 % aus den Abgasen umgewandelt werden. Und nur so kann man die gesetzlichen Vorschriften zur Senkung des Schadstoffausstoßes einhalten.

Der Katalysator besteht meist aus einem ovalen Metallgehäuse mit einem Keramikeinsatz, der von winzigen Kanälen durchzogen ist (Bild 2). Auf der rauen Oberfläche der Kanäle befindet sich eine Schicht, die aus den Metallen **Platin** und **Rhodium** besteht. Diese Metalle sind – im chemischen Sinn – der eigentliche Katalysator. Unter ihrer Mitwirkung werden die Schadstoffe abgebaut.

Der Katalysator wirkt also *auf chemischem Weg* und nicht als Filter. Die Reaktionen setzen erst bei einer Betriebstemperatur von über 250 °C ein. Die besten Arbeitsbedingungen hat der Katalysator bei Temperaturen von 400 bis 800 °C.

Eine wichtige Voraussetzung für das einwandfreie Funktionieren eines Katalysators ist die Verwendung von *bleifreiem Treibstoff*. Bleiverbindungen würden sich nämlich in den Poren oder auf der Oberfläche der katalytischen Schicht absetzen. Der Katalysator würde dadurch in kürzester Zeit unwirksam.

Für die vollständige Verbrennung des Treibstoffs muss dem Motor die dafür erforderliche *Luftmenge* zugeführt wird. Die regelt die Lambdasonde.

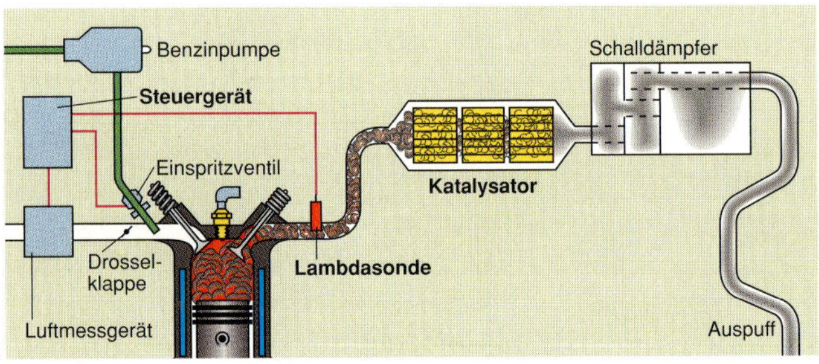

1

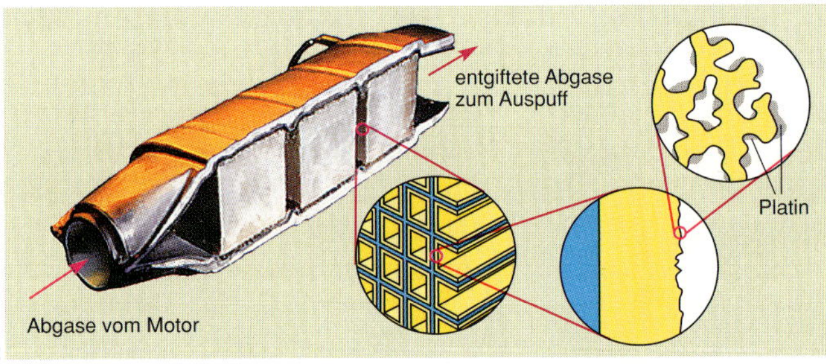

2

Aus der Geschichte: Döbereiners Feuerzeug[Z]

Im Jahr 1823 untersuchte der Chemiker *Johann Wolfgang Döbereiner* (1780–1849) das Verhalten von Platin gegenüber verschiedenen Gasen. Dabei fand er heraus, dass fein verteiltes (schwammiges) Platin Wasserstoff in Gegenwart von Luft durch bloßes Berühren entzündet.

Döbereiners Beobachtung wurde zu einer bedeutenden Grundlage der Katalyse. Sie erregte damals großes Aufsehen bei den Gelehrten in aller Welt.

Für einen Chemiker mit technischem Verständnis, wie es Döbereiner war, lag es nahe, sofort über die praktische Verwendung seiner Entdeckung nachzudenken. So entwickelte er bald darauf ein gut funktionierendes Feuerzeug (Bilder 3 u. 4). Das wurde noch bis 1880 verwendet und in viele Länder exportiert. Eins davon schenkte er J. W. von Goethe.

3

4

63360

Zusammenfassung

Neue Stoffe durch chemische Reaktionen

Wenn zwei Stoffe miteinander reagieren, entstehen neue Stoffe. Diese haben andere Eigenschaften als die Ausgangsstoffe.

Alle Vorgänge, bei denen neue Stoffe entstehen, sind chemische Reaktionen.

Wenn z. B. Metalle mit Schwefel reagieren, läuft eine chemische Reaktion ab. Es entstehen **Metallsulfide**. Dabei reagieren jeweils zwei **Elemente** miteinander; es entsteht eine **Verbindung**.

Kupfer + Schwefel → Kupfersulfid
Blei + Schwefel → Bleisulfid
Metall + Schwefel → Metallsulfid

Metallsulfide sind **Reinstoffe**; sie enthalten keine anderen Bestandteile.

Wenn durch eine chemische Reaktion eine Verbindung z. B. aus zwei Ausgangsstoffen (Elementen) *aufgebaut* wird, spricht man in der Chemie von einer **Synthese**.

Element A + Element B
→ chemische Verbindung AB
Wortgleichung: Eisen + Schwefel → Eisensulfid

Eine Verbindung lässt sich durch eine chemische Reaktion auch wieder in ihre Ausgangsstoffe *zerlegen.* Dieser Vorgang wird in der Chemie **Analyse** genannt.

Chemische Verbindung AB
→ Element A + Element B
Wortgleichung: Silbersulfid → Silber + Schwefel

Chemische Reaktionen und Energie

Bei chemischen Reaktionen wird Energie (meist in Form von Wärme) aufgenommen oder an die Umgebung abgegeben.

Wenn dabei Wärme abgegeben wird, ist die Reaktion **exotherm**. Wenn ständig Wärme zugeführt werden muss, verläuft sie **endotherm**. Dazu die folgenden Beispiele.

Eisen + Schwefel → Eisensulfid | *exotherm*
Silbersulfid → Silber + Schwefel | *endotherm*

Um eine Reaktion in Gang zu bringen, ist die Zufuhr von **Aktivierungsenergie** notwendig. Dadurch werden die Ausgangsstoffe reaktionsbereit. Einigen Stoffen muss man viel, anderen wenig Energie zuführen.

Eine chemische Reaktion, die unter Mithilfe eines **Katalysators** abläuft, heißt **Katalyse**. Der Katalysator setzt z. B. die Aktivierungsenergie herab und verkürzt so die Reaktionsdauer; er wird dabei selbst nicht verändert.

Alles klar?

1. *Nenne jeweils ein Beispiel für die* ***Synthese*** *und die* ***Analyse*** *eines Sulfids.*

2. *Beschreibe folgende Reaktionen; gib auch hier Analyse und Synthese an:*
Silber + Schwefel → Silbersulfid;
Blei + Schwefel → Bleisulfid;
Bleisulfid → Blei + Schwefel.

3. *Überlege, woran man chemische Reaktionen und Zustandsänderungen unterscheiden kann (→ auch die Bilder 5 u. 6).*

4. *Worin unterscheiden sich Elemente und Verbindungen? Nenne für jede Gruppe einige Beispiele.*

5. *Beobachte eine brennende Kerze. Wo findet eine Zustandsänderung statt und wo eine chemische Reaktion?*

6. *Bei der Zerlegung von Silbersulfid und der Bildung von Zinksulfid muss man erhitzen. Vergleiche die Bedeutung des Erhitzens.*

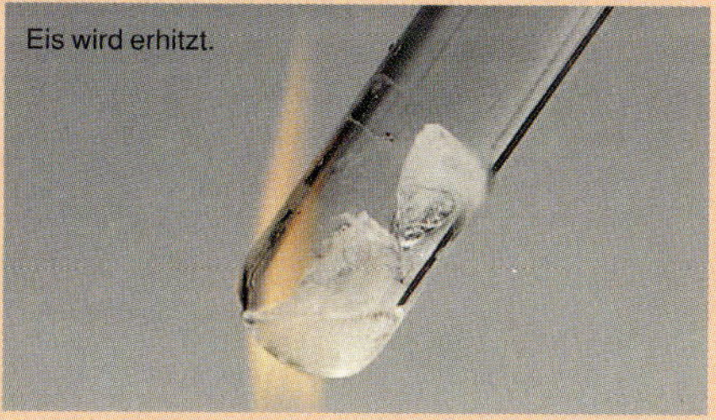

5

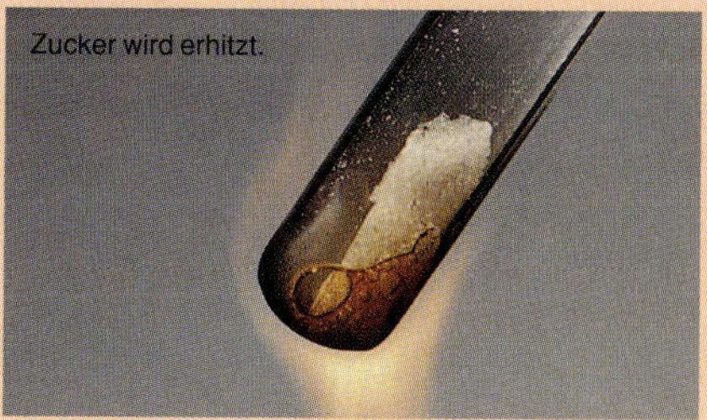

6

63361

Massen und Teilchen bei chemischen Reaktionen

Das Gesetz von der Erhaltung der Masse

Wenn Eisen und Schwefel miteinander reagieren, bildet sich Eisensulfid (Bild 1).

Die Frage ist nun: Ist die *Masse* des so entstandenen Eisensulfids genauso groß wie die Masse beider Ausgangsstoffe zusammengenommen? Oder ist sie größer oder womöglich sogar kleiner geworden?

1

V1 *Wir mischen sorgfältig 7 g Eisenpulver und 4 g Schwefelpulver miteinander.*
Dann füllen wir das Gemisch in ein schwer schmelzbares Reagenzglas. Über die Öffnung des Glases stülpen wir einen Luftballon.
Mit einer empfindlichen Waage wird die Masse des Reagenzglases bestimmt. Dann erhitzen wir das Glas, sodass die Stoffe miteinander reagieren können.
Nach dem Abkühlen wird die Masse erneut bestimmt. Was stellst du nun fest?

Info: Ein chemisches Grundgesetz

Wenn Stoffe (in einem verschlossenen Gefäß) miteinander reagieren, geht nichts verloren; es kommt aber auch nichts hinzu. Mit anderen Worten:

Die Gesamtmasse sämtlicher Stoffe, die an der chemischen Reaktion beteiligt sind, bleibt immer gleich.

Dieses Versuchsergebnis wird in der Chemie als ein wichtiges *Grundgesetz* formuliert. Es heißt **Gesetz von der Erhaltung der Masse** und lautet so:

Bei chemischen Reaktionen ist die Masse der Ausgangsstoffe gleich der Masse der Reaktionsprodukte.

A1 *In Versuch 1 haben Eisenpulver und Schwefelpulver miteinander reagiert. Stelle dazu die Wortgleichung auf.*

A2 *Was wird die in Bild 2 erwähnte Waage anzeigen, wenn die Streichhölzer im Glas verbrannt sind? Welche Rolle spielt der Luftballon?*

A3 *Wenn eine Kerze brennt, wird sie kleiner und leichter. Widerspricht das nicht dem Gesetz von der Erhaltung der Masse? Begründe deine Antwort.*

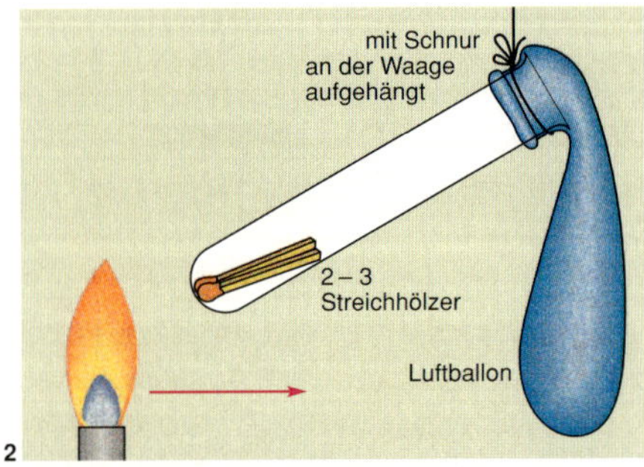

2

Aus der Geschichte: Lomonossow und Landolt wollten es wissen

Mitte des 18. Jahrhunderts waren bereits viele chemische Reaktionen bekannt – darunter auch Verbrennungsvorgänge. Dabei hatte man auch bereits *Massenveränderungen* der beteiligten Stoffe beobachtet.

So hatte man z. B. bei der Verbrennung von Holz oder Kohle einen *Verlust* an Masse festgestellt; bei der Verbrennung von Metallen kam es dagegen zu einer *Massenzunahme.*

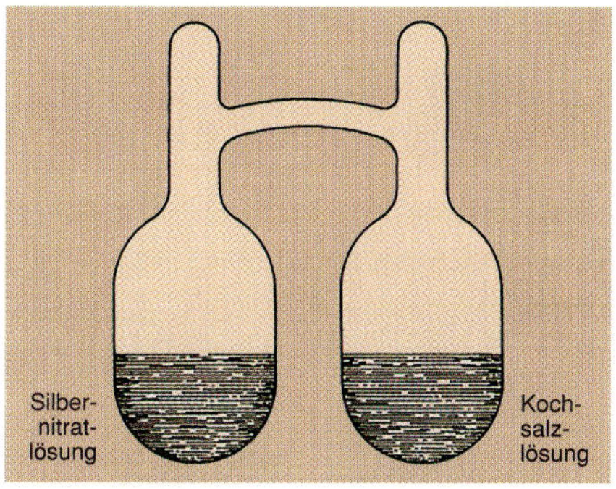

3

Auch der russische Gelehrte *Michail Lomonossow* kannte diese Beobachtungen. Im Jahr 1756 kam er auf die Idee Zinn in einem zugeschmolzenen Glasgefäß zu verbrennen. So konnte während der Reaktion nichts verloren gehen, es konnte aber auch nichts hinzukommen.

Vor und nach dem Verbrennen bestimmte er sehr genau die Masse des Gefäßes mit seinem Inhalt. Und tatsächlich: Diesmal stellte er weder eine Zunahme noch eine Abnahme der Masse fest, obwohl aus dem Zinn ein neuer Stoff entstanden war!

Wiederholungen des Experiments ergaben immer das gleiche Ergebnis. Lomonossow hatte das **Gesetz von der Erhaltung der Masse** gefunden.

In der Folgezeit prüften Chemiker, ob dieses Gesetz für *alle* chemischen Reaktionen gültig ist.

Sehr genaue Messungen wurden z. B. zu Beginn des 20. Jahrhunderts von dem deutschen Chemiker *Hans Heinrich Landolt* durchgeführt.

Er füllte zwei unterschiedliche Lösungen in ein zweiteiliges Glasgefäß und schmolz die Öffnungen des Gefäßes zu (Bild 3). Die Gesamtmasse der beiden Lösungen betrug 300 g.

Dann kippte Landolt das Gefäß um, sodass beide Lösungen miteinander reagieren konnten. Nach der Reaktion konnte er nicht einmal mit seiner sehr empfindlichen Waage (Fehlergrenze: 0,000 003 g) Massenänderungen feststellen. Dadurch bestätigte er die Gültigkeit des Gesetzes von der Erhaltung der Masse.

Schülerversuche

V1 *Gib in ein schwer schmelzbares Reagenzglas zwei bis drei Streichhölzer. Verschließe das Reagenzglas mit einem Luftballon (wie in Bild 2). Ermittle dann die Masse dieser Apparatur mit einer empfindlichen Waage.*
Dann entzündest du die Streichhölzer, indem du das Reagenzglas mit einer Brennerflamme erhitzt. (Das Reagenzglas in ein Stativ einspannen.)
Nach dem Abkühlen des Glases ermittelst du erneut die Masse der Apparatur. Vergleiche mit der ersten Wägung. Erkläre das Ergebnis.

V2 *Für diesen Versuch brauchst du ein Konservenglas (möglichst 1,5–2 l) mit dicht schließendem Deckel. Stelle die Apparatur nach Bild 4 zusammen. Klebe zunächst ein Teelicht auf die Innenseite des Deckels. Entzünde dann das Teelicht, stülpe das Glas darüber, schraube es fest zu und stelle es schnell auf die Waage. Lies sofort die Masse der gesamten Apparatur ab. Beobachte die Skala der Waage weiter, bis die Flamme erloschen und das Gefäß abgekühlt ist. Was stellst du fest? Wie deutest du deine Beobachtung?*

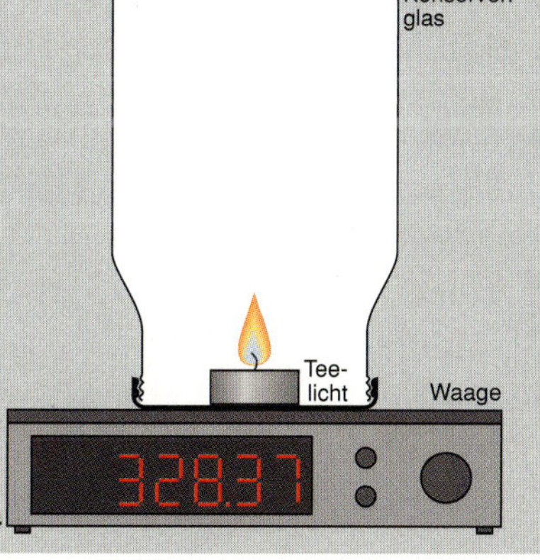

4

V3 *(Langzeitversuch) Lege auf den Deckel des Konservenglases einen Rundfilter, der mit stark verdünntem Essig angefeuchtet ist. Streue eine dünne Schicht entfetteten Eisenpulver darauf. Wäge sofort und nach 8 Tagen.*

Die Teilchen von Elementen und Verbindungen

1

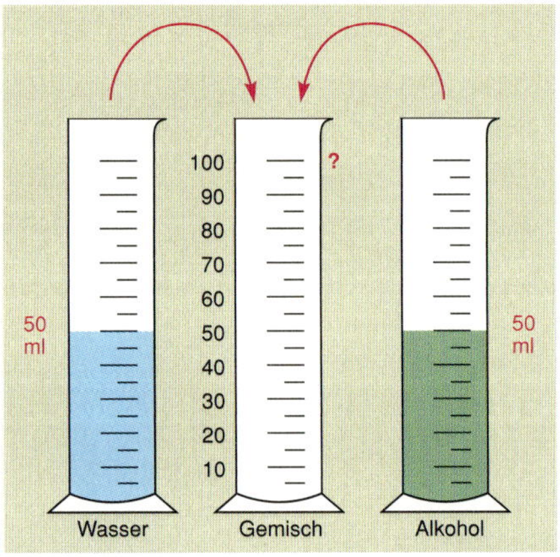

2

V1 *„50 + 50 ≠ 100“ (Bild 1) – diese Behauptung soll durch ein Experiment bewiesen werden:*
Wir messen 50 ml Wasser und 50 ml Alkohol Ⓕ *(oder Brennspiritus* Ⓕ*) ganz genau ab. Dann schütten wir beide Flüssigkeiten in einen dritten Messzylinder. Dort vermischen wir sie gut.*
Wie viel Milliliter des Stoffgemisches können wir im Messzylinder ablesen?

V2 *Um die Beobachtung von V1 besser erklären zu können, werden die Messzylinder mit Erbsen und Reis (Senfkörnern) ganz genau bis zur 50-ml-Markierung gefüllt (Bild 2).*
a) *Beide Stoffe werden dann im 100-ml-Messzylinder vermischt. Was liest du diesmal ab?*
b) *Hättest du die Wette aus der Sprechblase (Bild 1) gewonnen?*

V3 *Wir stellen ein Uhrgläschen auf die Fensterbank und tropfen etwas Parfüm darauf.*
a) *Kannst du das Parfüm noch riechen, wenn du nach und nach einige Meter weit vom Fenster weggehst?*
b) *Erkläre das Versuchsergebnis mit dem Begriff Teilchen.*

V4 *Wir füllen ein Becherglas mit Wasser und stellen es an einen ruhigen Platz, an dem es länger stehen bleiben kann.*
Dann lassen wir mit einer Pinzette einen einzigen Kristall Kaliumpermanganat ins Wasser fallen.
a) *Was kannst du sofort im Glas beobachten?*
b) *Wie sieht das Wasser nach einer halben Stunde und nach einer Woche aus?*
Notiere jedes Mal deine Beobachtungen und vergleiche sie.
c) *Wie kannst du das Versuchsergebnis diesmal erklären? Vergleiche auch mit dem von V3.*

Info: Teilchen sind nicht alle gleich

Die kleinsten Teilchen, aus denen jeder Stoff besteht, haben wir uns bisher als kleine, gleiche Kugeln vorgestellt. Das hat für die Vorgänge, die wir damit veranschaulichen wollten, ausgereicht.

Das Ergebnis von V1 können wir mit diesem einfachen Teilchenmodell (Kugelmodell) nicht erklären. (Nach ihm hätten 50 plus 50 tatsächlich 100 ergeben müssen.) Wir können es uns nur erklären, wenn wir von Folgendem ausgehen: **Die Teilchen von Stoffen sind nicht alle gleich.** Alkohol- und Wasserteilchen z. B. müssen unterschiedlich groß sein.

Dann können wir uns vorstellen, dass in der Mischung von Alkohol und Wasser die kleineren Teilchen *Leerräume ausfüllen*, die sich zwischen den größeren Teilchen befinden – so wie sich in V2 die Reiskörner zwischen die Erbsen legen. Das erklärt, weshalb 50 ml Alkohol und 50 ml Wasser ein Gemisch von weniger als 100 ml Volumen ergeben.

Wir können sagen: *Gemische (z. B. aus Alkohol und Wasser) bestehen aus verschiedenartigen Teilchen.* Durch geeignete Verfahren könnten diese Teilchensorten getrennt werden.

63364

Info: Atome – die kleinsten Teilchen der chemischen Elemente

Jedes chemische Element (z. B. Eisen und Schwefel) **besteht aus gleichen Teilchen.** Hier gibt es also nichts, was man voneinander trennen könnte. Diese kleinsten Teilchen eines Elements nennt man **Atome** (z. B. Eisen- oder Schwefelatome). Von nun an werden wir diese *Atome* als kleine Kugeln darstellen.

Atome verschiedener Elemente unterscheiden sich z. B. in ihren Größen und ihren Massen. Es gibt so viele Atomarten, wie es Elemente gibt.

Abgesehen von wenigen Ausnahmen kommen Atome **nicht einzeln** vor. Wie sie angeordnet sind, hängt z. B. vom **Aggregatzustand** des Stoffes ab: In einem *geschmolzenen* Metall liegen die Atome völlig ungeordnet nebeneinander (Bild 3). Wenn das Metall aber abgekühlt und damit fest wird, ordnen sie sich dicht neben- und übereinander an. Dabei entstehen Metallkristalle mit regelmäßigen Formen (Bild 4).

3

4

Wenn ein Stoff (wie in V3) verdunstet, also gasförmig wird, rücken die Teilchen weiter auseinander. Sie bewegen sich anschließend ohne weiteren Zusammenhalt im Raum.

Es ändert sich also nur der *Abstand zwischen den Teilchen*, nicht die Teilchenart.

Aus der Geschichte: Von den Atomen

Schon vor über 2000 Jahren dachten einige Menschen darüber nach, wie die Stoffe in unserer Umwelt aufgebaut sein könnten. Darüber machten sich vor allem griechische Philosophen Gedanken.

Schon im 5. Jahrhundert v. Chr. behauptete *Leukippos von Milet*, dass die Stoffe aus einer Vielzahl von kleinsten Teilchen bestehen müssten.

Diesen Gedanken griff *Demokrit* (ca. 460–380 v. Chr.) auf und erweiterte ihn: Er stellte sich vor, dass man alle Stoffe immer weiter zerteilen könne, bis man zu ihren *kleinsten Bestandteilen* käme; die seien dann *nicht mehr teilbar*. Deshalb nannte Demokrit diese kleinsten Bestandteile der Stoffe **Atome** (griech. *atomos:* unteilbar).

Seiner Meinung nach hätten die Atome unterschiedliche Gestalt und Größe. Sie könnten sich im luftleeren Raum bewegen, sich miteinander vermischen und sich auch aneinander lagern. So entstünden die verschiedenen Stoffe.

Demokrits Atomvorstellung wurde jedoch von vielen Philosophen abgelehnt. So geriet sie allmählich in Vergessenheit. Im Laufe der Jahrhunderte machten dann aber einige Wissenschaftler Beobachtungen, die für den Aufbau der Stoffe aus Atomen sprachen.

Der englische Chemiker *John Dalton* (1766–1844) griff Demokrits Vorstellungen wieder auf und zog sie zur Deutung von Experimenten heran. Er entwickelte die Atomvorstellung so bemerkenswert weiter, dass er heute als Begründer der modernen Atomtheorie gilt.

Die wichtigsten Aussagen von **Daltons Atomtheorie** lauten folgendermaßen:

- Jedes Element besteht aus kleinsten, chemisch nicht weiter zerlegbaren Teilchen, den Atomen.
- Die Atome eines Elements sind untereinander gleich. Sie haben die gleiche Größe und die gleiche Masse.
- Es gibt so viele Atomarten, wie es chemische Elemente gibt. Diese Atomarten unterscheiden sich vor allem in ihrer Masse.
- Atome können nicht neu geschaffen, aber auch nicht zerstört werden. Die Atome sind also unveränderlich.
- Bei chemischen Reaktionen bleiben die Atome erhalten, sie gruppieren sich lediglich um.
- In chemischen Verbindungen treten die Atome in ganz bestimmten einfachen Zahlenverhältnissen auf.

Info: Moleküle – aus Atomen zusammengesetzt

Auch die **Luft** ist aus Teilchen aufgebaut. Nur ist hier deren *Anordnung* anders als in den Metallen.

Die Luft ist ein Gemisch aus Sauerstoff, Stickstoff und einigen anderen Gasen (z. B. den Edelgasen). Vielleicht stellst du dir die Luft deshalb als ein Gemisch verschiedener Atome vor. So einfach ist das aber nicht.

Chemiker haben herausgefunden, dass sich z. B. beim **Sauerstoff** immer *zwei* Sauerstoffatome zu einem Teilchen verbinden (Bilder 1 u. 2). Solche Teilchen werden als **Moleküle** bezeichnet (lat. *molecula:* kleine Masse).

Die Sauerstoffatome kommen also nie einzeln vor. In der Luft sind demnach nur Sauerstoff*moleküle* enthalten.

Auch der in der Luft enthaltene Stickstoff bildet Moleküle. Die Edelgase machen jedoch eine Ausnahme. Sie kommen als Atome vor. Das heißt: *Die Luft ist ein Gemisch aus verschiedenen Atomen und Molekülen.*

Wie der Sauerstoff, so tritt auch der **Wasserstoff** nur als **Molekül** auf. Zwei Wasserstoffatome bilden ein Wasserstoff*molekül* (Bild 3).

Auch **Wasser** bildet **Moleküle**. Bild 4 zeigt, wie wir uns die Anordnung der Atome in Wassermolekülen vorstellen.

Wenn du die Darstellung der *Wasser*moleküle und der Moleküle von *Wasserstoff* und *Sauerstoff* miteinander vergleichst, kannst du einen wesentlichen Unterschied erkennen:

Beim Wassermolekül sind **unterschiedliche Atome** zu einem Molekül zusammengefügt.

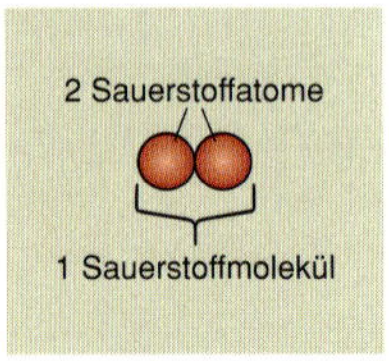

1

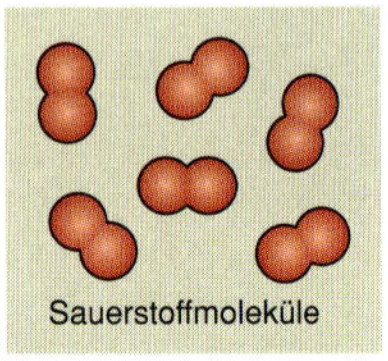

2

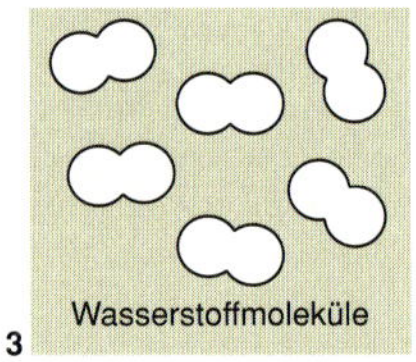

3

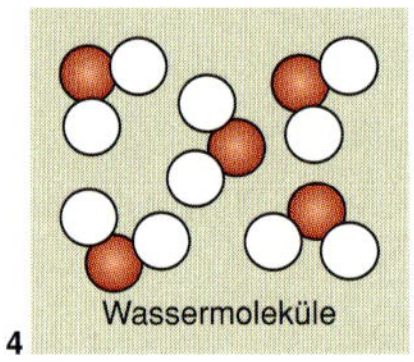

4

Info: Die chemische Reaktion – Umordnung von Teilchen

Wir wissen: Alle Stoffe bestehen aus Teilchen. Wasserstoff besteht aus Wasserstoffmolekülen, Sauerstoff aus Sauerstoffmolekülen und Wasser aus Wassermolekülen.

Wenn aus Wasserstoff und Sauerstoff Wasser entsteht, müssen also aus Wasserstoff- und Sauerstoffmolekülen Wassermoleküle werden (Bild 5).

Bei der Stoffumwandlung werden aus den Teilchen der Ausgangsstoffe Teilchen der Reaktionsprodukte.

In unserem Beispiel werden die Sauerstoff- und Wasserstoff*moleküle* gespalten. Aus den Wasserstoff- und Sauerstoff*atomen* entstehen dann Wassermoleküle. Es findet also eine **Umordnung** der Atome statt.

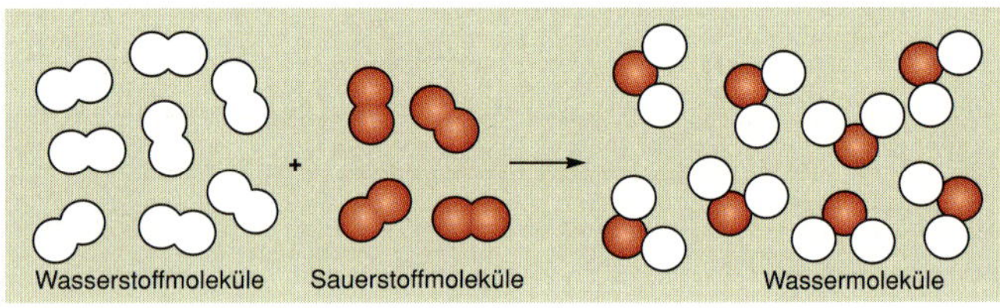

5

A1 *Bisher haben wir die kleinsten Teilchen der Stoffe als Kugeln dargestellt. Nun haben wir dieses Kugelmodell verfeinert. Erkläre!*

A2 *Was sind Atome und was sind Moleküle?*

A3 *Bei den Gasen und in den Metallen sind die Atome unterschiedlich angeordnet. Beschreibe, worin sich die Anordnungen unterscheiden.*

A4 *Die kleinsten Teilchen von Wasserstoff und Wasser sind Moleküle. Dennoch gibt es zwischen ihnen einen wesentlichen Unterschied. Beschreibe, worin der besteht.*

A5 *Aus einigen Metallen werden Legierungen hergestellt um die Eigenschaften der betroffenen Metalle zu verändern (z. B. Messing aus Kupfer und Zink bzw. Bronze aus Kupfer und Zinn). Die Metalle werden dazu miteinander vermischt und verschmolzen. Wie stellst du dir ihren Aufbau aus kleinsten Teilchen vor?*

63366

Atome und Moleküle werden gewogen

Kann man Atome tatsächlich wiegen und zählen?

Atome sind doch außerordentlich klein und ihre Zahl ist schon bei kleinen Stoffportionen unvorstellbar groß!

6

Nimm einmal an, die Schrotkugeln im Glas (Bild 6) seien Atome, und du solltest herausfinden, wie viele Kugeln es sind.

- Hältst du es für praktisch, die Kugeln zu zählen? Schätze einmal, wie viele es sind!
- Findest du andere Möglichkeiten ihre Anzahl festzustellen?

Info: Massen von Atomen und Molekülen

Selbstverständlich kann man einzelne Atome nicht auf einer normalen Waage wiegen; dafür ist ihre Masse viel zu gering. Um die Masse von Atomen genau festzustellen, setzt man einen *Massenspektrographen* ein.

Damit lässt sich die tatsächliche Masse eines einzelnen Atoms errechnen *(absolute Atommasse)*. So hat man z. B. die Masse eines Sauerstoffatoms festgestellt; sie beträgt

0,000 000 000 000 000 000 000 027 g.

Um nicht ständig mit so kleinen Zahlen umgehen zu müssen, hat man in der Chemie eine Masseneinheit festgelegt; mit ihr vergleicht man bei Bedarf die Massen aller anderen Atome. Als Vergleichsmasse dient heute $\frac{1}{12}$ der Masse des Kohlenstoffatoms. Sie wird **1 u** (engl. *unit:* Einheit) genannt.

1 u = $\frac{1}{12}$ der Masse des Kohlenstoffatoms

Das entspricht etwa der Masse eines Wasserstoffatoms (→ Tabelle *Atommassen einiger Elemente*).

Beispiel: Das Kupferatom hat die Atommasse 63,546 u. Das heißt, ein Kupferatom wiegt 63,546-mal so viel wie $\frac{1}{12}$ des Kohlenstoffatoms.

Häufig kommt man mit dem gerundeten Wert für die Atommassen aus, beim Kupferatom: ≈ 64 u.

Das Symbol für die Masse eines Atoms ist m_A. Für ein Kupferatom (Cu) heißt es: $m_A(Cu) = 63{,}546$ u. Die *unbenannte* Zahl 63,546 heißt *relative Atommasse*.

Die **Molekülmasse** (m_M) eines Moleküls erhält man, indem man die Atommassen aller Atome im Molekül addiert. *Beispiel:* Wir bestimmen die relative Molekülmasse m_M eines Moleküls Wasser (H_2O).

$$m_M(H_2O) = 2 \cdot 1{,}0079\,u + 15{,}9994\,u$$
$$= 18{,}0152\,u \approx 18\,u$$

Atommassen einiger Elemente

Element	Atommasse in u	
	genau	gerundet
Wasserstoff	1,0079	1
Kohlenstoff	12,011	12
Sauerstoff	15,9994	16
Schwefel	32,064	32
Eisen	55,847	56
Kupfer	63,546	64
Blei	207,19	207

A1 *Du sollst die Masse von 1000 gleichen Stahlkugeln bestimmen. Es stehen aber nur 5 dieser Kugeln zur Verfügung; sie wiegen zusammen 14,2 g. Beschreibe, wie du dabei vorgehst.*

A2 *Was bedeutet in der Chemie die Abkürzung 1 u?*

A3 *Eisen hat die Atommasse 56 u. Erläutere, was das bedeutet.*

Die chemische Zeichensprache

Zeichen und Symbole

1

Gaunerzinken! Sie informieren darüber, womit bei einem „Besuch" zu rechnen ist …

Info: Symbole und Formeln in der Chemie

Auch in der Chemie werden Symbole eingesetzt. Du kennst z. B. die *Gefahrensymbole*. Es gibt aber noch andere. Sie werden **chemische Symbole** oder **Elementsymbole** genannt. **Ein chemisches *Symbol* ist die abgekürzte Schreibweise für ein *Element*.**

Die Elementsymbole wurden von dem schwedischen Chemiker *Jöns Jakob Berzelius* vorgeschlagen (1813). Er ging von den lateinischen oder griechischen Namen der Elemente aus. (Diese Sprachen waren damals den Gelehrten vieler Länder geläufig.) Als Symbole nahm er einfach die gebräuchlichen Buchstaben (→ Übersicht). Noch heute werden seine Symbole von Chemikern auf der ganzen Welt benutzt (Bild 3).

Symbole einiger Elemente

Gold *(**au**rum)*	Au
Silber *(**a**r**g**entum)*	Ag
Kupfer *(**cu**prum)*	Cu
Eisen *(**fe**rrum)*	Fe
Blei *(**pl**um**b**um)*	Pb
Kohlenstoff *(**c**arboneum)*	C
Schwefel *(**s**ulfur)*	S
Sauerstoff *(**o**xygenium)*	O
Wasserstoff *(**h**ydrogenium)*	H
Stickstoff *(**n**itrogenium)*	N

Das Symbol für Sauerstoff ist **O**. Das O steht auch für „ein Atom Sauerstoff". Für *zwei* Atome Sauerstoff schreibt man **2 O**.

Im Sauerstoff*molekül* sind 2 Sauerstoffatome *verbunden*. Das wird durch folgende Schreibweise ausgedrückt: $\mathbf{O_2}$. Die Schreibweise $\mathbf{3\,O_2}$ bedeutet dann „3 Moleküle Sauerstoff".

Elemente können miteinander reagieren, dabei entstehen *Verbindungen*. Auch für sie gibt es eine abgekürzte Schreibweise: die *chemische Formel*. Sie setzt sich aus den Symbolen der Elemente zusammen, aus denen die Verbindung entstanden ist.

Eisensulfid z. B. – entstanden aus Eisen (Fe) und Schwefel (S) – hat die Formel FeS.

A1 *Auch im Sport, Verkehr usw. verwendet man Symbole. Zeichne einige auf und benenne sie.*

A2 *Versuche die Zeichen von Bild 1 zu deuten (siehe dazu Bild 2).*

A3 *Worin siehst du den Vorteil der Verwendung chemischer Symbole (Bild 3)?*

A4 *Wie heißen die Elemente, die so abgekürzt werden: Fe, O, N, Zn? (Schlage im Anhang nach.)*

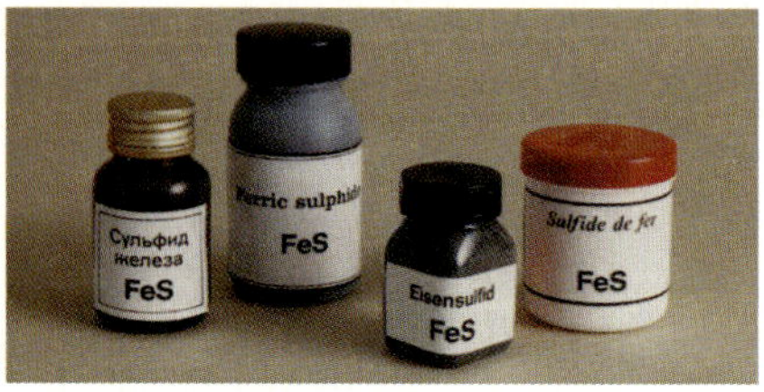

3

A5 *Wie heißen die chemischen Verbindungen, die durch folgende Formeln abgekürzt werden: ZnS, Cu_2S, FeO, PbS? (Schlage notfalls im Anhang nach.)*

A6 *Versuche den Unterschied zwischen einem chemischen Symbol und einer chemischen Formel zu nennen.*

2

63370

Aus der Geschichte: Wie die chemischen Symbole entstanden

Von den Alchemisten (den „Chemikern des Mittelalters“) hast du bereits gehört. Sie suchten nach dem „Stein der Weisen“, mit dessen Hilfe sie künstliches Gold herstellen wollten …

Da jeder dieses Ziel als Erster (und alleine) erreichen wollte, entwickelte er für seine Notizen und Versuchsbeschreibungen eine eigene „Geheimschrift“.

Bild 4 zeigt eine Seite aus einer solchen Schrift. Dort wird genau beschrieben, wie man angeblich den „Stein der Weisen“ herstellen kann. Für die einzelnen Stoffe und für die wichtigsten Tätigkeiten hat der Alchemist seine eigenen Geheimzeichen eingesetzt.

5

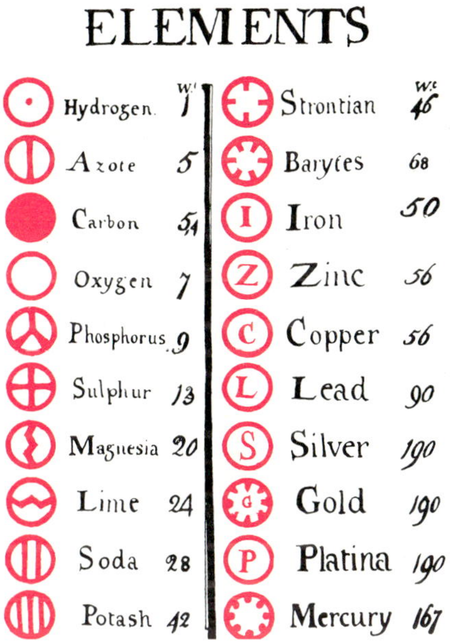

Vor etwa 200 Jahren bemühten sich die Chemiker dann einheitliche chemische Zeichen zu entwickeln. Diese sollten für jedermann verständlich sein.

Einer von ihnen war der Engländer *John Dalton*. Er ordnete bereits 1808 jedem Element ein eigenes Elementsymbol zu (Bild 5).

Die heutigen Elementsymbole stammen von *Berzelius*.

Die Idee von Berzelius, die Elementsymbole nur durch Buchstaben darzustellen, erwies sich nämlich als praktisch.

4

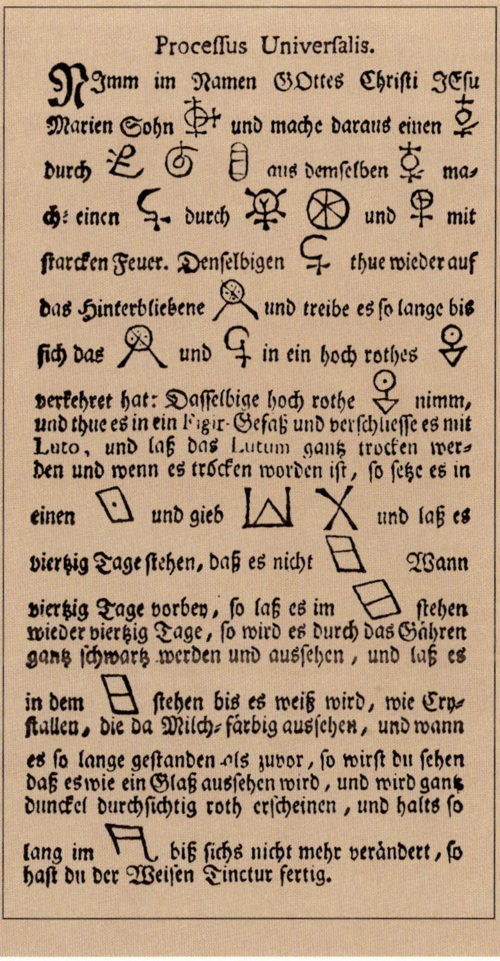

Processus Universalis.

Nimm im Namen GOttes Christi JEsu Marien Sohn und mache daraus einen durch aus demselben mach einen durch und mit starcken Feuer. Denselbigen thue wieder auf das Hinterbliebene und treibe es so lange biß sich das und in ein hoch rothes verkehret hat: Dasselbige hoch rothe nimm, und thue es in ein Figir-Gefäß und verschliesse es mit Luto, und laß das Lutum gantz trocken werden und wenn es trocken worden ist, so setze es in einen und gieb und laß es viertzig Tage stehen, daß es nicht Wann viertzig Tage vorbey, so laß es im stehen wieder viertzig Tage, so wird es durch das Gähren gantz schwartz werden und aussehen, und laß es in dem stehen bis es weiß wird, wie Crystallen, die da Milch-färbig aussehen, und wann es so lange gestanden als zuvor, so wirst du sehen daß es wie ein Glaß aussehen wird, und wird gantz dunckel durchsichtig roth erscheinen, und halts so lang im biß sichs nicht mehr verändert, so hast du der Weisen Tinctur fertig.

Übersetzung:
Allgemeines Verfahren.

Nimm im Namen Gottes Christi Jesu Marien Sohn Quecksilbererz und mache daraus einen blutroten „Geist“ durch Alkohol (?), Salpeter- und Salzsäure (Königswasser!). Aus demselben blutroten „Geist“ mache einen „Essig“ durch Ammoniak und Kaliumkarbonatlösung mit starkem Feuer. Denselben „Essig“ tue wieder auf den Rückstand und treibe es so lange, bis sich Rückstand und „Essig“ in ein hochrotes Öl (oder Schwefel?) aus der Materie der Weisen verkehret hat. Dasselbige hochrote Öl nimm und tue es in einen Kolben und verschließe es mit Lehm und laß den Lehm ganz trocken werden, und wenn es trocken worden ist, so setze es in einen Schmelzofen und gib gelindes Feuer vom ersten Hitzegrad, und laß es vierzig Tage stehen, daß es nicht schmelze. Wenn vierzig Tage vorbei, so laß es im Schmelzen stehen wieder vierzig Tage, so wird es durch das „Gären“ ganz schwarz werden und aussehen, und laß es in dem Schmelzen stehen, bis es weiß wird wie Kristalle, die da milchfarbig aussehen, und wenn es so lange gestanden als zuvor, so wirst du sehen, daß es wie ein Glas aussehen wird, und wird ganz dunkel durchsichtig rot erscheinen, und halt's so lange im Fließen wie ein Wasser, bis sich's nicht mehr verändert, so hast du der Weisen Tinktur fertig.

(Übersetzung nach V. Cordier)

Formeln und Reaktionsgleichungen

1

2

Beide Stoffe sind Verbindungen von Kupfer mit Sauerstoff – dennoch haben sie zweierlei Formeln …

Info: Aussagen von Symbolen und Formeln

Chemische *Symbole* sind Kennzeichen für die Atome der chemischen Elemente. So haben wir bereits Fe für Eisenatome, Ag für Silberatome und S für Schwefelatome kennen gelernt.

Auch chemische **Formeln** für chemische Verbindungen haben wir schon kennen gelernt – z. B. H_2O für Wasser und FeS für Eisensulfid.

Jede Verbindung kann man mit ihrer eigenen, für sie charakteristischen Formel kennzeichnen. So lautet die Formel für Silbersulfid Ag_2S, die für Kupfersulfid Cu_2S und die für Kupferoxid CuO (schwarz) bzw. Cu_2O (rot).

Chemischen Formeln kann man mehr als nur eine Information entnehmen. Wenn ein Chemiker die Formel H_2O verwendet, meint er:

- Diese chemische Verbindung besteht aus *Wasserstoff- und Sauerstoffatomen.*
- Das *Zahlenverhältnis* der beteiligten Atome beträgt 2 : 1. (Auf die Zahl der Wasserstoffatome weist die kleine 2 am Symbol des Wasserstoffatoms hin.)
- Ein *Molekül* Wasser besteht aus zwei Wasserstoffatomen und einem Sauerstoffatom.

Eisensulfid **FeS** besteht *nicht aus Molekülen*. Viele Eisen- und Schwefelatome sind im Zahlenverhältnis 1 : 1 verbunden. Die Formel FeS kennzeichnet eine **Formeleinheit** Eisensulfid. Sie besteht bei Eisensulfid aus einem Eisenatom und einem Schwefelatom.

Ag_2S bedeutet *eine Formeleinheit* der chemischen Verbindung Silbersulfid; diese Formeleinheit besteht aus 2 Silberatomen und 1 Schwefelatom. Auf die Anzahl der Silberatome weist die tiefgestellte 2 (der *Index*) am Symbol des Silberatoms hin.

Die Formel gibt das Zahlenverhältnis der Atome an. Man spricht hier von einer *Verhältnisformel*.

Aussagen von chemischen Symbolen und Formeln – zusammengefasst

Ein chemisches **Symbol** steht für	• ein Element • ein Atom des Elements
Beispiel: **Fe** bedeutet	• das Element Eisen • ein Eisenatom
Eine chemische **Formel** steht für	• eine Verbindung • eine Formeleinheit oder ein Molekül der Verbindung
Beispiel: **H_2O** bedeutet	• Wasser • ein Molekül Wasser • Zahlenverhältnis der Atome 2 : 1

64931

Info: Wie wir chemische Formeln aufstellen können

Die folgenden Verbindungen haben wir bereits kennen gelernt:

Verbindung	Formel
Wasser	H_2O
Bleisulfid	PbS
Eisensulfid	FeS
Silbersulfid	Ag_2S
Kupfersulfid	Cu_2S

Wenn du dir die Formeln für diese Verbindungen anschaust, stellst du fest, dass ein Schwefelatom sowohl mit *einem* als auch mit *zwei* anderen Atomen verbunden sein kann. Woran liegt das?

Die verschiedenen Atomarten haben unterschiedliche Möglichkeiten um andere Atome zu binden. Die Anzahl dieser Bindemöglichkeiten wird durch die **Wertigkeit** beschrieben.

Die Wertigkeit ist eine Zahl, die jedem Element zugeordnet wurde. So ist z. B. der **Wasserstoff einwertig**. **Die Wertigkeit des Wasserstoffs wurde als Einheit der Wertigkeit festgelegt.**

Die Wertigkeit der anderen Elemente sagt aus, wie viele Wasserstoffatome von einem Atom dieses Elements gebunden werden könnten.

Der Sauerstoff ist z. B. zweiwertig, d. h., 1 Sauerstoffatom kann 2 Wasserstoffatome binden.

Einige Elemente haben mehrere Wertigkeiten, z. B. Schwefel. In der folgenden Übersicht sind die hauptsächlich auftretenden Wertigkeiten einiger Elemente zusammengestellt.

Element	Symbol	Wertigkeit
Wasserstoff	H	I
Natrium	Na	I
Silber	Ag	I
Sauerstoff	O	II
Blei	Pb	II (IV)
Magnesium	Mg	II
Kupfer	Cu	II (I)
Quecksilber	Hg	II
Zink	Zn	II
Aluminium	Al	III
Eisen	Fe	III (II; VI)
Stickstoff	N	III (II; IV; VI)
Kohlenstoff	C	IV
Schwefel	S	IV (II; VI)

In jeder chemischen Verbindung sind die Wertigkeiten ausgeglichen. Das müssen wir beachten, wenn wir Formeln aufstellen oder Molekülmodelle basteln wollen.

Wenn man mit einem Modell arbeitet, z. B. wie in Bild 3, ist das einfach. Jeder Stift entspricht nämlich einer Wertigkeit. Jeder Stift kann mit dem Stift einer anderen Kugel verbunden werden. Wenn alle Stifte einer Kugel mit Stiften anderer Kugeln verbunden sind, sind die Wertigkeiten ausgeglichen. Bei den Modellen für ein Wassermolekül und ein Kohlenstoffdioxidmolekül (Bild 4) ist das der Fall.

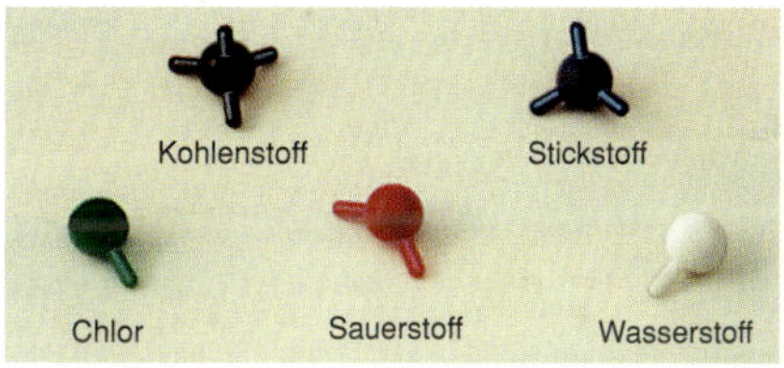

3

4

Hier wird auch die Bedeutung des Index in einer Formel deutlich. **Der Index in einer Formel kennzeichnet den Stoff genauso wie sein Name.**

Das schwarze Kupfer(II)-oxid *(Kupfer ist hier zweiwertig)* mit der Formel CuO hat andere Eigenschaften als das rote Kupfer(I)-oxid *(Kupfer ist hier einwertig)* mit der Formel Cu_2O (Bilder 1 u. 2).

Eigentlich müsste man die Formel für das rote Kupfer(I)-oxid Cu_2O_1 schreiben, die Formeleinheit enthält ja auch noch ein Sauerstoffteilchen. Der Index 1 wird aber nicht geschrieben.

Auch wir können die **Formel für eine Verbindung aufstellen**, die aus zwei Elementen besteht (z. B. für Wasser). Dabei gehen wir in vier Schritten vor.

1. Schritt:	Wir schreiben die Elementsymbole.	H	O
2. Schritt:	Wir ermitteln die Wertigkeiten.	I	II
3. Schritt:	Wir bilden das kleinste gemeinsame Vielfache (kgV) der Wertigkeiten.	2	
4. Schritt:	Wir dividieren das kgV durch die jeweilige Wertigkeit und erhalten den Index.	2 : I = 2	2 : II = 1
Die Formel lautet:		**H_2O**	

Info: Wir beschreiben chemische Reaktionen mit Reaktionsgleichungen

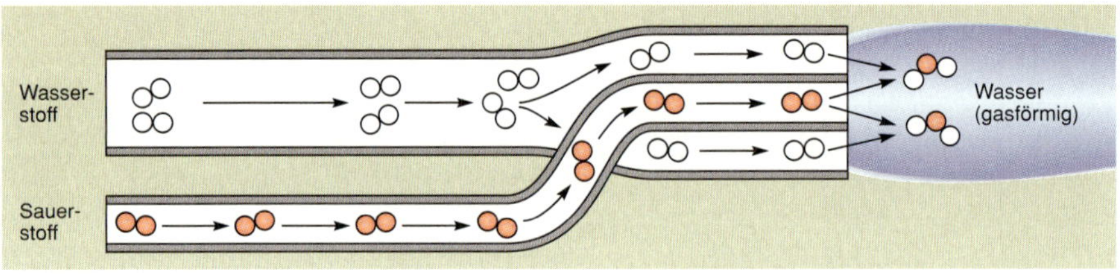

1

Am Modell eines Schweißbrenners soll veranschaulicht werden, wie sich aus Wasserstoff- und Sauerstoffmolekülen Wassermoleküle bilden. Hier reicht eine *Wortgleichung* zur exakten Beschreibung der Reaktion nicht mehr aus.

Bei der Reaktion am Schweißbrenner reagieren Wasserstoffmoleküle und Sauerstoffmoleküle immer im *Teilchenzahlverhältnis* 2 : 1. Das heißt: 2 Wasserstoffmoleküle reagieren mit einem Sauerstoffmolekül. Es entstehen 2 Wassermoleküle.

Dieser Vorgang lässt sich mit einer *Wortgleichung* nicht exakt beschreiben, denn sie gibt nur die *Stoffe* an, die reagieren, und das entstehende Reaktionsprodukt. Hier geht es aber genauer um Teilchen. Chemiker stellen solche Reaktionen daher in Gleichungen mit Symbolen und Formeln dar.

Die vollständige Reaktionsgleichung für die **Synthese von Wasser** schreibt der Chemiker so:

$2\,H_2 + O_2 \rightarrow 2\,H_2O$ | exotherm.

Diese Reaktionsgleichung sagt Folgendes aus:

2 Moleküle Wasserstoff reagieren mit 1 Molekül Sauerstoff zu 2 Molekülen Wasser. Die Reaktion verläuft exotherm.

In dieser Reaktionsgleichung stimmen Art und Anzahl der Atome rechts und links des Reaktionspfeils überein. Anders ausgedrückt: **Art und Anzahl aller beteiligten Atome sind vor und nach der Reaktion gleich; die Atome wurden nur *umgruppiert* (Gesetz von der Erhaltung der Masse).**

Bei allen chemischen Reaktionen sind große Mengen an Atomen und Molekülen beteiligt. Da man ihre Zahl nicht genau angeben kann, berücksichtigt man in der Reaktionsgleichung die jeweils *kleinste Anzahl* Atome und Moleküle, die reagieren können.

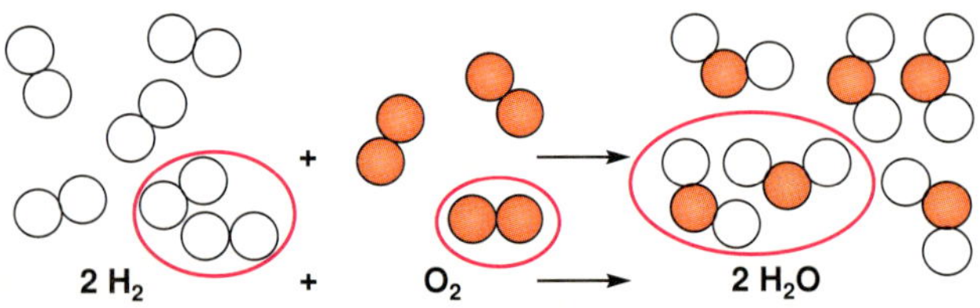

Auch wir können solche **Reaktionsgleichungen aufstellen**. Dabei gehen wir in drei Schritten vor.

1. Schritt: Wir bilden die *Wortgleichung* zur Reaktion: *Wasserstoff + Sauerstoff → Wasser | exotherm.*

2. Schritt: Wir ersetzen die Wörter durch die *Formeln* der Moleküle von Wasserstoff, Sauerstoff und Wasser.

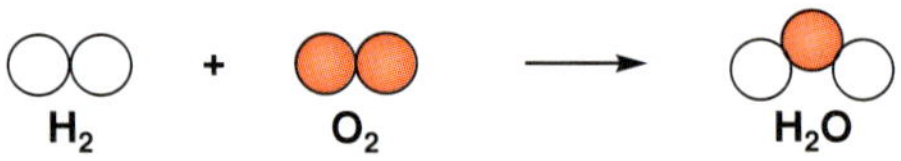

3. Schritt: Wir prüfen, ob Art und Anzahl der Atome vor und nach der Reaktion – also rechts und links des Reaktionspfeils – *übereinstimmen* und setzen die richtigen Faktoren ein.

Beachte: Beim Ausgleichen der Reaktionsgleichung dürfen nur die *Faktoren* vor den Symbolen oder Formeln verändert werden, niemals aber die *Indizes* (die kleinen tiefgestellten Zahlen)! Du weißt ja: Der *Index* ist Bestandteil der Formel eines Stoffes – und die ist unveränderlich.

Wir beginnen beim Ausgleichen der Reaktionsgleichung mit den Sauerstoffatomen: Aus 2 Sauerstoffatomen entstehen 2 Wassermoleküle.

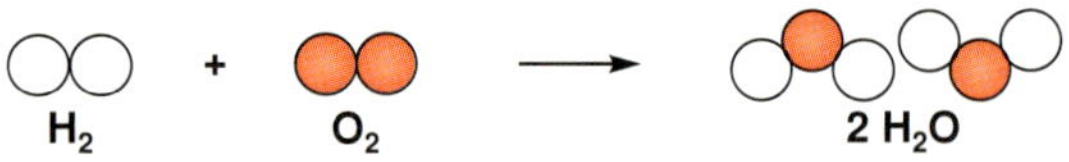

Anschließend vergleichen wir die Anzahl der Wasserstoffatome.

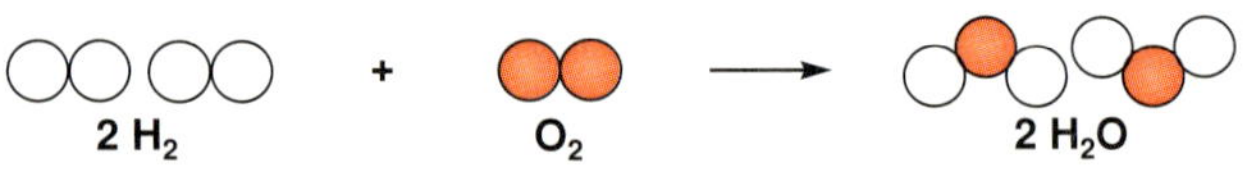

Zum Schluss kontrollieren wir noch einmal die gesamte Reaktionsgleichung.

Erst jetzt macht auch der Reaktionspfeil die richtige Aussage.

63374

A1 *Aus welchen Elementen (Atomsorten) bestehen die folgenden Verbindungen: Zinksulfid, Eisensulfid, Kupfersulfid?*

A2 *Beschreibe den Unterschied zwischen chemischem Symbol, einer Formel und der Formeleinheit.*

A3 *Sulfide bestehen aus* zwei *Elementen. Solche Verbindungen heißen* **binäre Verbindungen** *(lat.* bis: *zweimal). Trifft diese Bezeichnung auf Wasser ebenfalls zu? Begründe deine Antwort.*

A4 *Wofür verwendet der Chemiker den Begriff Wertigkeit?*

A5 *Was meint man mit der Aussage, dass in jeder chemischen Verbindung die Wertigkeiten ausgeglichen sind?*

A6 *In jeder Verbindung lagern sich die kleinsten Teilchen nach bestimmten Gesetzmäßigkeiten zusammen. Daher hat* eine *Verbindung immer* dieselbe *Formel. Wasser hat die Formel* H_2O. *Welche Atome sind hier miteinander verbunden; wie ist ihr Zahlenverhältnis?*

A7 *Worauf soll die kleine 2 am Symbol des Sauerstoffs* (O_2) *und des Wasserstoffs* (H_2) *hinweisen? Darfst du die Zahl verändern? Begründe deine Antwort.*

A8 *In einer Reaktionsgleichung sind die Formeln* H_2, $3\ H_2$ *oder* $3\ H_2O$ *angegeben. Erläutere das.*

A9 *Welche Reaktionen werden durch die folgenden Reaktionsgleichungen beschrieben?*

$Zn + S \rightarrow ZnS$

$Ag_2S \rightarrow 2\ Ag + S$

A10 *Was sagen die folgenden Reaktionsgleichungen aus?*

$2\ H_2 + O_2 \rightarrow 2\ H_2O$

$Fe + S \rightarrow FeS$

Achte auf die richtige Verwendung der Begriffe Atom, Molekül und Formeleinheit.

A11 *Petra meint: „Bei einer Reaktion bleiben die Atome der beteiligten Stoffe erhalten." Jochen antwortet: „Wenn ein neuer Stoff entsteht, bilden sich auch ganz neue Atome." Was meinst du dazu? Begründe deine Antwort.*

A12 *Warum setzt man in der Reaktionsgleichung kein Gleichheitszeichen?*

A13 *An der Mündung des Brenners (Bild 1) treffen jeweils zwei Wasserstoffmoleküle mit je einem Sauerstoffmolekül zusammen. Wie viele Wassermoleküle entstehen dabei?*

A14 *Begründe die Reaktionsgleichung für die Synthese von Wasser anhand von Bild 1.*

A15 *Entwickle mit Hilfe der Schrittfolge die vollständige Reaktionsgleichung für die* ***Analyse*** *von Wasser.*

A16 *Stelle für die Bildung von Kupfersulfid und Bleisulfid mit Hilfe der Schrittfolge die jeweilige Reaktionsgleichung auf.*

Zusammenfassung

Was wir aus einer Reaktionsgleichung herauslesen können

Beispiel: $2\ H_2 + O_2 \rightarrow 2\ H_2O$ | exotherm

- Wasserstoff und Sauerstoff reagieren zu Wasser.
- Die Reaktion verläuft exotherm.
- Wasserstoffmoleküle und Sauerstoffmoleküle reagieren miteinander im Zahlenverhältnis 2 : 1.
- Jeweils 2 Wasserstoffmoleküle reagieren mit 1 Sauerstoffmolekül zu 2 Wassermolekülen.

Die Bedeutung des Feuers für den Menschen

Nicht nur zum Wärmen am Lagerfeuer (wie in Bild 1) ist das Feuer geeignet.

4

Und manchmal wirkt das Feuer auch zerstörerisch …

1

5

8

2

6

9

3

7

10

A1 *Welche Rolle spielt hier jeweils das Feuer?*

A2 *Suche weitere Beispiele zur Bedeutung des Feuers.*

63376

Wir machen Feuer – was brennt eigentlich dabei?

11

Kurzschluss – kein Licht!
Da ist es gut, wenn Streichhölzer und Kerze zur Hand sind.
Ist es denn so schlimm, wenn der Docht der Kerze abgebrochen ist?

Vorbereitende Aufträge

1. *Schneide von einer Kerze den Docht ab und stelle sie auf eine feuerfeste Unterlage.*
a) *Versuche die Kerze ohne Docht zu entzünden.*
b) *Ersetze den Docht durch ein Hölzchen:*
Stecke dazu ein halbes Streichholz ohne Kopf in das Kerzenwachs. Das Hölzchen soll nur etwa 1 cm aus dem Wachs herausragen.
Lässt sich die Kerze auf diese Weise entzünden? Versuche das Ergebnis zu erklären.

Info: Was brauchen wir zum Feuermachen?

Für ein Feuer wird zunächst ein **brennbarer Stoff** benötigt, z. B. Papier, Holz, Kohle, Benzin, Spiritus, Heizöl, Erdgas, Kerzenwachs. Ihr Hauptbestandteil ist Kohlenstoff. (Stoffe, die sich unter normalen Umständen nicht entzünden lassen, nennt man **nichtbrennbar**. Das sind z. B. große Metallteile, Spezialkunststoffe.)

Ein Stoff, der brennen soll, braucht **Sauerstoff**. Auch muss der Stoff auf eine ganz bestimmte **Entzündungstemperatur** erhitzt werden. Diese Temperatur ist von Stoff zu Stoff verschieden (→ Tabelle im Anhang).

Die brennbaren Stoffe müssen erhitzt werden, damit sie *Dämpfe* bilden. Erst diese entzünden sich, wenn die jeweilige Entzündungstemperatur erreicht ist. Das gilt für feste und für flüssige Stoffe.

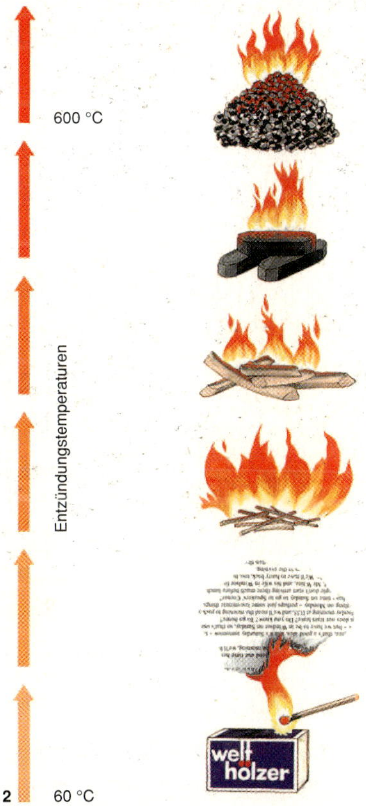

12

Auch beim Feuermachen im Ofen spielt die Entzündungstemperatur eine wichtige Rolle. Deshalb werden die Brennstoffe im Allgemeinen so übereinander geschichtet, wie es in Bild 12 zu sehen ist. Nun erfolgt eine „Stufenzündung“:

Ein Streichholz wird entzündet und dessen Flamme greift auf das Papier über. Das brennende Papier entwickelt so viel Wärme, dass die Entzündungstemperatur des Holzes erreicht wird; deshalb fangen nun das fein zerteilte Holz und allmählich auch die dickeren Holzscheite Feuer. (Daran siehst du, dass auch der *Zerteilungsgrad* des brennbaren Stoffes eine Rolle spielt.)

Beim Brennen des Holzes entsteht so viel Wärme, dass nun auch die Entzündungstemperatur der Kohle erreicht wird.

Schülerversuche

V1 *Entzünde den Docht einer Kerze und warte, bis das Kerzenwachs rund um den Docht geschmolzen ist.*
Wenn du die Kerzenflamme nun ausbläst, steigt vom Docht her ein weiß aussehender Wachsdampf nach oben.

a) *Zünde jetzt ein Streichholz an. Halte es ungefähr 2 cm hoch über dem Docht in den aufsteigenden Wachsdampf (Bild 1).*

b) *Halte die Streichholzflamme nun etwa 5 cm über dem Docht in den aufsteigenden Wachsdampf (Bild 2). Wie viele Zentimeter „schaffst" du?*

c) *Zünde die Kerze noch einmal an und stülpe ein Glasrohr darüber. Achte aber darauf, dass der obere Rand des Glasrohrs etwa 10 cm weit vom Docht der Kerze entfernt ist. Blase die Kerze anschließend aus.*
Halte die Streichholzflamme am oberen Glasrand in den Wachsdampf (Bild 3). Beobachtung?

V2 *Wir erhitzen etwas Kerzenwachs im Porzellantiegel.*

a) *Versuche das Kerzenwachs zu entzünden – nach einer Minute, nach drei Minuten und schließlich nach fünf Minuten.*

b) *Beschreibe genau, was mit dem Wachs geschieht. Wann beginnt es zu brennen?*

V3 *Sieh dir eine Kerzenflamme einmal genauer an: Du kannst zwei Zonen deutlich unterscheiden.*

a) *Halte für etwa eine Sekunde ein Streichholz quer in die Flamme – und zwar direkt über dem Docht in die dunkle Zone (Bild 4).*

b) *Halte einen Streichholzkopf ganz kurz in die dunkle Zone der*

1

2

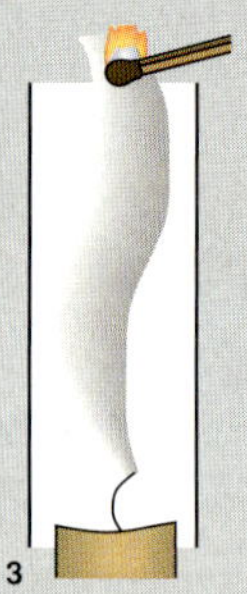
3

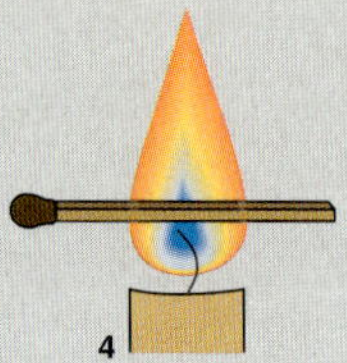
4

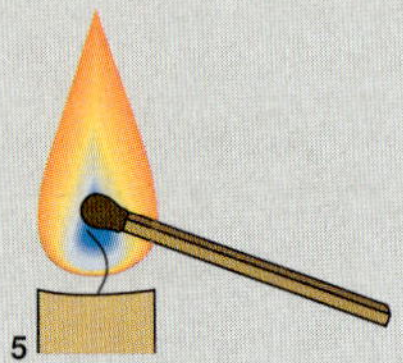
5

6

7

8

9

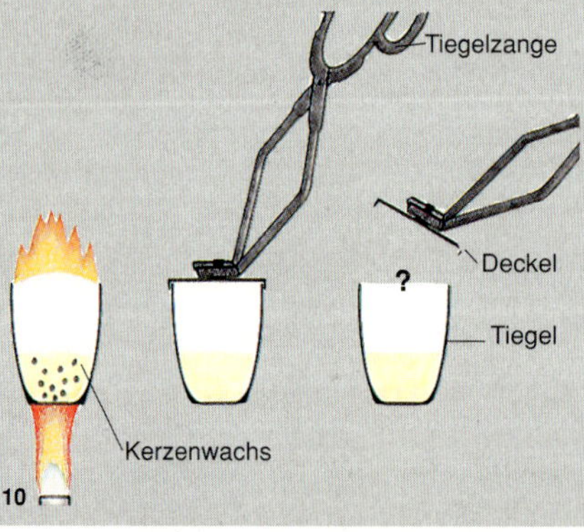

10

Flamme (Bild 5). Halte ihn etwa genauso lange in die Spitze der Flamme. Versuche deine Beobachtung zu erklären.

V4 *Stelle eine kleine Kerze (oder ein Teelicht) auf eine glatte Unterlage; entzünde die Kerze. Stülpe ein Glas darüber. Beschreibe genau, was geschieht.*

V5 *Über eine brennende Kerze wird ein 20 cm langes Glasrohr gestülpt, und zwar in unterschiedlichen Anordnungen. Beobachte jeweils zwei Minuten lang und beschreibe.*

a) *Zuerst steht das Glasrohr direkt auf dem Tisch (Bild 6).*

b) *Dann liegen zwei Holzklötzchen unter dem Rohr (Bild 7).*

c) *Das Rohr wird oben mit einer Glasplatte verschlossen (Bild 8).*

V6 *Die Kerze unter dem Becherglas von Bild 9 ist mit etwas Wachs auf einer Glasplatte befestigt.*
Nachdem die Flamme erloschen ist, wird das Becherglas zusammen mit der Glasplatte umgedreht. Dann wird eine brennende Kerze in das Glas eingeführt. Erkläre!

V7 *Diesmal erhitzen wir eine kleine Menge Kerzenwachs in einem Tiegel, bis eine Flamme entsteht.*

a) *Wir nehmen den Brenner weg und decken den Tiegel mit dem Deckel zu (Bild 10).*
Nach einigen Sekunden heben wir den Deckel mit der Tiegelzange wieder ab. Beschreibe deine Beobachtungen.

b) *Das Öffnen und Schließen des Tiegels kann man mehrere Male wiederholen – mit dem gleichen Ergebnis. Wie erklärst du das?*

63378

A1 *Was brennt eigentlich in einer Flamme?*

A2 *Die folgenden Sätze geben an, was beim Entzünden einer Kerze geschieht. Nur Satz a steht richtig. Ordne die Sätze b–e nach der richtigen zeitlichen Reihenfolge.*

a) *Das feste Wachs rund um den Docht brennt nicht.*

b) *Der Wachsdampf entzündet sich bei einer bestimmten Temperatur.*

c) *Das flüssige Wachs steigt im Docht nach oben.*

d) *Wenn man eine Streichholzflamme an den Docht hält, wird das Wachs erhitzt; es schmilzt.*

e) *Das Wachs beginnt zu sieden; es verdampft.*

A3 *Auch dieser Versuch, bei dem eine „Tochterflamme" entsteht (Bild 11), beantwortet die Frage, was in einer Flamme brennt ... Erkläre!*

11

A4 *Beschreibe die Beobachtungen von V 7 (Bild 10). Erkläre sie mit dem Begriff Entzündungstemperatur.*

A5 *Hier ist eine alte Pfadfinderaufgabe: In deiner Streichholzschachtel befinden sich nur wenige Streichhölzer und du sollst ein Lagerfeuer machen. Wie würdest du vorgehen? (Verwende den Begriff „Stufenzündung".)*

A6 *Beim Gas genügt der Funke eines Gasanzünders, um es zu entzünden. Bei einer Kerze funktioniert das aber nicht. Warum?*

A7 *Brennstoffe in flüssigem Aggregatzustand sind besonders feuergefährlich (z.B. Benzin). Woran liegt das?*

A8 *Im Kern einer Kerzenflamme befindet sich Wachsdampf. Trotz einer Temperatur von ca. 800 °C brennt er nicht. Der Wachsdampf außerhalb der Flamme brannte dagegen schon bei Raumtemperatur. Woran könnte das liegen?*

A9 *Schreibe auf, unter welchen Voraussetzungen ein Stoff brennt.*

Aus dem Alltag: Von Selbstentzündungen und Staubexplosionen

Zu feucht eingelagertes Heu entzündet sich leicht von selbst. Solche **Selbstentzündungen** rühren daher, dass auf dem feuchten Heu *Bakterien* und *Schimmelpilze* ideale Lebensbedingungen finden.

Bei den Lebensvorgängen solcher Kleinstlebewesen wird *Wärme* frei. Aus dem dicht gepackten Heu kann die Wärme nicht abgeführt werden. Die Temperatur des Heues steigt also immer mehr an – bis dessen *Entzündungstemperatur* erreicht ist (Bild 12).

12

In trockenem Heu kann das nicht passieren. Bei Trockenheit stellen nämlich Bakterien und Schimmelpilze ihre Lebensvorgänge ein.

Für Selbstentzündungen gibt es weitere Beispiele: Frisch eingelagertes Getreide muss erst noch umgeschaufelt werden, wenn es vorher nicht ganz trocken war. Bei Kohle, die zu Halden aufgehäuft wurde, können kleinste Kohleteilchen mit dem Sauerstoff der Luft reagieren; dabei entsteht Wärme. Kohlehalden werden deshalb ab und zu mit Wasser bespritzt. Auch Bratfett entzündet sich bei hoher Temperatur von selbst – sogar ohne offene Flamme (Bild 13).

Um das ungewollte Brennen durch eine Selbstentzündung zu vermeiden, setzt man z.B. bei Holz, Textilien und Teppichböden feuerfeste oder schwer entzündbare Materialien (Flammschutzmittel) ein. Dazu gehören Spezial-Kunstharze.

Stoffe in fein zerteilter Form (z.B. trockener Staub von Mehl, Holz, Kohle oder einigen Metallen) besitzen eine große Oberfläche und haben engen Kontakt mit dem Sauerstoff der Luft. Damit drohen Staubexplosionen.

Für solche **Staubexplosionen** genügt schon die Flamme eines Feuerzeugs oder ein Funke, der beim Betätigen eines elektrischen Schalters überspringt.

13

Brandbekämpfung und Brandschutz

Löschen und Vorbeugen

1 
2 

3 

Verschiedene Löschmethoden

V1 *(Lehrerversuch) Auf einer feuerfesten Unterlage steht eine kleine Metallschale (oder ein Blechdeckel). In diesem Gefäß brennt eine kleine Menge Reinigungsbenzin* F, Xn.

Überlege dir eine Möglichkeit, mit der eure Lehrerin oder euer Lehrer das Benzin ganz einfach löschen könnte.

V2 *(Lehrerversuch) In einer kleinen Metallschale wird ein wenig Fett erhitzt. Wenn schließlich die Entzündungstemperatur des Fettes erreicht ist, beginnt es zu brennen.*

Wie könnte man das brennende Fett löschen? (Bedenke dabei: Wasser kommt hier als Löschmittel auf keinen Fall in Frage, weil eine Stichflamme entsteht.)

Info: Die Bekämpfung von Bränden

Drei Voraussetzungen müssen erfüllt sein, wenn etwas brennen soll. Und unter den gleichen Voraussetzungen entstehen Brände bzw. breiten sich Brände aus.

Beim Löschen (und wenn man einem drohenden Brand vorbeugen will) versucht die Feuerwehr dem Feuer mindestens eine dieser Voraussetzungen zu entziehen.

Es gibt deshalb dreierlei Methoden, einen Brand zu bekämpfen. Wenn möglich werden alle drei Methoden gleichzeitig angewandt. Dann wird der Brand schneller und sicherer gelöscht.

1. Dem Feuer wird die „Nahrung entzogen".

Das heißt: Von dem brennbaren Material wird so viel wie möglich zur Seite geschafft.

2. Die brennenden Stoffe werden bis unter ihre Entzündungstemperatur abgekühlt.

Dazu wird meist Wasser in die Flammen gespritzt. Bei Fett ist Wasser aber ungeeignet, da das Fett dadurch nur verspritzt wird und weiterbrennt.

Auch Brände von feuergefährlichen Flüssigkeiten oder elektrischen Anlagen dürfen nicht mit Wasser gelöscht werden.

3. Durch besondere Maßnahmen wird verhindert, dass frische Luft (Sauerstoff) an die Flamme herankommt. Die Flamme wird „erstickt".

Häufig werden hierfür Schaumlöscher eingesetzt. Der Schaum deckt dann nämlich den Brandherd luftdicht ab. Einen kleinen Brand kann man auch mit Decken, Sand oder Erde ersticken.

63380

Aus dem Alltag: Vorsicht, Gefahrgut-Transport!

Ein Fahrzeug mit Chemikalien ist verunglückt (Bild 4). Welche Auswirkungen kann das haben?

Die Feuerwehr ist schnell zur Stelle und muss einige wichtige Fragen klären: Besteht Explosionsgefahr? Können giftige oder ätzende Flüssigkeiten auslaufen? Wie würden die Chemikalien im Brandfall auf Wasser reagieren?

Ein Glück, dass an dem Fahrzeug orangefarbene Schilder angebracht sind. Dir sind solche Schilder bestimmt auch schon an Last- oder Tankwagen aufgefallen. Mit ihrer Hilfe erhält man Auskunft über die Ladung des Fahrzeugs. Ein Feuerwehrmann kann dann im sog. **Gefahrgut-Schlüssel** nachsehen und weiß sofort, was mit der Ladung des Unfallfahrzeugs zu tun ist.

4

Die Ziffern auf dem Schild geben Hinweise auf den Namen des transportierten Stoffes und seine Gefährlichkeit. Jede Chemikalie, die mit der Bahn oder auf der Straße transportiert werden kann, hat nämlich eine Nummer. Und all diese Nummern sind in dem Gefahrgut-Schlüssel zusammengestellt. (Das ist ein kleines, handliches Buch, von dem du einen Auszug in Bild 5 siehst.)

Im Gefahrgut-Schlüssel findet man bei dem Namen des Stoffes auch Hinweise auf seine Eigenschaften. Außerdem steht dort, welche Maßnahmen im Schadens- oder Brandfall zu treffen sind.

Erste Ziffer: **Hauptgefahr**

2	Entweichen von Gas
3	Entzündbarkeit von Flüssigkeit oder Gasen
4	Entzündbarkeit fester Stoffe
5	brandfördernde (oxidierende) Wirkung
6	Giftigkeit
8	Ätzwirkung

X vor der Nummer: Stoff nicht mit Wasser in Berührung bringen!

Zweite und dritte Ziffer: **Zusätzliche Gefahr**

0	ohne Bedeutung
1	Explosion
2	Entweichen von Gas
3	Entzündbarkeit von Flüssigkeiten oder Gasen
4	Entzündbarkeit fester Stoffe
5	brandfördernde (oxidierende) Wirkung
6	Giftigkeit
8	Ätzwirkung
9	Gefahr einer heftigen Reaktion

Nummer zur Kennzeichnung der **Gefahr**: **X423**

Nummer zur Kennzeichnung des **Stoffes**: **1428**

Unser **Beispiel:**
X – Nicht mit Wasser in Berührung bringen, denn damit reagiert
4 – der entzündbare feste Stoff
2 – und dabei entweichen Gase,
3 – die entzündbar sind.

Unser **Beispiel:**
1428 – Natrium

Auszug aus dem Gefahrgut-Schlüssel

Nummer	Stoff
0080	Dynamit
1017	Chlor
1073	Sauerstoff, flüssig
1114	Benzol
1170	Ethanol (Alkohol)
1202	Heizöl, Dieselkraftstoff
1203	Benzin
1418	Magnesiumpulver
1428	Natrium
1436	Zinkpulver
1789	Salzsäure
1824	Natronlauge
1830	Schwefelsäure
1869	Magnesiumspäne oder -band
1944	Zündhölzer

5

A1 *Es gibt Vorschriften über das Verhalten bei Bränden in der Schule. Was müsstest du im Falle eines Brandes tun?*

A2 *Suche Beispiele zu den drei Löschmethoden.*
Nach welchen Methoden wird in den Bildern 1–3 gelöscht?

A3 *Inwiefern ist Wasser ein wichtiges Löschmittel?*
In welchen Fällen ist Wasser aber zum Löschen ungeeignet?

A4 *Begründe die folgenden Maßnahmen.*

a) *In Hochhäusern gehören zwischen Treppenhaus und Flure dicht schließende Türen.*

b) *Türen und Fenster von brennenden Räumen schließen!*

c) *In Garagen, in Autowerkstätten und an Tankstellen sind das Rauchen und der Gebrauch von offenem Feuer verboten.*

d) *Bei Bränden von Flüssigkeiten und elektrischen Anlagen nicht Wasser als Löschmittel einsetzen!*

e) *Niemals brennbare Flüssigkeiten als Feueranzünder benutzen!*

f) *Im Chemieraum einen Feuerlöscher, einen Kasten mit Sand und eine Löschdecke bereithalten!*

g) *Personen mit brennenden Kleidern zu Boden werfen und schnell in eine Decke wickeln.*

h) *Kleinere Verbrennungen mit kaltem Wasser kühlen.*

i) *Heiße Bügeleisen auf eine feuerfeste Unterlage stellen!*

j) *Keine heiße Asche in Mülltonnen aus Kunststoff einwerfen!*

Der Sauerstoff

Sauerstoff und seine Bedeutung

1 

2 

3 

Hier spielt der Sauerstoff eine wichtige Rolle.

Info: Sauerstoff – der lebenswichtige Bestandteil der Luft

Sauerstoff (O_2) ist ein farbloses und geruchloses Gas. Es hat eine etwas größere Dichte als Luft: 1,429 g/l unter Normalbedingungen (0 °C, 1013 hPa).

Durch Abkühlen lässt sich Sauerstoff bei –183 °C verflüssigen. Er liegt dann als bläuliche Flüssigkeit vor. Wenn man ihn noch weiter abkühlt, erstarrt er bei –219 °C zu hellblauen Kristallen.

Der Sauerstoff brennt nicht selbst, er unterhält (oder fördert) aber die Verbrennung. Sauerstoff ist sehr reaktionsfreudig, d. h., das Gas reagiert leicht mit anderen Stoffen. Deshalb verläuft jede Verbrennung in reinem Sauerstoff heftiger und mit hellerem Licht als an der Luft.

Sauerstoff löst sich etwas in Wasser. Deshalb können Fische und andere Wasserlebewesen unter Wasser atmen. Bei einer Temperatur von 0 °C lösen sich 49,1 ml Sauerstoff in 1 l Wasser. Wenn die Wassertemperatur ansteigt, löst sich weniger Sauerstoff.

Menschen und Tiere führen dem Körper bei der Atmung ständig Sauerstoff zu. Täglich braucht ein erwachsener Mensch etwa 0,6 m³ Sauerstoff. Er ist für viele Vorgänge, die im Körper ablaufen, unentbehrlich.

Sauerstoff ist das Element, das in der Natur am häufigsten vorkommt. Gut ein Fünftel der Luft besteht aus Sauerstoff. Wasser ist eine Sauerstoffverbindung, in der die Sauerstoffatome 9/10 der Masse ausmachen. Die Masse der festen Erdrinde besteht etwa zur Hälfte aus Sauerstoffatomen, bei Sand (Seesand) sind es z. B. 53 %.

Info: Wie die Luft zusammengesetzt ist

Die Luft ist kein Reinstoff, sondern ein *Stoffgemisch* – auch wenn sie ganz sauber ist und keine Schadstoffe enthält. **Luft ist ein Gemisch aus mehreren Gasen.**

100 Liter (trockene und saubere) Luft enthalten neben **Sauerstoff** (O_2) und **Stickstoff** (N_2) noch etwa 1 Liter andere Bestandteile (Bild 4). Das sind vor allem **Kohlenstoffdioxid** (CO_2; auch *Kohlendioxid* genannt) und die so genannten **Edelgase**. (Hinzu kommen – wenn die Luft feucht ist – wechselnde Mengen *Wasserdampf*.)

Die Edelgase heißen *Helium*, *Neon*, *Argon*, *Krypton* und *Xenon*. Das Kohlenstoffdioxid ist zwar bekannter als die anderen Gase, es kommt aber in der Luft nur in geringen Mengen (0,03 %) vor. Die genauen Anteile der verschiedenen Gase an der Zusammensetzung der Luft findest du in einer Tabelle im Anhang.

4 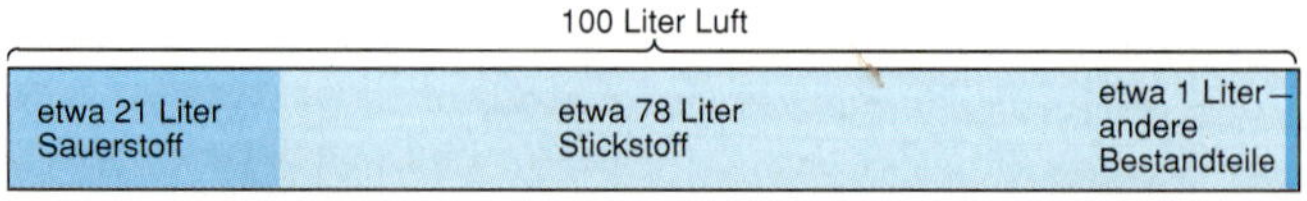

64934

Eigenschaften und Verwendung von Sauerstoff

27. Januar 1967, Probestart einer *Saturn*-Rakete. Ein schreckliches Unglück: In der Raumkapsel verbrennen drei amerikanische Astronauten. Der Brand ist wahrscheinlich durch einen Kurzschluss entstanden und hat sich mit rasender Geschwindigkeit ausgebreitet …

Die Raumkapsel war damals mit reinem Sauerstoff gefüllt. Seither hat man eine Änderung vorgenommen: Bei bemannten Raumkapseln verwendet man beim Start ein Gemisch aus Sauerstoff und Stickstoff. Erst während des Fluges wird es durch reinen Sauerstoff ersetzt.

V1 *Sauerstoff ◙ wird meist in großen, blauen Stahlflaschen aufbewahrt. Man kann den Sauerstoff – wie in Bild 5 gezeigt – „über Wasser“ auffangen (der Standzylinder wurde vorher mit Wasser gefüllt).*

a) *Beschreibe, wie das Auffangen über Wasser vor sich geht.*

b) *Wie sieht der Sauerstoff aus? Wie riecht er?*

V2 *Eine brennende Kerze wird zunächst in ein mit Luft gefülltes Glas gehalten.*
Dann wird die Kerze in ein mit Sauerstoff ◙ gefülltes Glas eingetaucht (Bild 6).
Beobachte jeweils die Kerzenflamme und vergleiche.

V3 *Zwei Reagenzgläser werden mit Sauerstoff ◙ gefüllt. Das erste stellst du mit der Öffnung nach oben auf, das zweite hältst du mit der Öffnung nach unten (Bild 7).*
Nach etwa einer halben Minute führst du in jedes Glas einen glimmenden Holzspan ein.

a) *Erkläre das Ergebnis.*

b) *Schreibe alle Eigenschaften des Sauerstoffs auf, die du inzwischen herausgefunden hast.*

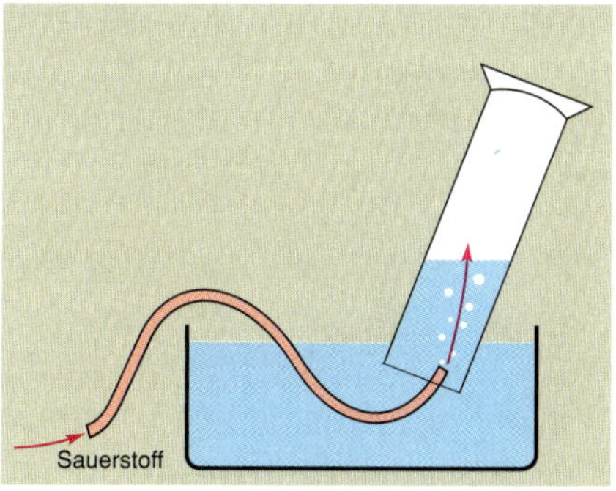

5

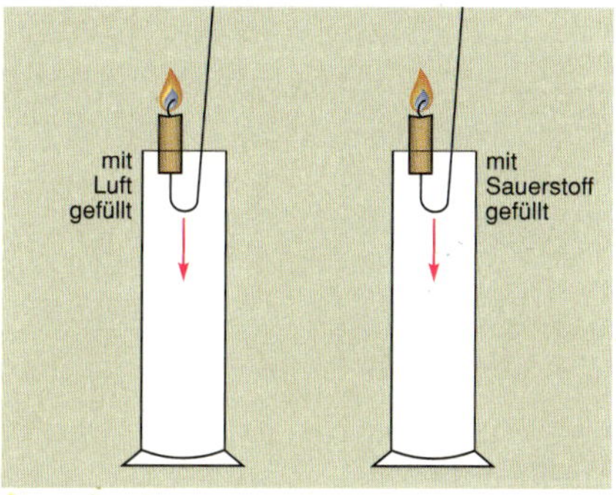

6

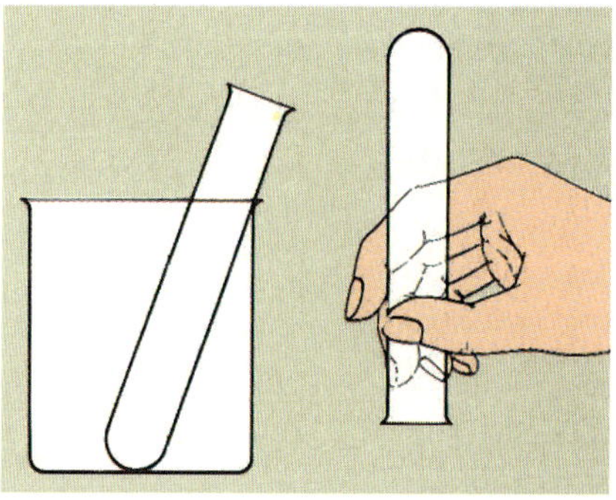
7

Info: Die Glimmspanprobe

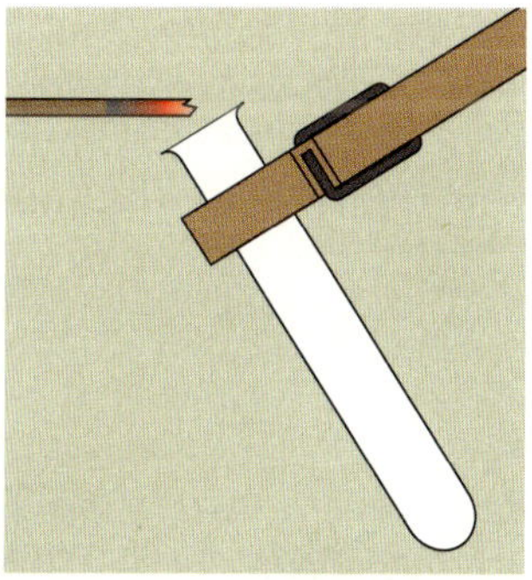
8

Wenn man feststellen will, ob sich in einem Gefäß Sauerstoff befindet, wendet man die „Glimmspanprobe“ an. Sie ist der **Nachweis für Sauerstoff**.

Zunächst wird ein Holzspan entzündet, die Flamme wird aber sogleich wieder ausgeblasen. Der Span soll nur noch glimmen (Bild 8).

Diesen glimmenden Holzspan hält man in ein Reagenzglas. **Wenn der Span jetzt wieder aufflammt** (Bild 9), **ist das ein Zeichen dafür, dass sich in dem Reagenzglas Sauerstoff befindet.**

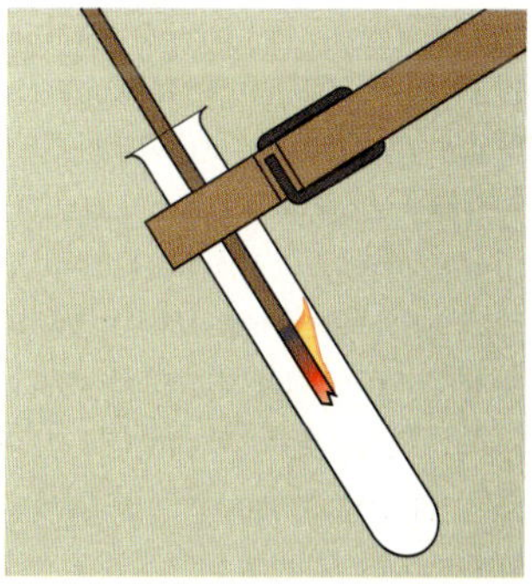
9

Aus dem Alltag: Sauerstoff kann Leben retten und schützen

Unfall im Schwimmbad: Eine Frau hat beim Schwimmen einen Herzanfall erlitten. Sie konnte gerade noch aus dem Wasser gezogen werden, jetzt aber liegt sie bewusstlos am Beckenrand.

Zum Glück ist sehr schnell ein Unfallwagen mit einem **Sauerstoffgerät zur künstlichen Beatmung** zur Stelle (Bild 1).

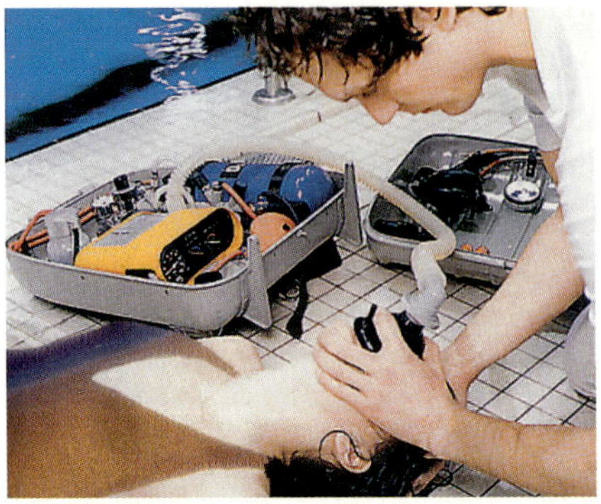

1

Das Gerät hat schon manchem das Leben gerettet. Es kann sogar helfen, wenn die Person plötzlich nicht mehr atmet.

Wichtig ist, dass ein solches Gerät sehr schnell eingesetzt wird. Der Mensch kommt nämlich nur wenige Minuten ohne Sauerstoff aus. Wenn ein Verunglückter 4 bis 6 Minuten lang gar nicht mehr atmet, bleiben bei ihm schwere Hirnschäden zurück – falls er überhaupt ins Leben „zurückgerufen" werden kann.

2

Früher wurden herzkranke Patienten im Krankenhaus unter ein **Sauerstoffzelt** gelegt. Es bestand aus einer Kunststofffolie und wurde wie ein Zelt über dem Bett aufgespannt.

Aus einer Sauerstoffflasche wurde langsam und gleichmäßig Sauerstoff unter das Zelt geleitet. Dort entstand ein Luftgemisch, das *mehr* Sauerstoff als die normale Luft enthielt. Auf diese Weise bekam der Patient auch dann noch den lebensnotwendigen Sauerstoff, wenn er nur schwach atmete. Heute wird dem Patienten zusätzlicher Sauerstoff meist durch eine *Maske* wie in Bild 1 zugeführt.

Tragbare **Atemschutzgeräte** gehören zur Ausstattung von Feuerwehrleuten. Diese Geräte werden eingesetzt, wenn die Feuerwehrleute in Räumen arbeiten müssen, in denen sich Rauch, Gase oder giftige Dämpfe befinden. Darin ist eine normale Atmung unmöglich.

Die Atemschutzgeräte machen die Feuerwehrleute von der Umgebungsluft unabhängig. Ihre Atemluft mit dem zum Leben nötigen Sauerstoff wird ihnen nämlich aus einer Pressluftflasche zugeführt; diese tragen sie auf dem Rücken (Bild 2). So können sie 30 bis 60 Minuten lang ohne Unterbrechung im Einsatz sein.

Ein weiteres wichtiges Sauerstoffgerät ist der so genannte **Höhenatmer**. Ob jemand die höchsten Berge der Erde besteigt, ob er in einem Freiluftballon mitfliegt oder in einem kleinen Flugzeug ohne Druckkabine – in Höhen über 4000 m ist er auf dieses Gerät angewiesen. Mit ihm kann der Atemluft Sauerstoff zugesetzt werden.

Die Luft wird immer „dünner", je höher wir kommen. Dadurch nehmen wir beim normalen Atmen zu wenig Sauerstoff in uns auf. Nur Sportler, die ihren Körper besonders darauf trainiert haben, können auch in größeren Höhen auf ein zusätzliches Atemgerät verzichten. So gelang es zum Beispiel dem Bergsteiger *Reinhold Messner*, den *Mt. Everest* (den höchsten Berg der Erde) ohne jeden Höhenatmer zu bezwingen!

A1 *In einem Reagenzglas befindet sich Luft, in einem anderen reiner Sauerstoff. Wie bekommst du heraus, in welchem Reagenzglas der Sauerstoff ist?*

A2 *Wie könntest du beweisen, dass Sauerstoff nicht brennt, aber eine Verbrennung unterhält?*

A3 *Sauerstoff ist ein Gas, das in Wasser löslich ist. Welche Bedeutung hat das für die Natur?*

A4 *Erinnere dich an den Brand in der Raumkapsel. Warum hätte sich in einer mit Luft gefüllten Kapsel das Feuer nicht so schnell ausgebreitet?*

A5 *Nenne die gemeinsame Aufgabe der oben beschriebenen Sauerstoffgeräte.*

A6 *Warum muss ein Mensch, der nicht mehr atmet, sofort an ein Sauerstoffgerät angeschlossen werden?*

64936

Aus der Technik: Sauerstoff zum Schneiden und Schweißen

Sauerstoff spielt in der Technik eine besondere Rolle, z. B. beim **Brennschneiden**.

Dafür benötigt man neben dem Sauerstoff zunächst einmal ein Gas, das brennbar ist. (Sauerstoff selbst brennt ja nicht; er *unterhält* nur die Verbrennung.)

Meist nimmt man als Brenngas *Acetylen* (auch Ethin genannt). Es wird einer gelben Stahlflasche entnommen und in den Schneidbrenner geleitet.

An der Öffnung des Brenners wird das Gas entzündet. Zum Schneiden von Metall würde aber die Temperatur der Acetylenflamme nicht ausreichen. Deshalb leitet man zusätzlich reinen Sauerstoff in die Flamme (Bild 3).

Mit einer solchen „Sauerstoffunterstützung" brennt nun das Acetylen so heftig, dass seine Flamme eine Temperatur von etwa 3000 °C erreicht.

Am Brenner kann man die Flamme so einstellen, dass nur ein schmaler Streifen aus dem Metall verbrennt. Man kann bei diesem Vorgang tatsächlich von *Schneiden* (Brennschneiden) sprechen, denn dabei entsteht ein Spalt, der schließlich das Metallstück teilt (Bild 4).

3

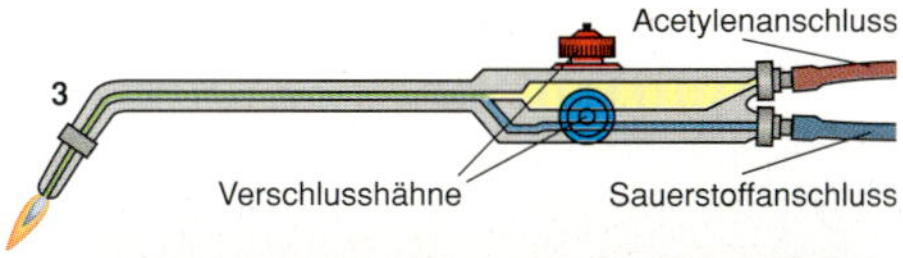

4

5

6

Beim **Schweißen** wird gleichzeitig mit dem Metall ein Stück Schweißdraht erhitzt (Bild 5). Das Metall des Drahtes schmilzt und läuft in die Fuge zwischen den Metallstücken, die man zusammenschweißen will. Wenn sich dann das Metall wieder abkühlt, entsteht eine Schweißnaht, die die Metallstücke fest zusammenhält.

Wir sehen, reiner Sauerstoff reagiert sehr heftig mit Acetylen und auch mit Eisen.

Sauerstoff reagiert mit Wasserstoff und mit Wasserstoffverbindungen besonders heftig. Acetylen ist so eine Wasserstoffverbindung, aber auch Benzin oder Schmieröle und -fette bestehen aus Wasserstoffverbindungen.

Wenn diese mit flüssigem Sauerstoff zusammenkommen, beginnt sofort eine heftige chemische Reaktion. Dabei wird so viel Wärme frei, dass es zu einer Explosion kommen kann. Deshalb dürfen die Ventile von Sauerstoffflaschen (Bild 6) auf keinen Fall eingefettet werden.

A7 *Carl Wilhelm Scheele (er lebte 1742–1786) entdeckte 1772 den Sauerstoff. Er nannte ihn „Feuerluft". Wie kam er wohl auf diesen Namen?*

A8 *Welche Aufgabe erfüllt der Blasebalg in Bild 7?*

A9 *Jemand behauptet: „Luft unterhält die Verbrennung."*
Ist das korrekt? Begründe deine Antwort.

7

A10 *Wir vergleichen Luft beim Atmen: 1 Liter Luft enthält* vor dem Einatmen *780 ml Stickstoff, 210 ml Sauerstoff und 0,4 ml Kohlenstoffdioxid.*
1 Liter Luft enthält nach dem Ausatmen *780 ml Stickstoff, 160 ml Sauerstoff und 50,4 ml Kohlenstoffdioxid.*
Ausgeatmete Luft gilt als „verbraucht". Warum kann man mit ihr immer noch einem Verunglückten eine Atemspende geben?

Sogar Eisen kann brennen

Eisen verbrennt nicht mit einer Flamme – Eisen *verglüht*.

1

Aber unter welchen Bedingungen? Und was entsteht dabei?

V1 *In ein schwer schmelzbares Glasrohr stopfen wir Eisenwolle. Wir schließen das Rohr an 2 Kolbenprober an (Bild 2). Der Kolbenprober links enthält 100 ml Luft.*

a) *Wir erhitzen die Eisenwolle auf der linken Seite des Glasrohrs.*

b) *Den Brenner stellen wir weg. Wir drücken Luft aus dem linken Kolbenprober über die Eisenwolle. Dort schieben wir sie hin und her.*

c) *Wir erhitzen den unveränderten Teil der Eisenwolle erneut.*

d) *Die Restluft aus dem Kolbenprober fangen wir in einem Messzylinder auf. Dann halten wir einen brennenden Holzspan hinein.*

2

Info: Die Oxidation

Wo ist in Versuch 1 der Sauerstoff geblieben?

Bei hoher Temperatur ist zwischen dem Eisen und dem Sauerstoff eine *chemische Reaktion* abgelaufen. Dabei ist Eisenoxid entstanden – ein neuer Stoff. Er hat andere Eigenschaften als die Ausgangsstoffe Eisen und Sauerstoff.

Die Reaktion, die bei dieser Synthese abläuft, kann man mit folgender Reaktionsgleichung beschreiben. Sie lautet:

Eisen + Sauerstoff → Eisenoxid

$4\,Fe + 3\,O_2 \rightarrow 2\,Fe_2O_3$ | exotherm

Die Reaktion des Eisens mit dem Sauerstoff ist eine **Verbrennung**. Sie ist ein chemischer Vorgang, der unter Wärmeabgabe erfolgt. Das bei der Verbrennung von Eisen entstehende Eisenoxid ist also ein *Verbrennungsprodukt* des Eisens.

Wenn sich bei einer Verbrennung ein Stoff mit Sauerstoff verbindet, spricht man auch von einer *Oxidation*. (Dieser Begriff ist von der chemischen Bezeichnung für Sauerstoff abgeleitet.)

Das dabei entstehende Verbrennungsprodukt ist ein *Oxid*.

63390

Info: Die Rolle der Luft bei der Verbrennung

Die Rolle der Luft bei der Verbrennung wurde im Versuch 1 deutlich:

3

Du siehst hier das Glasrohr von V1 (wie in Bild 2). Rechts und links davon ist je ein Kolbenprober angeschlossen (nicht mehr im Bild).

Der linke Kolbenprober enthält genau 100 ml Luft. Im Glasrohr befindet sich Eisenwolle. Sie wird erhitzt und beginnt sich zu verändern (links im Bild).

4

Die erhitzte Eisenwolle wird dunkler, sobald man die Luft aus dem linken Kolbenprober über die Eisenwolle drückt. Sie verändert sich also deutlich.

Das kann man sogar noch beobachten, wenn der Brenner weggenommen wird (wenn die Eisenwolle also nicht mehr erhitzt wird).

Mehrmals wird die Luft des Kolbenprobers über der Eisenwolle hin und her geschoben – schließlich verändert sich die Eisenwolle aber nicht mehr.

Rechts im Rohr bleibt sie so wie zu Beginn. Diese unveränderte Eisenwolle kann auch nicht durch weiteres Erhitzen zur Verbrennung angeregt werden.

Im Kolbenprober sind danach nur ca. 80 ml *Restluft* übrig geblieben. Demnach sind 20 ml Luft für die Verbrennung verbraucht worden.

(In der Restluft war keine Verbrennung mehr möglich. In ihr „erstickte" die Flamme. Also bestand diese Restluft vor allem aus *Stickstoff*.)

Bei den 20 % der Luft, die verbraucht wurden, muss es sich um **Sauerstoff** gehandelt haben. Das wird dich nicht sonderlich überraschen, wenn du an die Zusammensetzung der Luft denkst (und an die rund 20 Liter Sauerstoff, die in 100 Liter Luft enthalten sind).

Chemiker nennen den Sauerstoff *Oxygenium* – abgeleitet von griechischen Wörtern *oxys* (scharf, sauer) und *gennan* (erzeugen).

A1 *Hier einige Fragen rund um den „Verbrennungsversuch" V1. (Wenn du unsicher bist, lies dir noch einmal das Info „Die Rolle der Luft bei der Verbrennung" durch.)*

a) *Erkläre, warum nicht alle Eisenwolle, die in dem Glasrohr war, reagieren konnte – obwohl sie sogar noch einmal mit dem Brenner erhitzt wurde.*

b) *In Versuchsteil d wurde die Restluft aus dem Kolbenprober in einem Messzylinder aufgefangen. Stell dir nun vor, ihr hättet die aufgefangene Restluft in ein Becherglas mit einer darin brennenden Kerze geleitet (so wie in Bild 5).*
Was hättest du beobachten können? Erkläre!

c) *In V1 wurden 20 ml Sauerstoff für die Verbrennung des Eisens verbraucht. 100 ml Sauerstoff wiegen etwa 0,13 g. Rechne mit diesen Angaben aus: Um wie viel Gramm war das in V1 entstandene Eisenoxid schwerer als der Ausgangsstoff Eisen vor der Verbrennung?*

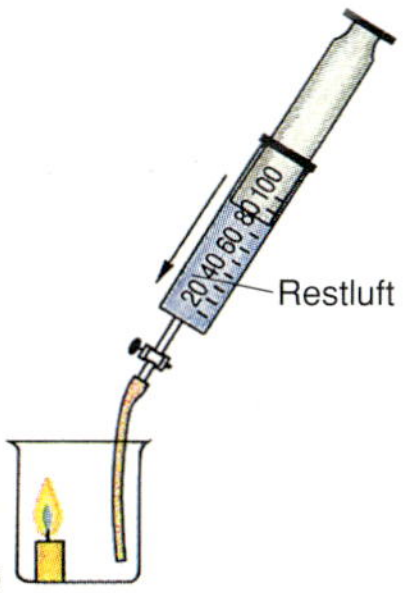

5

A2 *Nenne den chemischen Fachausdruck für die Verbrennung. Woher kommt er?*
Beschreibe die wesentlichen Vorgänge, die bei einer Verbrennung ablaufen.

A3 *Erhältst du unterschiedliche Ergebnisse, wenn Eisen einmal in Luft und einmal in Sauerstoff verbrennt? Musst du dazu verschiedene Reaktionsgleichungen aufstellen?*

A4 *Bei der Oxidation von Aluminium entsteht nicht nur ein neuer Stoff, es wird auch Energie in Form von Licht und Wärme frei. Berücksichtige das in der Reaktionsgleichung (Aluminium ist dreiwertig).*

Schülerversuche

V1 *Die Verbrennung von Eisen*

Benötigte Geräte und Stoffe:

Brenner, feuerfeste Unterlage, Porzellanschiffchen (oder Magnesiarinne), Waage, Wägestücke, Tiegelzange, Glasröhrchen; Eisenblech (oder Eisennagel), fett- bzw. seifenfreie Eisenwolle, Eisenpulver.

Versuchsaufbau:

Siehe Bild 1 der vorigen Doppelseite und die Versuchsskizzen 1–3 auf dieser Seite.

Versuchsdurchführung:

a) *Halte das Eisenblech in die nicht leuchtende Brennerflamme; lass es eine Zeit lang glühen (Bild 2). Vergleiche es dann mit nicht geglühtem Eisen.*

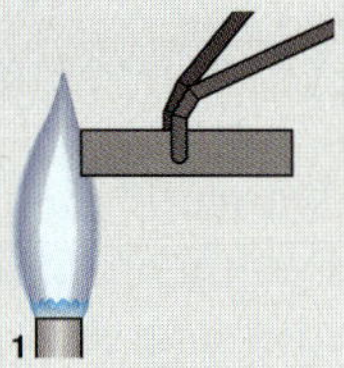
1

b) *Gib eine kleine Portion Eisenpulver in das Glasröhrchen und blase das Pulver durch die Brennerflamme (Bild 1 der vorigen Doppelseite). Schutzbrille! Feuerfeste Unterlage! Beobachte!*

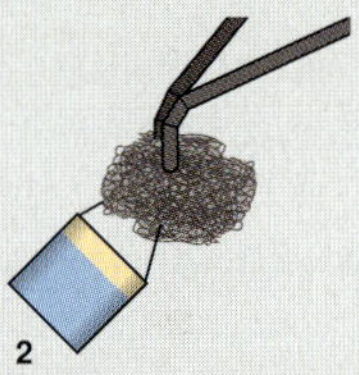
2

c) *Befestige etwas Eisenwolle an einem Stativhaken. Berühre sie mit den Polen einer 4,5-V-Flachbatterie (Bild 2). Beobachte!*

d) *Befestige die Eisenwolle an der Balkenwaage und bringe die Waage ins Gleichgewicht (Bild 3). Entzünde die Eisenwolle mit der Brennerflamme oder mit den Polen der Flachbatterie. Erkläre deine Beobachtungen.*

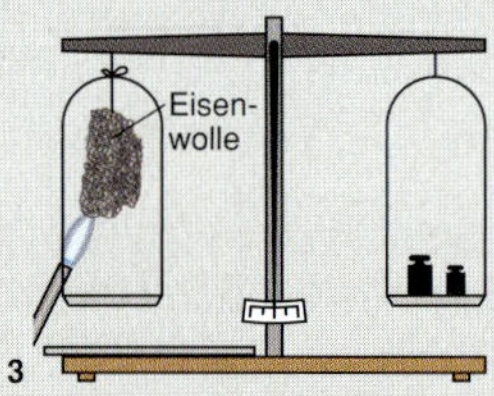

3

V2 *Die Verbrennung von Zink*

Benötigte Geräte und Stoffe:

Verbrennungslöffel oder kleinen Löffel aus Edelstahl (Durchmesser ca. 5 cm), Butangasbrenner mit Fuß, feuerfeste Unterlage, Stativ, Waage, Tiegelzange oder Metallstab; geraspeltes Zink

Versuchsaufbau:

Siehe die Versuchsskizze 4.

Versuchsdurchführung:

a) *Gib 4–5 Stücke geraspeltes Zink in den Verbrennungslöffel. Bestimme die Masse des Löffels samt Inhalt.*

Spanne den Verbrennungslöffel so in das Stativ ein, dass sich der Boden des Löffels in der heißesten Zone der Brennerflamme befindet (Bild 4). Die feuerfeste Unterlage soll herunterfallende Metallstückchen auffangen.

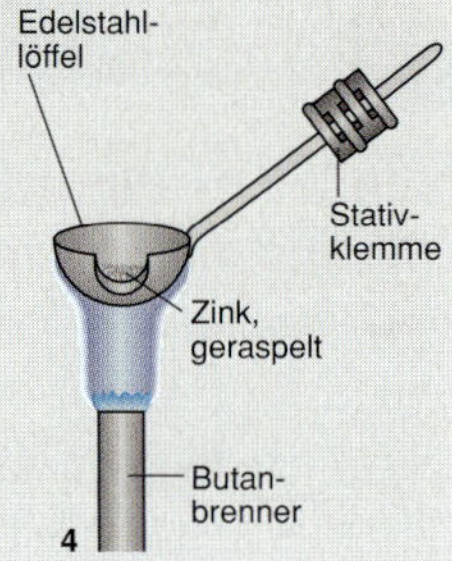

4

Erhitze das Zink so lange, bis es schmilzt und dann zu brennen anfängt (Abzug!). Kratze mit dem Metallstab mehrmals die Oxidschicht ab, die sich auf der Zinkoberfläche bildet. So kann immer wieder frische Luft an das Zink gelangen.

b) *Lass das Zink abkühlen und sammle die heruntergefallenen Stückchen in den Löffel ein. Bestimme dann erneut die Masse des Löffels mit dem verbrannten Zink. Vergleiche mit der Masse vor dem Verbrennen. Überlege aber vorher, welches Ergebnis zu erwarten ist.*

V3 *Die Verbrennung von Magnesium und Zinn*

Benötigte Geräte und Stoffe:

Brenner, Dreifuß, feuerfeste Unterlage, Tiegelzange, Drahtdreieck mit Tonröhren, Porzellantiegel; Magnesiumband, Magnesiumpulver F, *Zinn in Stangen, Zinnpulver*

Versuchsaufbau:

Siehe die Versuchsskizzen 1 u. 5.

Versuchsdurchführung:

a) *Halte ein Magnesiumband (ca. 5 cm lang) in die Brennerflamme. Schutzbrille tragen! Feuerfeste Unterlage benutzen! Nicht direkt in die Flammen sehen! Bei sehr heller Flamme die Augen etwas zukneifen! Beschreibe deine Beobachtung.*

b) *Erhitze einige Zinnstückchen im Porzellantiegel bis zum Glühen. Wenn sich auf der Oberfläche des Zinns eine Oxidhaut bildet, schiebe sie zur Seite, damit Luft an das Zinn herankommen kann. Setze das Erhitzen etwa 10 Minuten lang fort und beschreibe deine Beobachtungen.*

c) *Gib auf die feuerfeste Unterlage je eine kleine Menge Magnesiumpulver und Zinnpulver. Erhitze beide Metallpulver von schräg oben her mit einer Brennerflamme (Bild 5), jedoch nicht mit einem Butangasbrenner. Beobachte und vergleiche. Welche Veränderungen stellst du fest?*

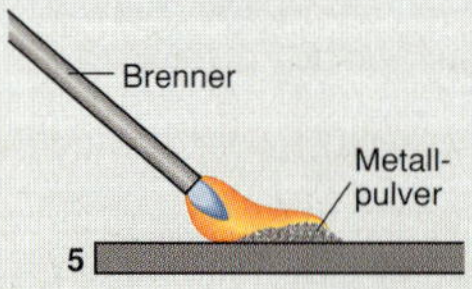

5

63392

Schülerversuche

V4 ***Die Verbrennung von Kupfer***

Benötigte Geräte und Stoffe:

Brenner, feuerfeste Unterlage, Tiegelzange, kleine Glasscheibe oder Porzellanscherbe, Schere, kleiner Hammer, Reibschale mit Pistill, Reagenzglas (Duran), Wasserstrahlpumpe, durchbohrter Stopfen mit Glasröhrchen; Kupferblech, Kerze

Versuchsaufbau:

Siehe die jeweiligen Versuchsskizzen.

Versuchsdurchführung:

a) *Schneide dir einen Streifen Kupferblech zu: etwa 2 cm · 6 cm. Halte ihn dann eine Zeit lang in die nicht leuchtende Brennerflamme (Bild 6). Beschreibe alle Veränderungen am Kupferblech.*

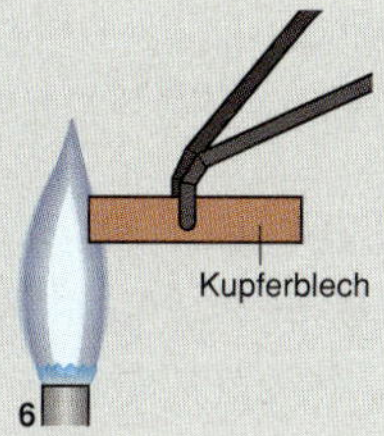

6

Gib das Kupferblech nach dem Erhitzen in die Reibschale und beklopfe es rundherum mit dem Pistill.

Wiederhole das Erhitzen und Beklopfen des Kupfers mehrmals.

Untersuche den Stoff, der beim Beklopfen vom Kupfer abfällt. Handelt es sich um Ruß aus der Flamme? (Halte zum Vergleich eine Glasscheibe oder ein Stück Porzellan für kurze Zeit in eine Kerzenflamme. Vergleiche den entstehenden Rußbelag mit dem Inhalt in der Reibschale.)

b) *Gib einen Streifen Kupferblech (3 cm · 1 cm) in ein schwer schmelzbares Reagenzglas. Spanne das Glas waagerecht ein, verschließe es mit dem durchbohrten Stopfen samt Glasröhrchen und schließe es an die Wasserstrahlpumpe an (Bild 7). Drehe den Wasserhahn auf und erhitze dann das Blech.*

Vergleiche das Versuchsergebnis mit dem von Versuchsteil a. Was beobachtest du, wenn du anschließend das Reagenzglas öffnest?

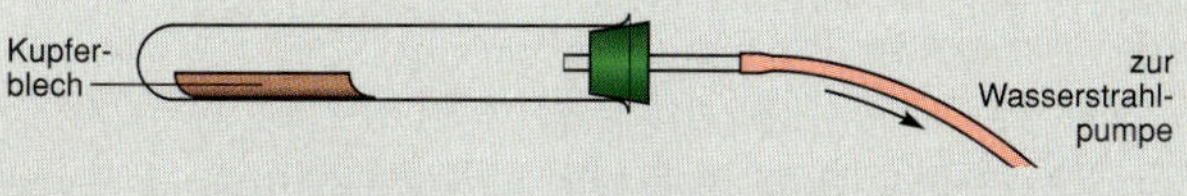

7

c) *Falte ein Stück Kupferblech (8 cm · 6 cm) in der Mitte. Schlage dann auch die beiden Schmalseiten und zum Schluss die letzte offene Seite um (Bild 8). Klopfe die Faltungen mit einem Hammer fest, sodass keine Luft mehr in das Innere gelangen kann. Halte den so entstandenen „Kupferbrief" in die Flamme, bis er glüht (Bild 9). Verleiche nach dem Abkühlen die Innenseite mit der Außenseite des Briefchens.*

8
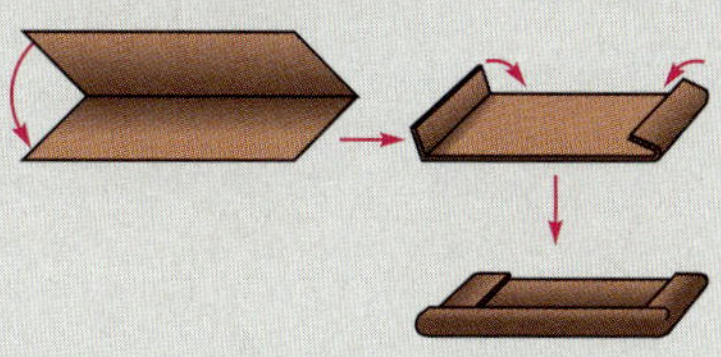

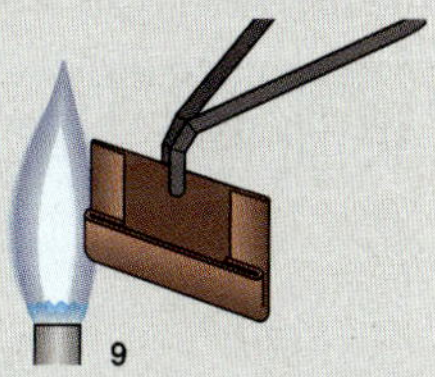
9

V5 ***Die Verbrennung von Metallpulvern***

Benötigte Geräte und Stoffe:

Brenner, feuerfeste Unterlage, Stativ, 5 Reagenzgläser; Magnesiumpulver [F]*, Eisenpulver, Kupferpulver, Zinkpulver* [F]*, Aluminiumpulver* [F]

Versuchsaufbau:

Siehe die Versuchsskizze 10.

Versuchsdurchführung:

Befestige den Brenner waagerecht am Stativ. Gib dann eine Spatelspitze Magnesiumpulver ins Reagenzglas und lass das Pulver durch die nicht leuchtende Brennerflamme rieseln.

Wiederhole das mit den anderen Pulvern und vergleiche.

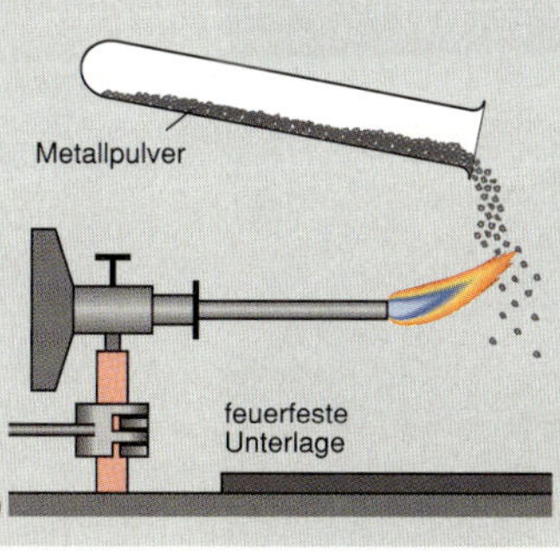

10

V6 ***Untersuchung von Lufteinfluss auf Metalle***

Benötigte Geräte und Stoffe:

Messer, Blechschere, Tesafilm, feines Schmirgelpapier, Reagenzglas mit Tubus, Stativ, Winkelröhrchen, Becherglas, Strommesser (Messbereich 600 mA); Wasser, Zinkblech (korrodiert und frisch), Eisenwolle (seifen- und fettfrei), Magnesiumband

Versuchsdurchführung:

a) *Vergleiche die elektrische Leitfähigkeit eines frischen und eines korrodierten Zinkblechs (Spannung 4–6 V, Lampe 6 V; 2,4 W).*

b) *Ein Streifen Magnesiumband und Zinkblech werden geputzt und zur Hälfte mit Tesafilm beklebt. Vergleiche nach 1 Woche.*

c) *Im Reagenzglas (Bild 11) ist angefeuchtete Eisenwolle. Nun beobachte einige Stunden lang.*

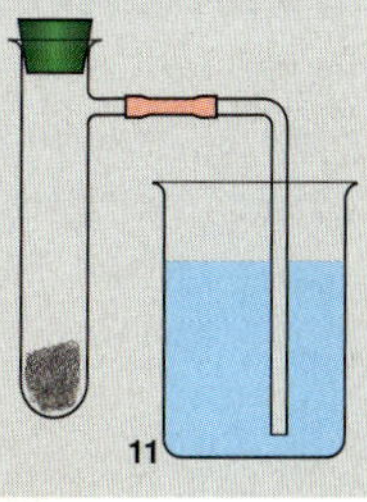
11

Info: Wenn Metalle mit Sauerstoff reagieren ...

Nicht nur Eisen, sondern auch andere Metalle können mit Sauerstoff reagieren. Dabei entsteht jedes Mal eine *Verbindung des Metalls mit Sauerstoff*, ein **Metalloxid**. Dazu einige Beispiele:

Magnesium + Sauerstoff → Magnesiumoxid
$2\,Mg + O_2 \rightarrow 2\,MgO$ | exotherm

Aluminium + Sauerstoff → Aluminiumoxid
$4\,Al + 3\,O_2 \rightarrow 2\,Al_2O_3$ | exotherm

Kupfer + Sauerstoff → Kupferoxid
$2\,Cu + O_2 \rightarrow 2\,CuO$ | exotherm

Zink + Sauerstoff → Zinkoxid
$2\,Zn + O_2 \rightarrow 2\,ZnO$ | exotherm

Die allgemeine Wortgleichung dazu lautet:

Metall + Sauerstoff → Metalloxid | exotherm.

Metalloxide sind also Oxidationsprodukte der Metalle. Sie haben immer andere Eigenschaften und eine größere Masse als die Metalle, aus denen sie entstanden sind.

Bei der Oxidation der Metalle entstehen nicht nur neue Stoffe. Es wird jeweils auch **Energie** in Form von *Wärme* und *Licht* frei.

So wird z. B. bei der Oxidation von *Magnesium* viel Energie frei. Die Flamme des brennenden Magnesiums ist sehr heiß und leuchtet hellweiß.

Auch das Aufglühen des Eisens und anderer Metalle beruht auf der frei werdenden Energie. Diese Oxidationen verlaufen also **exotherm**.

Allerdings beginnen die Oxidationen erst, nachdem **Aktivierungsenergie** zugeführt wurde. Das kann durch Erhitzen mit dem Brenner geschehen, aber auch durch elektrische Energie.

A5 *In einem **Versuch** wurden 6,5 g Zink verbrannt. Das Verbrennungsprodukt war um 1,6 g schwerer als das Zink vor dem Verbrennen. Woran lag das?*

A6 *Zink, Kupfer und Magnesium werden verbrannt. Was haben diese Reaktionen gemeinsam und worin unterscheiden sie sich?*

A7 *Früher gehörten „Blitzlämpchen" zum Zubehör für Fotoapparate (Bild 1). Innen besaßen sie Aluminiumfäden, die von Sauerstoff umgeben waren.*
Was geschah, wenn das Lämpchen gezündet wurde?
War das Lämpchen nach der Reaktion schwerer?

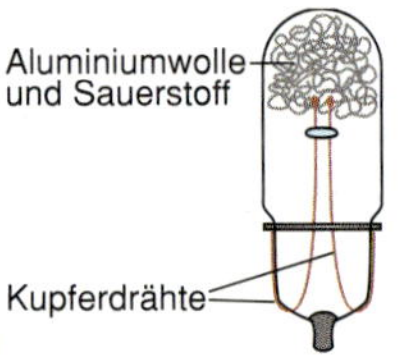

1

Aus dem Alltag: Eisenoxid beim Schmieden

Wenn ein Schmied ein Eisenstück schmieden will (z. B. ein Hufeisen wie in Bild 2), muss er es zunächst stark erhitzen. Das Eisen muss sogar rot glühend werden. Er kann es sonst nicht formen.

Doch nicht das Eisenstück soll uns interessieren, sondern das, was neben dem Amboss auf den Boden fällt – der **Hammerschlag** (Bild 3). Dieser Name ist dir in dieser Bedeutung bestimmt unbekannt. Aber den *Stoff*, den man damit bezeichnet, kennst du bereits. Er ist ein Verbrennungsprodukt des Eisens, also **Eisenoxid**.

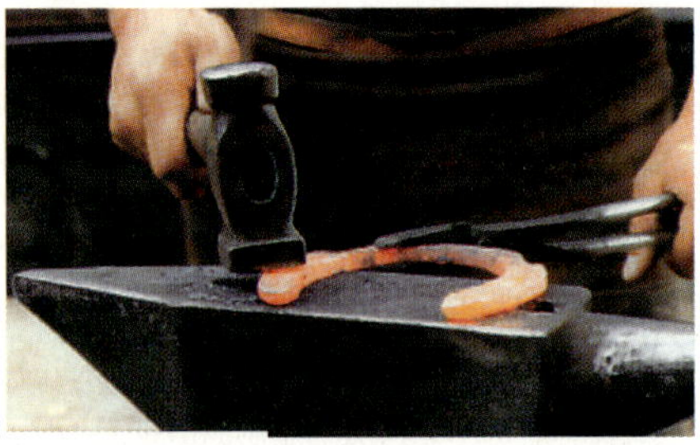
2

3

Du kannst dir bestimmt vorstellen, dass ein Stück Eisen *oxidiert*, wenn man es rot glühend schmiedet. Das Eisen oxidiert aber nur an der Oberfläche – nämlich dort, wo der in der Luft enthaltene Sauerstoff für die *Oxidation* zur Verfügung steht.

Der Schmied formt das Eisen durch Schlagen mit dem Hammer. Dabei platzt das entstehende Eisenoxid von der Oberfläche ab; es fällt als *Hammerschlag* zu Boden.

Dass dies tatsächlich ein anderer Stoff ist als Eisen, siehst du in Bild 3.

63394

Aus dem Alltag: Metalloxide verschönern unsere Umwelt

4

Hast du schon einmal an einem Töpferkurs teilgenommen? Dann weißt du auch, wie die schönen Gegenstände von Bild 4 entstehen:

Zuerst werden die Gefäße aus Ton geformt. Dann erhalten einige eine **Glasur**. Glasierte Gegenstände leuchten dann nach dem Brennen in den allerschönsten Farben.

5

Die Glasuren sind glasähnliche Überzüge. Sie werden auf die Gefäße aufgeschmolzen. Das geschieht in Brennöfen bei Temperaturen von über 1000 °C.

Für farbige Glasuren braucht man *Färbemittel*, die hohe Temperaturen aushalten. Das sind **Metalloxide**, z. B. *Eisenoxid* (es färbt Glasuren gelb bis braun) und *Kupferoxid* (es färbt grün). In der Industrie nimmt man Metalloxide z. B. für farbiges Porzellan oder Keramiken (Bilder 5 u. 6).

Einige Metalloxide sind jedoch *giftig*. Vorsicht ist vor allem geboten, wenn Keramikgefäße Glasuren aus *Bleioxiden* tragen. Dann sollten sie nicht für Lebensmittel verwendet werden.

Bei uns hergestellte Keramikgefäße sind unbedenklich, wenn sie den Hinweis „lebensmittelgeeignet“ tragen.

6

Aus Umwelt und Technik: Flammen unter Wasser?

Kennst du die langen Fackeln, die an der Spitze mit offener Flamme brennen? Vielleicht haben sie dir schon einmal bei einem abendlichen Umzug Freude gemacht.

Wenn diese Fackeln besonders hell leuchten, sind es fast immer **Magnesium-Fackeln**.

Das Besondere an diesen Fackeln ist, dass sie auch brennen, wenn sie nicht von Luft umgeben sind. Der zum Brennen notwendige Sauerstoff wird nämlich von einem Stoff geliefert, der mit dem Magnesium vermischt ist.

7

Deshalb brennen solche Magnesium-Fackeln sogar unter Wasser (Bild 7). Nicht einmal das kühle Wasser, das die Fackeln umgibt, kann das verhindern. Die chemische Reaktion muss also sehr heftig (stark exotherm) sein.

Info: Die langsame Oxidation

Viele Metalle sind gegenüber Umwelteinflüssen äußerst empfindlich. Wasser, Luft und Schadstoffe können sie nämlich verändern.

Einige Metalle, z. B. Blei, Zinn, Zink, Kupfer und Aluminium, zeigen ein großes „Bestreben" sich mit dem Sauerstoff der Luft zu verbinden. Sie reagieren mit dem Luftsauerstoff, ohne dass sie vorher erhitzt werden. Dabei überziehen sie sich an ihrer Oberfläche mit einer *Oxidschicht*.

1

Da die Oxidation sehr langsam und ohne Flammenerscheinung („in aller Stille") abläuft, wird sie als *langsame* oder *stille Oxidation* bezeichnet.

Die Oxidbildung an der Oberfläche ist bei einigen Metallen ein **Vorteil**: So wirkt z. B. bei *Aluminium* die entstehende Oxidschicht wie eine Schutzhülle. Schon bei einigen Tausendstelmillimetern Dicke kann keine weitere Luft mehr in das Metall eindringen. So wird das darunter liegende Aluminium geschützt.

Für andere Metalle sind die Umwelteinflüsse ein **Nachteil**: Sie werden durch Luft, Wasser und Schadstoffe zerstört.

Eisen ist von dieser *Korrosion* besonders betroffen (Bild 1): Allein durch den Vorgang des *Rostens* wird etwa ein Drittel des Eisens, das weltweit gewonnen wird, im Laufe der Zeit zerstört!

2

Auch **Rost** ist ein *Eisenoxid* – aber ein anderes, als wir bisher kennen gelernt haben. Nur bei der Oxidation von Eisen in *trockener* Luft entsteht das uns bekannte Eisenoxid, in *feuchter* Luft entsteht Rost. Chemiker bezeichnen den Rost deshalb als *wasserhaltiges Eisenoxid*.

Rost ist porös und bröckelig. Deshalb können Luft und Feuchtigkeit die Rostschicht an der Oberfläche des Eisens durchdringen und auch das darunter liegende Eisen angreifen. So wird der Rostvorgang immer weiter fortgesetzt, bis der Gegenstand völlig durchgerostet ist und zerfällt.

Man muss also versuchen das Rosten zu verhindern. Dazu muss man die Oberflächen von Gegenständen aus Eisen oder Stahl schützen. Möglichkeiten des *Korrosionsschutzes* sind z. B. *Farbanstriche* (Bild 2) oder *Kunststoffüberzüge* (Bild 3). Aber auch Überzüge aus dünnen Schichten von korrosionsbeständigen Metallen sind für diesen Zweck geeignet.

3

4

A8 *Was haben Verbrennung und stille Oxidation gemeinsam? Worin unterscheiden sie sich ?*

A9 *Dieser Haken (Bild 4) ist nur an dem Teil angerostet, der nicht im Holz steckte. Erkläre das.*

A10 *Viele Münzen sind mit einer dünnen Kupferschicht überzogen: Vergleiche alte und neue Münzen. Versuche eine alte Münze blank zu schmirgeln. Wie sieht sie aus?*

A11 *Du kannst den Vorgang des Rostens gut beobachten, wenn du einen **Versuch** nach Bild 5 aufbaust. Beobachte dabei auch den Wasserstand.*

A12 *Wie kann man Eisen vor dem Rosten schützen?*

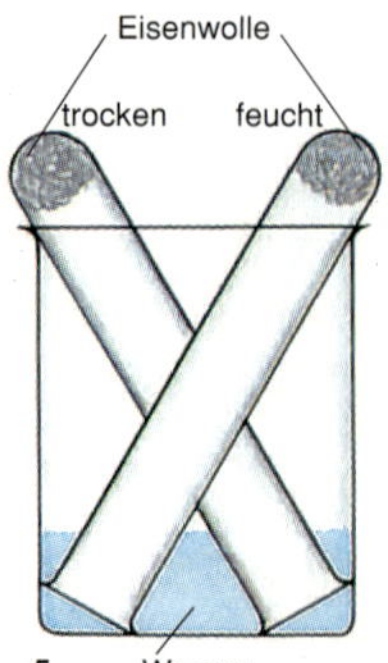

5

63396

Info: Edle und unedle Metalle

Wenn man das Wort Edelmetall hört, denkt man zuerst an die Metalle Gold, Silber oder Platin – also an „wertvolle" Metalle, die zu teurem Schmuck verarbeitet werden. Bei unedlen Metallen denkt man dagegen eher an die Gebrauchsmetalle Eisen oder Aluminium.

Der Ausdruck „edel" hat aber in der Chemie nichts mit dem „Wert" der Metalle zu tun, sondern damit, wie leicht sich ein Metall mit Sauerstoff verbindet.

Das Bestreben, sich mit Sauerstoff zu verbinden, ist bei den Metallen unterschiedlich groß. Das kann man beobachten, wenn man z. B. nacheinander verschiedene Metallpulver durch die nicht leuchtende Brennerflamme rieseln lässt. Dabei kommt man zu den folgenden Ergebnissen.

Metalle in der Brennerflamme

Metall	Leuchterscheinung
Aluminium	hellweiß
Eisen	rotgelb
Kupfer	dunkelrot, solange man erhitzt
Magnesium	grellweiß
Silber	keine, das Metall schmilzt nur
Zink	gelbweiß

Je heller das Metall bei der Reaktion mit Sauerstoff in der Flamme leuchtet, desto größer ist sein Bestreben sich mit Sauerstoff zu verbinden. Man sagt auch: desto *unedler* ist das Metall.

Umgekehrt sagt man: **Je *edler* ein Metall ist, desto geringer ist sein Bestreben sich mit Sauerstoff zu verbinden.** Das gilt sowohl für die Oxidation in der Brennerflamme als auch für die stille (langsame) Oxidation an der Luft.

Wenn wir das Verhalten einiger Metalle gegenüber Sauerstoff vergleichen, können wir eine **Oxidationsreihe der Metalle** aufstellen (Bild 6).

Als *Edelmetalle* bezeichnet man diejenigen Metalle, die weder in der Brennerflamme noch an der Luft oxidiert werden.

Sie behalten immer ihren schönen metallischen Glanz. Das ist auch der Grund dafür, dass sie so begehrt sind.

Edelmetalle sind auch die einzigen Metalle, die man in der Natur *rein* (man sagt auch: *gediegen*) finden kann; sie kommen also als Elemente vor. Von allen übrigen Metallen gibt es dort nur Verbindungen mit anderen Stoffen.

6

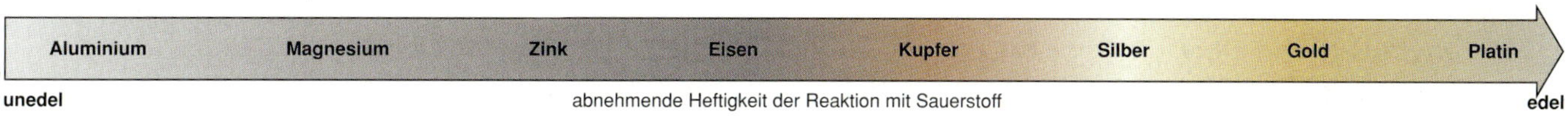

A13 *Erkläre, warum unedle Metalle in der Natur nicht als Elemente, sondern nur in Form von Verbindungen vorkommen.*

A14 *Ordne die Metalle aus der oben stehenden Übersicht „Metalle in der Brennerflamme" nach der Heftigkeit der Reaktion. Beginne mit der heftigsten.*

A15 *Wie würde reines Gold in der Brennerflamme reagieren? Begründe deine Antwort.*

A16 *Warum nennt man eine bestimmte Stahlsorte Edelstahl?*

A17 *Wieso kann man behaupten, Aluminium schütze sich selbst vor Umwelteinflüssen?*

A18 *Viele Gegenstände (z. B. Laternenpfähle, Zaunpfähle, Nägel und Schrauben) werden verzinkt um so vor dem Rosten geschützt zu sein. Dabei ist Zink doch ein unedleres Metall als Eisen!*
Versuche für dieses Verfahren eine Erklärung zu finden.

A19 *Auch bei der langsamen Oxidation wird Wärme frei. Warum macht sich diese Wärme nicht bemerkbar?*

A20 *Stelle die Formeln für die folgenden Verbindungen auf: Quecksilberoxid, Zinkoxid, Eisen(II)-oxid und Eisen(III)-oxid.*

A21 *Stelle für die Bildung von Blei(IV)-oxid und Kupfer(I)-oxid mit Hilfe der Schrittfolge die jeweilige Reaktionsgleichung auf.*

A22 *Aluminiumpulver reagiert heftig mit Sauerstoff zu Aluminiumoxid.*
Versuche die Reaktionsgleichung für die Verbrennung von Aluminium aufzustellen. Aluminiumoxid hat die Formel Al_2O_3.

Nichtmetalle reagieren mit Sauerstoff

In einem Kohlekraftwerk wie diesem werden täglich 4000 Tonnen Steinkohle verbrannt. Für deren Transport braucht man 100 Güterwagen oder 3 bis 4 Schiffe.

1

Welch riesige Mengen an Verbrennungsprodukten müssen in einem solchen Kraftwerk entstehen!

Was sind das eigentlich für Stoffe und wo bleiben sie?

Vorbereitende Aufträge

1. *Heizungsanlagen wurden früher fast ausschließlich mit Kohle als Brennstoff betrieben. Wenn der Schornsteinfeger daran arbeitete, sah er bald recht schwarz aus. Frage einen Schornsteinfeger, ob das bei modernen Feuerungsanlagen mit Erdgas oder Heizöl als Brennstoff auch noch möglich ist. Wenn er deine Frage mit „Ja" beantwortet, dann frage ihn, woher das wohl kommt.*

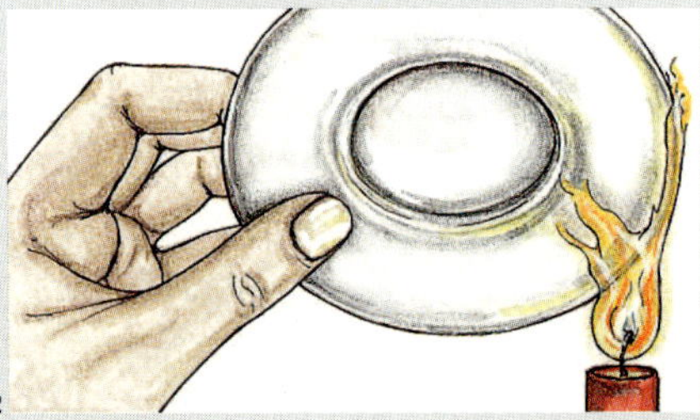
2

2. *Auch wenn man's ihm nicht ansieht: Das Kerzenwachs ist ein Brennstoff, der Kohlenstoff enthält. Du kannst dich davon selber überzeugen …*
Zünde eine Kerze an und lass sie eine Zeit lang brennen. Die Flamme soll möglichst groß sein. Halte nun eine alte Untertasse (oder eine Porzellanschale) schräg in die Flamme (Bild 2). Welche Beobachtung machst du nach kurzer Zeit?

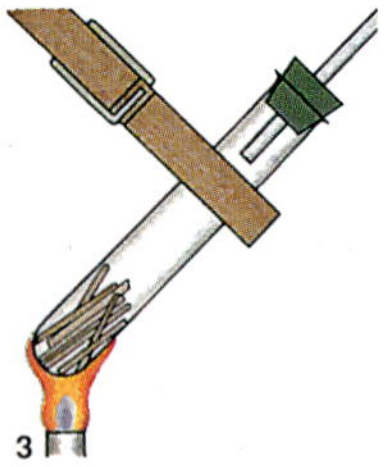
3

V1 *Meinst du, das Entstehen von Kohlenstoff könnte an der offenen Flamme liegen, mit der du erhitzt hast?*
a) *Erhitze einige Holzstückchen in einem Reagenzglas (Bild 3).*
b) *Erhitze darin auch Papierkügelchen und Steinkohle.*
c) *Vergleiche die Rückstände, die sich im Reagenzglas bilden, mit Zeichen- oder Grillkohle.*

V2 *Holzkohle ist fast reiner Kohlenstoff. Welches Verbrennungsprodukt entsteht vor allem, wenn Holzkohle wie in Bild 4 verbrannt wird? (Während des Verbrennens blasen wir Luft mit einem Gummigebläse über die Holzkohle.)*

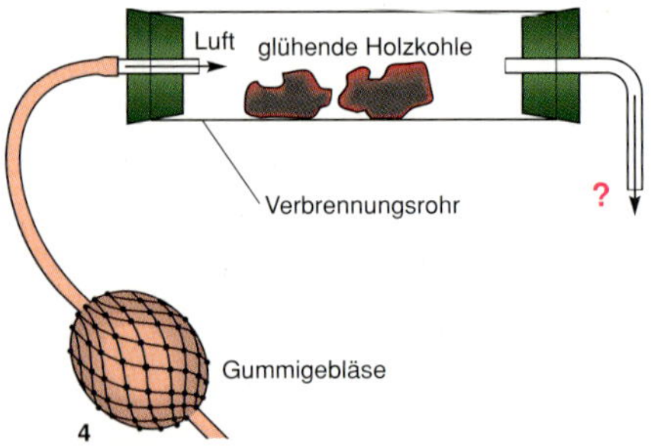

4

a) *Kann die aus dem Verbrennungsrohr entweichende Luft noch dieselbe sein wie vorher?*
b) *Überprüfe die hinter dem Rohr entweichende Luft mit den Nachweismethoden, die du inzwischen kennst (→ Anhang).*
c) *Nimm einmal an, statt der Luft wurde Sauerstoff in das Glasrohr geblasen. Was für ein Verbrennungsprodukt würde dann entstehen?*

V3 *(Lehrerversuch) Im Verbrennungslöffel wird eine kleine Menge des Nichtmetalls* ***Schwefel*** F *erhitzt. (Achtung, Dämpfe nicht einatmen! Abzug!) Beschreibe den dabei entstehenden Stoff* T.

63398

Info: Wenn Nichtmetalle mit Sauerstoff reagieren ...

Kohlenstoff ist ein Nichtmetall. Wenn es verbrennt, geschieht dasselbe wie bei den Metallen: Der Kohlenstoff reagiert mit Sauerstoff. Dabei entsteht ein Oxid *(Kohlenstoffdioxid)*. Bei dieser chemischen Reaktion handelt es sich also um eine *Oxidation*. Die Reaktionsgleichung dazu lautet:

Kohlenstoff + Sauerstoff → Kohlenstoffdioxid.
$C + O_2 \rightarrow CO_2$ | exotherm

Entsprechendes gilt für die Verbrennung der anderen Nichtmetalle. **Wenn Nichtmetalle verbrennen, reagieren sie mit Sauerstoff. Dabei entstehen Oxide: die *Nichtmetalloxide*.**

Nichtmetalloxide sind meist gasförmig; sie sind in der Regel unsichtbar. Man kann sie nur durch besondere *Nachweismethoden* feststellen. Einige Nachweise sind im Anhang aufgeführt.

Das *Kohlenstoffdioxid* ist also ein Verbrennungsprodukt, das bei der Verbrennung von Kohlenstoff entsteht. Bei der Verbrennung von Schwefel erhält man ein anderes Verbrennungsprodukt: das *Schwefeldioxid*. Das Reaktionsschema dafür lautet:

Schwefel + Sauerstoff → Schwefeldioxid.
$S + O_2 \rightarrow SO_2$ | exotherm

Als allgemeine Wortgleichung für die Verbrennung von Nichtmetallen kann man schreiben:

Nichtmetall + Sauerstoff → Nichtmetalloxid.

A1 *Wenn reiner Kohlenstoff verbrennt, ist kein Verbrennungsprodukt zu sehen.*
a) *Woran liegt das?*
b) *Wie könntest du trotzdem nachweisen, dass ein neuer Stoff entstanden ist?*

A2 *Hier geht es um einen Vergleich zwischen den Reaktionen von Kohlenstoff mit ...*
1. reinem Sauerstoff und 2. mit Luft.
Was haben die beiden Reaktionen gemeinsam und worin unterscheiden sie sich?

A3 *Wenn Metalle verbrennen, laufen die gleichen Reaktionen ab wie bei der Verbrennung von Nichtmetallen. Trotzdem gibt es einen Unterschied ...*

A4 *Warum ist es so schwer, die Massezunahme bei der Oxidation der Nichtmetalle nachzuweisen?*

A5 *Sieh dir noch einmal Bild 1 an. Wo bleiben wohl die Verbrennungsprodukte, die dort entstehen?*

A6 *In dem Versuch von Bild 5 werden Verbrennungsgase einer Kerze durch Kalkwasser geleitet. Welches Ergebnis erwartest du? Begründe!*

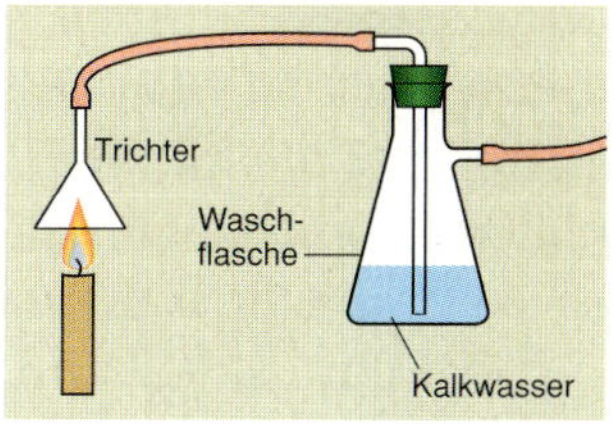

5

Aus der Biologie: Verbrennungsvorgänge im menschlichen Körper

Unsere Nahrungsmittel enthalten *Nährstoffe*, die wir zum Leben benötigen, z. B. Zucker, Stärke, Eiweiß und Fett. Ein wichtiger Bestandteil all dieser Nährstoffe ist das Element **Kohlenstoff**.

Bei der Verdauung in Mund, Magen und Dünndarm werden die Nährstoffe zerlegt, sodass der Kohlenstoff leichter „verfügbar" wird. Die entstehenden Stoffe können die Darmwand durchdringen und gelangen ins Blut. Mit dem Blut werden sie zu den Körperzellen transportiert.

Das Blut befördert gleichzeitig **Sauerstoff**. Er wurde beim Atmen aus der Lunge aufgenommen.

In den Körperzellen reagiert nun – vereinfacht ausgedrückt – Kohlenstoff mit Sauerstoff. Dabei entsteht vor allem **Kohlenstoffdioxid**. Außerdem wird Wärme frei. Diese ist erforderlich um unsere Körpertemperatur konstant zu halten.

Für die Oxidation von Kohlenstoff an der Luft ist die hohe Temperatur der Brennerflamme nötig. Im Körper aber läuft die Oxidation schon bei 37 °C ab. Das ist so zu erklären: Bei den Verbrennungsvorgängen im Körper wirken bestimmte Stoffe mit – die **Enzyme**. Sie verbrennen selbst nicht, sorgen aber dafür, dass die Verbrennungsvorgänge schon bei niedriger Temperatur ablaufen. Außerdem beschleunigen sie die Verbrennung. (In der Chemie heißen solche Stoffe, die eine chemische Reaktion fördern ohne selbst verbraucht zu werden, *Katalysatoren*.)

Eigenschaften von Kohlenstoffdioxid

Kohlenstoffdioxid ist ein Bestandteil der Luft.
Es entsteht z. B., wenn Brennstoffe verbrennen, die Kohlenstoff enthalten.

Info: Der Nachweis von Kohlenstoffdioxid

Wenn man ein Gas in „Kalkwasser" leitet und das Kalkwasser daraufhin trübe wird, weiß man: Das eingeleitete Gas ist (oder enthält) Kohlenstoffdioxid (CO_2).

Mit anderen Worten: **Die Trübung von Kalkwasser ist eine Nachweisreaktion für Kohlenstoffdioxid.** (Anstelle von „Kalkwasser" verwendet man auch den Begriff *Calciumlauge.*)

1

Wenn du also herausbekommen möchtest, ob sich in einem Gasgemisch Kohlenstoffdioxid befindet, musst du eine **Probe mit Kalkwasser** durchführen. (Achtung, Gefahr von Augenschäden!)

In Bild 1 siehst du, dass ausgeatmete Luft Kalkwasser trübt. (Dabei nie ansaugen!) Das ist der Nachweis dafür, dass ausgeatmete Luft Kohlenstoffdioxid enthält.

Aus der Umwelt: Kohlenstoffdioxid in der Luft

Frische Luft enthält durchschnittlich 0,03 % Kohlenstoffdioxid. Wenn wir längere Zeit Luft mit einem höheren Gehalt an Kohlenstoffdioxid einatmen, kann sich das schädlich auf unsere Gesundheit auswirken.

Schon ein Gehalt von weniger als 0,5 % Kohlenstoffdioxid in der Luft reicht aus um uns müde zu machen. Wir fangen an zu gähnen.

In Räumen, in denen Kohlenstoffdioxid bei der Produktion entsteht (z. B. in Brauereien), ist ein *Grenzwert* für den Gehalt der Luft an diesem Gas festgelegt worden. Er beträgt 0,5 %. Das sind 5000 ml (5 l) Gas je m^3 Luft.

Steigt der Gehalt über diesen Wert an, kann sich das unangenehm auswirken und sogar schwer wiegende Folgen haben.

Wenn die Luft 5 % Kohlenstoffdioxid enthält, können Übelkeit, Kopfschmerzen, Herzklopfen und Schwindelgefühl auftreten. Bei 8–10 % kommt es zu Atemnot und sogar zu Bewusstlosigkeit. Bei 20 % kann schließlich Tod durch Ersticken eintreten.

Es ist also wichtig, dass wir auf „frische Luft" achten. Der Kohlenstoffdioxidgehalt sollte in geschlossenen Räumen nicht über 0,1 % ansteigen. Deshalb muss man z. B. Klassenräume regelmäßig lüften.

A1 *Ein Mensch atmet täglich etwas 750 g Kohlenstoffdioxid aus. Rechne aus, wie viel Kohlenstoffdioxid in eurer Klasse innerhalb einer Unterrichtsstunde entsteht.*

A2 *Kleinen Kindern darf man auf keinen Fall Plastiktüten zum Spielen geben. Sie stülpen sie sich gar zu gerne über den Kopf. Weshalb kann dieses „Spiel" für die Kinder lebensgefährlich sein?*

A3 *Manchmal sagt man, dass die Luft im Raum „verbraucht" ist. Was könnte damit gemeint sein?*

A4 *In einem Glas Wasser fangen Vitamin-C-Brausetabletten an zu sprudeln. Das gilt auch für Brausepulver und für Tabletten zum Reinigen von Zahnspangen. Jedes Mal entsteht ein Gas.*
Um was für ein Gas handelt es sich dabei? Plane einen Versuch, mit dem du das herausbekommen kannst.

A5 *Beschreibe, wie man Kohlenstoffdioxid nachweisen kann.*

64939

Aus Umwelt und Technik: Kohlenstoffdioxid bei der Brandbekämpfung

Explosion in der Fettpfanne

Zwei Jungen im Alter von elf und fünfzehn Jahren lösten gestern bei der Zubereitung von Pommes frites eine Fettexplosion aus, die erhebliche Schäden anrichtete. Zur Explosion kam es, als die Jungen brennendes Fett mit Wasser löschen wollten.

Eine Druckwelle ließ Decken und Wände einreißen. Auch die darüber und darunter liegenden Wohnungen wurden in Mitleidenschaft gezogen. Die Jungen blieben unverletzt.

Immer wieder kommt es zu Bränden, bei denen das Löschen mit Wasser nicht gelingt oder sogar gefährlich ist. Oft werden dabei noch größere Schäden angerichtet als durch das Feuer selbst (→ dazu den Zeitungsausschnitt oben).

Wie du aus dem **Brandklassenschema** unten ablesen kannst, ist Wasser zum Löschen nur für Brände der Klasse A geeignet. Da durch die Flüssigkeit oft ein zusätzlicher hoher Schaden entsteht, werden heute für kleinere Brände fast nur noch **Pulverlöscher** (Bild 2) verwendet.

Darin befindet sich als Löschmittel häufig ein sehr feines Pulver, das die brennenden Stoffe ganz abdeckt. In der Hitze zersetzt es sich außerdem; dabei wird *Kohlenstoffdioxid* frei, das die Flammen erstickt. Um das Pulver aus einem solchen Löscher herauszutreiben, befindet sich innen ein Druckbehälter mit Kohlenstoffdioxid.

Diese Feuerlöscher (man bezeichnet sie auch als *Trockenlöscher*) lassen sich abstellen; man kann also z. B. mit kurzen Pulverstößen löschen. Die Reste kann man jedoch nicht aufheben; die Löscher verlieren nämlich innerhalb weniger Stunden ihren „Druck".

Für Brände der Klasse B werden so genannte **Kohlenstoffdioxidlöscher** (Bild 3) verwendet. (Oft findet man auf dem Etikett noch die alte Bezeichnung *Kohlendioxidlöscher*.)

In den Stahlflaschen befindet sich das Kohlenstoffdioxid unter hohem Druck. Wenn ein solcher Feuerlöscher betätigt wird, strömt das Gas aus. Dabei bildet sich zum Teil weißer Kohlenstoffdioxid-Schnee.

Da Kohlenstoffdioxid keine Rückstände hinterlässt und den elektrischen Strom nicht leitet, werden solche Löscher häufig bei Bränden in elektrischen Schaltanlagen oder in Computeranlagen, bei wertvollen Maschinen oder bei Flüssigkeitsbränden eingesetzt.

Bei Bränden der Klasse D darf nur ein **Spezialpulver** zum Löschen verwendet werden. Wasser, Kohlenstoffdioxid und andere Löschpulver können nämlich sehr heftig – zum Teil explosionsartig – mit brennenden Metallen reagieren.

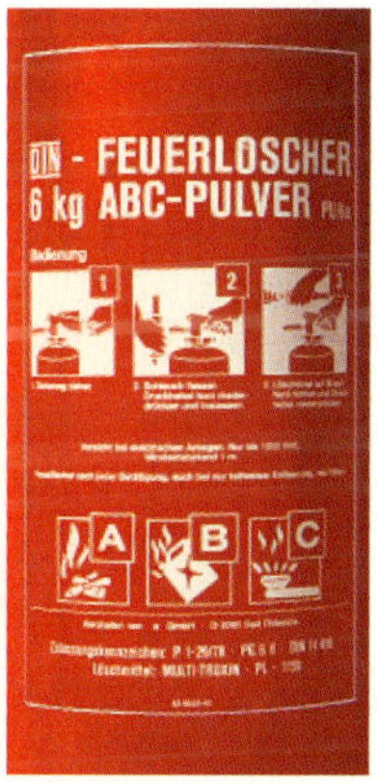

2

Brandklassenschema Folgende Löschmittel sind zugelassen:	A **Brände fester Stoffe, die normalerweise unter Glutbildung verbrennen,** z. B. Holz, Papier, Stroh, Kohle, Textilien, Autoreifen	B **Brände von flüssigen (flüssig werdenden) Stoffen,** z. B. Benzin, Öle, Fette, Lacke, Harze, Wachse, Teer, Ether, Alkohole, Kunststoffe	C **Brände von Gasen,** z. B. Methan, Propan, Wasserstoff, Acetylen, Stadtgas	D **Brände von Metallen,** z. B. Aluminium, Magnesium, Lithium, Natrium, Kalium und deren Legierungen
ABC-Löschpulver	■	■	■	
D-Löschpulver				■
Wasser	■			
Schaum	■	■		
Kohlenstoffdioxid		■		

3

Kohlenstoffmonooxid – ein gefährliches Nichtmetalloxid

1

Tödlicher Grillabend

Auf tragische Weise kam eine 39-jährige Frau in Hattersheim ums Leben. Nach einer Grillparty auf ihrem Balkon war der Grillofen mit der Restglut ins Wohnzimmer gestellt worden - wohl um die Glut in der Nacht zum Heizen zu nutzen.

Die Restglut entwickelte giftiges Kohlenstoffmonooxid, das die Frau bewusstlos machte und schließlich den Tod herbeiführte.

Die blaue Flamme weist auf eine Gefahr hin!

Info: Ein zweites Verbrennungsprodukt des Kohlenstoffs

Beim Verbrennen von Brennstoffen entsteht nicht nur *Kohlenstoffdioxid*. Es bildet sich auch immer etwas **Kohlenstoffmonooxid** CO.

Kohlenstoffmonooxid entsteht bei *Sauerstoffmangel*. Wenn aber frische Luft vorhanden ist, verbrennt es sofort weiter zu Kohlenstoffdioxid. Im Gegensatz zu diesem ist das Kohlenstoffmonooxid also brennbar. Es verbrennt mit blauer Flamme (Bild 2).

2

Kohlenstoffmonooxid ist ein farbloses, geruchloses Gas. Es ist **giftig** und kann schon in geringen Mengen Schaden anrichten. In einem Raum von 4 m Länge, 4 m Breite und 2,50 m Höhe würden zwei Eimer dieses Gases sogar tödlich wirken.

Aus der Medizin: Wie es zur Giftwirkung kommt

Um das zu verstehen, musst du dir zunächst klarmachen, was bei der *Atmung* im Körper geschieht:

In der Lunge wird Sauerstoff der Luft vom Blut aufgenommen (Bild 3, Lungenbläschen). Der Sauerstoff lagert sich an die roten Blutkörperchen an und wird durch diese im Körper verteilt. So steht er für die lebenswichtigen Verbrennungsvorgänge im Körper zur Verfügung.

Wenn jemand Luft mit Kohlenstoffmonooxid einatmet, setzt sich Kohlenstoffmonooxid auf den roten Blutkörperchen fest. Es nimmt dort den Platz ein, den eigentlich der Sauerstoff innehaben müsste.

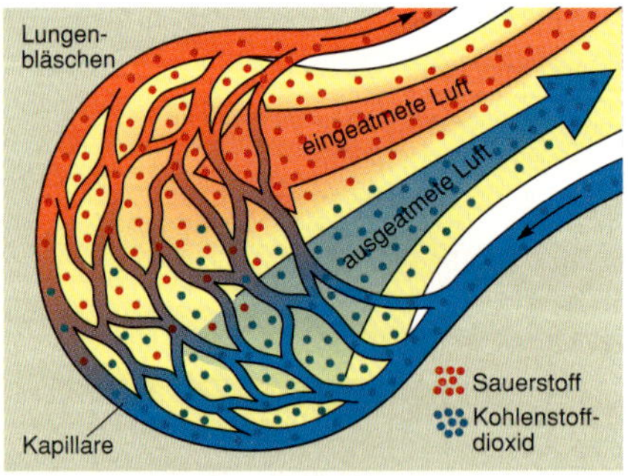

3

Das Blut dieses Menschen kann dann kaum noch Sauerstoff aufnehmen – die Verbrennungsvorgänge im Körper werden somit unterbrochen.

Die Folgen sind z. B. Kopfschmerzen, Ohrensausen und Schwindelgefühl. Sogar Bewusstlosigkeit und Tod sind möglich – je nachdem, wie lange jemand dem Kohlenstoffmonooxid ausgesetzt war und wie viel er davon eingeatmet hat.

Kohlenstoffmonooxid im Blut kann nur schwer wieder durch Sauerstoff ersetzt werden. Bei einer Kohlenstoffmonooxid-Vergiftung wird daher oft das Blut des Betroffenen ausgetauscht.

63400

Zusammenfassung

Metalle und Nichtmetalle reagieren mit Sauerstoff

Die Verbrennung ist ein chemischer Vorgang, der unter Energieabgabe erfolgt; er verläuft also exotherm. Wenn sich bei der Reaktion ein Stoff mit Sauerstoff verbindet, ist der Vorgang eine **Oxidation**; dabei entsteht ein **Oxid**.

Wenn sich ein *Metall* mit Sauerstoff verbindet, entsteht als Oxidationsprodukt ein *Metalloxid* (Bild 4). Die allgemeine Wortgleichung zu dieser Reaktion lautet:

Metall + Sauerstoff → Metalloxid | exotherm.

Die Masse des Oxids setzt sich zusammen aus der Masse des Metalls und der Masse des Sauerstoffs.

Oxide haben also eine größere Masse als die betreffenden Metalle vor der Reaktion.

Die Oxide haben auch sonst andere Eigenschaften als ihre Ausgangsstoffe.

An der Luft bilden viele Metalle eine Oxidschicht, ohne dass man sie erhitzt. Dieser Vorgang wird **langsame** oder **stille Oxidation** genannt. Sie kann sich positiv, aber auch negativ auf die Metalle auswirken (Beispiel: das Rosten von Eisen).

Wenn *Nichtmetalle* mit Sauerstoff reagieren, entstehen als Reaktionsprodukte *Nichtmetalloxide*. Auch sie haben andere Eigenschaften als die Ausgangsstoffe (Bild 5). Allgemeine Wortgleichung:

Nichtmetall + Sauerstoff → Nichtmetalloxid.

Die Nichtmetalloxide sind meist gasförmig. Sie entweichen deshalb in die Luft.

Wenn man sie nachweisen will, muss man sie zunächst auffangen. Dann erst kann man geeignete *Nachweismethoden* anwenden (Bild 5).

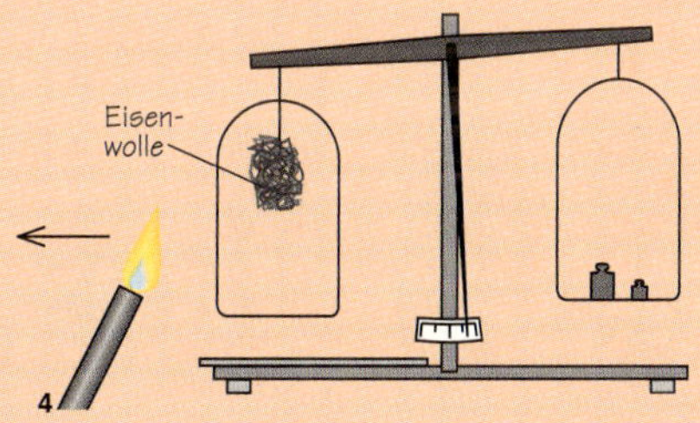

4

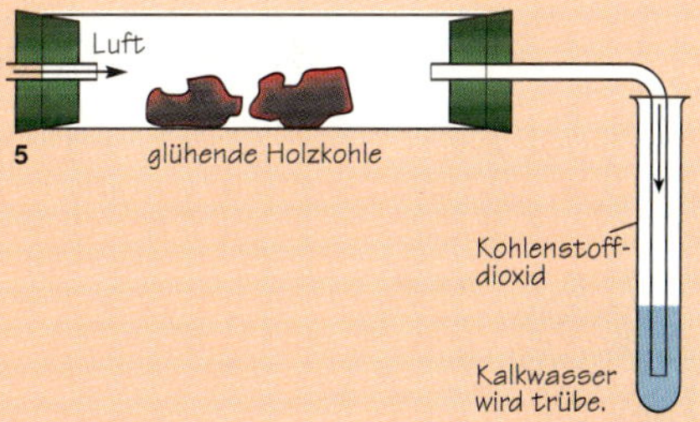

5

Alles klar?

1. *Was verstehst du unter einer Oxidation? Was ist ein Oxid?*

2. *Vergleiche die Zusammensetzung von Eisensulfid mit der von Eisenoxid.*
Schreibe auch die beiden Reaktionsgleichungen auf.

6

3. *Stefan fragt: „Was passiert eigentlich, wenn man ein Metall im luftleeren Raum erhitzt?"*

4. *Ein Stoff kann explosionsartig verbrennen oder auch ganz langsam. Wie wirkt sich das auf die Oxidationsprodukte aus?*

5. *Aluminium ist ein unedleres Metall als Eisen. Erläutere das.*

6. *Wenn man die Wunderkerzen (Bild 6) entzündet, verbrennen winzige Eisen- und Aluminiumstückchen.*
Nach dem Entzünden brennen sie selbstständig weiter. Erkläre!

7. *Micha meint: „Wenn Kohlenstoff verbrennt, wird er leichter. Das zeigt eine Waage an. Er verbindet sich also nicht mit Sauerstoff." Was sagst du dazu?*

8. *Ob die alten Münzen von Bild 7 nur schmutzig sind? Begründe!*

7

Die Schadstoffbelastung der Luft

Ist die Luft unser Abfalleimer?

1

Dieser Verkehrspolizist in Bangkok (Thailand) regelt den Verkehr. Warum trägt er denn dabei eine Schutzmaske?

Info: Abgasmessungen mit dem Gasspürgerät

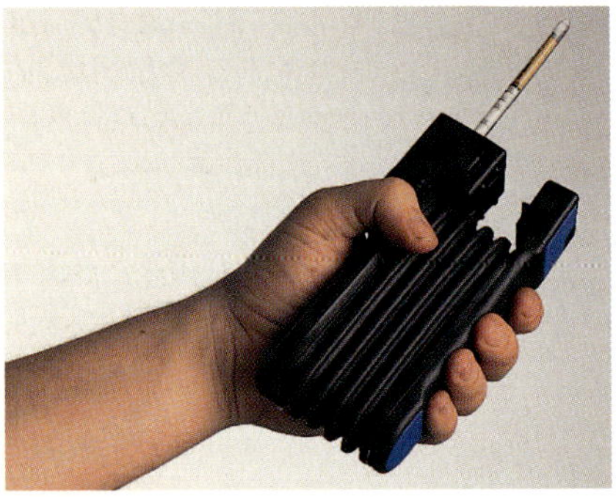
2

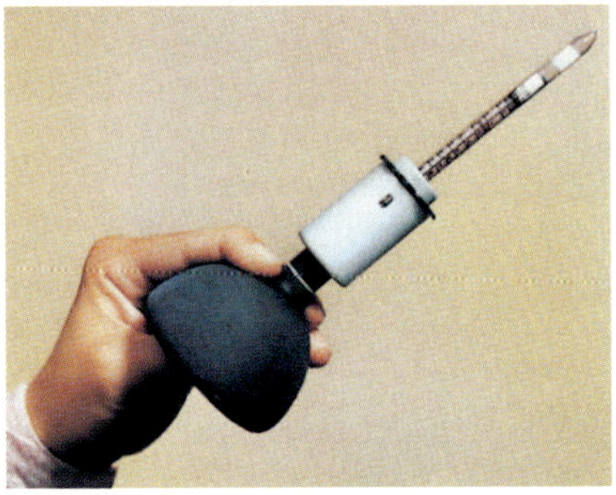
3

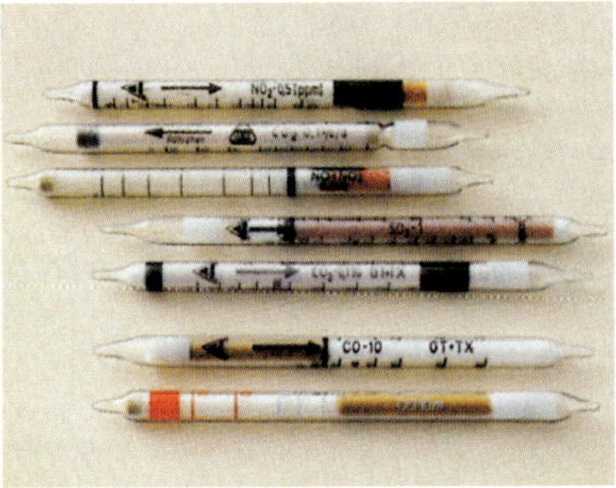
4

Gasförmige Nichtmetalloxide sind *Schadstoffe*. Sie belasten unsere Luft.

Mit Hilfe von *Gasspürgeräten* kann man diese Schadstoffe nachweisen und auch messen. Zu jedem Gasspürgerät gehören eine *Gasspürpumpe* und ein *Messröhrchen* (Bilder 2 u. 3).

Für jeden Schadstoff, der in der Luft enthalten ist, gibt es bestimmte Messröhrchen (Bild 4). Sie können unterschiedliche Messbereiche haben.

Wie arbeitet man mit einem Gasspürgerät?

Angenommen einige Schüler wollen die Luft auf ihren Gehalt an Kohlenstoffmonooxid prüfen. Sie setzen also ein Messröhrchen, das für Kohlenstoffmonooxid geeignet ist, in die Gasspürpumpe ein. Dann betätigen sie die Pumpe.

Dadurch strömt ein bestimmtes Volumen Luft in das Röhrchen ein.

Wenn Kohlenstoffmonooxid in der Luftprobe vorhanden ist, färbt sich der Stoff im Messröhrchen. Auf der Skala kann man dann an der Stelle, bis zu der die Färbung geht, den Gehalt des Gases pro Kubikmeter Luft ablesen (Bild 5).

Anschließend wird das Messröhrchen gegen eines für einen anderen Schadstoff ausgetauscht.

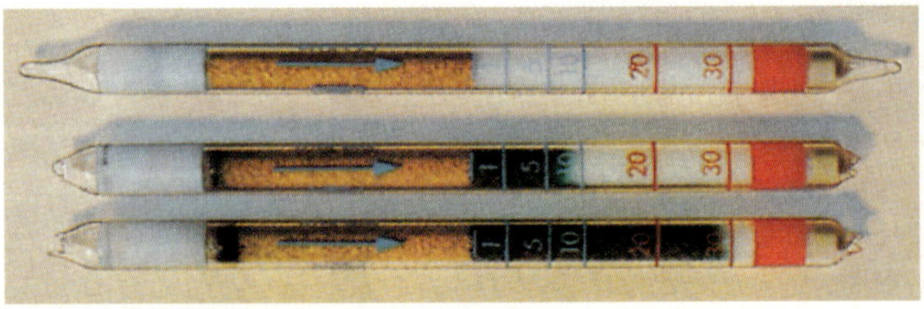

5

63402

V1 *So kannst du feststellen, wie viele Staub- und Rußteilchen sich in der Luft befinden:*
Klebe über die Öffnung eines Glases zwei Streifen Tesafilm®. Die Klebeflächen sollen nach außen zeigen (Bild 6).
Stelle das Gefäß draußen an einen ruhigen Platz (möglichst nicht auf den Boden). Nach drei Tagen nimmst du einen Streifen ab, nach sechs Tagen den anderen.
Klebe die Streifen auf Millimeterpapier und sieh sie dir mit der Lupe an: Wie viele Staub- und Rußteilchen sind jeweils auf einer Fläche von 1 cm²?

V2 ***Stickstoffdioxid*** *entsteht bei der Reaktion von Stickstoff der Luft mit Sauerstoff bei hoher Temperatur (z. B. durch Blitze, durch Zündfunken im Benzinmotor).*
Im ***Lehrerversuch*** *kann man diesen Stoff aus einer geeigneten Stickstoffverbindung herstellen:*
Man erhitzt z. B. etwas Salpetersäure C,O *unter dem Abzug bis Stickstoffdioxid entweicht.*
Das Gas weisen wir mit einem Gasspürgerät nach. Messbereich: 2–100 ppm (zu „ppm“ → das Info nächste Seite).

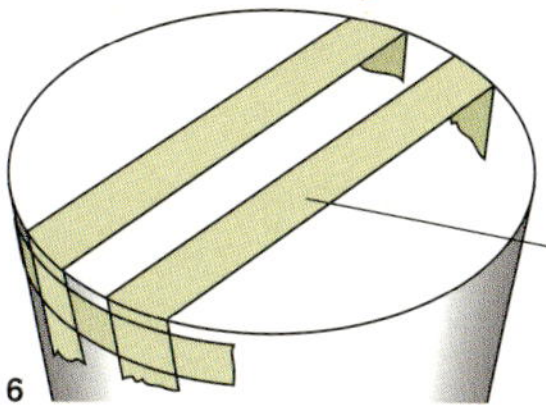

6

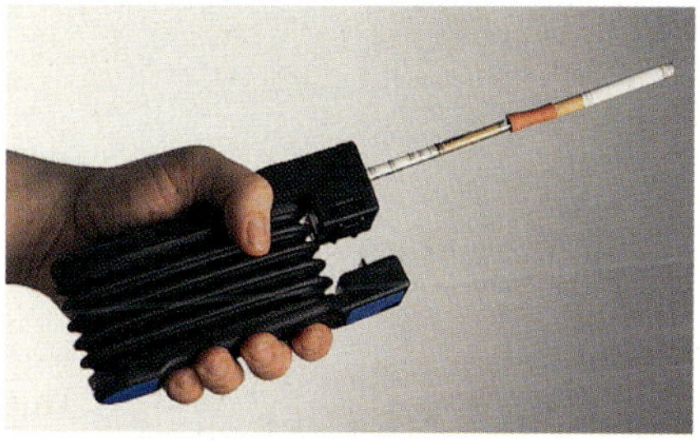
7

V3 *Mit der Gasspürpumpe und einem passenden Messröhrchen (Messbereich: 1–25 ppm) können wir* ***Schwefeldioxid*** *feststellen:*
Dazu wird eine erbsengroße Menge Schwefel verbrannt. Das Messröhrchen wird dann in das aufsteigende Gas gehalten (Gas nicht einatmen! Abzug!).

V4 *Man kann mit Gasspürpumpe und Messröhrchen die Auspuffgase von Mofas untersuchen (Bild 8). Mögliche Gase: Kohlenstoffdioxid (Messbereich: 5000–100 000 ppm), Schwefeldioxid (1–25 ppm), Stickstoffdioxid (2–100 ppm), Kohlenstoffmonooxid (100–3000 ppm).*

V5 *Auch die Luft (z. B. an einer Kreuzung oder in der Nähe einer Großfeuerungsanlage) könnte untersucht werden.*
Messbereiche: Kohlenstoffdioxid 100–12 000 ppm, Kohlenstoffmonooxid 5–150 ppm, Schwefeldioxid 0,1–3 ppm und Stickstoffdioxid 0,5–25 ppm).

V6 *Wenn man eine Zigarette mit verschiedenen Messröhrchen verbindet, lässt sich Zigarettenrauch untersuchen (Bild 7).*
Messbereiche: Kohlenstoffdioxid 5000–100 000 ppm, Stickstoffdioxid 2–100 ppm, Schwefeldioxid 20–200 ppm, Kohlenstoffmonooxid 5000–70 000 ppm.

V7 *Aus den Heizungsanlagen von Wohnhäusern können ebenfalls Abgase entweichen.*
Bei einem Kohleofen (Kamin) im Zimmer oder bei einer Ölheizung im Keller könnten wir das mit den Gasspürgeräten untersuchen.

V8 *Auch die Verbrennungsprodukte von Braunkohle sowie Holz- und Grillkohle (Bild 9) können ermittelt werden.*
(Messbereiche wie bei V4.)

8

9

Info: Was ist eigentlich „ppm"?

Bei Abgasmessungen mit Gasspürgeräten werden Messröhrchen verwendet. Sie sind jeweils für einen bestimmten Messbereich geeignet. Dieser wird in **ppm** angegeben. *Was bedeutet das?*

Nehmen wir einmal Folgendes an: Die Auspuffgase eines Mofas sollen mit einem Messröhrchen des Messbereichs 1–25 ppm auf *Schwefeldioxid* hin untersucht werden.

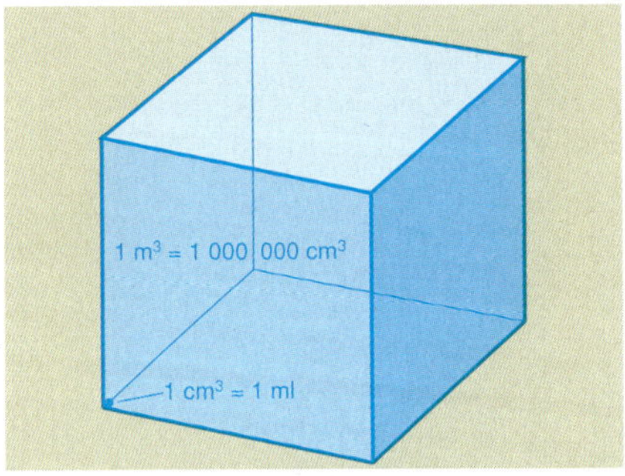

1

Das Messröhrchen zeigt 1 ppm an, wenn 1 m³ Luft 1 ml des zu prüfenden Gases enthält (Bild 1). 1 ml ist der millionste Teil von 1 m³. Man sagt auch:

1 Teil von 1 Million Teilen =
1 **p**art **p**er **m**illion (engl.) = **1 ppm**.

Wenn du dir Bild 1 ansiehst, meinst du bestimmt auch, dass 1 ppm Schwefeldioxid in der Luft eigentlich sehr wenig ist. Aber schon bei einem Gehalt von 10 ppm – das ist ja auch noch wenig – kann es bei längerem Einatmen zu gesundheitlichen Schäden kommen!

Besonders in Fabriken und Betrieben kann die Luft durch Schadstoffe verunreinigt sein. Dann besteht Gefahr für die Gesundheit der Beschäftigten. Deshalb wurde festgelegt, dass an den Arbeitsplätzen bestimmte **Schadstoff-Grenzwerte** nicht überschritten werden dürfen (→ Tabelle).

Schadstoff	Wert in ppm (ml/m³)
Kohlenstoffdioxid	5000
Kohlenstoffmonooxid	30
Stickstoffdioxid	5
Schwefeldioxid	2
Chlor	0,5

Info: Von Emissionen und Immissionen

Täglich werden große Mengen Schadstoffe an die Luft abgegeben. Man spricht hier von einer *Emission* von Schadstoffen (lat. *emissio:* das Entsenden, Herauslassen). Dazu zählen sowohl gasförmige Stoffe als auch Staub und Ruß.

Ein Teil dieser Schadstoffe steigt hoch in die Luft auf und wird mit dem Wind abtransportiert. Oft gelangen sie erst viele hundert Kilometer weiter wieder zur Erde zurück. Sie machen natürlich auch vor Ländergrenzen nicht Halt.

Ein anderer Teil der Schadstoffe verteilt sich gleich in der Nähe ihrer Emission. Auf diese Weise ist die Luft bei uns sowohl durch „nationale" als auch durch „internationale" Schadstoffe belastet.

Emissionen, die wieder zur Erde zurückgelangen, werden *Immissionen* genannt (lat. *immissio:* das Hineinlassen). Sie wirken in irgendeiner Weise auf Menschen, Tiere und Pflanzen ein.

Die Immissionen werden in Atemhöhe des Menschen gemessen. Dazu dienen ortsfeste und mobile Messstationen. Es werden Immissionswerte für Langzeitwirkungen und Kurzzeitwirkungen ermittelt. Die *Langzeitwerte* geben einen Jahresmittelwert an, die *Kurzzeitwerte* ergeben sich aus monatlichen Messungen.

Um den Menschen vor gesundheitlichen Schäden durch Luftverunreinigungen zu bewahren, hat man **Richtwerte** für Immissionen entwickelt. Dabei geht man davon aus, dass der Mensch nicht gefährdet ist, wenn die Konzentration der Schadstoffe in der Luft unterhalb dieser Richtwerte liegt.

Richtwerte für Immissionen

Gasart	Langzeitwert		Kurzzeitwert	
	in mg/m³	in ppm	in mg/m³	in ppm
Kohlenstoffmonooxid	10,0	8,0	30,0	24,0
Schwefeldioxid	0,14	0,05	0,40	0,14
Stickstoffdioxid	0,08	0,04	0,20	0,1
Chlor	0,10	0,03	0,60	0,19

64281

Aus der Umwelt: Fossile Brennstoffe belasten die Umwelt

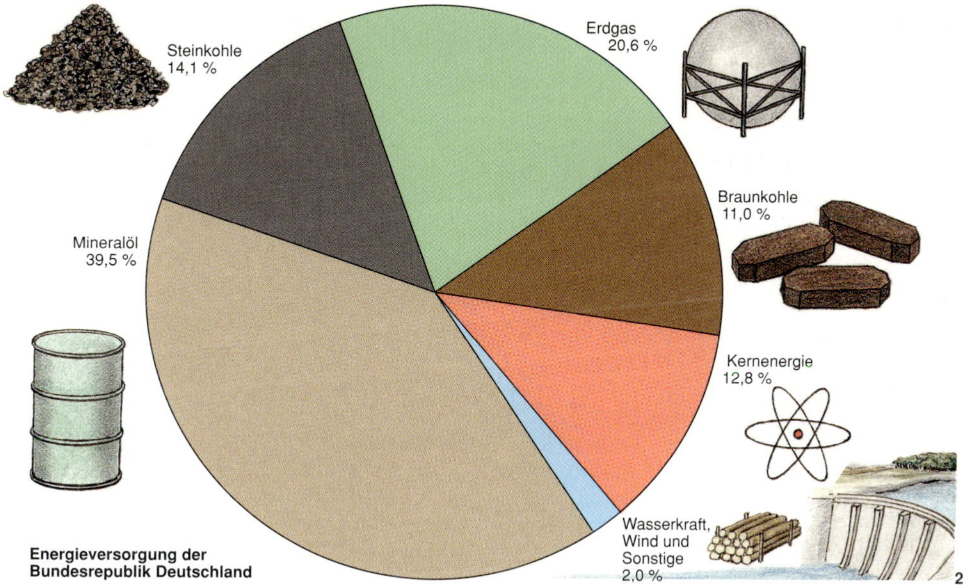

2

Erdöl, Erdgas und Kohle werden als **fossile Brennstoffe** bezeichnet (lat. *fossilis:* ausgegraben). Sie sind mit etwa 85% an der Energieversorgung Deutschlands beteiligt (Bild 2).

Die *Nutzung* fossiler Brennstoffe trägt wesentlich zur **Luftverschmutzung** bei. Das liegt an der Zusammensetzung dieser Brennstoffe. Insbesondere das *Kohlenstoffdioxid* und das *Schwefeldioxid*, die bei der Verbrennung fossiler Brennstoffe frei werden, belasten die Umwelt. Das Kohlenstoffdioxid trägt zur weltweiten Klimaveränderung bei und das Schwefeldioxid ist am sauren Regen beteiligt.

Die Industriestaaten sind bestrebt der Umweltbelastung entgegenzuwirken. Deshalb fand z. B. die Klimakonferenz von Kyoto statt.

Die Bemühungen um eine Verringerung der Luftverschmutzung zeigen bei uns schon kleine Fortschritte. Es reicht aber nicht, wenn nur die Industrie zu *Umweltschutzmaßnahmen* verpflichtet wird. Jeder Einzelne ist aufgerufen sich für eine saubere Umwelt einzusetzen!

Auch bei *Gewinnung* und *Transport* geht es nicht ohne Gefahren für die Umwelt ab.

Erdgas ist dabei am umweltfreundlichsten. Da es meist ungiftig ist, verursacht es keine gesundheitlichen Schäden. Allerdings kann es bei der Nutzung zu Explosionen kommen.

Immer wieder hört man von Umweltschäden durch **Erdöl**. Die können durch Unfälle mit Öltankern oder Ölbohrinseln (Bild 3) entstanden sein. Auch defekte Ölleitungen sowie umgestürzte Tankwagen verursachen große Schäden. Verschmutzte Gewässer und Küsten sowie verseuchtes Grundwasser sind die Folgen (Bild 4). Ein einziger Liter Erdöl kann etwa 1 Million Liter Trinkwasser ungenießbar machen!

4

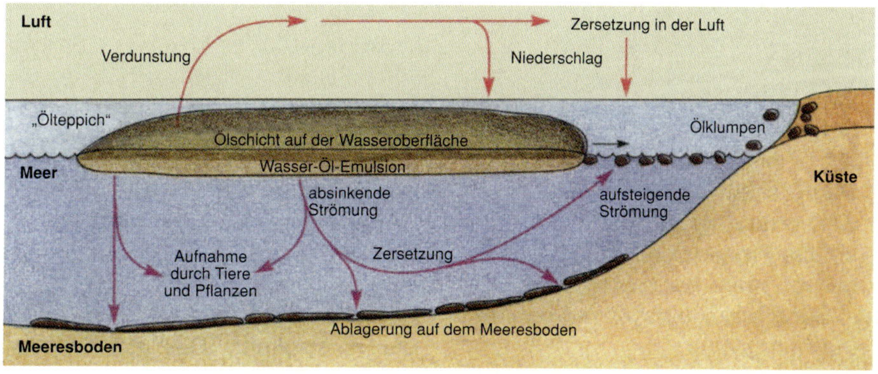

Aus der Umwelt: Wer verschmutzt unsere Luft womit?

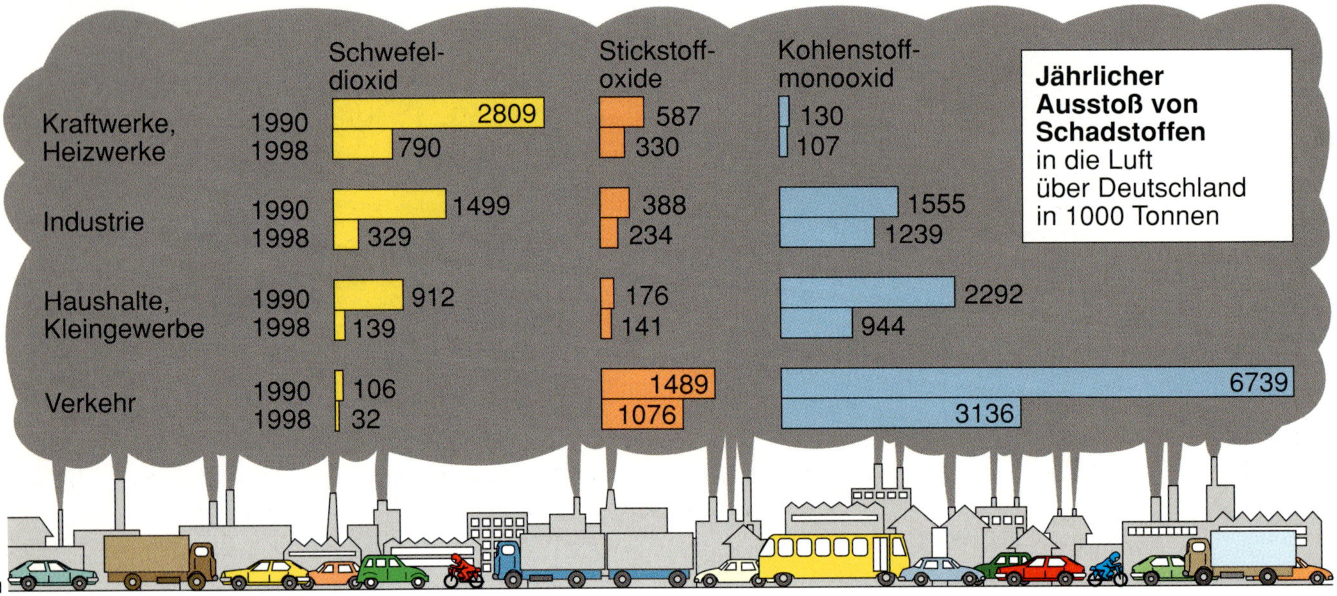

1

Jahr für Jahr gelangen **gasförmige Schadstoffe** in die Luft – *Schwefeldioxid*, *Stickstoffoxide* und *Kohlenstoffmonooxid*. Wer das verursacht, zeigt Bild 1.

Außer den gasförmigen Schadstoffen verschmutzen auch noch **Ruß** und **Staub** unsere Luft. Man könnte 100 000 Güterwagen mit dem Staub und Ruß füllen, der in einem einzigen Jahr auf die Fläche Deutschlands fällt. Wenn man diese Wagen aneinander koppeln würde, so reichte dieser Zug etwa von Hamburg bis zum Bodensee.

Nicht nur Ruß und Staub sind gefährlich, sondern auch die gasförmigen Schadstoffe. Deshalb werden in den Großfeuerungsanlagen der Kraft- und Heizwerke vor allem Schwefeldioxid und Stickstoffoxide aus den Abgasen entfernt. Dabei sind in den letzten Jahren schon große Fortschritte erzielt worden. Das kannst du in Bild 1 erkennen (Werte von 1990 und 1998 im Vergleich).

Luft wieder sauberer

Die Großstädte an Rhein und Ruhr sind zwar immer noch keine Luftkurorte, doch dank der Milliardeninvestitionen in die Umwelttechnik wird der Himmel über ihnen immer sauberer. Das geht aus den vom nordrhein-westfälischen Umweltministerium vorgestellten Ergebnissen der Luftqualitätsüberwachung hervor.

Danach sank die Schwefeldioxidbelastung der Luft in den vergangenen 10 Jahren um 61 Prozent auf heute 24 Mikrogramm pro Kubikmeter. Mitte der 60er-Jahre waren es noch 206 Mikrogramm. Der Stickstoffmonooxidanteil der Luft verringerte sich in den vergangenen 10 Jahren um 21 Prozent auf 30 Mikrogramm pro Kubikmeter, die Stickstoffdioxidbelastung um 26 Prozent auf 39 Mikrogramm. Der Anteil von Schwebestaub sank um 43 Prozent auf 48 Mikrogramm.

A1 *Sieh dir Bild 1 an:*
a) *Woher stammt hauptsächlich das Schwefeldioxid in der Luft?*
b) *Was bedeutet die Zahl 329?*
c) *Vergleiche die Angaben über den Schwefeldioxid-Ausstoß von 1998 mit denen von 1990.*

A2 *Wer verursacht die größte Menge an Stickstoffoxiden und an Kohlenstoffmonooxid? Vergleiche die Werte für 1998 mit denen für 1990.*

A3 *In welchen Bereichen wurde der Ausstoß aller drei Schadstoffe von 1990 bis 1998 verringert? In welchem Bereich muss noch dringend etwas getan werden? Was könntest du selbst dabei tun?*

A4 *Die chemische Industrie gilt allgemein als besonderer Luftverschmutzer. Im Jahr 1990 verursachte sie folgende Schadstoffe: Schwefeldioxid 43 000 t, Stickstoffoxide 70 200 t, Kohlenstoffmonooxid 75 600 t. Vergleiche die Werte mit denen von Bild 1. Wie beurteilst du danach die allgemeine Ansicht?*

64283

Einige Folgen der Luftverschmutzung

2

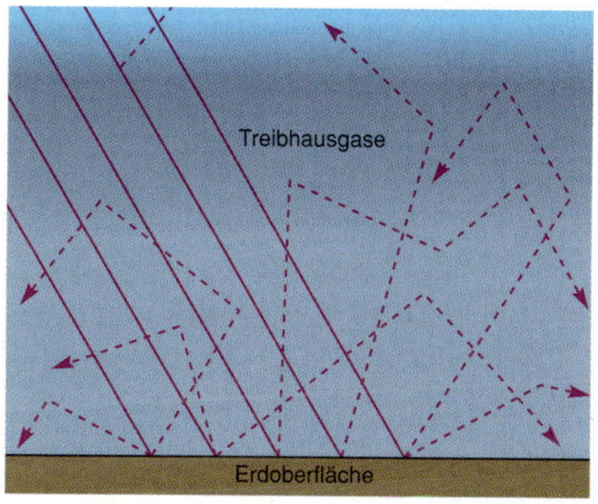

3

Den **Treibhauseffekt** nutzen Gärtner um mit Hilfe der Sonnenstrahlung Pflanzen zu ziehen. Bestimmte Teile dieser Strahlung durchdringen nämlich das Glasdach des Treibhauses (Bild 2) und erwärmen z. B. die Pflanzen und den Boden in seinem Innern. Wenn diese Gegenstände dann ihrerseits Wärme aussenden, wird sie durch das Glasdach des Treibhauses zurückgehalten.

Auch wir auf der Erde „sitzen in einem Treibhaus“. Anstelle des Glasdaches haben wir die „Treibhausgase“ der Lufthülle über uns, z. B. das Kohlenstoffdioxid.

Aus der Umwelt: Der Treibhauseffekt

Die Treibhausgase lassen die Sonnenstrahlung fast ungehindert zur Erde durch (Bild 3). Dagegen verschlucken (absorbieren) sie einen Teil der Wärmestrahlung, die von der Erde ausgeht. So wird die Lufthülle auch aufgeheizt. Ein Teil der Wärmestrahlung wird zur Erde zurückgeworfen (reflektiert).

Ohne den *Treibhauseffekt* würde die Durchschnittstemperatur auf der Erde statt +15 °C nur −20 °C betragen. Er hat also angenehme Auswirkungen. Seit einigen Jahren warnen aber Wissenschaftler vor einer Verstärkung des Treibhauseffekts.

Der Anteil an Kohlenstoffdioxid in der Luft ist nämlich gewachsen – die Folge: Die Temperatur auf der Erde ist gestiegen. Die Entwicklung scheint sich zu beschleunigen, sodass Änderungen des Klimas und Auswirkungen wie in Bild 4 zu erwarten sind.

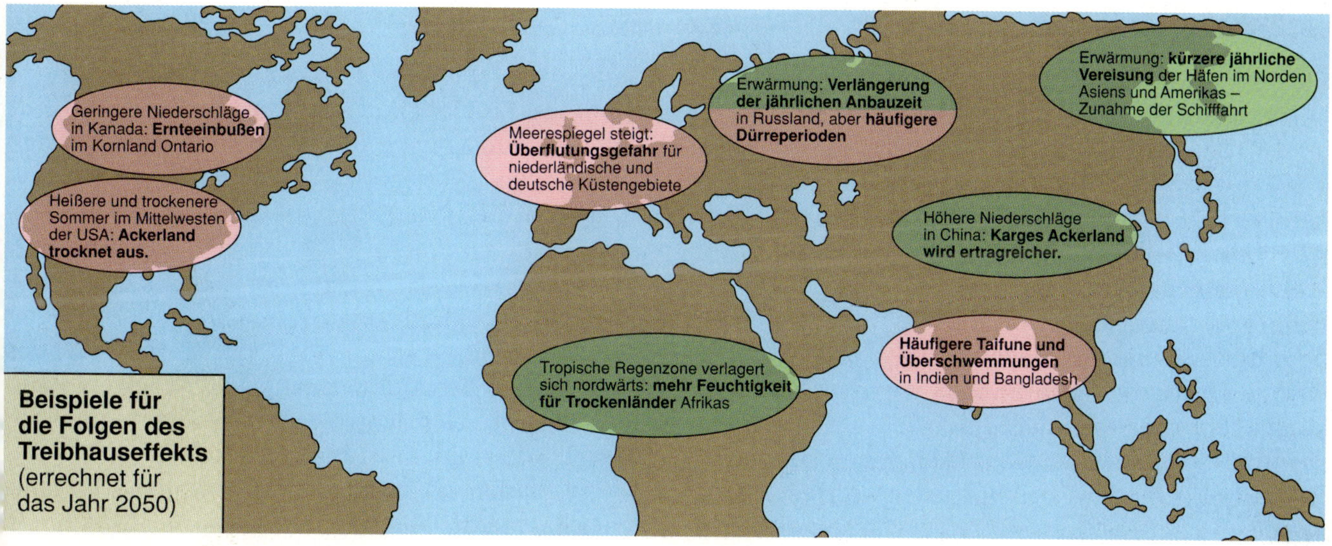

Aus der Umwelt: Ozon in der Stratosphäre

In 15–50 km Höhe (in der Stratosphäre) ist unsere Erde von einer ozonhaltigen Luftschicht umgeben. So wie eine Sonnenbrille unsere Augen vor zu grellem Lichteinfall schützt, hält diese *Ozonschicht* gefährliche Anteile der ultravioletten Sonnenstrahlung (UV-Strahlung) von der Erde fern.

Zu viel von dieser Strahlung wäre nämlich schädlich für das Leben auf der Erde: Lichtempfindliche Pflanzen (z. B. Algen und Meeresplankton), die an die jetzigen UV-Lichtverhältnisse angepasst sind, gingen ein. Damit verlören Fische und andere Meerestiere ihre wichtigste Nahrungsquelle. Meere und Seen wären bald ohne Leben.

Auch viele Kulturpflanzen (z. B. Spinat, Erbsen, Tomaten) würden geschädigt. Beim Menschen gäbe es eine Zunahme von Hautkrebserkrankungen.

Normalerweise bleibt die Ozonkonzentration in der Stratosphäre gleich. In den letzten Jahrzehnten ist aber zu beobachten, dass die Ozonschicht vor allem am Südpol im antarktischen Frühling sehr dünn geworden ist. Ein solches Gebiet mit zu geringem Ozonanteil nennt man **Ozonloch**.

Die Entstehung eines Ozonlochs erklärt man sich folgendermaßen: In der Stratosphäre findet unter dem Einfluss des Sonnenlichts ein ständiger Auf- und Abbau von Ozon statt. Dabei wird der größte Teil der schädlichen UV-Strahlung verbraucht.

Man nimmt nun an, dass vor allem Fluor-Chlor-Kohlenwasserstoffe (kurz FCKW genannt; das sind giftige, gasförmige Verbindungen) das Gleichgewicht zwischen Ozonaufbau und -abbau stören: Es wird mehr Ozon zersetzt als sich neu bilden kann.

Um diesen Vorgang zu stoppen, wurde im Jahr 1991 in Deutschland der Einsatz von FCKW als Treibgas in Spraydosen und als Kältemittel z. B. in Kühlschränken verboten.

Aus der Umwelt: Smog

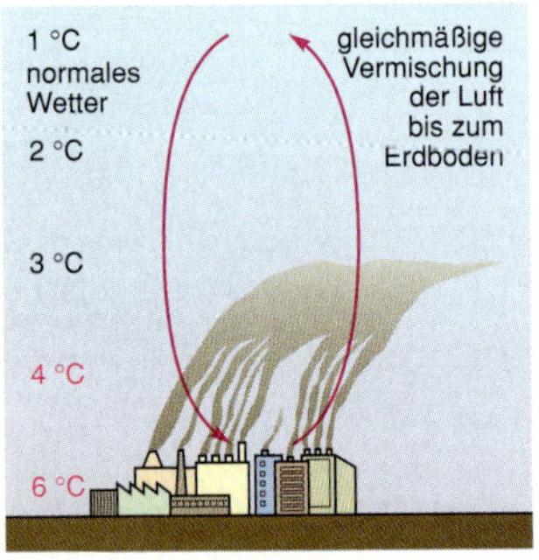

1

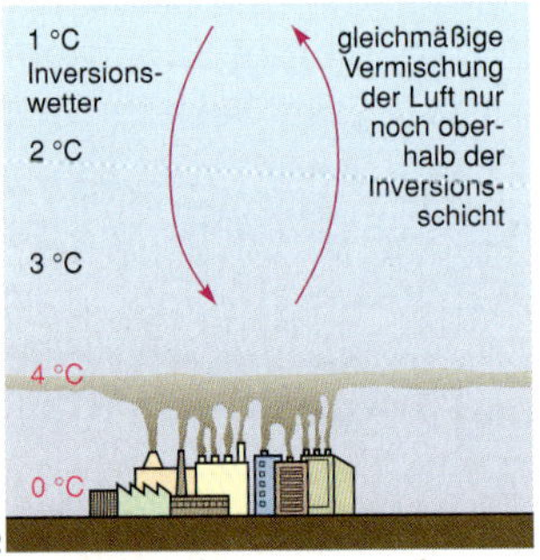

2

3

Bei leichtem Wind steigen die Abgase von Autos und bestimmten Fabriken schnell in höhere Luftschichten auf (Bild 1). Bei einer ganz bestimmten Wetterlage – bei *Inversionswetter* (lat. *inversio:* Umkehrung) – kann es jedoch vorkommen, dass diese Abgase nicht nach oben entweichen können.

Eine solche Wetterlage entsteht z. B. im Winter, wenn an windstillen Tagen eine wärmere Luftschicht über der kühleren Bodenschicht liegt (Bild 2). Diese warme Luft wirkt dann ähnlich wie ein Deckel auf einem Topf: Sie verhindert, dass die Abgase in höhere Luftschichten aufsteigen und abziehen können.

Die Folge ist, dass sich unter der wärmeren Luftschicht ein giftiges Gemisch aus gasförmigen *Schadstoffen* (z. B. Schwefeldioxid aus Kohleöfen) bildet – der **Smog** (aus engl. *smoke:* Rauch; *fog:* Nebel). Er liegt als „Dunstglocke" über der Stadt (Bild 3). Man nennt diesen „Wintersmog" manchmal auch *London-Smog*, weil diese Stadt besonders davon betroffen ist.

An sonnigen Sommertagen droht uns der „Sommersmog". Man nennt ihn auch *Los-Angeles-Smog*, denn in dieser Stadt mit strahlender Sonne und brütender Hitze tritt er besonders häufig auf. Wenn es dann noch mehrere Tage lang hintereinander windstill ist, entsteht ebenfalls eine „Dunstglocke".

Sommersmog heißt Ozongefahr, denn ein wesentlicher Bestandteil des Sommersmogs ist das *Ozon*.

64285

Aus der Umwelt: Ozon in der Troposphäre

Ozon kann sich auch in den unteren, erdnahen Luftschichten bilden und sammeln, in der Troposphäre.

Es wird hauptsächlich durch Autoabgase verursacht. Sie enthalten z. B. Stickstoffdioxid (NO_2). *Im Sonnenlicht* reagiert es mit Sauerstoff zu Ozon und Stickstoffmonooxid (NO). *Im Dunkeln* verläuft die Reaktion umgekehrt. Deshalb ist die Ozonkonzentration an sonnigen Nachmittagen am höchsten, vor Sonnenaufgang am geringsten.

Obwohl Ozon (O_3) und Sauerstoff (O_2) zwei Erscheinungsformen ein und desselben Elements sind, haben sie doch ganz unterschiedliche Eigenschaften.

Während z. B. Sauerstoff geruchlos ist, machen sich schon geringste Mengen von Ozon durch ihren stechenden Geruch bemerkbar (den kennst du vielleicht von längerem Arbeiten am Kopierer). Dieser Eigenschaft verdankt das Ozon seinen Namen (griech. *ozon:* das Riechende). Weiterhin ist Sauerstoff lebensnotwendig, Ozon dagegen giftig.

In bodennahen Luftschichten ist Ozon deshalb höchst unerwünscht. Es wirkt nämlich schädigend auf Pflanzen und Menschen. So zerstört es den grünen Pflanzenfarbstoff; die Pflanzen sterben dann ab.

Beim Menschen werden durch Ozon die Schleimhäute von Augen, Nase und Atemwegen angegriffen sowie Bronchien und Lungen geschädigt. Die Folgen sind unter anderem Husten, Übelkeit oder außergewöhnliche Müdigkeit. Kinder, Kranke und alte Menschen reagieren besonders empfindlich.

Um solche Schäden zu vermeiden, wird schon gewarnt, wenn die mittlere Ozonkonzentration eine Stunde lang 180 µg/m³ beträgt. Dann sollte man körperliche Anstrengungen im Freien vermeiden.

Ab 240 µg/m³ wird **Ozonalarm** ausgerufen (siehe unten). Dann heißt es für viele Fahrzeuge: „Stehen bleiben!“ Bei 360 µg/m³ wird ein zweites Mal gewarnt, denn dann besteht akute Gesundheitsgefahr. Einige Auswirkungen des Ozons zeigt die Tabelle.

Einige Auswirkungen von Ozon

Ozonkonzentration		Auswirkungen
etwa	20 µg/m³	Geruchsschwellenwert
ab	200 µg/m³	Reizung der Atemwege, Kopfschmerzen
	240 µg/m³	Grenzwert für Fahrverbote
ab	240–300 µg/m³	Zunahme von Asthmaanfällen
ab	800 µg/m³	entzündliche Reaktionen des Gewebes

Maßnahmen bei Ozonalarm

Wenn an drei der insgesamt 300 Messstellen in Deutschland (50–250 km voneinander entfernt) während einer Stunde durchschnittlich 240 Mikrogramm Ozon pro Kubikmeter Luft gemessen werden, gilt ein Fahrverbot für nicht schadstoffarme Autos. Das Fahrverbot wird über Presse, Hörfunk und Fernsehen bekannt gegeben und gilt am folgenden Tag ab 6 Uhr morgens für 24 Stunden. Es wird verlängert, wenn man am nächsten Tag im Bereich derselben Messstationen ebenso hohe Werte erwartet.

Es dürfen nur Pkw mit einer G-Kat-Plakette fahren sowie Lkw und Busse, die die Zulassungsnormen erfüllen und nicht älter als 5 Jahre sind.

Ausnahmen gelten z. B. für:

- den öffentlichen Personenverkehr, Taxen, Kranken- und Arztwagen, Not- und Rettungsdienste;
- Berufspendler und Urlauber, die nur mit eigenem Pkw auf zumutbare Weise zum Ziel gelangen;
- Fahrzeuge mit Behinderten.

Motorräder haben grundsätzlich Fahrverbot (Ausnahmen werden von den Behörden geregelt).

Lastkraftwagen von öffentlichen Versorgungsunternehmen dürfen fahren, außerdem solche mit verderblicher Ladung oder lebenden Tieren.

Wohnmobile bis zu 2,8 t gelten als Personenwagen. Über 2,8 t gilt Fahrverbot, wenn es älter als 5 Jahre ist (Ausnahme: Fahrt in den Urlaub).

A1 *Warum ist bei hochsommerlichen Schönwetterlagen Ozonalarm zu erwarten, jedoch nicht im Winter?*

A2 *In Berlin-Mitte kam es im Jahr 1998 an 12 Tagen zu Ozonmittelwerten von 65 µg/m³, im Grunewald an 53 Tagen. Erkläre!*

A3 *Im Sommer 1997 gab es in Berlin 61 sonnige Tage, im Jahr 1998 nur 25. Wie hat sich das auf die Ozonkonzentration ausgewirkt?*

Maßnahmen zur Reinhaltung der Luft

In der Öffentlichkeit ist man heute zur Einsicht gelangt, dass etwas gegen die Luftverschmutzung getan werden muss.

Aus der Technik: Vom Kampf gegen die Luftverschmutzung

Der Dreiwegekatalysator

Ein wichtiges Gerät, von dem du sicher schon gehört hast, ist der *Katalysator* (Bild 1, Dreiwegekatalysator), mit dem Autos ausgerüstet werden. Mit seiner Hilfe lässt sich der Ausstoß an Schadstoffen aus den Autoabgasen verringern.

Der Katalysator besteht aus einem Keramik- oder Metalleinsatz, der von winzigen Kanälen durchzogen ist. Auf der rauen Oberfläche der Kanäle befinden sich fein verteilt die Metalle *Platin* und *Rhodium*.

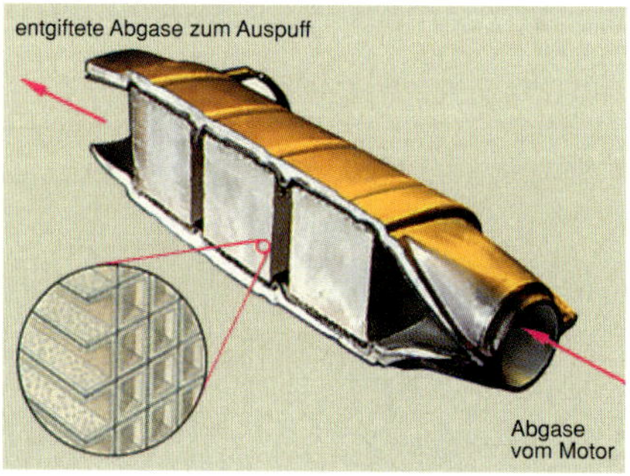

1

Diese Metalle bewirken, dass der größte Teil der Schadstoffe (z. B. Kohlenstoffmonooxid und Stickstoffoxide) durch chemische Reaktionen umgewandelt wird in Kohlenstoffdioxid, Stickstoff und Wasserdampf. Beispiele für solche Reaktionen sind:

Kohlenstoffmonooxid + Sauerstoff $\xrightarrow{\text{Platin}}$ Kohlenstoffdioxid

$$6\,CO + 3\,O_2 \rightarrow 6\,CO_2$$

Stickstoffmonooxid + Kohlenstoffmonooxid $\xrightarrow{\text{Rhodium}}$ Stickstoff + Kohlenstoffdioxid

$$2\,NO + 2\,CO \rightarrow N_2 + 2\,CO_2$$

Anlagen in Kraftwerken und Großbetrieben

In Braunkohlekraftwerke baute man z. B. *Rauchgasentschwefelungsanlagen* ein (Bild 2).

In anderen Kraftwerken modernisierte man die bestehenden Feuerungsanlagen: Man stellte die Feuerungsanlagen auf eine *Wirbelschichtfeuerung* (Bild 3) um. Dadurch wurde der Anteil an *Schwefeldioxid* in den Abgasen verringert. Der Einbau von Anlagen zur Verringerung von *Stickstoffoxiden* ist noch nicht überall abgeschlossen.

Messstationen und Messwagen

Die Schadstoffbelastung in dicht besiedelten Gebieten wird ständig durch zahlreiche Messstationen und Messwagen überwacht. So wird in jeder Minute gemessen, wie hoch der Gehalt an Schadstoffen in der Luft ist. Die Messwerte werden an eine zentrale Überwachungsstation weitergeleitet.

Dort hat man somit jederzeit den Überblick und kann notfalls geeignete Gegenmaßnahmen einleiten.

Die Rauchgasentschwefelung:
Bevor der Rauch den Schornstein verlässt, strömt er durch einen Gaswäscher. Dort bindet dann versprühte Kalkmilch das Schwefeldioxid. Auf diese Weise kann fast das gesamte Schwefeldioxid aus den Abgasen entfernt werden.

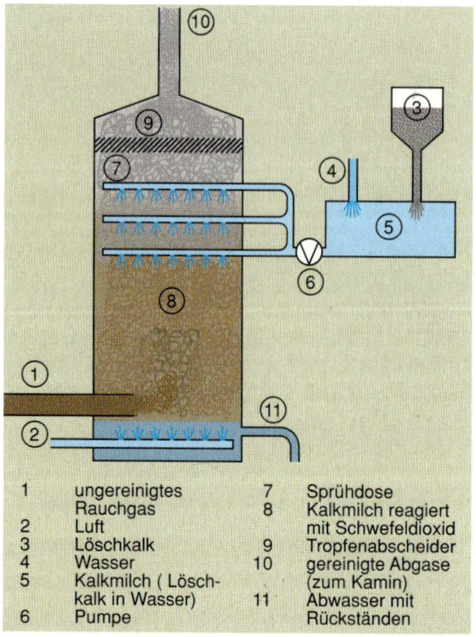

2

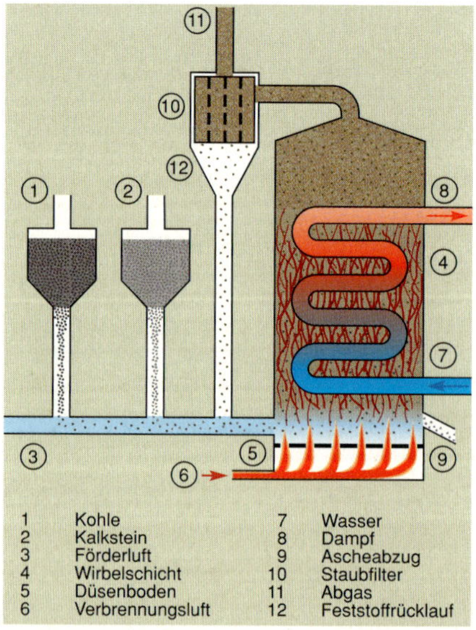

3

Die Wirbelschichtfeuerung:
Gemahlene Kohle wird mit Kalk vermischt und mit Hilfe von Pressluft in die Flammen geblasen. Wenn die Kohle verbrennt, entsteht aus den Schwefelanteilen der Kohle Schwefeldioxid. Dieses reagiert mit dem Kalk; es bildet sich ein fester Stoff, der sich mit der Asche vermischt. Die Abgase sind fast frei von Schwefeldioxid.

63408

A1 ***Welche Wirkung hat der Dreiwegekatalysator auf die Autoabgase?***

A2 *Auch in den Abgasen der Kraftwerke wird der Anteil an Schadstoffen verringert.*
a) *Um welche Schadstoffe handelt es sich dabei?*
b) *Welche Maßnahmen hat man ergriffen um den Ausstoß der Schadstoffe zu verringern?*

A3 *Die Heizungsanlagen von Wohnhäusern werden regelmäßig vom Schornsteinfeger kontrolliert. Er fertigt darüber einen Prüfbericht an.*
Erkundige dich bei einem Schornsteinfeger, was er kontrolliert.

A4 *Jeder von uns muss helfen die Luftverschmutzung zu verringern. Mache Vorschläge dazu.*

Zusammenfassung

Die Luft ist verschmutzt

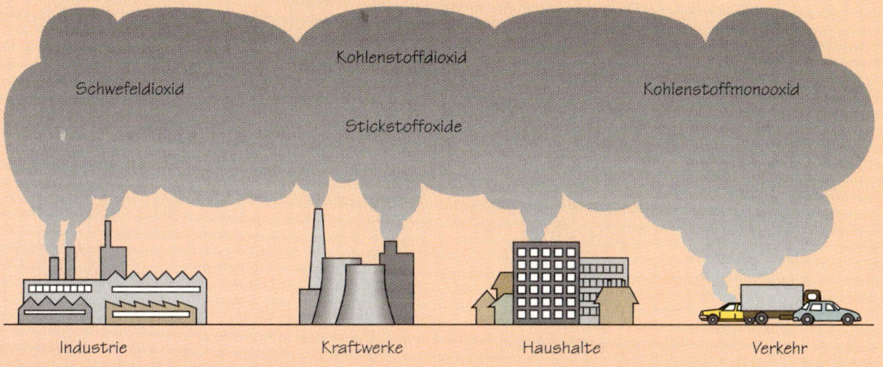

4

Brennstoffe haben sehr große Kohlenstoffanteile und geringe Anteile an Schwefel.

Wenn diese Brennstoffe verbrennen, entstehen – außer Asche – vor allem gasförmige Verbrennungsprodukte (z. B. Kohlenstoffdioxid, Kohlenstoffmonooxid, Schwefeldioxid und Stickstoffoxide).

Diese Nichtmetalloxide sind **Schadstoffe**, die die Gesundheit gefährden können.

Auswirkungen der Luftverschmutzung sind z. B. eine Verstärkung des **Treibhauseffekts** sowie die Bildung von **Smog** und – unter bestimmten Bedingungen – **Ozon**.

Um die Luftverschmutzung zu verringern, wurden Gesetze und Verordnungen erlassen. Seitdem bemüht man sich entstehende Abgase besser zu reinigen. Das ist aber kostspielig und aufwendig.

Alles klar?

1. *Warum müssen Heizungsanlagen, Öfen und Schornsteine regelmäßig gereinigt werden?*

2. *Bei Wohnwagen, die beheizt werden können, darf man die Be- und Entlüftung nicht abdecken. Warum?*

3. *Bild 5 zeigt zwei Schilder an der Wand einer Tiefgarage.*
a) *Worauf sollen die Schilder aufmerksam machen?*
b) *Wie soll man sich in der Garage verhalten?*

5

4. *Nenne feste und gasförmige Verunreinigungen der Luft.*

5. *Unter welchen Bedingungen entsteht Wintersmog, unter welchen Bedingungen Sommersmog? Nenne die Schadstoffe, die sich jeweils bilden.*

6. *„Ozon – zu viel ist ungesund, zu wenig ist gefährlich!" Erläutere diese Aussage.*

7. *Begründe, warum Ozon in der Troposphäre unerwünscht ist.*

Der Wasserstoff

Eigenschaften und Verwendung

Alle Versuche mit Wasserstoff sind als *Lehrerversuche* durchzuführen.

V1 *So kann in der Schule Wasserstoff* F+ *dargestellt werden.*
In ein Reagenzglas gibt man etwa 1 cm hoch grobe Zinkspäne und füllt das Glas bis zur Hälfte mit verdünnter Salzsäure Xi *auf. Die aufsteigenden Gasblasen sind Wasserstoff.*
Die Gasentwicklung gelingt auch mit den Geräten von Bild 1.

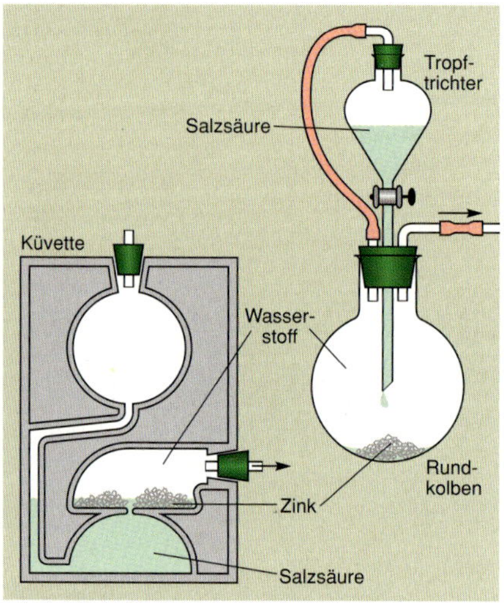

1

V2 *Ein Reagenzglas wird zunächst (wie in Bild 2) mit Wasserstoff* F+ *gefüllt. Dann wird mit dem Gas die* Knallgasprobe *durchgeführt. (Wenn du vergessen hast, wie das geht, sieh auf S. 48 nach.)*

V3 *Zwei Standzylinder werden mit Wasserstoff* F+ *gefüllt und jeweils mit einer Glasplatte verschlossen.*
a) *Der erste Standzylinder steht so, dass seine Öffnung nach oben zeigt. 30 s nach dem Öffnen versucht man das Gas mit dem brennenden Holzspan zu entzünden (Bild 3, links).*

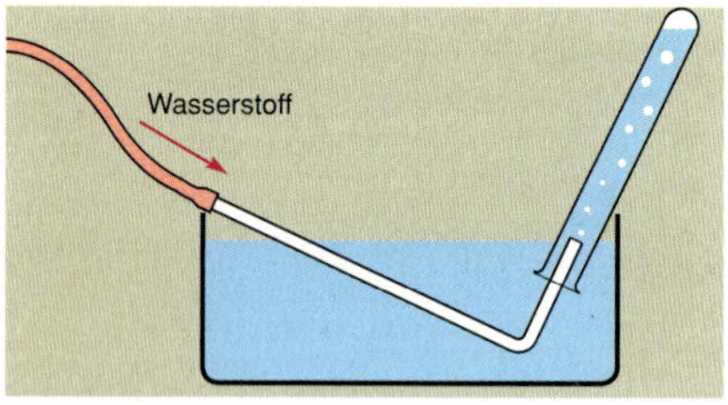

2

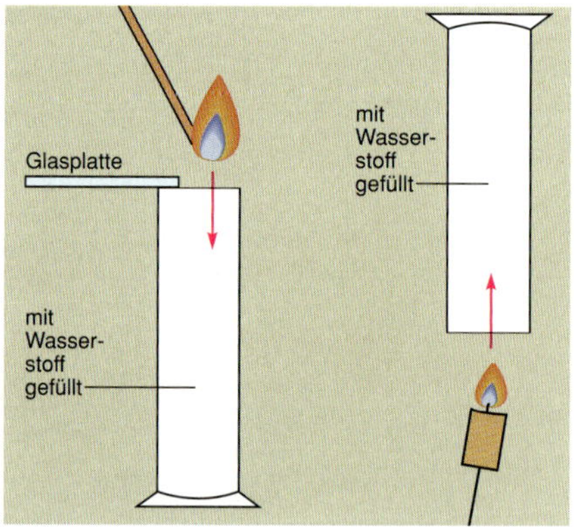

3

b) *Der zweite Standzylinder wird mit der Öffnung nach unten am Stativ befestigt. Eine Kerze wird von unten eingeführt und langsam wieder herausgezogen (Bild 3, rechts).*
c) *Beschreibe, was du siehst und hörst. Nenne dann Eigenschaften des Gases.*
Vergleiche beide Versuchsergebnisse. Suche eine Erklärung.

V4 *Drei Reagenzgläser (oder kleine Standzylinder) werden unterschiedlich mit Wasserstoff* F+ *gefüllt:*
1. *Das Glas* ganz *mit Wasserstoff füllen und unter Wasser mit einem Stopfen verschließen.*
2. *Das Glas* zu zwei Dritteln *mit Wasserstoff füllen und aus dem Wasser ziehen. Sobald das restliche Wasser aus dem Glas geflossen ist, dieses ebenfalls verschließen.*
3. *Das Glas* zu einem Drittel *mit Wasserstoff füllen, dann weiterbehandeln wie das zweite.*

Die Gläser werden nacheinander geöffnet und an eine Flamme gehalten. Was stellst du fest?

A1 *Welche Gefahren drohen, wenn man mit Wasserstoff unvorsichtig umgeht? Beschreibe!*

A2 *Reiner Wasserstoff verbrennt ruhig und langsam, Knallgas dagegen explosionsartig mit einem Knall oder einem Pfeifen. Wie kommt es zu diesen unterschiedlich heftigen Reaktionen?*

A3 *Mit Wasserstoff wird die Knallgasprobe durchgeführt. Beschreibe genau, wie man dabei vorgeht. Warum ist es wichtig, vor dem Entzünden von Wasserstoff die Knallgasprobe durchzuführen?*

A4 *Stelle einen „Steckbrief" für Wasserstoff auf. Berücksichtige dabei folgende Eigenschaften: Farbe, Geruch, Dichte, Siedetemperatur, Brennbarkeit, Verhalten gegenüber Wasser.*

A5 *Vergleiche einige Eigenschaften von Wasserstoff mit denen von Sauerstoff und Stickstoff.*

64941

Info: Einige Eigenschaften von Wasserstoff

Wasserstoff ist ein farbloses, geruchloses Gas. **Wasserstoff unterhält die Verbrennung nicht, ist aber selbst brennbar.**

Bei Anwesenheit von Luft verbrennt reiner Wasserstoff mit dem Sauerstoff der Luft ruhig mit schwach leuchtender bläulicher Flamme.

Ein Gemisch von Wasserstoff und Sauerstoff ist explosiv. Dieses so genannte **Knallgas** reagiert am heftigsten, wenn das Volumenverhältnis von Wasserstoff zu Sauerstoff 2 : 1 beträgt.

Wasserstoff ist also gefährlich, wenn er mit Luft oder reinem Sauerstoff vermischt ist. Deshalb muss man mit Wasserstoff besonders vorsichtig umgehen.

Wasserstoff ist der Stoff mit der geringsten Dichte. Bei 0 °C und einem Luftdruck von 1013 hPa beträgt sie 0,0899 g/l. Er ist damit wesentlich leichter als Luft (Dichte: 1,293 g/l).

Deshalb waren früher *Luftschiffe*, die man als Verkehrsmittel einsetzte, mit Wasserstoff gefüllt. Heute verwendet man dafür z. B. Helium.

Aus Umwelt und Technik: Eigenschaften bestimmen die Verwendung

Wasserstoff gilt in der chemischen Industrie als wichtiger **Rohstoff** für viele Produkte. Er ist z. B. ein Ausgangsstoff für die Herstellung von Kunststoffen, Farbstoffen, Sprengstoffen (für Bergbau und Straßenbau), Medikamenten und Pflanzenschutzmitteln.

Wasserstoff gilt auch als wichtiger **Energieträger**. Beim Verbrennen von Wasserstoff wird nämlich viel Energie frei, die man vielfältig nutzen kann (Bild 4).

Viele Überlegungen gehen deshalb der Frage nach, ob eine umfassende **Energieversorgung** der Zukunft mit Wasserstoff möglich wäre (Bild 4).

Diese Art der Energiegewinnung wäre sehr umweltfreundlich: Es würden weder Kohlenstoffdioxid noch andere schädliche Abgase in die Atmosphäre gelangen, denn das Verbrennungsprodukt von Wasserstoff ist bekanntlich Wasser!

Das Problem ist: Die bei der Verbrennung von Wasserstoff frei werdende Energie muss zur Zerlegung des Wassers erst einmal aufgewendet werden. Und die dazu notwendige elektrische Energie stammt großteils aus Wärmekraftwerken, die mit Erdöl, Erdgas oder Kohle betrieben werden – doch die werden allmählich knapp.

Dieser „Teufelskreis" lässt sich erst durchbrechen, wenn genügend Strom aus *erneuerbaren* Energien (Wind- und Wasserkraft, Sonnenenergie, Biomasse, Erdwärme) für die Zerlegung von Wasser zur Verfügung steht. Zurzeit sind das in Deutschland aber nur etwa 5 % des Verbrauchs. In absehbarer Zeit wird es wohl nichts mit der sauberen Energieversorgung durch Wasserstoff.

In einigen Bereichen wird Wasserstoff trotzdem genutzt, z. B. um elektrische Energie zu gewinnen.

Das geschieht in der **Brennstoffzelle**. Darin läuft eine chemische Reaktion ab, bei der aus Wasserstoff und Sauerstoff Wasser entsteht und Elektroenergie gewonnen wird. Diese Reaktion ist die Umkehrung der Wasserzersetzung, wie wir sie beim hofmannschen Zersetzungsapparat kennen gelernt haben.

Brennstoffzellen finden seit langem in der Raumfahrt Verwendung, z. B. in den Apollo-Raumschiffen. Die großen Automobilwerke arbeiten intensiv daran auch Autos damit zu betreiben.

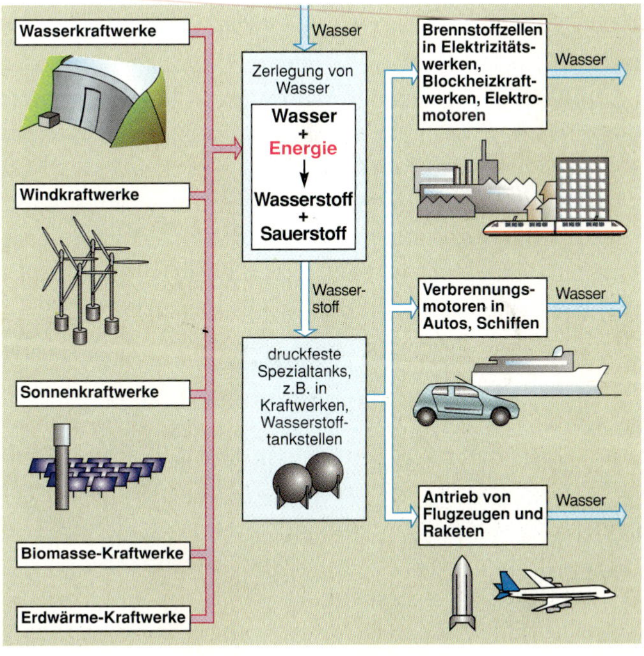

4

Aus der Technik: Wasserstoff als Treibstoff

1

Treibstoffe, die man aus Erdöl gewinnt, sollen in Zukunft ersetzt werden. Deshalb werden in der Industrie Versuche mit Wasserstoff durchgeführt. Die herkömmlichen **Automotoren** können nämlich ohne größere Änderungen auch mit einem Wasserstoff-Luft-Gemisch fahren.

Einige Autohersteller bemühen sich darum, die technischen Probleme in den Griff zu bekommen: das *Tanken* von Flüssigwasserstoff (Bild 1) und die *Sicherheit* bei Verkehrsunfällen. Aufwendig ist auch die *Wärmeisolierung* des Tanks (Bild 2), denn Wasserstoff ist bei Normaldruck erst bei –253 °C flüssig!

Wasserstoff lässt sich auch in einem *Magnesiumhydrid-Speicher* unterbringen. Magnesium bindet nämlich unter Druck den Wasserstoff. Solch ein Speicher ist aber (bei vergleichbarer „Leistung") viermal so schwer wie ein Benzintank.

In beiden Fällen muss man immer wieder Wasserstoff nachtanken. Er könnte durch Zerlegen von Wasser hergestellt werden, doch dafür braucht man viel Energie.

2

Trotz aller technischen Probleme scheint der Wasserstoff als Autotreibstoff der Zukunft gute Aussichten zu haben – schließlich hinterlässt er ja keine schädlichen Rückstände, wenn er verbrennt.

Beim Verbrennen von Wasserstoff entsteht ja nichts anderes als Wasserdampf.

Auch als Treibstoff für **Raketen** ist Wasserstoff schon seit langer Zeit gebräuchlich, z. B. für den *Spaceshuttle*:

Vor dem Start wird jede Rakete mit flüssigem Wasserstoff und flüssigem Sauerstoff betankt (Bild 3).

Bei normaler Temperatur sind beide Stoffe gasförmig. Der Wasserstoff wird bei –253 °C flüssig, der Sauerstoff bei –183 °C. Unter Druck verflüssigen sich die beiden Gase bei höheren Temperaturen.

Beim Start der Rakete werden beide Stoffe in die Brennkammer der Rakete gespritzt. Dabei werden die Stoffe gasförmig und vermischen sich. Das Gemisch wird gezündet.

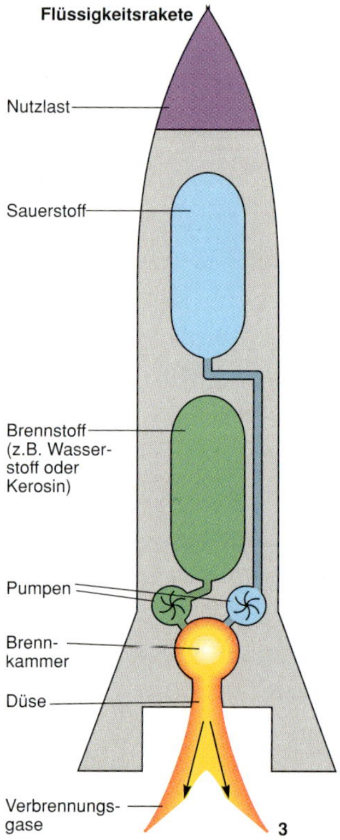

3

Die Verbrennungsgase haben Temperaturen von ca. 3000 °C. Sie strömen mit Geschwindigkeiten von bis zu 12 000 km/h aus der Düse aus und erzeugen so den Rückstoß.

Vor einigen Jahren begann auch in der **Luftfahrt** das „Wasserstoffzeitalter".

Ein russisches Flugzeug vom Typ *Tupolew* bestand einen Testflug, auf dem es seinen Schub von einem gezündeten Gemisch aus Wasserstoff und Sauerstoff erhielt.

Dadurch deuten sich auch in der Luftfahrt Möglichkeiten für einen größeren Umweltschutz an. Das Gemisch verbrannte nämlich auch hier nach der Zündung zu harmlosem Wasserdampf.

62978

Aus der Geschichte: Die Katastrophe von Lakehurst

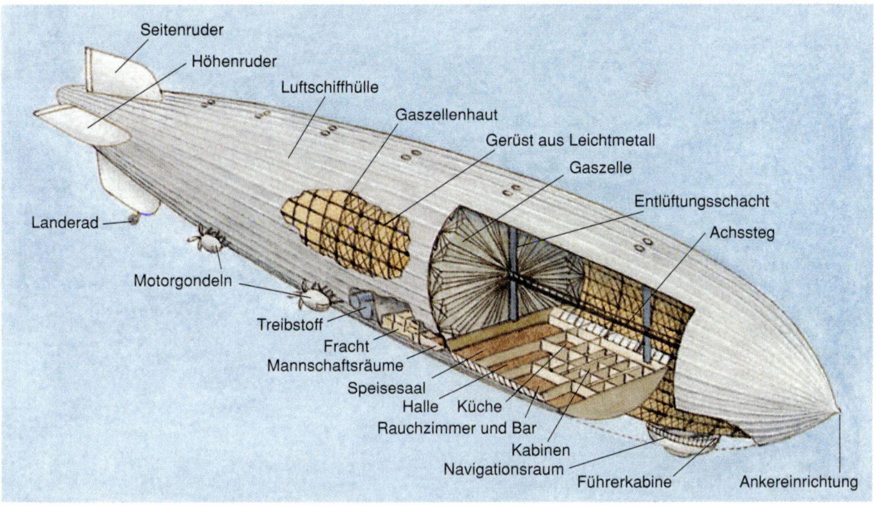

4

Früher wurden die Luftschiffe mit **Wasserstoff** gefüllt, weil dieses Gas viel leichter ist als Luft. Heute verwendet man dazu das nicht brennbare Gas Helium, das ebenfalls leichter ist als Luft.

Die „Hindenburg" war das 129. Luftschiff, das die Firma *Zeppelin* baute. In ihrer Hülle befanden sich 200 000 Kubikmeter Wasserstoff. Vier Motoren an den Seitenwänden trieben das Luftschiff an, sodass es eine Geschwindigkeit von 125 km in der Stunde erreichen konnte. Für die Strecke Frankfurt–New York brauchte es etwa 60 Stunden. Die „Riesenzigarre" war mit ihren 245 Metern mehr als zweimal so lang wie ein Fußballfeld.

Die Passagiere reisten darin so bequem wie auf einem Luxusdampfer. An Bord gab es Schlafkabinen, Salons, einen Speisesaal, eine Bar, ein Schreib- und Lesezimmer, Wandelgänge usw. (Bild 4).

Am 6. Mai 1937 ereignete sich ein folgenschweres Unglück: Die „Hindenburg" verbrannte.

Das Luftschiff war am 3. Mai von Frankfurt aus zu einer Fahrt über den Atlantik gestartet. Am 6. Mai gegen 16 Uhr sahen die Passagiere bereits die Wolkenkratzer von New York. Wenig später kam der Landeplatz *Lakehurst* in Sicht.

Zu der Zeit lag ein Gewitter über der Stadt. Deshalb kreuzte das Luftschiff zwei Stunden vor der Küste, bevor es zur Landung ansetzte. Was dann geschah, schilderte ein Reporter in einer Live-Übertragung für den Rundfunk:

Der Zeppelin gleitet auf den Landemast zu. Die ersten Taue fallen zu Boden. Man kann von hier aus direkt in die Gondeln sehen. Die Passagiere stehen an den Fenstern und winken. Sie hatten eine gute Fahrt über den Ozean ...

Was ist das? Feuer! Das Schiff brennt! Von hinten kommen Flammen heraus, sie erfassen das ganze Schiff! Es ist schrecklich! Das ganze Schiff brennt! Man kann nicht helfen! Jetzt stürzt das Heck auf die Erde, es schlägt auf. Menschen springen heraus. Es ist eine furchtbare Katastrophe! Da kommen die ersten Ambulanzwagen. Das Schiff ist ein einziges Meer von Flammen. Es ist etwas Furchtbares passiert: Das herrliche Schiff ist nur noch ein Gerippe. Wie viele Menschen mögen darin umgekommen sein?

5

In knapp einer Minute war die Hülle des Luftschiffs abgebrannt (Bild 5). Wie durch ein Wunder kamen von den 96 Personen an Bord noch 61 mit dem Leben davon. Aber mit dieser Katastrophe ging eine Epoche der Luftschifffahrt zu Ende.

Heute ist man dabei, die Luftschifffahrt wieder aufleben zu lassen. Südlich von Berlin sollen demnächst sog. *Cargolifter* gebaut werden. Das sind riesige, mit Helium gefüllte Luftschiffe, die schwere Lasten transportieren können.

Wasserstoff – ein Reduktionsmittel

V1 *(Lehrerversuch) Wasserstoff* F+ *reagiert mit Kupfer(II)-oxid (Bild 1).*

a) *Zuerst lässt man Wasserstoff durch das Verbrennungsrohr (und damit über das Kupferoxid) strömen.*
Bevor der Wasserstoff am Winkelröhrchen entzündet wird, muss unbedingt die Knallgasprobe durchgeführt werden!

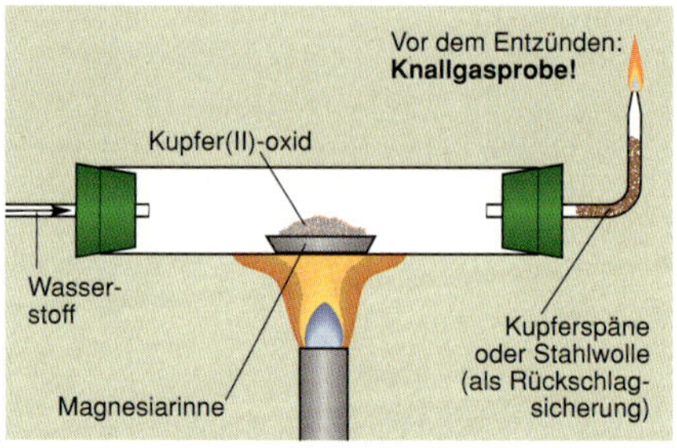

1

b) *Sobald die Wasserstoffflamme ruhig brennt, wird das Kupferoxid im Verbrennungsrohr erhitzt. Beobachte die Wasserstoffflamme während des Erhitzens.*

c) *Welche Veränderungen im Verbrennungsrohr stellst du fest?*

d) *Das Pulver aus der Magnesiarinne wird nach dem Abkühlen auf eine weiße Pappe geschüttet. Was stellst du fest, wenn du es mit einem Messer unter leichtem Druck glatt streichst?*

Info: Wie Wasserstoff mit Kupfer(II)-oxid reagiert

Wenn Wasserstoff über erhitztes Kupferoxid geleitet wird, sieht man, dass während der Reaktion die Wasserstoffflamme etwas kleiner wird. Wir können daraus schließen: Ein Teil des Wasserstoffs wird bei der Reaktion verbraucht.

Es entstehen zwei deutlich erkennbare Reaktionsprodukte. Aus dem schwarzen Kupferoxid ist rotbraunes Kupfer entstanden. Das andere Reaktionsprodukt ist eine farblose Flüssigkeit, Wasser.

Das Wasser ist aus Wasserstoff und aus dem Sauerstoff des Kupferoxids entstanden.

Wasserstoff + Kupferoxid → Kupfer + Wasser

Wasserstoff hat ein so großes Bestreben, sich mit Sauerstoff zu verbinden, dass er sogar dem Kupferoxid den Sauerstoff entreißen kann. Er kann das Kupferoxid zu Kupfer **reduzieren** (lat. *reducere:* zurückführen). **Die Abgabe von Sauerstoff bezeichnet man als *Reduktion*.**

Stoffe, die anderen den Sauerstoff entziehen können, bezeichnet man als **Reduktionsmittel**. Wasserstoff ist also ein Reduktionsmittel zum Reduzieren von Kupferoxid.

Man kann die Reaktion auch anders betrachten: Das Kupferoxid ist geeignet, den Wasserstoff zu Wasser zu oxidieren. Stoffe, die Sauerstoff an andere abgeben und so diese Stoffe oxidieren können, bezeichnet man als **Oxidationsmittel**. Kupferoxid ist also bei dieser Reaktion das Oxidationsmittel.

Bei der Reduktion von Kupferoxid mit Wasserstoff wurde der Wasserstoff *gleichzeitig* zu Wasser *oxidiert*. Es fand also auch eine Oxidation statt (Bild 2). **Chemische Reaktionen, bei denen gleichzeitig eine Reduktion und eine Oxidation abläuft, bezeichnet man als *Redoxreaktionen*.**

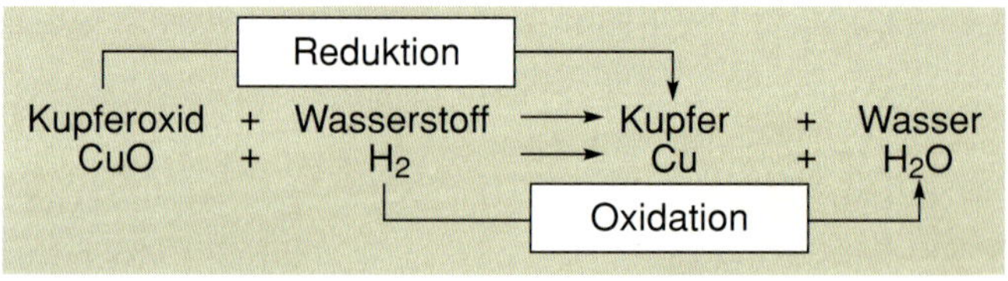

2

A1 *Aus Kupferoxid möchte jemand das Metall Kupfer gewinnen. Dazu erhitzt er das Kupferoxid sehr kräftig.*

a) *Warum gelingt es nicht, auf diese Weise Kupfer freizusetzen?*

b) *Wie kann man dennoch aus Kupferoxid Kupfer erhalten?*

A2 *Erläutere die folgenden Begriffe: Oxidation, Reduktion und Redoxreaktion.*

A3 *Kupfer(II)-oxid reagiert in einem Experiment mit Wasserstoff. Erläutere die Rolle des Wasserstoffs bei dieser Reaktion.*

A4 *Mit Wasserstoff kann man Kupferoxid zu Kupfer reduzieren. Welche Eigenschaft des Wasserstoffs wird dabei genutzt?*

A5 *Bei V 1 darf man das Kupferoxid nicht erhitzen, bevor der Wasserstoff ruhig brennt. Begründe!*

64944

Weitere Redoxreaktionen

3

4

Löste Löschwasser die Explosion aus?

Laut Expertenaussage waren auf dem Firmengelände der Feuerwerksfabrik Enschede (Niederlande) große Mengen Magnesium gelagert. Da die Feuerwehr nichts davon gewusst und mit Wasser gelöscht habe, sei es durch die chemische Reaktion zwischen Magnesium und Wasser zu der gewaltigen Explosion gekommen.

Die Bilder 3 u. 4 zeigen, wie brennendes Magnesium mit Wasser gelöscht werden sollte. Das kann gefährlich werden – wie der Zeitungsausschnitt über die Brandkatastrophe in Enschede im Jahr 2000 zeigt. Was hat das aber mit Wasserstoff zu tun?

V1 *Zwei Streifen Magnesiumband werden entzündet (Schutzbrille!). Einen halten wir in Wasserdampf, der andere bleibt an der Luft (Bild 5).*

a) *Beschreibe genau, **wie** das Magnesium im Wasserdampf und in der Luft verbrennt. Vergleiche außerdem die Reaktionsprodukte.*

b) *Zum Vergleich halten wir anstelle des Magnesiumbands einen brennenden Holzspan in den Wasserdampf.*

V2 *Diesen Lehrerversuch kennst du vielleicht schon.*
Bild 6 zeigt den Versuchsaufbau. Erst wird das Magnesiumband so stark erhitzt, dass es zu glühen beginnt. Dann wird der feuchte Sand schnell erhitzt. Aus dem Sand entweicht Wasserdampf.

a) *Betrachte den Stoff, der im Reagenzglas zurückbleibt.*

b) *Das Gas, das im Reagenzglas aufgefangen wird, prüft man mit einer Streichholzflamme.*
Versuche zu erklären, wie dieses Gas entstanden ist.

V3 *Etwas **Kupfer(II)-oxid** wird mit **Holzkohlepulver** vermischt und gut durchgeglüht (Bild 7).*

a) *Woraus könnten die aufsteigenden Blasen bestehen? Überlege, auf welche Weise du das überprüfen könntest. (Frage dich: Welche Ausgangsstoffe sind an dieser Reaktion beteiligt? Welche Reaktionsprodukte entstehen?)*

b) *Schreibe die Reaktionsgleichung zu den Vorgängen von Bild 7 (linkes Reagenzglas) auf.*

c) *Nimm statt des Kupferoxids auch **Magnesiumoxid**.*
Suche nach einer Erklärung.

V4 *Wir brauchen zwei Erlenmeyerkolben. Beide füllen wir mit **Kohlenstoffdioxid**.*

a) *Zuerst soll eine brennende Kerze in den Erlenmeyerkolben getaucht werden. Überlege vorher, was geschehen wird.*

b) *Nun tauchen wir ein brennendes Stück **Magnesiumband** in den Kolben mit Kohlenstoffdioxid.*

c) *Beschreibe zunächst deine Beobachtungen. Vergleiche und erkläre sie dann.*

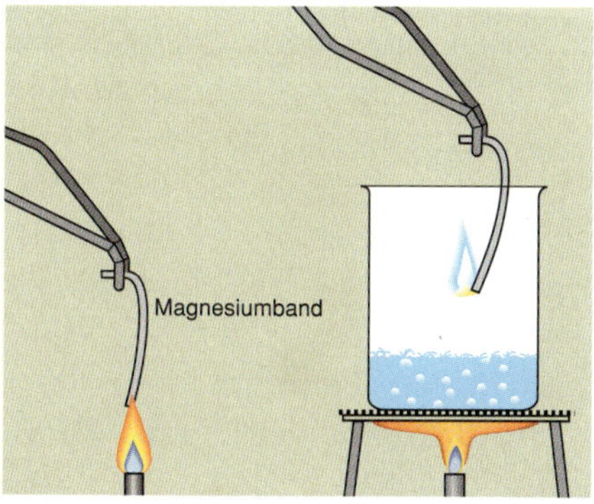

5

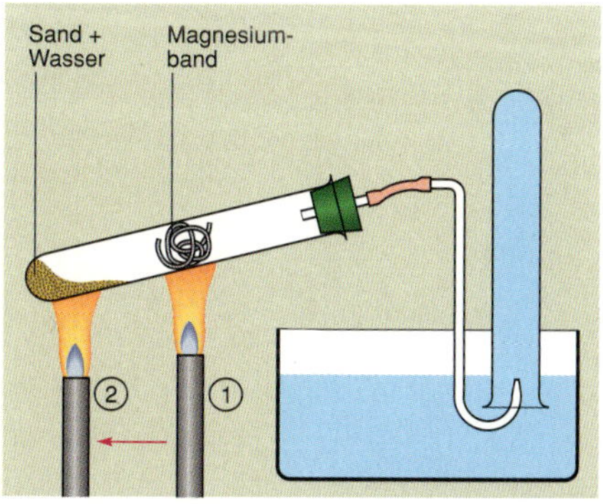

6

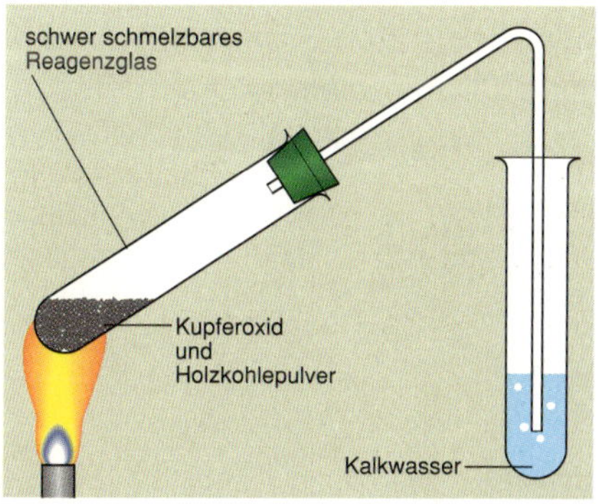

7

Info: Auch Wasser kann reduziert werden

Wasserstoff hat ein sehr großes Bindungsbestreben zu Sauerstoff. Deshalb kann man damit sogar Kupferoxid zu Kupfer reduzieren.

Magnesium hat aber ein noch größeres Bindungsbestreben zu Sauerstoff als der Wasserstoff. Magnesium verbrennt deshalb auch in Wasserdampf, ohne dass der Sauerstoff aus der Luft anwesend sein muss.

Dabei reagiert das Magnesium mit dem Wasser. Das Magnesium verbrennt zu Magnesiumoxid und reduziert so das Wasser zu Wasserstoff.

Wasser + Magnesium
→ Magnesiumoxid + Wasserstoff | exotherm

$H_2O + Mg \rightarrow MgO + H_2$ | exotherm

Hier findet also eine **Redoxreaktion** statt. Das Magnesium ist dabei das Reduktionsmittel für Wasser.

Wir können uns vorstellen, was passiert, wenn man versucht brennendes Magnesium zu löschen und Wasser darauf spritzt. Nicht nur das Magnesium verbrennt weiter sehr heftig. Zusätzlich reagiert auch noch der entstehende Wasserstoff mit dem Sauerstoff der Luft. So kommt es zu gefährlichen Knallgas-Explosionen (→ den Zeitungsbericht auf der Vorseite). Deshalb können und dürfen Magnesiumbrände nicht mit Wasser gelöscht werden.

Da auch andere Metalle in gleicher Weise mit Wasser reagieren können, ist in Vorschriften zur Brandbekämpfung das Löschen von Metallbränden mit Wasser ausdrücklich verboten.

A1 *Erläutere, warum Wasser kein geeignetes Löschmittel für Metallbrände ist.*

Info: Kohlenstoffdioxid – nicht immer ein geeignetes Löschmittel

Wegen der heftigen Reaktion von brennenden Metallen mit Wasser lassen sich Metallbrände nicht mit Wasser löschen. Ein anderes gutes Löschmittel ist Kohlenstoffdioxid (so genannter Kohlensäureschnee). Könnte man damit einen Magnesiumbrand löschen?

1

Unser Versuch hat gezeigt, dass brennendes Magnesium auch in Kohlenstoffdioxid weiterbrennt, obwohl kein Luftsauerstoff anwesend ist. Den dafür erforderlichen Sauerstoff entzieht das Magnesium dem Kohlenstoffdioxid.

Magnesium hat also auch ein größeres Bindungsbestreben zum Sauerstoff als der Kohlenstoff. Kohlenstoffdioxid ist also auch kein geeignetes Mittel um einen Magnesiumbrand zu löschen, denn die Verbrennung geht weiter, weil eine Redoxrektion zwischen Magnesium und Kohlenstoffdioxid abläuft (Bild 2).

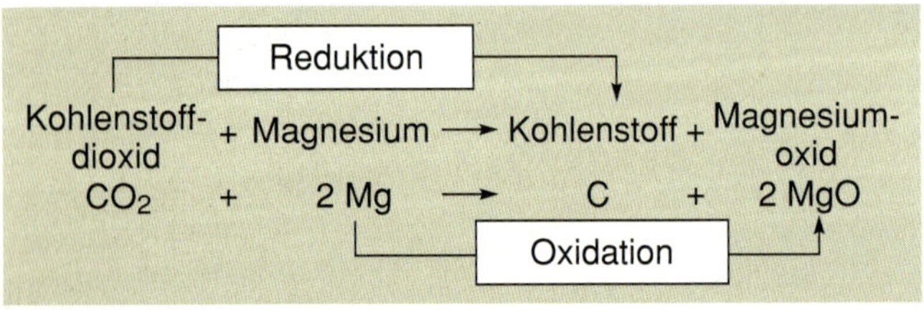

2

Zum Löschen von Metallbränden muss der Sauerstoffzutritt verhindert werden. Das gelingt nur mit Stoffen, die selbst nicht mit dem brennenden Metall reagieren.

Metalle wie z. B. Aluminium, Magnesium, Lithium, Natrium, Kalium und deren Legierungen gehören zur Brandklasse D. Zum Löschen von Bränden dieser Metalle ist nur D-Löschpulver – das ist ein Spezialpulver – zugelassen.

Kohlenstoffdioxid wird dagegen zum Löschen der Brände von flüssigen und flüssig werdenden Stoffen (Brandklasse B) verwendet.

A2 *Kohlenstoffdioxid ist ein geeignetes Löschmittel für Brände von Flüssigkeiten (Brandklasse B). Es ist aber völlig ungeeignet zum Löschen von Metallbränden (Brandklasse D). Begründe das.*
Beschreibe anhand von Beispielen für beide Fälle, wie das Kohlenstoffdioxid wirkt.

64946

Aus der Geschichte: Wasser wird als Oxid entlarvt

Noch bis zum Ende des 18. Jahrhunderts nahm man an, dass Wasser eines der vier „alten Elemente“ Feuer, Wasser, Erde und Luft sei. Diesen vier Elementen schrieb man zu, dass sie sich ineinander und in alle übrigen Stoffe umwandeln könnten. Als Beweise für die Umwandlung des „Elements“ Wasser in andere Stoffe galten lange Zeit die folgenden Experimente:

a) Ein Weidenstamm, der genau 5 Pfund schwer war, wurde in 200 Pfund getrocknete Erde eingepflanzt und nur mit Wasser begossen. Nach 5 Jahren wog die Weide 169 Pfund und die Erde, nachdem man sie getrocknet hatte, immer noch knapp 200 Pfund.

b) Wasser wurde in geschlossenen Glasgeräten tagelang bis wochenlang erhitzt. Nach dem Abkühlen fand man kleine Mengen Sand im Wasser und nahm an, dieser sei aus dem Wasser entstanden.

Das Ergebnis von Experiment b deuteten später zwei Chemiker unabhängig voneinander:

Carl Wilhelm Scheele (1742–1786), ein deutscher Chemiker, untersuchte den entstandenen Sand genauer. Er stellte fest, dass der Sand aus den gleichen Bestandteilen zusammengesetzt war wie das Glas.

Der französische Chemiker *Antoine Laurent Lavoisier* (1743–1794) bestimmte die Masse des Glasgefäßes mit dem Wasser vor dem Erhitzen und nachdem er es monatelang erhitzt hatte. Außerdem wog er den entstandenen Sand. Dabei stellte er fest:

Das Wasser hat seine Masse nicht verändert. Das Glas ist leichter geworden, und zwar genau um die Masse des entstandenen Sandes. Daraus schloss er: Der Sand ist durch Zersetzen des Glases entstanden.

Nachdem Lavoisier erkannt hatte, dass sich Wasser nicht in Sand verwandeln kann (wie man ja damals annahm), war seine Neugier am Wasser geweckt. Er untersuchte es 1783 genauer: Lavoisier ließ in einem gemauerten Kohlenbecken für glühende Kohlen einen eisernen Flintenlauf einmauern. Dieser war mit klein gehackten Eisennägeln gefüllt. Bild 3 zeigt diese Apparatur – allerdings mit einem *Glasrohr* statt des Flintenlaufs.

Sobald das Eisen glühte, brachte er Wasser (im Gefäß rechts) zum Sieden; der Wasserdampf strich über das Eisen. Dabei beobachtete er: *Aus dem Eisen wurde ein schwarzes, sprödes und zerbrechliches Pulver; es entstand ein farbloses und brennbares Gas.*

Lavoisier identifizierte das schwarze Pulver als Eisenoxid. Das Gas fing er auf und vermischte es in einem Glaskolben mit reinem Sauerstoff. Er zündete das Gemisch mit einem elektrischen Funken; es entstand Wasser. Damit war erwiesen:

Wasser ist kein Element, sondern eine Verbindung – nämlich das Oxid des Wasserstoffs.

Lavoisier nannte das Gas, das sich mit Sauerstoff verbunden hatte, **Hydrogenium** (griech. Wassererzeuger). Seine Theorie war so „revolutionär“, dass sie sich erst langsam durchsetzen konnte. In einem Chemiebuch von 1809 konnte man dazu lesen:

Das Wasser ist keineswegs eine einfache Substanz, wie man sonst glaubte, sondern es ist aus zwei einfacheren Stoffen, dem Wasserstoffe und dem Sauerstoffe, zusammengesetzt. Wenn man Wasserdämpfe über glühendes Eisen in einer schicklichen Geräthschaft treibt, so verschwindet das Wasser, und man erhält eine beträchtliche Menge einer sehr leichten entzündlichen Gasart, die man Wasserstoffgas nennt.

Das Eisen hat während dieser Operation am Gewichte zugenommen, und dieselbe Veränderung erlitten, wie wenn es in Sauerstoffgas verbrannt worden wäre. Wiegt man das erhaltene Wasserstoffgas und addirt dazu die Gewichtszunahme des Eisens, so erhält man das Gewicht des verschwundenen Wassers.

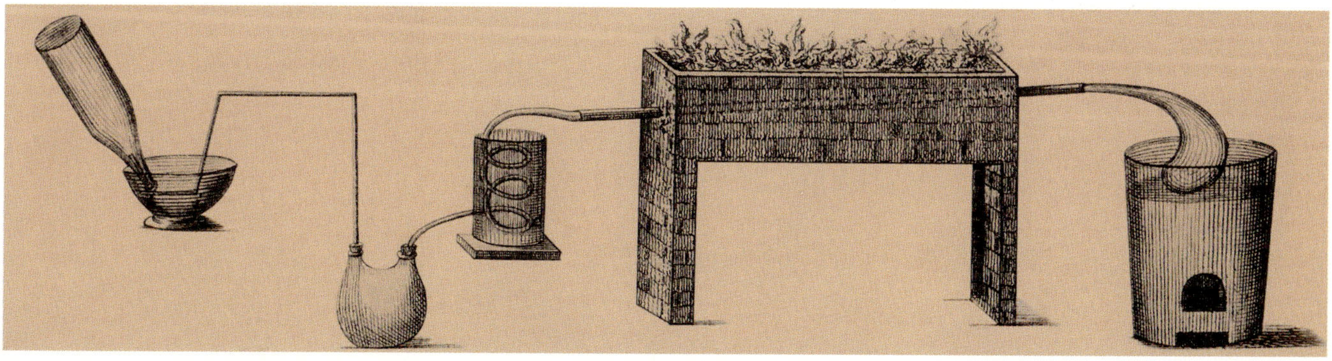

3

Aus der Geschichte: Kupfer – der erste metallische Werkstoff

Das rötliche Kupfer ist ein recht weiches Metall; es lässt sich schon mit einfachen Werkzeugen gut bearbeiten. Daher sind **Schmuckstücke aus Kupfer** die ältesten Metallgegenstände, die man gefunden hat (Bild 1).

1

Kupfer ist in der Natur weit verbreitet. Die frühesten Fundorte liegen am Persischen Golf, in Ägypten, der Schweiz und an der unteren Donau. Dort hatte man zunächst in Flüssen kleine Klumpen aus „gediegenem" (reinem) Kupfer gefunden.

Erst um 4000 v. Chr. wurde entdeckt, dass sich Kupfer auch aus **Kupfererzen** gewinnen lässt. Dabei können *Kupferoxide* und *Kupfersulfide* als Ausgangsstoffe dienen. Für die Kupfergewinnung ist heute jedoch *Kupferglanz* das wichtigste Erz. Diese Kupfer-Schwefel-Verbindung ist fast schwarz.

Auf der Suche nach Kupfer und später auch nach Kupfererzen begann man um 4500 v. Chr. mit dem **Kupferbergbau**. Bedeutende Gruben befanden sich z. B. seit etwa 1800 v. Chr. in Österreich.

Etwa tausend Jahre lang wurde hier Kupfererz abgebaut. Dazu trieb man kilometerlange Stollen in den Berg, bis in 100 m Tiefe – alles mit Werkzeugen aus Stein!

Träger schleppten das Erz ans Tageslicht. Als Leitern benutzten sie dabei Baumstämme mit eingeschlagenen Stufen. Über Tage wurde das Erz in Hunderten kleiner Schmelzöfen „verhüttet". Bei den Oxiden gelang das bereits durch starkes Erhitzen mit Holzkohle.

Händler verbreiteten das Kupfer in Mitteleuropa. Schmuckstücke wurden meist mit dem Hammer „getrieben", Werkzeuge wurden gegossen.

Aus der Geschichte: Von den Anfängen der Kupfergewinnung

Kupfer kommt in der Natur nur selten als Element vor. Meist findet man Kupfererze, die vor allem auch **Kupferoxid** enthalten. Wie konnte man aber vor über viertausend Jahren daraus Kupfer gewinnen?

Wir wissen heute, dass man Kupferoxid mit Wasserstoff zu Kupfer reduzieren kann. Das konnten aber die Menschen vor über 4000 Jahren natürlich nicht. Sie konnten auch nicht so experimentieren wie wir, um herauszufinden, dass man Kupferoxid mit Kohlenstoff zu Kupfer reduzieren kann.

Wahrscheinlich wurde vor einigen tausend Jahren zufällig an einer Feuerstelle entdeckt, dass aus bestimmten „Steinen" im Holzfeuer ein rotbraunes Metall (Kupfer) entsteht, aus dem man Schmuck und Jagdgeräte anfertigen kann.

Im Mittelalter wurden dann Kupfererze mit Holzkohle in besonderen Öfen erhitzt (Bilder 2–4). Dazu wurden die Wälder in vielen Gebirgen abgeholzt, um genügend Holzkohle für die Metallgewinnung bereitstellen zu können.

2

3

4

Zusammenfassung

Oxidation – Reduktion – Redoxreaktion

Die meisten Metalle und Nichtmetalle bilden mit Sauerstoff Oxide. **Die Reaktion eines Stoffes mit Sauerstoff bezeichnet man als *Oxidation*.**

Beispiel: Oxidation von Wasserstoff

$2\,H_2 + O_2 \rightarrow 2\,H_2O$ | exotherm

Manche Oxide können wieder in die Elemente zerlegt werden. Das oxidierte Element wird dabei zum Element *reduziert* (zurückgeführt). **Bei der *Reduktion* eines Stoffes wird Sauerstoff abgegeben.**

Beispiel: Reduktion des Wassers zu Wasserstoff (Spaltung durch elektrischen Strom)

$2\,H_2O \rightarrow 2\,H_2 + O_2$ | endotherm

Die meisten Oxide können nicht einfach wieder in die Elemente zerlegt werden. Um aus einem Oxid wieder das betreffende Element zu erhalten, braucht man dann ein geeignetes **Reduktionsmittel**. Das ist ein Stoff, der ein größeres Bindungsbestreben zu Sauerstoff hat als das im Oxid gebundene Element.

Beispiele: Wasserstoff ist ein Reduktionsmittel für Kupferoxid; Magnesium ist ein Reduktionsmittel für Wasser.

Wenn ein Oxid mit einem Reduktionsmittel reagiert, findet eine **Redoxreaktion** statt. Das heißt, *eine Reduktion und eine Oxidation laufen gleichzeitig ab.* Beispiele zeigen die Bilder 5 u. 6.

5
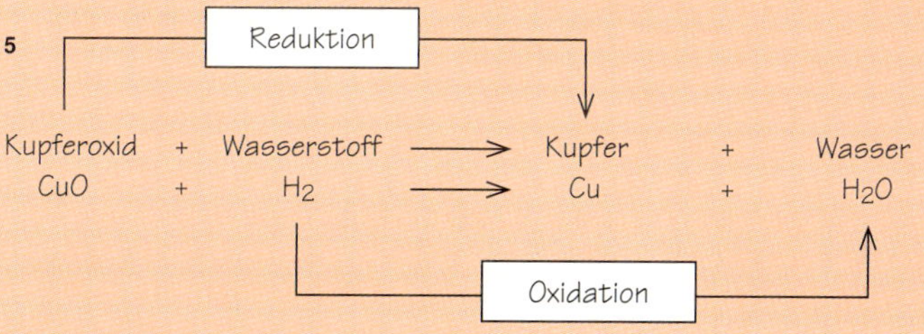

6
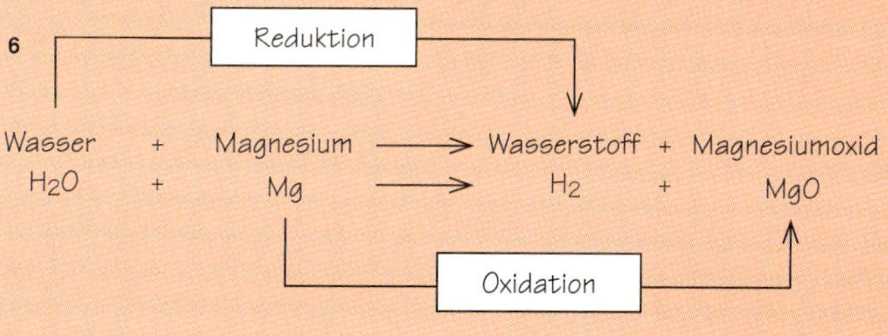

Alles klar?

1. *Erkläre die Zusammenhänge, die in Bild 7 dargestellt sind.*

2. *Was haben Wasser und Wasserstoff miteinander zu tun?*

3. *Warum werden Luftschiffe heute nicht mehr mit Wasserstoff, sondern mit Helium gefüllt?*

4. *Ein Lagerraum für Stahlflaschen mit Wasserstoff soll gebaut werden. Wo muss man die Löcher für die Entlüftung vorsehen?*

5. *Erläutere an zwei Beispielen die Rolle eines Reduktionsmittels:*
a) *Reaktion von Kupferoxid mit Wasserstoff,*
b) *Reaktion von Wasser mit Magnesium.*

6. *Kupferoxid wird durch Kohlenstoff reduziert. Beschreibe diese chemische Reaktion.*

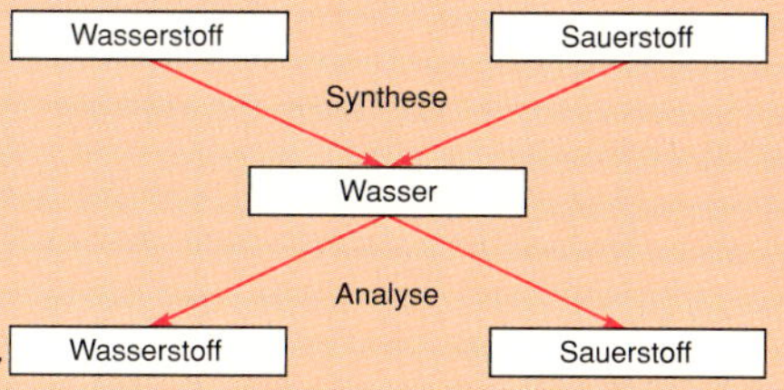

7

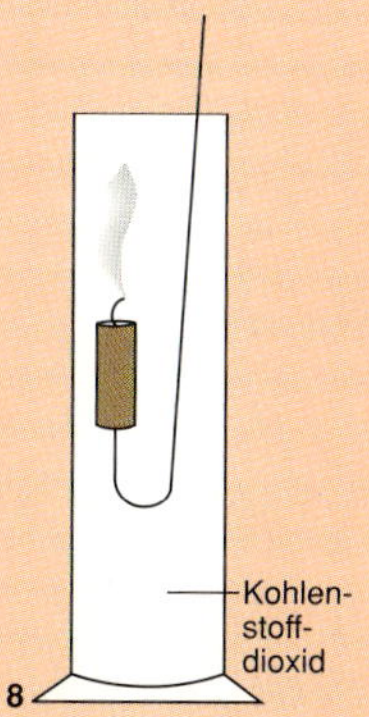

8

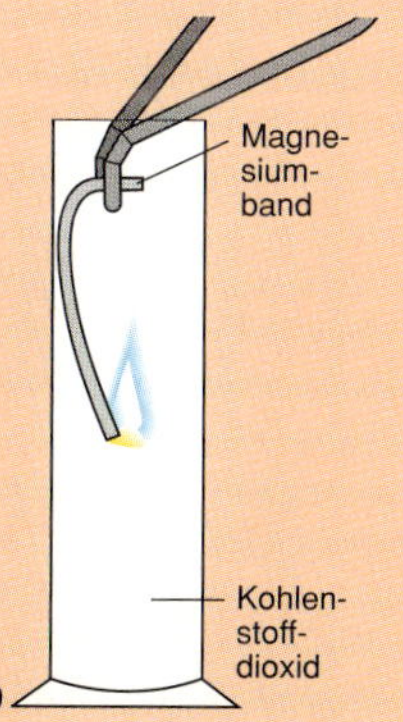

9

7. *Erkläre den Begriff Redoxreaktion an einem Beispiel. Begründe deine Antwort anhand von Beispielen.*

8. *Wenn man eine brennende Kerze in einen mit Kohlenstoffdioxid gefüllten Standzylinder eintaucht, erlischt die Kerze (Bild 8). Wenn man aber brennendes Magnesiumband in Kohlenstoffdioxid gibt, brennt das Magnesium weiter (Bild 9). Erkläre!*

9. *Brände von Metallen dürfen nur mit Speziallöschern bekämpft werden. Was würde geschehen, wenn jemand brennendes Magnesium mit Wasser oder einem Kohlenstoffdioxidlöscher bekämpfen würde?*

Vom Bau der Atome

Die Entwicklung der Modellvorstellungen zum Atombau

Bisher haben wir uns die Atome als kleine, kompakte Kugeln vorgestellt.
Aber viele Versuche lassen sich mit diesem Atommodell nicht mehr erklären.
Wir müssen das Atommodell deshalb verfeinern.
Dabei folgen wir der historischen Entwicklung über die Erkenntnisse zum Atombau.

Aus der Geschichte: Ein berühmtes Experiment

Dem einfachen **Kugelmodell** liegen Vorstellungen des englischen Chemikers *John Dalton* zugrunde:

- Jedes Element besteht aus kleinsten, chemisch nicht weiter zerlegbaren Teilchen, den *Atomen*.
- Die Atome *eines* Elements sind untereinander gleich.
- Es gibt so viele *Atomarten*, wie es Elemente gibt. Sie unterscheiden sich vor allem durch ihre Massen.
- Atome können nicht neu geschaffen und nicht zerstört werden.

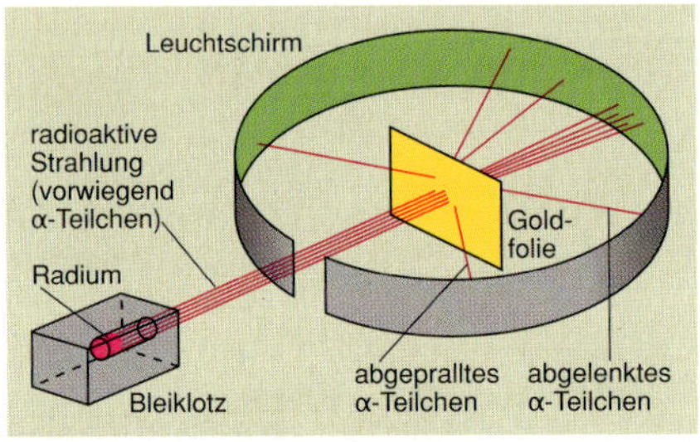

1

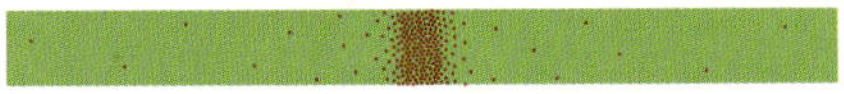
2

Mit Hilfe des Kugelmodells konnten zahlreiche chemische Sachverhalte ausreichend erklärt werden. Das änderte sich, als im Jahr 1896 *Henri Becquerel* die Radioaktivität entdeckte. Es zeigte sich, dass die Atome gar nicht so beständig sind, wie man bis dahin angenommen hatte. Bestimmte Atome können sich nämlich verändern, indem sie Strahlung aussenden.

Einer, der Genaueres wissen wollte, war der englische Physiker *Ernest Rutherford* (1871–1937). Er entwickelte das in Bild 1 dargestellte Experiment, das später unter dem Namen **Streuversuch** berühmt wurde. Beim Experimentieren versuchte er bestimmte Atome mit noch kleineren Teilchen als diese zu „beschießen".

Rutherford verwendete bei seinem Experiment eine hauchdünne Goldfolie. Sie war so dünn, dass in ihr nur etwa 2000 „Atomschichten" in Form der dichtesten Kugelpackung hintereinander lagen.

Diese Folie wurde mit radioaktiver Strahlung – vorwiegend mit α-Teilchen – beschossen. (Unter Alpha-Strahlung versteht man positiv geladene Heliumatomkerne, die mit einer Geschwindigkeit von bis zu 20 000 km/s fliegen. Sie entstehen beim radioaktiven Zerfall bestimmter Atome.)

Auf dem kreisförmig gebogenen Leuchtschirm (Bild 1) konnte Rutherford mit dem Mikroskop kleine Lichtblitze beobachten, wenn eines der α-Teilchen dort „einschlug".

Nun stellte Rutherford folgende Überlegung an: Wenn die beschossenen Atome *kompakte* Masseteilchen wären, müsste *jedes* α-Teilchen auf Goldatome treffen und abgelenkt werden; dann dürften nur wenige α-Teilchen das Metall durchdringen.

Überrascht stellte er jedoch etwas anderes fest: Die α-Teilchen trafen etwa so auf den Leuchtschirm auf, wie Bild 2 es zeigt. Das heißt, die meisten gingen fast ungehindert durch die Folie hindurch; viele wurden nur geringfügig aus ihrer Bahn abgelenkt, einzelne dagegen stärker. Nur wenige α-Teilchen (von 8000 nur eines) prallten ab und kamen auf derselben Seite der Folie wieder heraus. Dieses Ergebnis bildete die Grundlage für das neue **Kern-Hülle-Modell**.

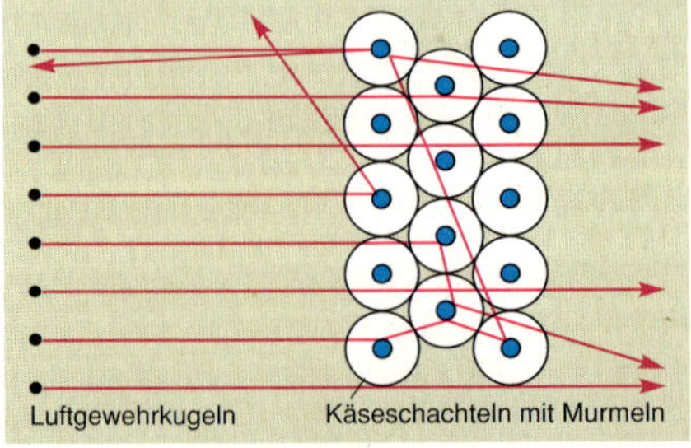

3

Bild 3 soll dir helfen das Experiment besser zu verstehen. Hier sind runde Käseschachteln aneinander geklebt, in denen sich genau in der Mitte jeweils eine Murmel befindet. Stell dir nun vor, diese Anordnung wird mit einem Luftgewehr beschossen.

63438

Info: Das Kern-Hülle-Modell

Rutherford wertete seinen Streuversuch folgendermaßen aus:

Die Mehrzahl der Alphateilchen wurde *nicht* von den Goldatomen zurückgeworfen – also sind diese Teilchen *nicht* auf massive Atome aufgetroffen. Nur ein abgelenktes oder zurückgeworfenes Alphateilchen konnte auf einen massiven Bereich aufgeprallt sein – wohl auf ein Zentrum im Innern des Atoms.

Zu seiner Zeit war bereits bekannt, dass die Atome negativ geladene *Elektronen* besitzen. Du kennst sie als *negativ geladene* Teilchen, die einen elektrischen Strom bilden können.

Auf seine Beobachtungen hin nahm Rutherford an, dass Elektronen das Zentrum des Atoms *in einem größeren Abstand* umgeben, dass Atome also nicht kompakte, einheitliche Gebilde sind (Bild 4). Dieses Zentrum nahm er als *positiv geladen* an.

Sinngemäß beschrieb Rutherford das sog. **Kern-Hülle-Modell** so:

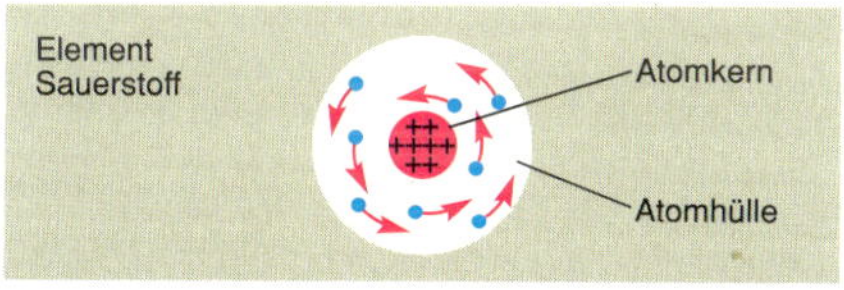

4

- **Jedes Atom besteht aus Atomkern und -hülle.**
- **Im *Atomkern* sind 99,9 % der Masse des Atoms konzentriert. Er ist elektrisch positiv geladen. Die Träger dieser Ladung werden Protonen genannt** (griech. *proton:* das Erste).
- **Die *Atomhülle* wird durch die Elektronen gebildet. (Elektronen sind elektrisch negativ geladene Teilchen.)** Sie bewegen sich mit großer Geschwindigkeit um den Atomkern herum.
- Die Anzahl der Elektronen der Atomhülle entspricht der Anzahl der Protonen im Atomkern. **Das Atom ist damit insgesamt elektrisch *neutral*** (Bild 4).
- Der größte Teil eines Atoms ist **leerer Raum**.

Du siehst, dass Atome keineswegs kompakte Teilchen sind. Du siehst auch, dass der „Blick ins Unsichtbare" bei den Atomen noch nicht zu Ende ist: Die Materie gliedert sich in immer kleinere Bausteine auf. Davon sind heute schon weitere bekannt.

Info: Worauf die elektrischen Eigenschaften von Stoffen beruhen

Die Bilder 5 u. 6 sollen dich an wichtige Sachverhalte aus dem Physikunterricht erinnern:

1. Es gibt Stoffe, die den **elektrischen Strom leiten** (Leiter), z. B. Metalle.
2. Es gibt auch Stoffe, die den **elektrischen Strom nicht leiten** (Nichtleiter).
3. Durch enge Berührung, z. B. durch Reiben, kann man Stoffe **elektrisch aufladen**.
4. **Es gibt *positive und negative Ladungen*. Treffen Körper mit gleichnamiger Ladung aufeinander, stoßen sie sich ab. Körper mit ungleichnamiger Ladung ziehen einander an.**

5

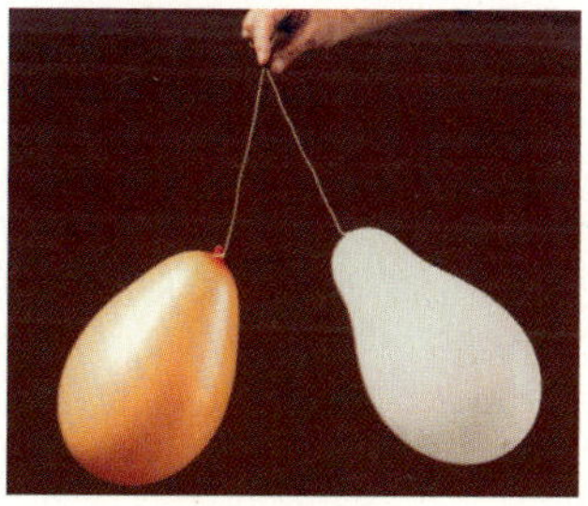
6

5. Ladung kann **transportiert** werden. Geschieht das z. B. bei Metallen, sprechen wir von *elektrischem Strom*.

Im **Kern-Hülle-Modell**, hat das Atom zwei Bereiche: den *Atomkern* und die *Atomhülle*.

Der **Atomkern** enthält elektrisch *positiv* geladene **Protonen**. Die Ladung dieser Protonen ist gleich. Die Protonen können den Atomkern *nicht verlassen*.

Die **Atomhülle** setzt sich ausschließlich aus elektrisch *negativ* geladenen **Elektronen** zusammen. Alle Elektronen haben gleich große Ladungen. Sie sind innerhalb der Atomhülle *beweglich*.

Die Ladung eines Protons und die eines Elektrons haben den gleichen Betrag. Jedes Atom hat gleich viele positive wie negative Ladungsträger. Deshalb sind Atome als Ganzes elektrisch neutral.

Ein Atom wird dann positiv geladen, wenn es negative Ladungen (Elektronen) verliert *(Elektronenmangel)*. Es wird negativ geladen, wenn es Elektronen aufnimmt *(Elektronenüberschuss)*.

Aus der Geschichte: Wie Niels Bohr das Atommodell verfeinerte

Der Däne *Niels Bohr* (1885–1962) war ein Schüler von *Rutherford* an der Universität Manchester. Hier lernte er auch das Atommodell Rutherfords kennen. Schon bald erkannte er dessen Mängel:

Bohr untersuchte nämlich das Licht, das Atome dann aussenden, wenn sie durch Energiezufuhr angeregt werden. Dabei beschäftigte er sich mit dem Wasserstoffatom, dem einfachsten Atom.

Nach dem damaligen Kenntnisstand galt für Elektronen Folgendes: Ein Elektron musste bei der Bewegung um den Atomkern ständig Energie verlieren und Licht abstrahlen. Dabei musste es immer engere Bahnen um den Kern herum ziehen und schließlich in ihn „hineinstürzen".

Bohr konnte jedoch bei nicht angeregten Wasserstoffatomen keine Lichtstrahlung feststellen.

Mit dem Atommodell von Rutherford ließen sich seine Beobachtungen also nicht ausreichend erklären. Er kam daher zu der Überzeugung, dass die Elektronenhülle der Atome anders aufgebaut sein musste, als man bis dahin vermutete.

Im Jahr 1913 veröffentlichte er folgende Annahmen:

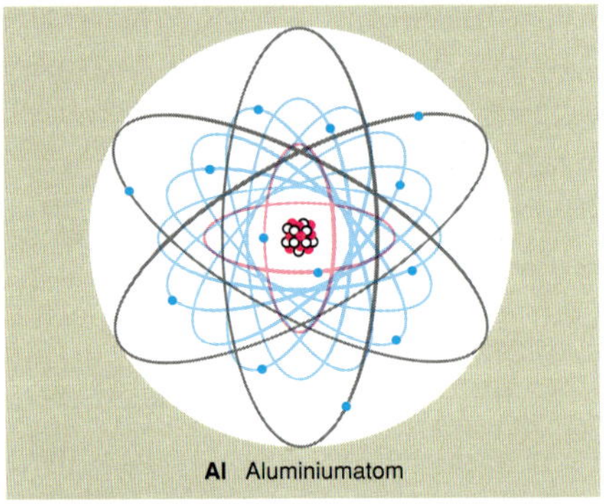

1 **Al** Aluminiumatom

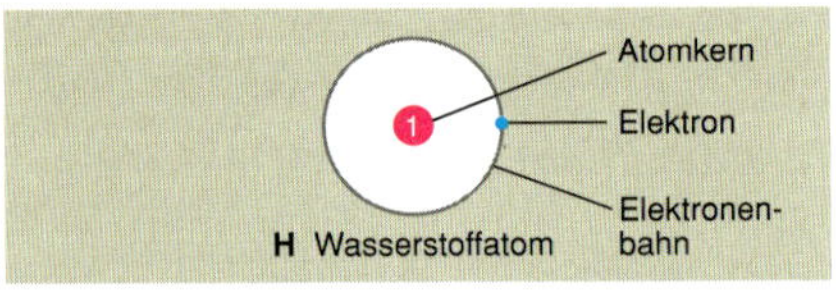

2 **H** Wasserstoffatom

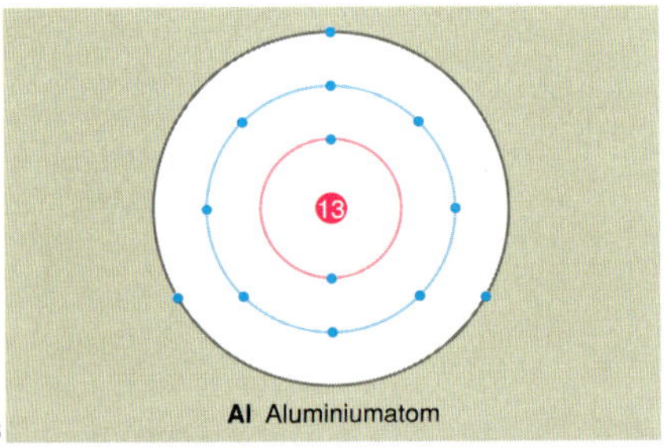

3 **Al** Aluminiumatom

- ○ Die Elektronen bewegen sich nicht auf beliebigen, sondern auf ganz bestimmten Kreisbahnen um den Atomkern herum.
- ○ Auf diesen Kreisbahnen bewegen sich die Elektronen ohne Energieverluste, also ohne Licht auszusenden.
- ○ Die Elektronen können von einer Bahn auf eine andere „springen". Geht ein Elektron auf eine näher am Kern liegende Bahn über, wird Energie in Form von Licht frei. Der Sprung auf eine weiter außen liegende Bahn erfordert die Aufnahme von Energie.

Bild 1 zeigt das Modell eines Aluminiumatoms nach Bohrs Vorstellungen. Da es zu umständlich war, jedes Atom räumlich darzustellen, wurde das Modell vereinfacht: Die Elektronenbahnen mit gleichem Durchmesser stellte man jeweils durch einen Kreis um den Atomkern herum dar. Die Elektronen wurden durch Punkte auf den Kreisen markiert (Bilder 2 u. 3).

Diese Art der Darstellung vermittelt den Eindruck, die Atome seien flächige Gebilde; das trifft jedoch nicht zu.

Wegen der Anschaulichkeit setzte sich das bohrsche Atommodell rasch durch. Niels Bohr erhielt im Jahr 1922 für seine Leistungen den Nobelpreis für Physik.

Aber schon nach wenigen Jahren zeigte sich, dass auch dieses Modell seine Grenzen hat. Man musste es also erneut verfeinern.

A1 *„Wege in immer Kleineres" – warum kann man die Erforschung der Materie so beschreiben?*

A2 *Vergleiche das Kugelmodell Daltons mit dem Kern-Hülle-Modell Rutherfords.*

A3 *Vergleiche die Atommodelle in den Bildern 1 u. 3.*

A4 *Mit Hilfe des Kern-Hülle-Modells können wir uns vorstellen, wie die Atome aufgebaut sind. Eine vereinfachte Darstellung zeigt Bild 4. Vergleiche Atomkern und Atomhülle in ihrer Größe. Ergänze dazu den folgenden Satz:*
„Wenn man sich den Atomkern so groß wie eine Erbse vorstellt (in Bild 5 als Punkt gezeichnet), ist der Durchmesser der Atomhülle ..."

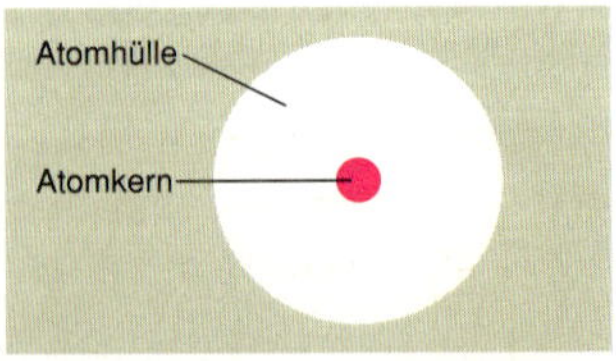

4

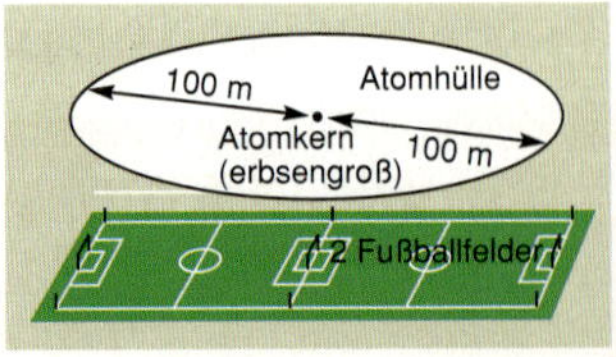

5

63440

Info: Wie Atomkerne aufgebaut sind

Rutherford führte ähnliche Streuversuche mit anderen Metallen durch – er erhielt dabei voneinander abweichende Ergebnisse. Je nachdem, welches Metall er verwendete, wurden die Alphateilchen mal mehr und mal weniger stark abgelenkt. Er schloss daraus:

- Die positive Ladung eines Atomkerns, die *Kernladung,* ist je nach Atom unterschiedlich groß.
- Die Kernladung eines Atoms ist das ganzzahlige Vielfache der Ladung eines *Protons.*
- Die Atome der Elemente unterscheiden sich durch die *Anzahl der Protonen* im Atomkern.

Aufgrund der Kernladung („Kernladungszahl") bzw. der Zahl der Protonen im Kern kann man also *Elemente* voneinander unterscheiden.

Die Goldatome z. B. besitzen 79 Protonen im Kern; man sagt: Ihre Kernladungszahl beträgt 79. Natriumatome besitzen 11 Protonen im Kern; sie haben die Kernladungszahl 11. Das Wasserstoffatom dagegen besitzt nur 1 Proton; es hat die Kernladungszahl 1.

Man kann die **Elemente** nach der Zahl ihrer Protonen ordnen. Die Protonenzahl wird deshalb auch **„Ordnungszahl"** genannt. Im so genannten „Periodensystem der Elemente" (kurz: PSE) steht die Ordnungszahl jeweils links unten am Symbol des Elements. Einen Ausschnitt aus dem PSE findest du im Anhang dieses Buches.

Anhand der Kernladungszahl eines Atoms kann man auch die Zahl seiner Elektronen angeben. Dabei gilt im Allgemeinen: Die Anzahl der Elektronen in der Atomhülle ist so groß wie die Anzahl der Protonen im Atomkern. Dadurch sind die elektrischen Ladungen ausgeglichen, das heißt, das Atom ist nach außen hin elektrisch neutral.

1932 entdeckte man, dass der Atomkern außer den elektrisch positiv geladenen Protonen auch **Neutronen** enthält (Bild 6). Das sind Kernbausteine, die elektrisch neutral sind. Sie spielen daher bei der Kernladungszahl keine Rolle. Ihre Funktion im Atomkern gleicht der eines „Klebstoffs": Sie verhindern, dass sich die Protonen aufgrund ihrer gleichen elektrischen Ladung so stark abstoßen, dass der Kern „zerplatzt".

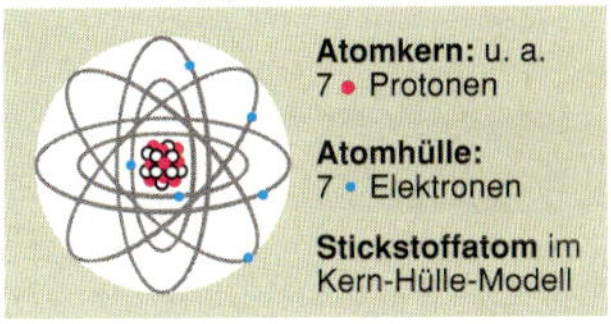

6

Wenn man die Protonen und die Neutronen eines Atoms zusammenzählt, erhält man die *Massenzahl* dieses Atoms. Die Massenzahl ist also die Gesamtzahl der Kernbausteine eines Atoms (Bild 7).

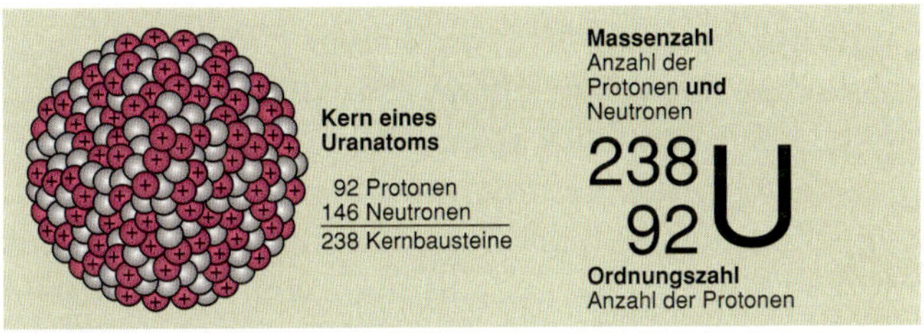

7

Zusammenfassung

Das Kern-Hülle-Modell des Atoms

Jedes Atom besteht aus einem Atomkern und einer Atomhülle.

Der **Atomkern** besteht aus zweierlei Kernbausteinen: den positiv geladenen *Protonen* sowie den neutralen *Neutronen.*

Die **Atomhülle** wird durch die negativ geladenen *Elektronen* gebildet. Sie bewegen sich auf Kreisbahnen um den Atomkern herum.

Alle Atome eines Elements haben die gleiche Protonenzahl. Sie wird auch **Ordnungszahl** genannt.

Zählt man die Protonen und Neutronen eines Atoms zusammen, so ergibt sich die **Massenzahl**.

Das Periodensystem der Elemente

Die Ordnung der chemischen Elemente

Fast in jedem Chemieraum hängt das Periodensystem der Elemente.
Heute ist es selbstverständlich, damit umzugehen.
Aber es war schon eine „Puzzlearbeit“, es zu entwickeln.

Aus der Geschichte: Mendelejew und Meyer ordnen die Elemente

Sicher hast du schon einmal ein Puzzle zusammengefügt. Dann weißt du auch, wie schwer es ist, alle seine Teile an die richtige Stelle zu legen.

Nun stell dir vor, du solltest ein Puzzle zusammenlegen, von dem einige Teile fehlen. Außerdem ist der Deckel mit dem fertigen Bild verloren gegangen, sodass du keine Ahnung hast, wie das Bild wohl aussehen könnte.

In einer ähnlichen Lage waren die Chemiker in der Mitte des 19. Jahrhunderts. Sie beschäftigten sich damit, einen Zusammenhang – vielleicht sogar eine **Ordnung** – zwischen den Elementen zu finden. Man kannte damals erst etwa 60 der über 100 Elemente.

Es gelang schließlich, und zwar gleichzeitig dem russischen Chemiker *Dimitri Mendelejew* und dem deutschen Chemiker *Lothar Meyer*.

Mendelejew berichtete darüber, wie er zunächst von jedem Element die Grundeigenschaften und das Atomgewicht (heute spricht man von der *relativen Atommasse*) auf ein Kärtchen schrieb. Dann sammelte er die Kärtchen mit nahe beieinander liegenden Atomgewichten. Dabei stellte er fest, dass in bestimmten Abständen Elemente mit ähnlichen Eigenschaften erschienen. Schließlich kam er zu der Anordnung von Bild 1. Damit war das Periodensystem der Elemente – das PSE – gefunden.

Mendelejew machte dazu folgende Angaben:

- Die nach der Größe des Atomgewichts angeordneten Elemente zeigen eine deutliche, gesetzmäßige Wiederkehr bestimmter Eigenschaften (Periodizität der Eigenschaften).
- Es ist zu erwarten, dass noch viele unbekannte Grundstoffe entdeckt werden (z. B. dem Aluminium und Silicium ähnliche Elemente).

Das von Mendelejew aufgestellte Periodensystem wies noch Lücken auf – es fehlten noch einige Elemente. So war auch unter dem Silicium eine Lücke geblieben. Mendelejew nannte das fehlende Element

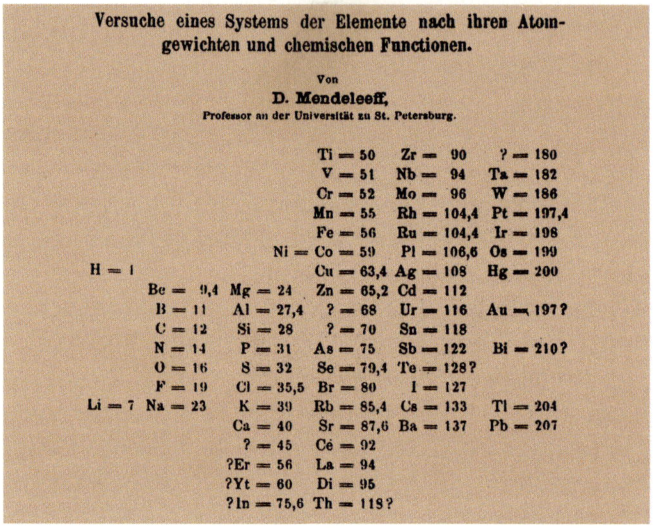

Versuche eines Systems der Elemente nach ihren Atomgewichten und chemischen Functionen.

Von

D. Mendeleeff,

Professor an der Universität zu St. Petersburg.

			Ti = 50	Zr = 90	? = 180
			V = 51	Nb = 94	Ta = 182
			Cr = 52	Mo = 96	W = 186
			Mn = 55	Rh = 104,4	Pt = 197,4
			Fe = 56	Ru = 104,4	Ir = 198
			Ni = Co = 59	Pl = 106,6	Os = 199
H = 1			Cu = 63,4	Ag = 108	Hg = 200
	Be = 9,4	Mg = 24	Zn = 65,2	Cd = 112	
	B = 11	Al = 27,4	? = 68	Ur = 116	Au = 197?
	C = 12	Si = 28	? = 70	Sn = 118	
	N = 14	P = 31	As = 75	Sb = 122	Bi = 210?
	O = 16	S = 32	Se = 79,4	Te = 128?	
	F = 19	Cl = 35,5	Br = 80	I = 127	
Li = 7	Na = 23	K = 39	Rb = 85,4	Cs = 133	Tl = 204
		Ca = 40	Sr = 87,6	Ba = 137	Pb = 207
		? = 45	Ce = 92		
		?Er = 56	La = 94		
		?Yt = 60	Di = 95		
		?In = 75,6	Th = 118?		

1

Eka-Silicium und sagte einige seiner Eigenschaften voraus. Im Jahr 1886 wurde das Element entdeckt und *Germanium* genannt.

Wie genau Mendelejews Voraussage war, kannst du an der folgenden Gegenüberstellung erkennen.

1870 vorausgesagt *Eka-Silicium*	1886 gefunden *Germanium*
Atomgewicht: ~72	Atomgewicht: 72,6
Dichte: ~5,5 g/cm³	Dichte: 5,4 g/cm³
schwer schmelzbar	sublimiert ohne zu schmelzen
dunkelgraues Metall	graues bis silberweißes Metall
Element bildet ein Oxid; Formel EsO_2	Germanium bildet ein Oxid; Formel GeO_2
Element muss sich aus dem Oxid durch Reduktion gewinnen lassen.	Germanium wurde aus dem Oxid durch Reduktion gewonnen.

63444

Info: Der Zusammenhang zwischen Atombau und Periodensystem

Im Periodensystem der Elemente (PSE) sind die Elemente nach steigender **Ordnungszahl** angeordnet. Diese Zahl steht links unten neben dem Symbol.

Die Ordnungszahl, auch *Kernladungszahl* genannt, entspricht der Anzahl der Protonen im Atomkern. Ausgehend vom Wasserstoff (Ordnungszahl 1) steigen die Ordnungszahlen von links nach rechts an: Die Atome des jeweils folgenden Elements haben je ein Proton mehr im Kern als die Atome des davor stehenden Elements.

Im PSE sind die Elemente in 8 senkrechten *Spalten (Gruppen)* und 7 waagerechten *Reihen (Perioden)* geordnet. In jeder **Gruppe** stehen die Elemente untereinander, die *ähnliche chemische Reaktionen* zeigen. So erkennst du in der 1. Gruppe unter dem Wasserstoff die *Alkalimetalle,* in der 7. Gruppe die *Halogene* und in der 8. Gruppe die *Edelgase.*

Dass die Elemente in einer Gruppe ähnliche Eigenschaften haben, liegt daran, dass ihre Atome die *gleiche Anzahl Außenelektronen* haben. Diese Zahl nimmt von einer Gruppe zur nächsten von links nach rechts zu. Du kannst dir merken: **Die Nummer der *Gruppe* entspricht der Zahl der Außenelektronen** (Ausnahme: Helium).

Die **Perioden** des PSE entsprechen der *Anzahl der Elektronenbahnen.* In der 1. Periode stehen die Elemente, deren Atome nur *eine* Elektronenbahn haben, in der 2. Periode die Elemente mit *zwei* Elektronenbahnen usw. Du kannst dir dazu merken: **Die Nummer der *Periode* entspricht der Anzahl der Elektronenbahnen.**

Eine neue Periode beginnt also immer dann, wenn bei den Atomen eines Elements mit *einem* Außenelektron eine weitere Elektronenbahn hinzukommt. Dadurch ergibt sich von Periode zu Periode eine regelmäßige *(periodische)* Wiederkehr von Atomen mit der gleichen Anzahl Außenelektronen.

Das Bild unten zeigt nur einen kleinen Ausschnitt aus dem PSE. Alle sieben Perioden sind dagegen in Bild 5, Seite 121, angegeben. In beiden Bildern sind jedoch nur die acht **Hauptgruppen** des PSE aufgeführt. Es gibt aber noch sog. *Nebengruppen.* Sie sind von der vierten Periode an *zwischen* der 2. und 3. Gruppe eingefügt (→ PSE im Anhang).

Innerhalb der Perioden und Gruppen ändern sich die Eigenschaften der Elemente gesetzmäßig: So stehen links im PSE die **Metalle** und rechts die **Nichtmetalle**. Dazwischen befinden sich Elemente, die metallische und nichtmetallische Eigenschaften haben (z. B. Bor, Silicium, Arsen).

Einige Gruppen umfassen sowohl Metalle als auch Nichtmetalle. Dann stehen die Nichtmetalle oben und die Metalle unten in der Gruppe.

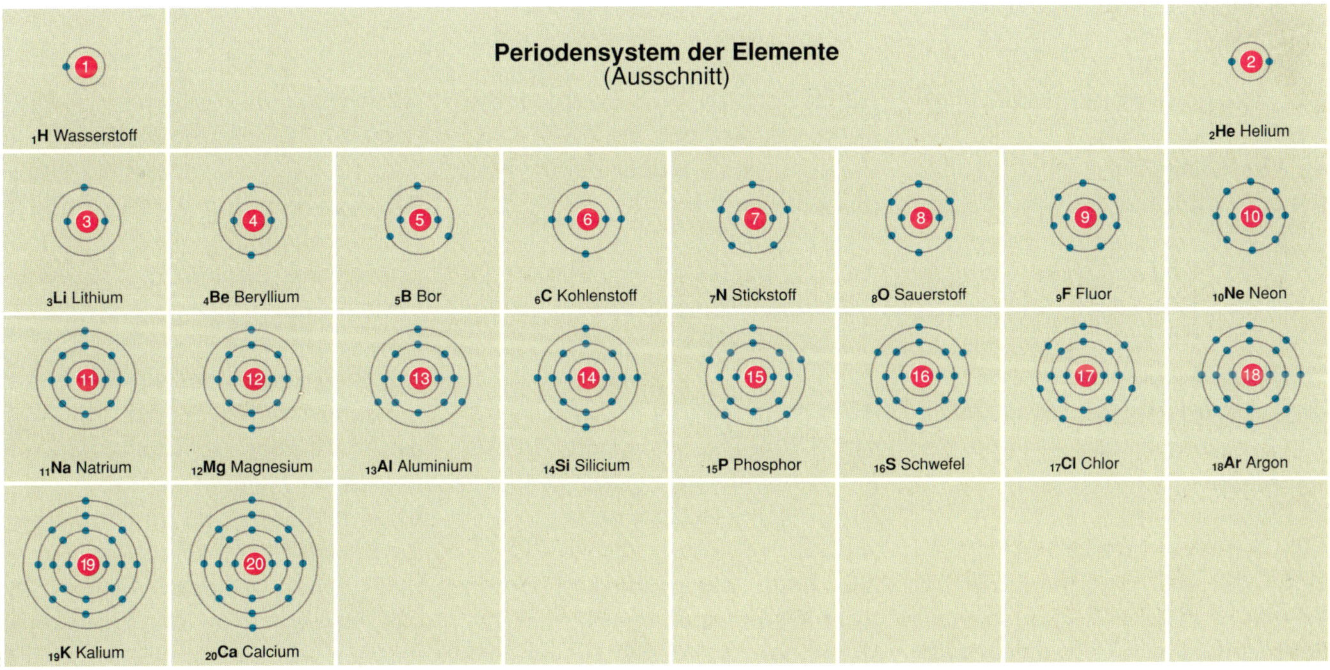

2

Info: Gruppeneigenschaften und Periodensystem

Die praktische Bedeutung des Periodensystems der Elemente liegt darin, dass man viele Eigenschaften eines Elements bereits aus seiner Stellung im PSE ablesen kann.

In den **Hauptgruppen** I und II stehen – mit Ausnahme von Wasserstoff – nur Metalle, in den Hauptgruppen VII und VIII nur Nichtmetalle.

Innerhalb jeder Periode nehmen die *metallischen* Eigenschaften der Elemente von links nach rechts ab, dagegen nehmen die *nichtmetallischen* Eigenschaften zu.

Innerhalb jeder Gruppe nehmen die metallischen Eigenschaften von oben nach unten zu, dagegen nehmen die nichtmetallischen Eigenschaften ab.

Nur die *Außenelektronen* (auch *Valenzelektronen* genannt; lat. *valentia:* Kraft, Fähigkeit) sind an chemischen Reaktionen der Elemente beteiligt. Deshalb sind sich die Elemente einer Gruppe in ihrer Reaktionsfähigkeit sehr ähnlich.

Links im PSE stehen die Elemente, aus deren Atomen leicht Elektronen *abgegeben* werden können. Rechts stehen die Elemente, deren Atome leicht Elektronen *aufnehmen*. (Die Edelgase bleiben unberücksichtigt.)

Sieh dir zu den Elementen der **Nebengruppen** im Anhang das PSE *Ausschnitt Hauptgruppen und Nebengruppen* an.

Bei den Nebenguppenelementen werden die *inneren* Bahnen der Atome mit weiteren Elektronen aufgefüllt. Dabei entspricht die Anzahl der Elektronen immer der Ordnungszahl. So stehen z. B. Calcium (Ordnungszahl 20) und Eisen (Ordnungszahl 26) in derselben Periode, sie haben also die gleiche Anzahl Elektronenbahnen. Das Eisen hat jedoch in seiner 3. Schale 6 Elektronen mehr als das Calcium (Bild 1).

Da bei den Atomen aller Nebengruppenelemente innere Bahnen aufgefüllt werden, unterscheiden sich die Elemente kaum in ihren Eigenschaften: **Alle Nebengruppenelemente sind Metalle.**

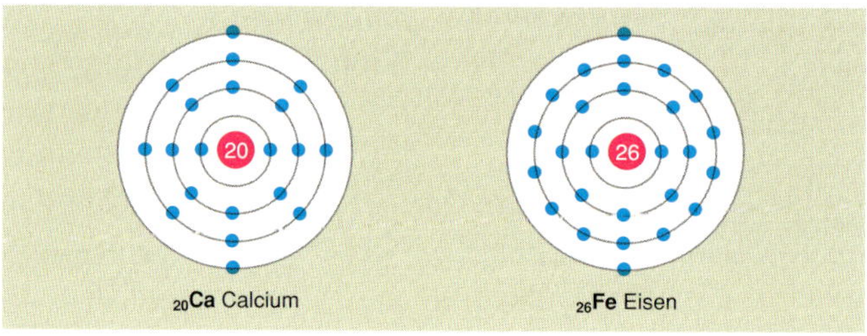

1

A1 *Hier geht es um den Aufbau des PSE:*
a) *Nach welchen Gesichtspunkten sind die Elemente im PSE geordnet?*
b) *Das PSE ist in 8 Hauptgruppen eingeteilt. Was haben die Elemente in jeder Gruppe gemeinsam?*
c) *Die Elemente sind im PSE in 7 Perioden angeordnet. Was haben die Elemente einer Periode gemeinsam?*

A2 *Suche aus dem PSE das Element mit der Ordnungszahl 35 heraus. Welches Element ist es? Beschreibe den Aufbau des Atoms.*

A3 *Beschreibe die Stellung des Elements Kalium im PSE. Leite daraus Angaben über den Aufbau des Kaliumatoms ab.*

A4 *Gib an, welches Element im PSE in der Hauptgruppe II in der 3. Periode steht.*

A5 *Bestimme für das Element mit der Ordnungszahl 15 die Anzahl der Protonen im Kern und den Aufbau seiner Elektronenhülle.*

A6 *Nenne die Elemente, deren Atome vier Außenelektronen besitzen. Wo stehen sie?*

A7 *Vergleiche den Atombau von Eisen und Calcium (Bild 1).*

A8 *Natrium und Kalium haben sehr ähnliche Eigenschaften. Begründe das anhand des Aufbaus ihrer Atome.*

A9 *Sieh dir die Stellung des Magnesiumatoms im PSE an.*
a) *In welcher Hauptgruppe und in welcher Periode steht es?*
b) *Was kannst du daraus über die Elektronenhülle herleiten?*
c) *Welche Aussagen kannst du gleichzeitig über den Atomkern machen?*

64952

Info: Woran man ein Metall erkennt

Es gibt mehr als 80 unterschiedliche **Metalle**. Sie bilden eine Stoffklasse. Du erkennst Metalle sofort, denn sie (und ihre Schmelzen) haben typische gemeinsame Merkmale. (Obwohl du einige Merkmale schon kennst, sind sie hier zusammengefasst.)

- **Metalle zeichnen sich durch einen *typischen metallischen Glanz* aus.**
- **Metalle sind *undurchlässig für Licht*; sie sind nicht durchsichtig.**
- **Von Quecksilber abgesehen sind die Metalle *bei Raumtemperatur fest*.**
- **Die Metalle haben eine *gute Wärmeleitfähigkeit*. (Deshalb fühlen sie sich kalt an.)**
- **Metalle *leiten den elektrischen Strom* sehr gut.**
- **Metalle sind *gut verformbar*, also nicht spröde.**

Dennoch ist Metall nicht gleich Metall: Bei den gemeinsamen Eigenschaften gibt es Abstufungen. So leiten z. B. Silber, Kupfer und Aluminium den elektrischen Strom und die Wärme besonders gut.

Du weißt auch schon, dass die Metalle keinen gemeinsamen Wert für die *Dichte* haben. Aufgrund ihrer unterschiedlichen Dichten teilt man sie sogar in *Leichtmetalle* (unter 5 g/cm³) und in *Schwermetalle* (über 5 g/cm³) ein. So ist z. B. die Dichte des Metalls Lithium nur halb so groß wie die von Wasser, die von Uran ist dagegen 19-mal so groß.

Manche Metalle (z. B. Gold, Silber und Kupfer) zeigen besondere Farben und laufen auch nicht so leicht an wie andere; sie rosten auch nicht so wie Eisen. Gold und Silber werden *Edelmetalle* genannt, Kupfer ist ein *Halbedelmetall*. Diese Metalle sind als Schmuck- oder Münzmetalle geschätzt.

Einige Stoffe, z. B. Schwefel, Kohlenstoff (Graphit) und Phosphor, zeigen zwar einige, aber *nicht alle* der genannten Eigenschaften. Sie werden deshalb der Stoffklasse der *Nichtmetalle* zugerechnet.

Ohne Metalle könnte man sich die moderne Technik und die Kultur nicht vorstellen. Vor allem die gute Verformbarkeit sowie die Festigkeit der Metalle haben sie als Werkstoffe für den Menschen unentbehrlich gemacht.

Die meisten metallischen Werkstoffe sind keine reinen Metalle, sondern *Legierungen*. Reine Metalle wären für die Technik oft zu weich.

Die Eigenschaften von Legierungen (z. B. Härte, Dehnbarkeit, elektrische Leitfähigkeit, Rostfreiheit) lassen sich praktisch jedem gewünschten Zweck anpassen. Das erreicht man durch die Art und die Menge der zum Grundmetall hinzugefügten Metalle.

Die Zahl der gebräuchlichen Legierungen ist unübersehbar groß. Messing, Bronze und Stahl sind wichtige Beispiele für solche Legierungen.

Info: Wie feste Metalle aufgebaut sind

Die gemeinsamen Eigenschaften der Metalle sind auf die **Anordnung der Metallatome** zurückzuführen und auf die Art, wie sie miteinander „verknüpft" sind.

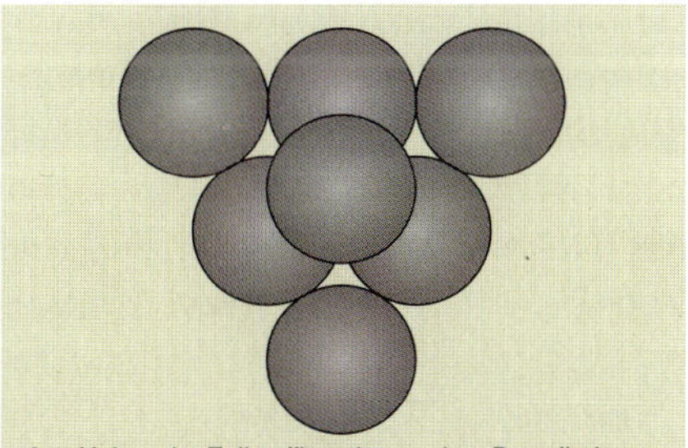

2 Aus Holz- oder Zellstoffkugeln aus dem Bastelladen werden je 6 Kugeln „auf Lücke" aneinander geklebt. Obendrauf kommt eine weitere Kugel.

Hier wird deutlich: **Die Anordnung der kleinsten Teilchen eines Stoffes beeinflusst dessen Eigenschaften.**

Metalle *im festen Zustand* bestehen aus **Kristallen** (Bild 2). Du weißt: **In den Kristallen sind die Metallatome in einer dichten Kugelpackung angeordnet und bilden ein regelmäßiges Gitter.**

Beim *Schmelzen* des Metalls wird das Metallgitter zerstört. Die Metallatome ordnen sich nun ganz unregelmäßig neben- und übereinander an.

Beim *Verformen* eines Metalls bleiben die *Schichten* der Metallatome erhalten. Sie werden lediglich gegeneinander verschoben (Bild 3).

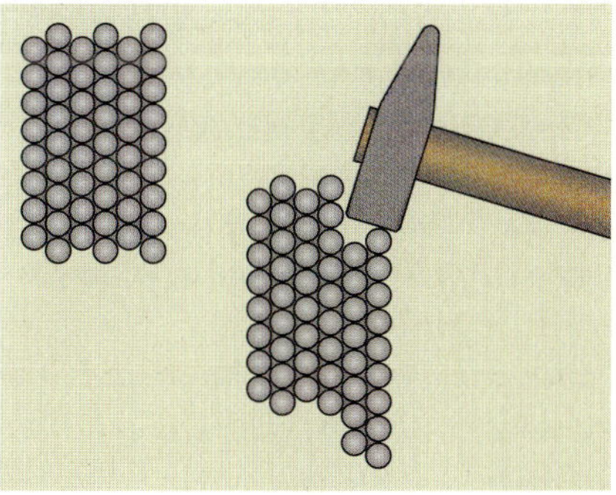

3

Info: Die Gruppe der Alkalimetalle

Die Metalle **Lithium**, **Natrium** und **Kalium** haben ähnliche Eigenschaften. Deshalb fasst man sie zu einer **Elementgruppe** zusammen: zur Gruppe der **Alkalimetalle** (arab. *alqali:* salzhaltige Asche aus Pflanzen).

Die Alkalimetalle sind silberhell glänzende, ziemlich weiche Metalle. Sie lassen sich in ihren Verbindungen durch **Flammenfärbung** nachweisen.

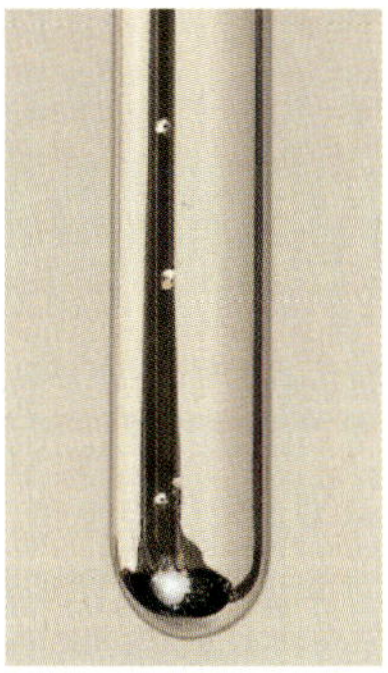

1 Rubidium in Glasampulle

2 Flammenfärbung durch Rubidiumsalz

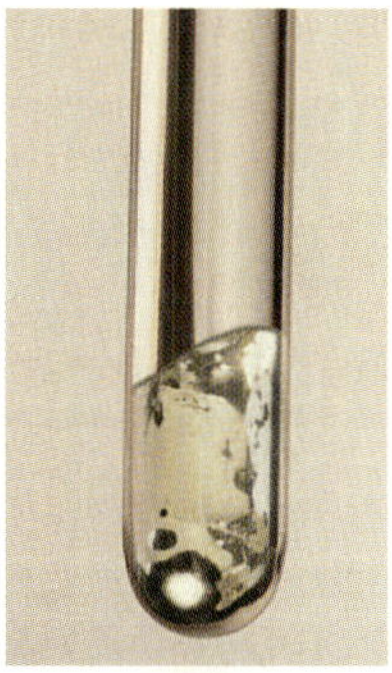

3 Caesium in Glasampulle

4 Flammenfärbung durch Caesiumsalz

Alle drei Metalle reagieren unterschiedlich heftig mit Wasser. Wegen dieser Eigenschaft werden die Alkalimetalle unter wasserfreien Flüssigkeiten (z. B. Petroleum) aufbewahrt.

Es gibt noch weitere Elemente, die zur Gruppe der Alkalimetalle gehören: **Rubidium** (Bild 1) und **Caesium** (Bild 3). Die Flammenfärbungen dieser Metalle zeigen die Bilder 2 u. 4. Beide Metalle reagieren noch wesentlich heftiger mit Wasser und Luft als Kalium. Ihre Eigenschaften kannst du der Tabelle unten entnehmen.

Weil die Alkalimetalle sehr leicht mit Wasser und Sauerstoff reagieren, kommen sie in der Natur nur in Form ihrer Verbindungen vor. Beispiele dafür sind Mineralien, die im Boden vorkommen, oder Salze, die im Meerwasser gelöst sind.

Einige Eigenschaften der Alkalimetalle

	Lithium Li	Natrium Na	Kalium K	Rubidium Rb	Caesium Cs
Atommasse	6,9 u	23,0 u	39,1 u	85,5 u	132,9 u
Dichte	0,53 g/cm^3	0,97 g/cm^3	0,86 g/cm^3	1,52 g/cm^3	1,87 g/cm^3
Schmelztemperatur	179 °C	97,8 °C	63,5 °C	39 °C	28,5 °C
Härte	abnehmend →				
Reaktion mit Sauerstoff	zunehmend heftiger →				
Reaktion mit Wasser	zunehmend heftiger →				
Flammenfärbung	karminrot	gelb	violett	rotviolett	blau

A1 *Was sagt der Begriff Alkalimetall aus? Wie sind die Atome der Alkalimetalle aufgebaut?*

A2 *Lithium, Natrium und Kalium werden unter Petroleum oder Paraffinöl aufbewahrt.*
Nenne die Anforderungen, die diese beiden Flüssigkeiten erfüllen müssen.

A3 *Alkalimetalle sind in der Natur nur in Verbindungen zu finden. Woran liegt das?*

A4 *Beschreibe, wie man Alkalimetalle in ihren Verbindungen nachweisen kann.*

A5 *Die Alkalimetalle sind weich. Das bedeutet: Diese Metalle lassen sich leicht verformen und sogar schneiden. Beschreibe die frische Schnittfläche eines Alkalimetalls.*

A6 *Die Alkalimetalle Rubidium und Caesium werden in luftleer gepumpten und zugeschmolzenen Glasröhren aufbewahrt.*
Was wird geschehen, wenn eine solche Röhre zerbricht?

64953

Info: Die Gruppe der Halogene

***Fluor, Chlor, Brom* und *Iod* sind Nichtmetalle mit ähnlichen Eigenschaften. Im gasförmigen Zustand sind sie z.B. gefährliche *Atemgifte*.** Deshalb ist beim Umgang mit ihnen *größte Vorsicht* geboten. Versuche mit *Fluor* sind in der Schule sogar verboten.

Chlor, Brom und Iod reagieren mit Metallen. Die dabei entstehenden Verbindungen haben zum Teil ganz ähnliche Eigenschaften wie das Kochsalz (Natriumchlorid). Deshalb heißen sie allgemein **Salze**.

Von der Eigenschaft dieser Stoffe, mit Metallen Salze zu bilden, wurde ihr Gruppenname abgeleitet: **Halogene** (*Salzbildner*; griech. *hals:* Salz; *gennan:* bilden). Die Salze der Halogene heißen *Halogenide*.

Die Halogene bestehen aus zweiatomigen Molekülen. In Verbindungen mit Metallen sind sie *einwertig*.

$Cu + Cl_2 \rightarrow CuCl_2$ | exotherm
$Cu + I_2 \rightarrow CuI_2$ | exotherm

Einige vergleichbare Eigenschaften der Halogene stehen in der Tabelle. Diese Eigenschaften erscheinen von einem Halogen zum nächsten „abgestuft".

Wie man der Tabelle auch entnehmen kann, sind alle Halogene **giftig**. Diese Giftwirkung wird bei einigen genutzt.

Verbindungen der Halogene sind zum Teil lebensnotwendig. So muss das Blut einen bestimmten Gehalt an Natriumchlorid haben. *Iod*verbindungen müssen mit der Nahrung aufgenommen werden, damit die Schilddrüse richtig funktioniert. In Zahnpflegemitteln sind oft *Fluor*verbindungen enthalten. Diese verhindern, dass Zahnfäule (Karies) entsteht.

Einige Eigenschaften der Halogene

	Fluor F	Chlor Cl	Brom Br	Iod I
Atommasse	19,0 u	35,45 u	79,9 u	126,9 u
Aggregatzustand bei 0 °C	gasförmig	gasförmig	flüssig	fest
Farbe im Gaszustand	Schwachgrün	Gelbgrün	Rotbraun	Violett
Dichte bei 20 °C	1,58 g/l	2,95 g/l	3,14 g/cm³	4,94 g/cm³
Siedetemperatur	−188,5 °C	−34,1 °C	+58,8 °C	+185,2 °C
Giftwirkung	sehr giftig	giftig	sehr giftig	schädlich
Reaktion mit Metallen	Die Heftigkeit nimmt vom Fluor zum Iod hin ab.			

Info: Vorsicht vor Chlor!

Chlor (griech. *chloros:* gelbgrün) ist ein stechend riechendes, **giftiges Gas**. In größeren Mengen eingeatmet verätzt es die Schleimhäute und zerstört die Lunge.

Nur 0,05 % Chlor in der Luft (= 5 ml in 10 l) wirken nach etwa zwei Stunden tödlich! Weil Chlor Schimmelpilze und Krankheitserreger abtötet, wird es auch als **Desinfektionsmittel** eingesetzt.

Chlor ist ein wichtiger Grundstoff für die chemische Industrie (z.B. zur Salzsäureherstellung).

Wirkung von Chlor auf den Menschen

Gehalt in der Luft ml/m³ (ppm)	mg/m³	Wirkung
1–2	3–6	Geruch lästig, aber nicht schädigend
3–5	9–15	Reizung von Augen und Nase; Kopfschmerzen, Atembeschwerden
10–20	30–60	bei längerem Einatmen Atemnot, Lungenschäden
40–60	120–180	nach 30–60 min Einatmen schwere Lungenschäden
100	300	nach längerem Einatmen tödlich
500	1500	nach 5–10 min Einatmen tödlich
1000	3000	schon nach ein paar Atemzügen tödlich

Info: Die Gruppe der Edelgase

Luftschiff, mit Helium gefüllt
1

Neon-Leuchtröhren
2

Xenon-Blitzlampe
3

Glühlampe, mit Krypton gefüllt
4

Die Gase *Helium, Neon, Argon, Krypton, Xenon* und *Radon* bilden die Gruppe der Edelgase. Sie heißen so, weil sie äußerst reaktionsträge sind; sie bilden normalerweise keine Verbindungen.

Die Edelgase sind Bestandteile der Luft. Sie kommen aber nur in ganz geringen Mengen darin vor. *Helium* ist jedoch das zweithäufigste Element des Universums. Es ist mit etwa 23 % an dessen Masse beteiligt. Auf der Erde kommt Helium nur selten vor.

Im Gegensatz zu anderen Gasen sind die Edelgase in der Luft in Form einzelner **Atome** vorhanden. Sie lagern sich nicht zusammen.

Seit man die Edelgase durch Destillation von flüssiger Luft ohne große Mühe gewinnen kann, ist ihre technische Bedeutung gestiegen. Die Verwendungsmöglichkeiten von Edelgasen, die in den Bildern 1–4 dargestellt sind, kennst du vielleicht. Sie beruhen auf bestimmten Eigenschaften dieser Stoffe.

So ist heute zum Beispiel die Glühlampenindustrie ein großer Abnehmer der Edelgase *Krypton* und *Xenon*. Als Füllgase für Glühlampen macht man sich ihre geringe Wärmeleitfähigkeit zunutze. Dadurch kann die Glühtemperatur des Metallfadens auf 6000 °C erhöht und damit die Helligkeit der Lampe gesteigert werden.

Sieh dir zu einigen Eigenschaften der Edelgase die Tabelle unten an. Die erstaunlichsten Eigenschaften hat das *Radon*: Es bringt die Luft in seiner Umgebung zum Leuchten. Radon erstarrt bei –71 °C. Wenn es weiter abgekühlt wird, zeigt es ein kräftig gelbes Leuchten. Diese Farbe geht bei etwa –200 °C in Orange über. Den Chemikern ist es bisher nicht gelungen, Radon in größeren Mengen zu gewinnen.

A1 *Die Vorsilbe Edel- hast du schon bei den Metallen kennen gelernt. Gib an, welche Eigenschaft Edelgase und Edelmetalle gemeinsam haben.*

A2 *Was kannst du über die kleinsten Teilchen der Edelgase in der Luft sagen?*

A3 *Warum eignet sich Helium gut für Luftschiffe?*

A4 *In der Technik werden Edelgase durch Destillation von flüssiger Luft gewonnen. In welcher Reihenfolge kann man sie dabei auffangen (→ Tabelle)?*

A5 *Flüssiges Helium ist unter den bekannten Flüssigkeiten die kälteste. Erläutere das (→ Tabelle).*

Eigenschaften und Verwendung der Edelgase

	Helium He	Neon Ne	Argon Ar	Krypton Kr	Xenon Xe	Radon Rn
Atommasse	4,0 u	20,2 u	39,9 u	83,8 u	131,3 u	222 u
Dichte	0,18 g/l	0,9 g/l	1,78 g/l	3,7 g/l	5,9 g/l	9,73 g/l
Siedetemperatur	– 268,9 °C	– 246 °C	– 185,8 °C	– 153,4 °C	– 108,1 °C	– 62,1 °C
Verwendung	Füllgas für Luftschiffe und Ballons	Glimmlampen, Reklameleuchtröhren	Füllgas für Glühlampen			

64955

Zusammenfassung

Die Ordnung der chemischen Elemente

Das Periodensystem der Elemente (PSE) entstand im Jahr 1869. Die äußere Form wurde im Laufe der Zeit verändert. Die wesentlichen Ordnungsgesichtspunkte haben jedoch heute noch Gültigkeit.

Periodensystem der Elemente (Hauptgruppen)

Die senkrechten Spalten heißen **Gruppen**.

Die **Nummer der Gruppe** entspricht der Zahl der Außenelektronen.

Elemente, deren Atome gleich viele Außenelektronen haben, stehen untereinander in derselben Hauptgruppe.

Die waagerechten Reihen heißen **Perioden**.

Die **Nummer der Periode** entspricht der Zahl der besetzten Elektronenschalen.

Elemente, deren Atome gleich viele besetzte Elektronenschalen haben, stehen nebeneinander in derselben Periode.

Die Zahl der Protonen im Kern ist gleich der Zahl der Elektronen in der Hülle.

	I	II	III	IV	V	VI	VII	VIII
1	1,00797 **H** 1							4,0026 **He** 2
2	6,939 **Li** 3	9,0122 **Be** 4	10,811 **B** 5	12,011 **C** 6	14,007 **N** 7	15,999 **O** 8	18,998 **F** 9	20,183 **Ne** 10
3	22,990 **Na** 11	24,312 **Mg** 12	26,982 **Al** 13	28,086 **Si** 14	30,974 **P** 15	32,064 **S** 16	35,453 **Cl** 17	39,948 **Ar** 18
4	39,102 **K** 19	40,08 **Ca** 20	69,72 **Ga** 31	72,59 **Ge** 32	74,922 **As** 33	78,96 **Se** 34	79,909 **Br** 35	83,80 **Kr** 36
5	85,47 **Rb** 37	87,62 **Sr** 38	114,82 **In** 49	118,69 **Sn** 50	121,75 **Sb** 51	127,60 **Te** 52	126,90 **I** 53	131,30 **Xe** 54
6	132,90 **Cs** 55	137,34 **Ba** 56	204,37 **Tl** 81	207,19 **Pb** 82	208,98 **Bi** 83	(209) ***Po** 84	(210) ***At** 85	(222) ***Rn** 86
7	(223) ***Fr** 87	(226) ***Ra** 88						

Relative Atommasse (Bezugsgröße: 1/12 der Masse des Kohlenstoffisotops C 12) → 1,00797

H ← Elementsymbol

Ordnungszahl (entspricht der Zahl der Protonen im Atomkern und der Zahl der Elektronen) → 1

Metalle

Halbmetalle (Elemente mit metallischen und nichtmetallischen Eigenschaften)

Nichtmetalle

Edelgase

Alles klar?

1. *In der 1. Periode des PSE stehen nur zwei Elemente. Versuche eine Erklärung dafür zu finden.*

2. *Die Edelgase stehen in der Hauptgruppe VIII des PSE. Erkläre mit Hilfe ihres Atombaus, warum sie so reaktionsträge sind.*

3. *Benachbarte Hauptgruppenelemente unterscheiden sich deutlicher als benachbarte Nebengruppenelemente. Erkläre diese Aussage.*

4. *Woran kann es liegen, dass die Elemente einer Gruppe zwar ähnliche, aber nicht gleiche Eigenschaften haben?*

5. *Nenne die Elemente der VI. Hauptgruppe und beschreibe den Atombau der beiden ersten Elemente.*

6. *Hat das Element* Germanium *deiner Meinung nach metallische oder nichtmetallische Eigenschaften? Begründe deine Antwort.*

7. *Suche die folgenden Elemente anhand ihrer Symbole im PSE: N, P, Cl, H, Na, Al, Ca, F, Ne, K.*
a) *Schreibe den Namen jedes Elements und seine Ordnungszahl auf.*
b) *Notiere dahinter für die Atome der Elemente: 1. die Anzahl der Protonen, 2. die aller Elektronen und 3. die der Außenelektronen.*
c) *Schreibe auch dazu, in welcher Gruppe jedes Element steht.*
d) *Welche Elemente sind Metalle, welche sind Nichtmetalle?*

Die chemischen Bindungen in Molekülen

Wie Atome in Molekülen zusammenhalten

Wir wissen bereits, dass Wasserstoff, Sauerstoff, Stickstoff und Chlor unter Normalbedingungen **Gase** sind, die *zweiatomige Moleküle* aufweisen. Bei diesen Gasen müssen wir zwei Arten von Teilchen betrachten: die *Moleküle*, aus denen die gasförmigen Stoffe bestehen, und die *Atome*, aus denen sich diese Moleküle zusammensetzen.

Der Zusammenhalt zwischen den *Molekülen* innerhalb jedes Gases muss sehr gering sein. Wäre das nicht so, lägen die Moleküle dichter beieinander, und die Stoffe wären nicht gasförmig.

Aber wie steht es um den Zusammenhalt zwischen den *Atomen* in den Molekülen? Hier hilft uns die Modellvorstellung vom Bau der Atome.

Info: Elektronenpaare – Bindungen zwischen Atomen

Im Gegensatz zu den Gasen Wasserstoff, Sauerstoff, Stickstoff und Chlor, die nur als zweiatomige Moleküle vorkommen, findet man bei den **Edelgasen** nur Einzelatome. Edelgasatome reagieren nämlich nur unter besonderen Bedingungen mit anderen Atomen.

Der Grund dafür ist die äußere Elektronenbahn von Edelgasatomen: Atome der Edelgase haben immer 8 Außenelektronen. Damit ist die Außenschale voll besetzt. (Heliumatome bilden eine Ausnahme, hier sind es nur zwei Außenelektronen.) Diesen **Edelgaszustand** bezeichnet man als besonders *stabil* oder *energetisch günstig*. Er wird auch von anderen Atomen angestrebt. Weil es sich dabei (außer bei Wasserstoffatomen) immer um das Ausbilden eines *Elektronenoktetts auf der Außenbahn* handelt, spricht man auch von der **Oktettregel**.

Den stabilen Edelgaszustand können andere Atome z. B. erreichen, wenn sie zusätzliche Elektronen gewinnen. Dazu ist aber ein Partner erforderlich, der die fehlenden Elektronen zur Verfügung stellt.

Die beiden **Wasserstoffatome** in den Wasserstoffmolekülen sind solche Partner. Beide Wasserstoffatome erreichen den Edelgaszustand des Heliums, indem sie ihre einzelnen Elektronen gemeinsam nutzen (Bild 1). Die beiden Atome bilden ein **gemeinsames Elektronenpaar**. Dieses Elektronenpaar befindet sich zwischen den beiden einfach positiv geladenen Atomkernen. Die Wasserstoffatome werden dadurch im Molekül aneinander gebunden. Man bezeichnet das als **Elektronenpaarbindung** oder auch als *Atombindung*.

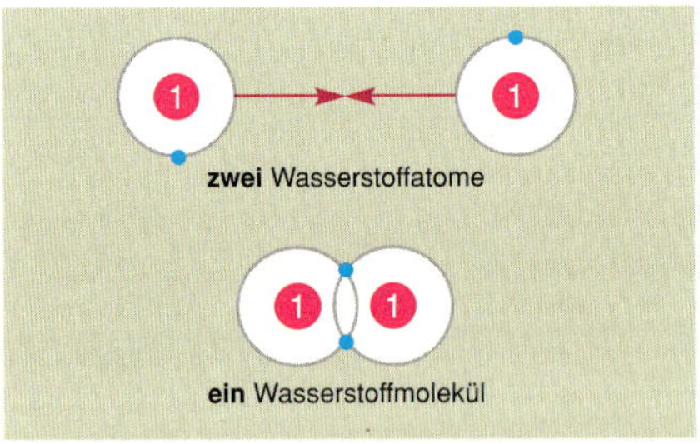

1

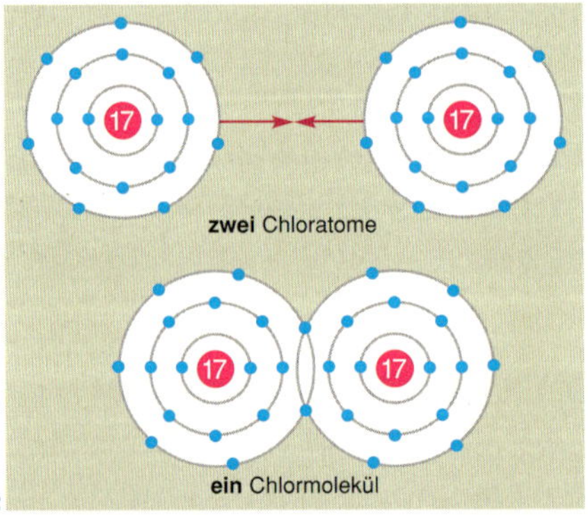

2

Auch im **Chlormolekül** sind die beiden Atome durch ein gemeinsames Elektronenpaar aneinander gebunden. Die Chloratome befinden sich auf diese Weise im Edelgaszustand des Argons (Bild 2).

Im **Sauerstoffmolekül** wird die Bindung zwischen den beiden Atomen durch *zwei gemeinsame Elektronenpaare* gebildet, das bezeichnet man als *Doppelbindung*.

Im **Stickstoffmolekül** sind es sogar *drei gemeinsame Elektronenpaare (Dreifachbindung)*. Diese Bindungen sind aber nicht fester als Einfachbindungen.

In Molekülen sind Atome durch gemeinsame Elektronenpaare miteinander verbunden. Diese Bindung heißt *Elektronenpaarbindung (Atombindung)*.

Zum Spalten der Bindung muss Energie aufgewendet werden.

64956

Info: Elektronenpaarbindungen in der chemischen Zeichensprache

Um chemische Verbindungen in Molekülen übersichtlich darstellen zu können, benutzt man die **Elektronenschreibweise** der Atome. Dabei werden nur die Außenelektronen dargestellt (→ Tabelle).

Bei der Elektronenschreibweise bezeichnet das Symbol des betreffenden Elements den Atomkern *und* die Elektronenhülle – mit Ausnahme der äußeren Elektronenbahn. Die Anzahl der *Außen*elektronen wird zusätzlich durch eine entsprechende Zahl von Punkten um das Symbol herum angegeben.

Bis zu 4 Außenelektronen werden als Einzelpunkte dargestellt; jedes weitere Außenelektron wird mit einem bereits vorhandenen Punkt zu einem Punktepaar zusammengefasst. Jedes Punktepaar, das ja einem Elektronenpaar entspricht, kann auch durch einen Strich dargestellt werden.

Die Außenelektronen werden auch als **Valenzelektronen** bezeichnet (von lat. *valentia:* Kraft, Fähigkeit). Der Bindungsstrich heißt deshalb auch **Valenzstrich**. Jeder Valenzstrich entspricht einem Elektronenpaar.

Oft werden auch die an der Bindung nicht beteiligten Valenzelektronen durch Valenzstriche gekennzeichnet.

Elektronenschreibweise einiger Atome

Name des Elements	Lithium	Natrium	Calcium	Magnesium	Kohlenstoff	Sauerstoff	Chlor	Neon
Schreibweise mit Punkten	·Li	·Na	·Ca·	·Mg·	·Ċ· (mit Punkt unten)	:Ȯ: (mit Punkt unten)	:Ċl: (mit Punktepaar unten)	:N̈e: (mit Punktepaar unten)
Schreibweise mit Strichen						|Ȯ| (mit Punkt unten)	|Ċl| (mit Strich unten)	|N̄e| (mit Strich unten)

Um zu zeigen, dass in einem Molekül Elektronenpaarbindungen vorliegen, vereint der Chemiker die einzelnen Elektronen der beiden Atome zu einem **Strich zwischen den Symbolen**.

Wasserstoff (H_2)	H:H	H – H			Einfachbindung
Chlor (Cl_2)	:C̈l:C̈l:	|C̄l – C̄l|	oder vereinfacht	Cl – Cl	Einfachbindung
Sauerstoff (O_2)	Ö::Ö	Ō = Ō	oder vereinfacht	O = O	Doppelbindung
Stickstoff (N_2)	:N⁝⁝N:	|N ≡ N|	oder vereinfacht	N ≡ N	Dreifachbindung

A1 *Im Wasserstoffmolekül liegt eine Einfachbindung vor, im Sauerstoffmolekül eine Doppelbindung. Was ist damit gemeint?*

A2 *Die nicht an der Bindung beteiligten Außenelektronen eines Moleküls heißen auch* freie *oder* nicht bindende *Elektronen. Wie viele freie Elektronenpaare hat ein Chlormolekül?*

A3 *Auch Atome von unterschiedlichen Nichtmetallen können Moleküle bilden. So kann sich z. B. ein Kohlenstoffatom mit Sauerstoffatomen oder Wasserstoffatomen verbinden. Deute dazu die beiden folgenden Darstellungen.*

```
                 H
                 |
O = C = O    H – C – H
                 |
                 H
```

A4 *Die Anzahl der Elektronenpaarbindungen in einem Molekül ist festgelegt durch die Wertigkeit des betreffenden Elements. Erläutere diese Aussage anhand eines Beispiels.*

A5 *Erkläre folgende Schreibweisen für ein Chlormolekül.*

Cl_2 Cl – Cl |C̄l – C̄l| :C̈l:C̈l:

Die polare Elektronenpaarbindung

1

In Bild 1 läuft ein dünner *Wasserstrahl* an einem elektrisch geladenen Kunststoffstab vorbei.

In Bild 2 besteht der Strahl aus *Benzin*.

Warum verhalten sich die beiden Flüssigkeiten so unterschiedlich?

2

Info: Moleküle als Dipole

Wenn man ein Wasserstoffmolekül mit einem Chlorwasserstoffmolekül (einer Verbindung aus Chlor und Wasserstoff) vergleicht, sind deutliche Unterschiede zu erkennen (Bild 3):

Beim *Wasserstoffmolekül* hält sich das bindende Elektronenpaar auf der Mittelachse zwischen beiden Atomen auf. Die positiv geladenen Kerne sind gleich weit von der Achse entfernt. Beide Atomkerne üben auf das bindende Elektronenpaar gleich große elektrische Anziehungskräfte aus: Die Verteilung der elektrischen Ladung im Molekül ist *symmetrisch*.

Das ist beim *Chlorwasserstoffmolekül* anders: Der Kern des Chloratoms enthält viel mehr positive elektrische Ladungen als der Kern des Wasserstoffatoms. Deshalb zieht der Chloratomkern das bindende Elektronenpaar stärker zu sich hin. Das bewirkt, dass sich dieses Elektronenpaar nicht in der Mitte des Moleküls aufhält, sondern mehr auf der Seite des Chloratoms.

Da das bindende Elektronenpaar elektrisch negativ geladen ist, wird so der negative Ladungsschwerpunkt zur Seite des Chloratoms hin verschoben. Im Chlorwasserstoffmolekül befindet sich also beim Chloratom ein negativer Pol und beim Wasserstoffatom ein positiver Pol. Man sagt auch: **Hier liegt eine *polare Elektronenpaarbindung* (oder polare Atombindung) vor. Das Molekül ist ein *Dipol*** (lat. *di:* zwei).

Die beiden Pole werden auch in der Formel berücksichtigt: Über die entsprechenden Elementsymbole setzt man die Symbole δ^+ und δ^-. Dabei bedeutet der

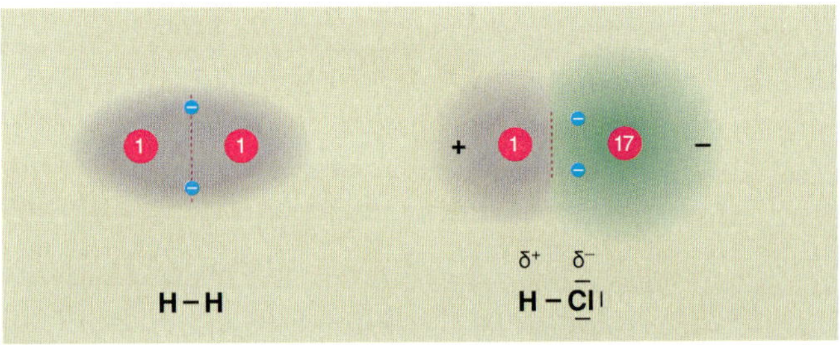

3

griechische Buchstabe δ^-: Das Chloratom hat bei dieser Bindung eine um den Differenzbetrag δ (Delta) negativere elektrische Ladung als im Normalzustand.

Zu polaren Elektronenpaarbindungen (Atombindungen) kommt es, wenn Moleküle aus Atomen *unterschiedlicher* Nichtmetalle bestehen. Vor allem die Atome von Chlor, Sauerstoff und Fluor ziehen aufgrund ihrer starken positiven Kernladungen bindende Elektronenpaare zu sich hin.

In Molekülen, die aus Atomen *ein und desselben Nichtmetalls* bestehen (z. B. H_2, O_2, Cl_2), liegt eine *unpolare Elektronenpaarbindung* (Atombindung) vor. Die Moleküle sind keine Dipole.

A1 *Die Moleküle des Chlorwasserstoffs sind Dipole. Chlorwasserstoff ist jedoch bei Raumtemperatur ein Gas. Wenn man dieses Gas auf –85 °C abkühlt, wird es flüssig.*
Man könnte den flüssigen Chlorwasserstoff wie in den Bildern 1 u. 2 ebenfalls in einem dünnen Strahl an einem elektrisch geladenen Kunststoffstab vorbeileiten. Wie würde er sich verhalten?

63456

Info: Das Wassermolekül – ein Dipol

Wenn man aus einem Glasröhrchen einen dünnen Wasserstrahl auslaufen lässt und einen geladenen Kunststoffstab daneben hält, wird das Wasser abgelenkt. Das zeigt auch Bild 1.

Dafür gibt es folgende Erklärung: Wenn man einen Kunststoffstab mit einem Wolltuch reibt, wird er elektrisch aufgeladen. Die Folge ist, dass in der Umgebung des geladenen Stabes Kraftwirkungen auf elektrische Ladungen auftreten.

So werden z. B. Flüssigkeiten, deren Moleküle **Dipole** sind, zu dem Stab hingezogen – ganz im Gegensatz zu anderen Stoffen, die nicht aus Dipolmolekülen aufgebaut sind. Wenn man den Versuch mit Benzin oder Heptan wiederholt, passiert gar nichts. Die Moleküle, aus denen Benzin oder Heptan bestehen, sind demnach keine Dipole.

Bild 4 zeigt das Modell eines Wassermoleküls. Das Molekül bildet einen Winkel, weil sich die vier Elektronenpaare am Sauerstoffatom gegenseitig abstoßen und möglichst weit entfernt voneinander anordnen. **Wegen des gewinkelten Baus ist das Wassermolekül ein Dipol.**

Zwischen dem Sauerstoffatom und jedem der beiden Wasserstoffatome besteht eine polare Elektronenpaarbindung. Die gemeinsamen Elektronenpaare werden vom Sauerstoffatom stärker angezogen als von den Wasserstoffatomen. Am Sauerstoffatom liegt der negative Ladungsschwerpunkt, auf der Seite der beiden Wasserstoffatome der positive.

Aufgrund ihrer Dipoleigenschaft üben die Wassermoleküle anziehende Kräfte aufeinander aus.

Durch diese so genannte **Wasserstoffbrückenbindung** (in Bild 5 jeweils durch kleine Striche dargestellt) halten die Wassermoleküle stärker zusammen als ohne sie. Daher sind Wassermoleküle schon bei Temperaturen von knapp über 0 °C zu gruppenförmigen Verbänden verknüpft. Das Wasser ist deshalb bereits bei diesen Temperaturen flüssig.

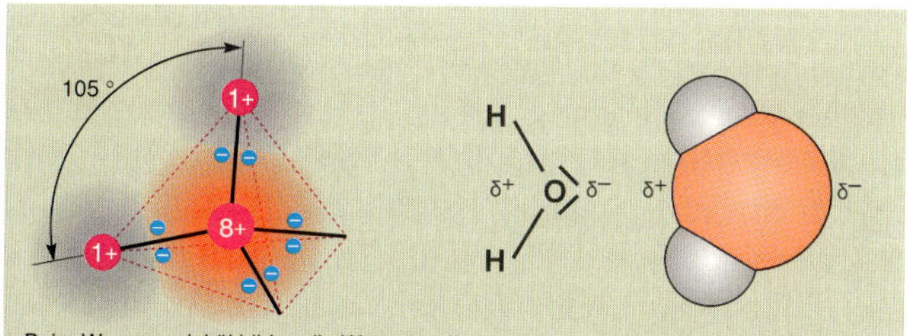

Beim Wassermolekül bilden die Wasserstoffatome einen Winkel von 105 ° zum Sauerstoffatom.

4

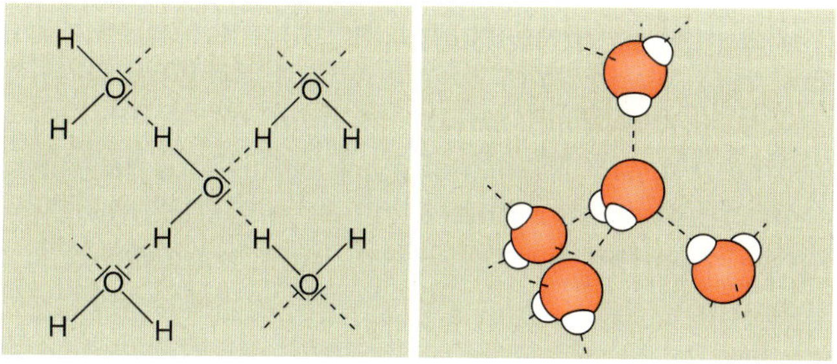

5

A2 *Was muss man beachten, damit man bei dem Versuch nach den Bildern 1 u. 2 vergleichbare Ergebnisse erzielt?*

A3 *Wie kommt es zur Bildung von Dipolen bei Molekülen? Antworte mit Hilfe eines Beispiels.*

A4 *In Bild 4 wurde das Wassermolekül gewinkelt dargestellt. Erkläre!*

A5 *In Bild 6 wurde ein Kohlenstoffdioxidmolekül durch zweierlei Modelle dargestellt. Ist dieses Molekül ein Dipol? Begründe deine Antwort.*

A6 *Zwischen den Atomen von unterschiedlichen Nichtmetallen kommt es zur Bildung polarer Elektronenpaarbindungen.*

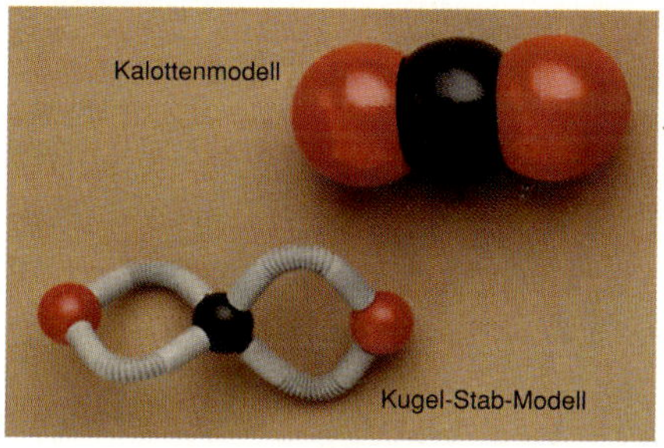

6

Zwischen den Atomen ein und desselben Nichtmetalls liegen dagegen unpolare Elektronenpaarbindungen vor.
Versuche dafür eine Erklärung zu finden.

A7 *Eine bestimmte Menge Wasser nimmt nach dem Gefrieren ein größeres Volumen ein als vorher. Das entstandene Eis schwimmt dann auf dem Wasser.*
Welche Begründung hast du dafür? (Lies dazu auch den Text „Die Besonderheiten des Wassers" auf der folgenden Seite.)

Aus der Umwelt: Die Besonderheiten des Wassers

Wasser zeigt einige Besonderheiten, die mit dem **Dipolcharakter** seiner Moleküle zu erklären sind. Ohne diese Besonderheiten wäre kein Leben auf der Erde möglich!

Die *Siedetemperatur* des Wassers ist – verglichen mit der Siedetemperatur seiner „Bestandteile" Wasserstoff und Sauerstoff – äußerst hoch. Das liegt daran, dass beim Verdampfen von Wasser zusätzlich die Bindungskräfte der *Wasserstoffbrücken* überwunden werden müssen.

Ohne die Wasserstoffbrücken läge die Siedetemperatur von Wasser weit unter 0 °C. Bei Raumtemperatur wäre Wasser dann also gasförmig.

In *Eiskristallen* sind die Wasserstoffbrückenbindungen ganz besonders regelmäßig ausgebildet (Bild 1).

Da jedes Sauerstoffatom gleichmäßig von vier Wasserstoffatomen umgeben ist, ergibt sich beim Eis eine sehr weiträumige, sperrige Gitterstruktur: Wasser dehnt sich also aus, wenn es zu Eis wird.

Diese sperrige Struktur bricht weitgehend zusammen, wenn das Eis schmilzt. Dann können sich die Wassermoleküle enger aneinander lagern. Das Schmelzwasser hat deshalb ein geringeres Volumen (und damit eine größere Dichte) als das Eis vor dem Schmelzen. Das hat zur Folge, dass Eis auf Wasser schwimmt.

Aber auch wenn Wasser flüssig ist, lagern sich häufig Moleküle in gleicher Ordnung wie im Eisgitter aneinander: Es bilden sich immer wieder kurzzeitig Bereiche mit sperriger, eisähnlicher Struktur aus, also Bereiche mit verringerter Dichte. Mit steigender Temperatur werden diese Bereiche aber kleiner und seltener – die Dichte des Wassers nimmt also wieder zu. Daher müsste sich *Wasser, wenn es erwärmt wird, zusammenziehen*. Und das beobachtet man auch zwischen 0 °C und 4 °C.

Oberhalb von 4 °C gewinnt aber beim Wasser die „normale Wärmeausdehnung" die Oberhand. Jetzt brauchen die Wassermoleküle nämlich immer mehr Platz, weil ihre Eigenbewegungen heftiger werden.

Die Besonderheiten des Wassers beim Schmelzen und Erwärmen nennt man **Anomalie des Wassers**. Diese sind für die Natur von großer Bedeutung.

So können Fische in einem zugefrorenen Teich, der mindestens 1,20 m tief ist, auch einen harten und langen Winter überleben. Die Wahrscheinlichkeit, dass dieser Teich bis zum Grund zufriert, ist gering.

Unterhalb der Eisschicht beträgt die Temperatur des Wassers stets 0 °C. Da das Wasser bei 4 °C seine größte Dichte hat, sinkt es auf den Grund des Teiches ab. Bei dieser Temperatur können die Fische überleben. Je dicker die Eisschicht auf dem Wasser wird, desto mehr wirkt sie der kalten Luft gegenüber isolierend. So wird die Eisschicht kaum über 75 cm dick.

Die Wirkung von gefrierendem Wasser hat große Bedeutung bei der Entstehung von neuem Erdboden. Das lässt sich im Gebirge gut beobachten. Jeder Fels hat winzige Risse und Spalten, in die das Regenwasser eindringen kann. Wenn es gefriert, werden die Risse durch die Ausdehnung des Wassers beim Gefrieren erweitert. So kann weiteres Wasser tiefer eindringen. Beim nächsten Frost wird der Felsen schließlich „zersprengt" und in kleinere Brocken zerlegt. Es entstehen Geröllfelder (Bild 3).

Manche Asphaltstraßen zeigen im Frühjahr tiefe Schlaglöcher. Solche Frostaufbrüche sind auch auf die Anomalie des Wassers zurückzuführen.

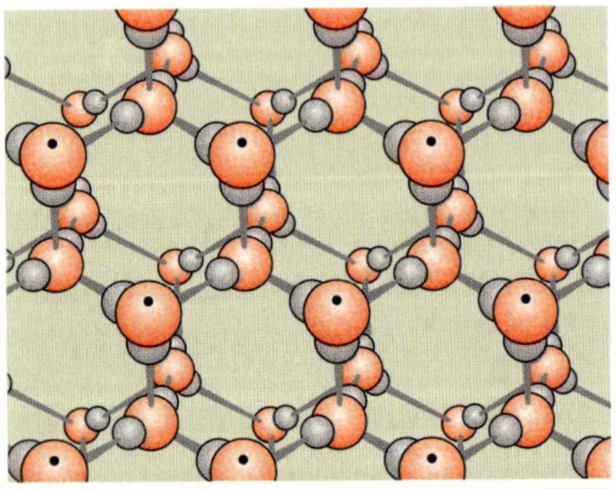

Die grauen Verbindungsstücke stellen die Wasserstoffbrückenbindungen dar.

1

2

3

63458

Zusammenfassung

Die Elektronenpaarbindung *(Atombindung)*

Atome haben das Bestreben eine voll besetzte Außenbahn *(Edelgashülle)* zu erhalten. Dadurch erreichen sie dann einen stabilen, energiearmen Zustand (**Edelgas-** oder **Oktettregel**). Das führt zur Elektronenpaarbindung in Molekülen.

Die Atome einiger Nichtmetalle können zweiatomige **Moleküle** bilden (z. B. Wasserstoff oder Chlor). Dabei erfolgt die **Bindung durch gemeinsame Elektronenpaare** (Bild 4).

Jedes der beteiligten Atome erreicht durch den gemeinsamen Besitz eines oder mehrerer Elektronenpaare eine voll besetzte Außenbahn und damit einen energiearmen Zustand.

Auch *unterschiedliche* Atomarten können durch Elektronenpaare miteinander verbunden sein.

Wenn sich zwei Atome unterschiedlicher Nichtmetalle miteinander verbinden, zieht das Atom mit der größeren Kernladungszahl das jeweils bindende Elektronenpaar stärker zu sich hin. Man bezeichnet das als **polare Elektronenpaarbindung**.

Moleküle mit ungleichmäßig verteilter elektrischer Ladung stellen **Dipole** dar (z. B. das Wassermolekül; Bild 5). Zwischen Dipolmolekülen treten zusätzliche Anziehungskräfte auf, z. B. die **Wasserstoffbrückenbindung**.

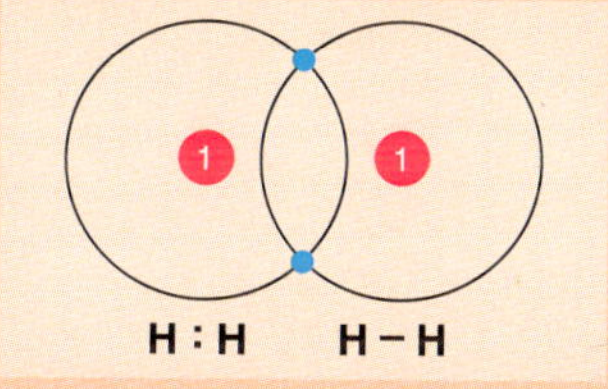

4

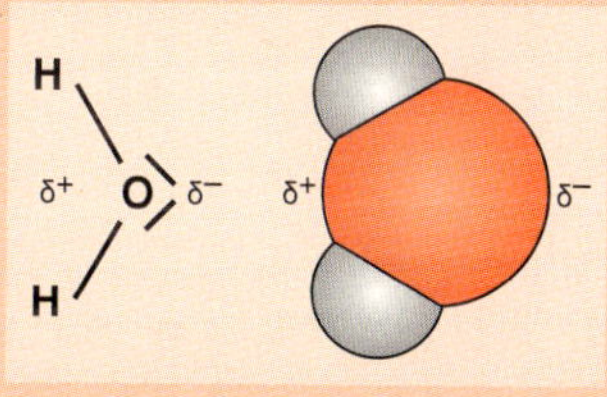

5

Alles klar?

1. *Man sagt: Der Kern des Sauerstoffatoms ist achtfach positiv geladen. Erläutere, was damit gemeint ist.*

a) *Wie viele Elektronen umgeben insgesamt diesen Kern? Wie viele davon befinden sich in der äußeren Schale?*

b) *Wie kann ein Sauerstoffatom den Edelgaszustand erreichen? Begründe deine Antwort.*

2. *Magnesium reagiert nicht mit Neon. Begründe diesen Sachverhalt mit Hilfe eines Atommodells.*

3. *Auch wenn sich unterschiedliche Atomsorten verbinden, können Moleküle entstehen. Ein Beispiel dafür ist die Verbindung von Wasserstoff und Chlor zu Chlorwasserstoff. Wie kommt es zur Bildung des Chlorwasserstoffmoleküls (Bild 6)? Beschreibe!*

4. *Beschreibe den Bau des Wassermoleküls. Denke dabei auch an die Ladungsschwerpunkte.*

5. *Welche Folgen hätte es, wenn die Wassermoleküle keine Dipole wären? Nenne einige Beispiele dazu.*

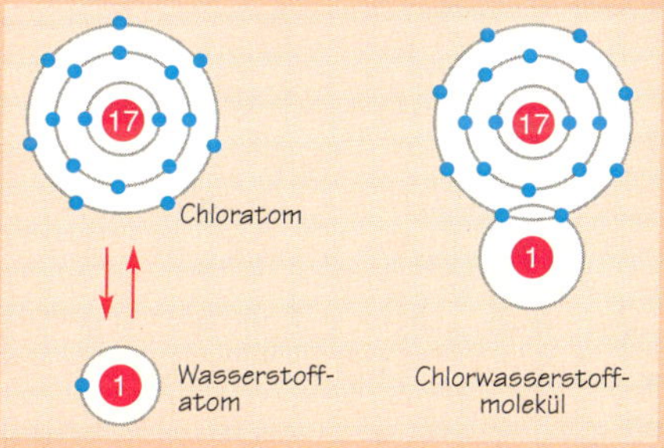

6

6. *Bild 7 zeigt ein Molekül Bromwasserstoff (Modell). Beschreibe es. Wo müsste man die Ladungsschwerpunkte ergänzen?*

7

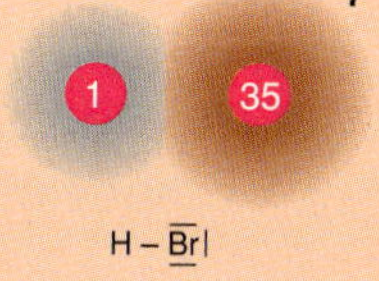

7. *Die Anomalie des Wassers hat große Bedeutung in der Natur.*

a) *Erläutere, warum Fische in einem genügend tiefen Teich im Winter überleben können.*

b) *Beschreibe, wie es zu Frostaufbrüchen auf den Straßen kommen kann. Warum machen die sich erst im Frühjahr bemerkbar?*

Ionen und Ionenbindung

Eigenschaften und Bau von Natriumchlorid

1

2

Salz – mechanisch fest, aber gegenüber Wasser unbeständig.

V1 *Wir untersuchen große und fein zerriebene* ***Kristalle*** *verschiedener Salze (z.B. Natriumchlorid, Kaliumchlorid), ob sie den elektrischen Strom leiten (Bild 3; die Elektroden dürfen sich nicht berühren!).*

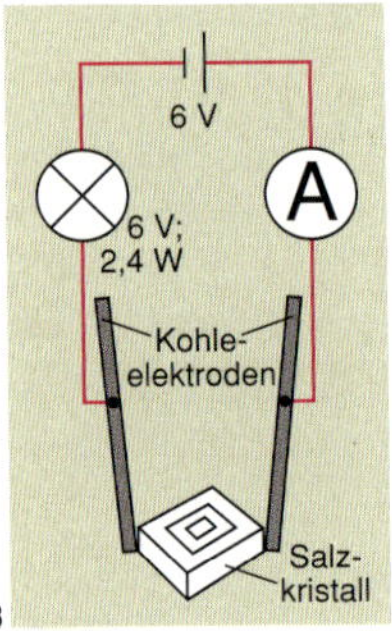

3

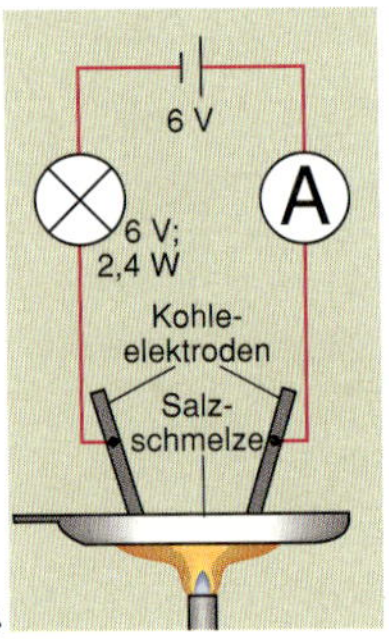

4

V2 *Um die Leitfähigkeit einer* ***Salzschmelze*** *zu prüfen, wird ein Salz (z.B. Natriumchlorid, Zinkiodid) bis zum Schmelzen erhitzt. Die Schmelze wird dann in einen Stromkreis eingebaut (Bild 4).*

V3 *Hier geht es um die Leitfähigkeit von* ***Salzlösungen*** *(Bild 5). Zunächst wird destilliertes Wasser überprüft. Dann löst man nach und nach Natriumchlorid oder Zinkiodid darin auf. Beobachte das Messgerät.*

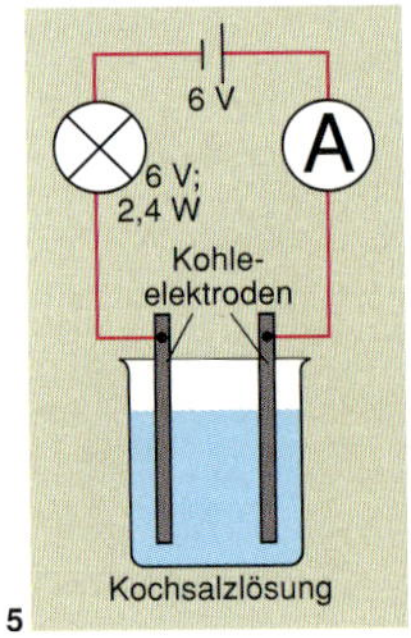

5

Info: Ionen als Ladungsträger

Salze sind im festen Zustand elektrische Nichtleiter. Wenn man ein Salz bis zu seiner Schmelztemperatur erhitzt, entsteht eine **Salzschmelze**. Sie leitet den elektrischen Strom. In ihr muss es also frei bewegliche, elektrisch geladene Teilchen geben.

Es handelt sich hierbei um „elektrisch geladene Atome“; sie heißen **Ionen** (griech. *ion:* das Wandernde). Die Ionen sind bereits in den Salzkristallen vorhanden, sitzen dort jedoch fest an ihren Plätzen. Erst beim Schmelzen der Salzkristalle oder beim Lösen in Wasser werden die *Ionen frei beweglich*.

Wenn wir z.B. an eine Zinkiodidschmelze eine Gleichspannung anlegen, bildet sich an der negativen Elektrode ein Überzug aus Zink. An der positiven Elektrode setzt sich Iod ab. Das Zinkiodid wird also in die Elemente Zink und Iod zerlegt.

Bekanntlich ziehen sich entgegengesetzte Ladungen an. In der Salzschmelze müssen also elektrisch positiv geladene Zink-Ionen vorhanden sein, die zum Minuspol wandern und dort entladen werden; dabei entstehen Zinkatome. Außerdem müssen elektrisch negativ geladene Iodid-Ionen vorhanden sein, die zum Pluspol wandern und dort entladen werden.

Auch eine **Salzlösung** leitet den elektrischen Strom. In ihr sind die Ionen zwischen den Wassermolekülen frei beweglich. Wenn man eine Gleichspannung anlegt, kann man die gleichen Erscheinungen beobachten wie bei einer Salzschmelze: Die Ionen wandern. Die positiv geladenen Ionen wandern zum Minuspol, die negativ geladenen zum Pluspol.

Diese *Wanderung der Ionen* ist der elektrische Strom in Salzschmelzen und Salzlösungen.

63460

Info: Wir vergleichen Ionen und Atome

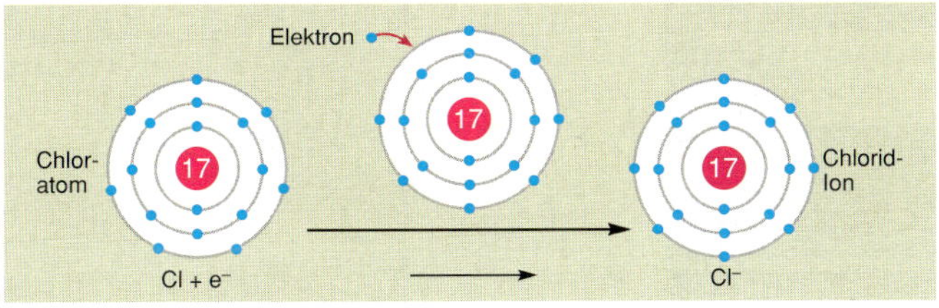

6

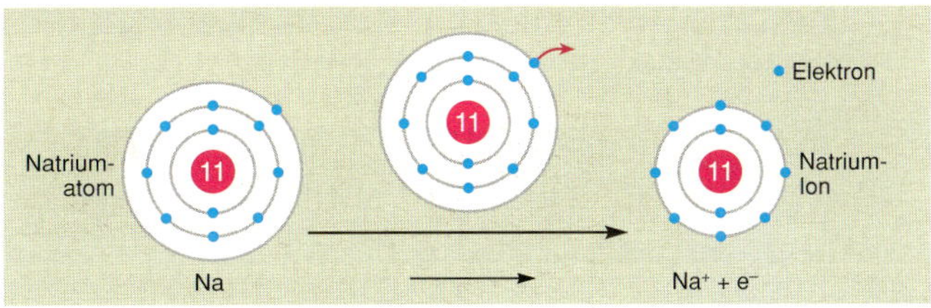

7

Die elektrische Leitfähigkeit von Salzschmelzen und wässrigen Salzlösungen beruht auf frei beweglichen Ionen. So enthält z. B. die Natriumchloridlösung neben den elektrisch neutralen Wassermolekülen elektrisch einfach positiv geladene Natrium-Ionen und elektrisch einfach negativ geladene Chlorid-Ionen.

Das **Chloratom** hat 7 Außenelektronen. Das kann man in *Elektronenschreibweise* so darstellen:

:C̈l· oder |C̅l·

(Jedes Elektronenpaar auf der äußeren Bahn kann auch durch einen Strich dargestellt werden.) *Cl* steht hier nicht für das gesamte Chloratom, sondern nur für den *Atomrumpf* (Atomkern und voll besetzte Elektronenbahnen).

Das **Chlorid-Ion** hat den gleichen Atomkern wie das Chloratom, also 17 positiv geladene Protonen. Aber auf der Außenbahn hat das Chlorid-Ion 8 Elektronen, also ein Elektron mehr als das neutrale Chloratom. Folglich ist das Chlorid-Ion elektrisch *einfach negativ geladen*. Dafür schreiben wir in *Ionenschreibweise* $\mathbf{Cl^-}$. (Die Ladung des Ions steht immer rechts oben am Symbol.)

Das **Natriumatom** besitzt ein Außenelektron. Das kann man in *Elektronenschreibweise* so darstellen: **Na·** Auch hier steht *Na* nicht für das gesamte Natriumatom, sondern nur für den *Atomrumpf*. Der Punkt steht für das eine Außenelektron.

Das **Natrium-Ion** hat den gleichen Atomkern (die gleiche Anzahl positiver Ladungen) wie das Natriumatom. Aber beim Natrium-Ion fehlt das eine Außenelektron. Es hat also eine negative Ladung weniger als das neutrale Natriumatom. Das Natrium-Ion ist also elektrisch *einfach positiv geladen*. Wir schreiben dafür in *Ionenschreibweise* $\mathbf{Na^+}$.

Die Atome aller Elemente sind bestrebt eine voll besetzte Außenbahn (Edelgashülle) zu erreichen. Das ist der Fall, wenn aus ihnen z. B. Ionen werden.

Wenn das *Natriumatom* sein Außenelektron *abgibt*, wird es zum **Natrium-Ion** (Bild 7). Dabei erreicht es die Elektronenhülle des im PSE vorausgehenden Edelgases Neon.

Das *Chloratom* muss ein weiteres Elektron *aufnehmen* um die Edelgashülle des im PSE benachbarten Argonatoms zu erreichen. So entsteht ein **Chlorid-Ion** (Bild 6).

A1 *Erläutere den Begriff Ion.*

A2 *Völlig reines Wasser leitet den elektrischen Strom praktisch nicht, Trinkwasser leitet. Wie erklärst du dir das?*

A3 *Was hältst du von der Aussage: „Salze leiten den elektrischen Strom"? Begründe deine Antwort.*

A4 *Durch eine Zinkbromidschmelze und eine Zinkbromidlösung wird ein elektrischer Gleichstrom geleitet. Vergleiche die beiden Vorgänge.*

A5 *Wie entsteht aus einem Magnesiumatom ein Magnesium-Ion? Zeichne und beschreibe.*

A6 *Vergleiche Ionen und Elektronen miteinander.*

A7 *Eine Salzlösung und eine Salzschmelze sind elektrische Leiter, ein Salzkristall ist dagegen ein Nichtleiter. Erläutere dies.*

A8 *Wenn man an eine Zinkiodidschmelze eine elektrische Gleichspannung anlegt, gehen Elektronen von einer Teilchenart zu einer anderen über. Beschreibe möglichst genau.*

A9 *Vergleiche die Teilchen in einer Salzschmelze und einer Salzlösung.*

A10 *Welches Salz ist zur Herstellung einer Salzschmelze im Versuch geeignet (→ Anhang)?*

Die Bildung von Natriumchlorid

1
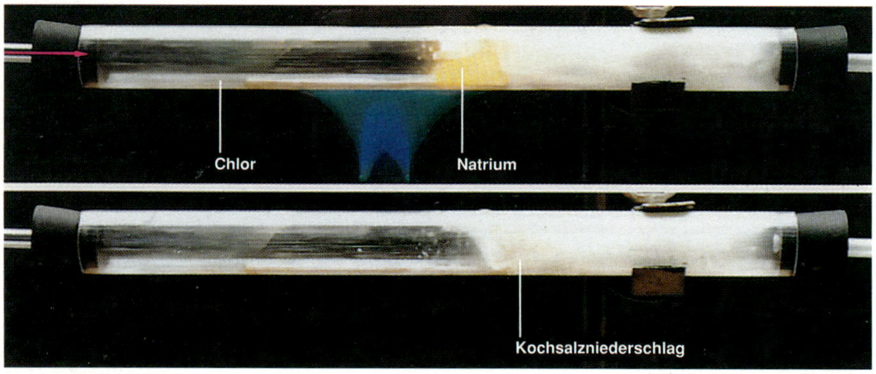

2
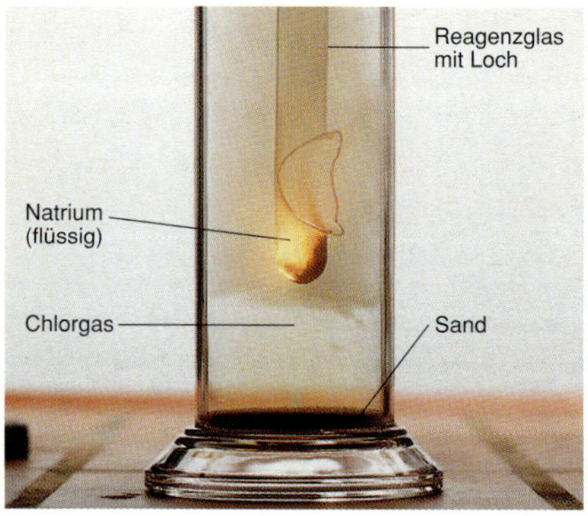

Natrium und Chlor reagieren heftig miteinander zu Natriumchlorid. Das zeigen z. B. die Lehrerversuche nach den Bildern 1 u. 2.

Was geschieht dabei im Bereich der kleinsten Teilchen von Natrium und Chlor? Das wollen wir genauer betrachten.

Info: Wie Natrium mit Chlor reagiert

3
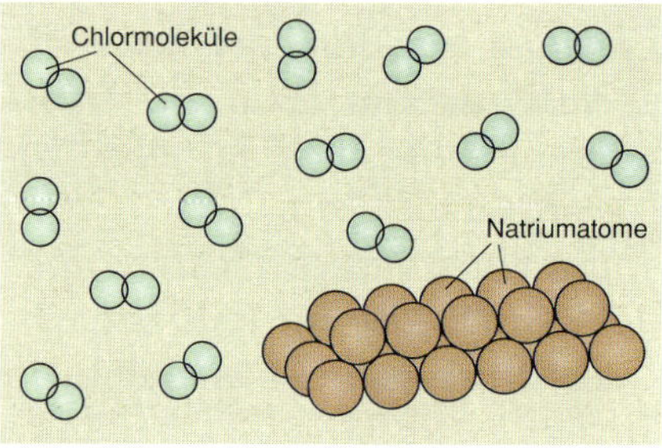

4
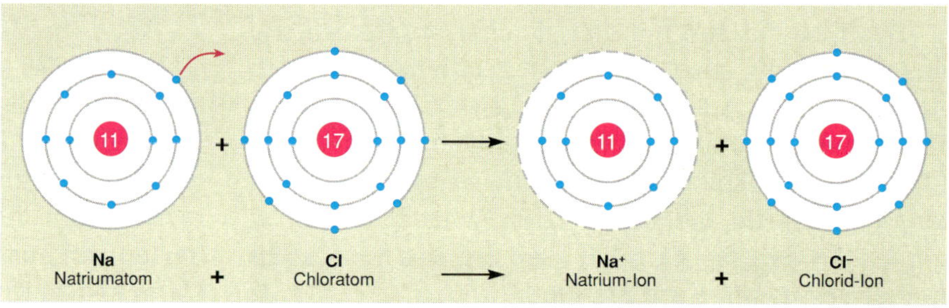

Zu Beginn der Reaktion liegt das Natrium als fester Stoff, das Chlor als gasförmiger Stoff vor (Bild 3 Darstellung im **Modell**).

Durch Energiezufuhr (Aktivierungsenergie) verdampft ein Teil des Natriums. Vom Natriumkristall lösen sich dabei Einzelatome ab. Auch Chlormoleküle werden in Einzelatome gespalten. Nun können Natriumatome mit Chloratomen reagieren.

Jedes Natriumatom hat ein Elektron auf seiner Außenbahn, jedes Chloratom dagegen sieben. Trifft nun ein Natriumatom auf ein Chloratom, so geht das Außenelektron des Natriumatoms zum Chloratom über (Bild 4).

Wenn Natrium und Chlor miteinander reagieren, entstehen viele Natrium- und Chlorid-Ionen. Sie ordnen sich so an, dass sie mit möglichst vielen entgegengesetzt geladenen Ionen umgeben sind. Dadurch bildet sich ein räumlicher Ionenverband, das *Ionengitter* (Bilder 5 u. 6).

Die Verbindung Natriumchlorid ist chemisch gesehen stabiler als die Elemente Natrium und Chlor.

Die Natriumchloridbildung lässt sich auch als **Ionengleichung** schreiben.

$$2\,Na \rightarrow 2\,Na^+ + 2e^-$$
$$Cl_2 + 2\,e^- \rightarrow 2\,Cl^-$$
$$2\,Na + Cl_2 \rightarrow \underbrace{2\,Na^+ + 2\,Cl^-}_{2\,NaCl}$$

Hier findet also eine *Elektronenübertragung* vom Metallatom zum Nichtmetallatom statt.

In gleicher Weise wie Natrium und Chlor können viele Metalle mit Nichtmetallen reagieren. Dabei entstehen *Salze*.

64960

Info: Wie die Ionen zusammenhalten – die Ionenbindung

Natrium-Ionen und Chlorid-Ionen haben entgegengesetzte elektrische Ladungen. Deshalb ziehen sie sich gegenseitig an (Bild 5). Dabei wirken die Anziehungskräfte gleichmäßig in alle Richtungen.

Die Ionen sind so angeordnet, dass sich eine größtmögliche Anziehung ergibt. So bildet sich ein räumlicher Ionenverband aus, das **Ionengitter** (Bild 6). Auf diese Weise entstehen Kristalle; sie heißen **Ionenkristalle**.

Die Bindung zwischen den Ionen im Kristall nennt man *Ionenbindung*. Bild 6 zeigt, wie wir uns den Bau eines Natriumchloridkristalls vorstellen können: Er ist *würfelförmig* angelegt. Die Zeichnung berücksichtigt, dass das Chlorid-Ion größer ist als das Natrium-Ion.

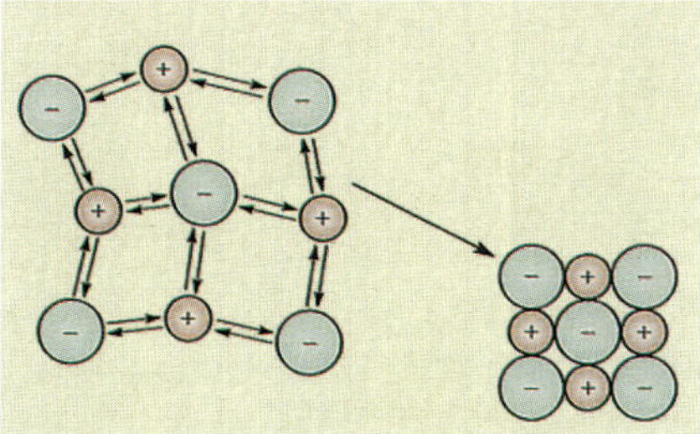

5

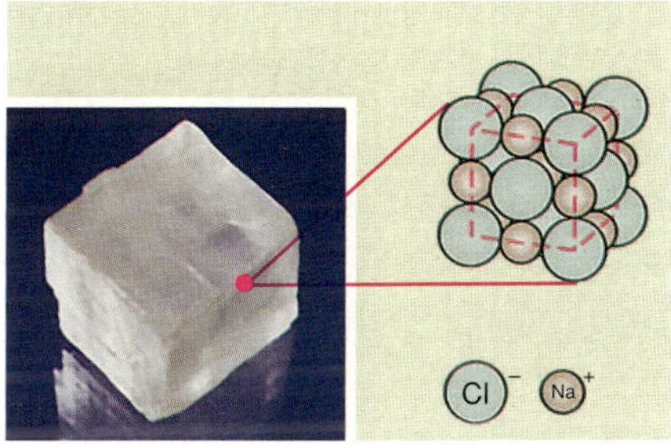

6

Im Ionenkristall von Natriumchlorid kommt auf jedes Natrium-Ion ein Chlorid-Ion. Die Formel lautet deshalb **NaCl**. Diese Formel beschreibt nur das Zahlenverhältnis der im Ionengitter gebundenen Metall- und Nichtmetall-Ionen, in diesem Fall:

$Na^+ : Cl^- = 1 : 1$.

Es ist also auch eine **Verhältnisformel**, wie wir sie bei den Sulfiden kennen gelernt haben.

Info: Nicht nur Natrium und Chlor können Ionen bilden

Die Atome vieler Elemente können nicht nur ein Elektron aufnehmen bzw. abgeben, sondern *mehrere* Elektronen. So gibt z. B. das Magnesiumatom 2 Elektronen ab (Bild 7) und das Aluminiumatom 3.

Die entstehenden Ionen sind *mehrfach* geladen, in unseren Beispielen *zweifach* und *dreifach*. Ihre chemischen Zeichen lauten Mg^{2+} bzw. Al^{3+}.

Die nebenstehende Übersicht zeigt, wie viele elektrische Ladungen die Ionen hauptsächlich haben.

Wenn man den Namen eines Salzes schreibt, gibt man die Ladung des beteiligten Metall-Ions in einer Klammer mit römischen Ziffern und einem Bindestrich an, z. B. Kupfer(II)-chlorid. Das macht man, wenn aus den Atomen dieses Elements Ionen mit unterschiedlich vielen Ladungen entstehen können. Es gibt z. B. Eisen(II)-chlorid und Eisen(III)-chlorid.

Wenn Atome Elektronen aufnehmen oder abgeben, verändern sich ihre Größen. Das ist so zu erklären:

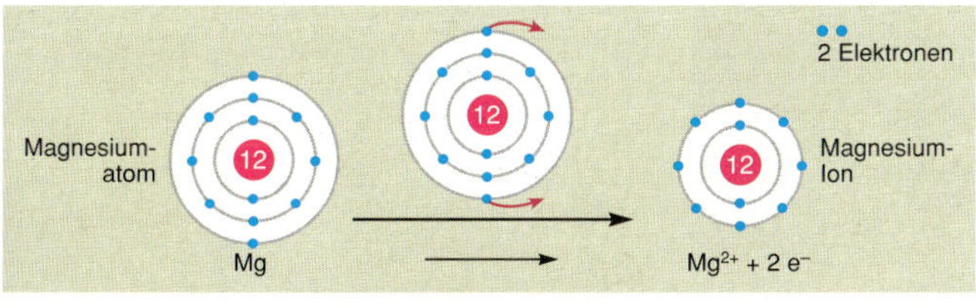

7

Bei den *Halogenen* haben die Atome 7 Außenelektronen. Wenn nun ein weiteres **Elektron aufgenommen** wird, wird nur die Lücke auf der Außenbahn besetzt. Das hinzukommende Elektron wirkt auf die anderen Elektronen kaum abstoßend. Die **negativ geladenen Ionen** sind deshalb kaum größer als die entsprechenden Atome.

Wenn Atome **Elektronen abgeben**, wie es bei der Reaktion von *Alkalimetallen* (z. B. Lithium, Natrium und Kalium) mit ihren einzelnen Außenelektronen der Fall ist, bleibt die jeweilige Außenbahn „unbesetzt“ zurück; diese Bahn entfällt. Die **positiv geladenen Ionen** sind deshalb wesentlich kleiner als die entsprechenden Atome (→ Übersicht im Anhang).

Einige Ionen und ihre hauptsächlichen Ladungen

Positiv geladene Ionen		Negativ geladene Ionen	
Name des Ions	Symbol	Name des Ions	Symbol
Natrium-Ion	Na^+	Chlorid-Ion	Cl^-
Kalium-Ion	K^+	Iodid-Ion	I^-
Magnesium-Ion	Mg^{2+}	Sulfid-Ion	S^{2-}
Kupfer-Ion	Cu^{2+}	Oxid-Ion*	O^{2-}
Zink-Ion	Zn^{2+}	(* nicht in Lösungen)	

Schülerversuche

V1 *Wir untersuchen die **Löslichkeit** von Salzen.*

a) *Zunächst geben wir in je ein Reagenzglas 1 cm hoch Natriumchlorid (NaCl) bzw. Natriumnitrat ($NaNO_3$) [O]. Dann gießen wir jeweils 5 ml Wasser hinzu (Bild 1). Die Gläser werden mit Stopfen verschlossen und dann kräftig geschüttelt. Was kannst du beobachten?*

b) *Wir geben zu den Salzlösungen unter Schütteln nach und nach so viel des zuvor verwendeten Salzes, bis sich ein Bodensatz bildet. Die Lösungen sind dann gesättigt.*

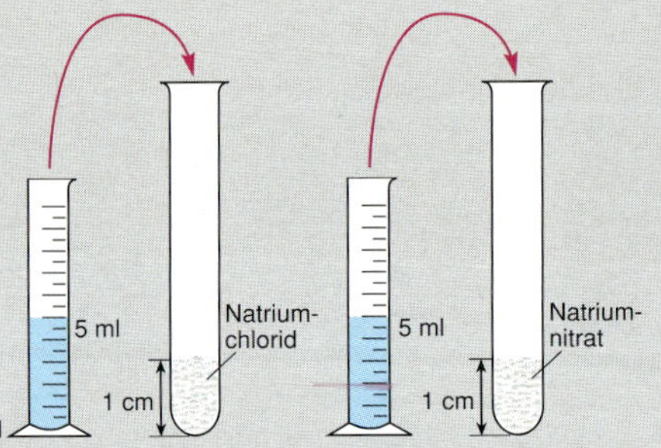

1

c) *Nun erwärmen wir die Lösungen langsam, wobei wir sie vorsichtig hin und her schwenken. Beobachte dabei den Bodensatz.*

d) *Lass einen Teil der Lösungen auf einem Uhrgläschen verdunsten. Betrachte die Rückstände mit einer Lupe.*

V2 *Wir vergleichen die **Löslichkeit** weiterer Salze. Dazu lösen wir jeweils 1 Spatelspitze der folgenden Salze in Reagenzgläsern mit je 5 ml Wasser auf: Ammoniumchlorid (NH_4Cl) [Xn], Kaliumchlorid (KCl) [Xn], Kaliumnitrat (KNO_3) [O], Lithiumchlorid (LiCl) [Xn], wasserfreies Kupfersulfat ($CuSO_4$) [Xn], Ammoniumnitrat (NH_4NO_3) [O].*

a) *Ordne die Salze nach ihrer Löslichkeit.*

b) *Auch hier werden die Lösungen eingedampft und die Rückstände mit der Lupe betrachtet. Vergleiche!*

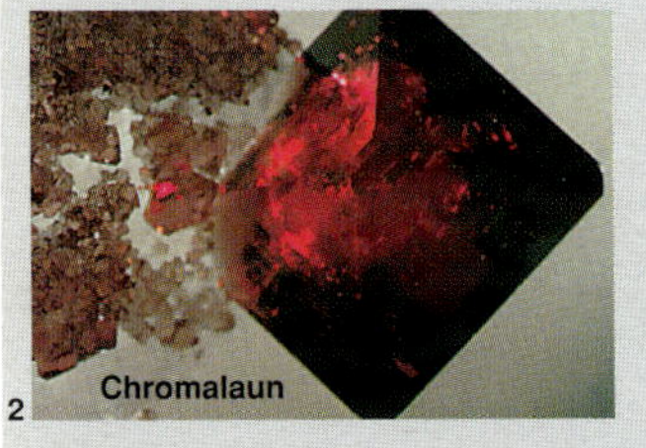
2 Chromalaun

Anleitung: So kann man Kristalle züchten

Die Kristalle der Bilder 2 u. 3 haben ihre Form nicht durch Schleifen erhalten, sie sind so „gewachsen".

Große Kristalle werden im Labor gezüchtet. Das dauert mehrere Wochen oder Monate. Aber kleine Kristalle können dir schon in kurzer Zeit gelingen.

3 Kupfersulfat

Kristalle aus *Kaliumalaun* zu züchten ist ganz einfach: Zunächst erhitzen wir 500 ml destilliertes Wasser auf 60–70 °C. Dann werden 100 g Kaliumalaun in dem heißen Wasser unter ständigem Rühren gelöst. Die entstehende Flüssigkeit soll einige Stunden lang ruhig stehen bleiben. Sie kühlt dabei ab.

Auf dem Boden der Flüssigkeit bilden sich schon kleinere Kristalle. Die größten und schönsten fischen wir mit einem Löffel oder einer Pinzette heraus. Sie werden auf Filterpapier getrocknet.

Die Flüssigkeit wird umgerührt und durch ein Filterpapier in ein sauberes Glas gegossen. Dann wird einer der Kristalle in die Flüssigkeit zurückgelegt oder an einem Faden hineingehängt (Bild 4).

Das Gefäß wird abgedeckt, damit kein Staub in die Flüssigkeit fallen kann. So bleibt es einige Tage lang ruhig bei möglichst gleich bleibender Temperatur erschütterungsfrei stehen.

4

Nach einigen Tagen kann der Kristall entnommen und getrocknet werden. Er darf nicht mit den bloßen Fingern oder mit Feuchtigkeit in Berührung kommen. Man kann ihn zum Schutz mit farblosem Nagellack überziehen.

Auf die gleiche Weise kann man Kristalle verschiedener anderer Salze züchten. Dazu braucht man die hier angegebenen Salzmengen. Sie gelten für jeweils 500 ml destilliertes Wasser.

Kaliumalaun (Aluminiumkaliumsulfat): 100 g
Chromalaun (Chromkaliumsulfat): 300 g
Kalisalpeter (Kaliumnitrat, [O]): 300 g
Kupfersulfat [Xn]: 180 g
Magnesiumsulfat: 670 g

64962

Zusammenfassung

Die chemischen Bindungen im Vergleich

Atome haben das Bestreben eine voll besetzte Außenbahn *(Edelgashülle)* zu erhalten. Dadurch erreichen sie einen stabilen, energiearmen Zustand **(Edelgas-** oder **Oktettregel)**. Das führt zu verschiedenen Bindungsarten.

	Atombindung	**Ionenbindung**
Bindungspartner	Nichtmetallatome/Nichtmetallatome	positive Ionen/negative Ionen
Darstellung im Modell	5 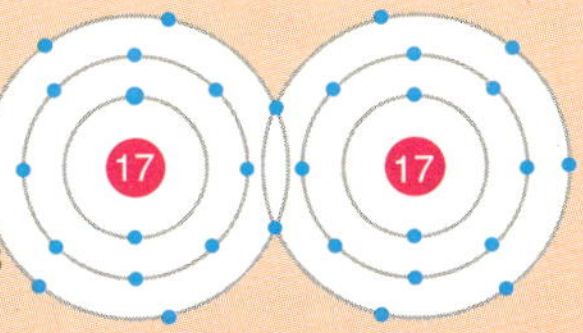 ein Chlormolekül	6 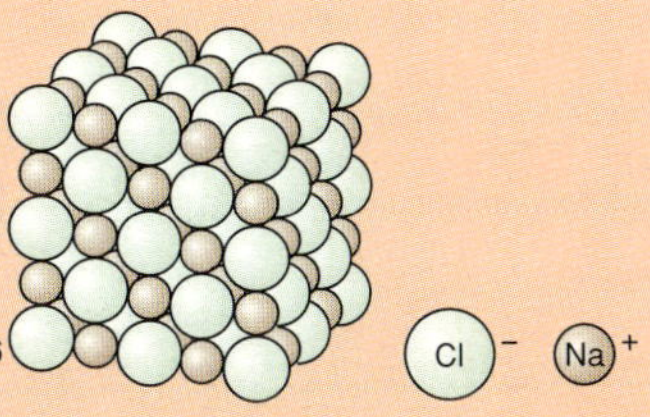
Beispiele	H_2; O_2; N_2; Cl_2; HCl; H_2O	NaCl; Fe_2O_3; MgO
Bindungsmechanismen	Überlappung der Elektronenbahnen und gemeinsamer Besitz von Elektronenpaaren	elektrische Anziehungskräfte zwischen entgegengesetzt geladenen Ionen; Ausbildung von Ionengittern
Besonderheiten	*Polare Atombindung:* Ladungsverschiebungen im Molekül, Dipolmoleküle sind möglich. δ^+ H – Cl δ^- ; H, δ^+ O δ^-, H	In Salzschmelzen und Salzlösungen sind die Ionen frei beweglich (Zerstörung der Gitterstruktur).
Formelschreibweise	*Summenformel:* Sie gibt die Anzahl der Atome im Molekül an.	*Verhältnisformel:* Keine Moleküle; die Formel gibt das Zahlenverhältnis der Ionen im Gitter an.
Schmelz- und Siedepunkt	niedrig; viele flüchtige Verbindungen	meist hoch; vor Verdampfen tritt leicht Zersetzung ein
Löslichkeit	meist unlöslich in Wasser, gut löslich in organischen Lösemitteln	häufig gut löslich in Wasser, unlöslich in organischen Lösemitteln (z. B. Benzin)
Elektrische Leitfähigkeit	Nichtleiter	gut in Lösungen und Schmelzen; Zerlegung durch elektrischen Gleichstrom; Leitfähigkeit durch Bewegung von Ionen in der Flüssigkeit

Alles klar?

1. *Im Kristall des Natriumchlorids sind die Ionen in einem bestimmten Muster angeordnet. Beschreibe es.*

2. *Was sagt die Formel für Natriumchlorid aus?*

3. *Vergleiche Ionen und Atome.*

4. *Ähnlich wie Natrium können auch Lithium und Kalium mit Chlor reagieren. Was geschieht dabei mit den kleinsten Teilchen?*

Die Salze

Kulturgeschichte und Verwendung von Kochsalz

Kannst du dir vorstellen, dass Kochsalz früher sehr kostbar war?
So war es wirklich. Das liegt daran, dass Salz *lebensnotwendig* ist.
Wir müssen es mit unserer Nahrung aufnehmen.
Also kaufen wir welches und würzen die Speisen damit. Aber früher ...?

Aus der Geschichte: Das „weiße Gold“

1

2

Das lebensnotwendige Salz gab es nicht überall auf der Erde. Deshalb hielten sich die Menschen zunächst hauptsächlich in den Gegenden auf, in denen salzhaltige Quellen aus dem Boden sprudelten. Darum entstanden auch in der Nähe von Salzvorkommen die ersten größeren menschlichen Siedlungen.

Weil das Salz so kostbar war, wurde es verehrt wie das Wasser und das Sonnenlicht. Wenn die Menschen ihren Göttern Opfer brachten, gehörte das Salz dazu. Auch Freundschaften besiegelte man mit Salz.

Mit Salz konnte man Speisen auch haltbar machen (Bild 1). Sie wurden gepökelt (in Salz eingelegt).

Salz wurde zu einer wichtigen **Handelsware**. In manchen Teilen der Erde war es so kostbar wie Gold. Man konnte es gegen Gewürze, Tücher, Schmuckstücke, Waffen und Werkzeuge eintauschen.

Vor ca. 2000 Jahren wurde Salz auch wie Geld verwendet. Die römischen Soldaten erhielten einen Teil ihres Soldes (*salarium*, „Salär“) in Form von Salz.

In Niger (Afrika) findet noch heute ein Salzmarkt statt (Bild 2). Salzkegel und -kuchen werden dort gegen Getreide, Zucker, Textilien oder Werkzeuge getauscht.

Beim Transport des Salzes musste man sich genau an die vorgeschriebenen Wege halten. Dafür hatte man dann **Zoll** zu bezahlen – ein einträgliches Geschäft für die jeweiligen Grundherren.

Salztransporte waren immer gefährdet; Überfälle durch Räuber drohten. Deshalb mussten bewaffnete Reiter für Geleitschutz sorgen (Bild 3).

Du weißt wahrscheinlich, dass der Staat auf viele Dinge Steuern erhebt. Früher war das ähnlich. Die Landesherren erhoben eine **Salzsteuer**.

Noch heute wird beim Hersteller eine Steuer von ca. 6 € je 100 kg Salz erhoben. Nur das in der Landwirtschaft und im Gewerbe verwendete Salz ist steuerfrei. Dazu gehört übrigens das Streusalz. Es ist gefärbt und für uns ungenießbar gemacht.

3

63474

Aus der Erdgeschichte: Wie die Salzlager entstanden sind

Alle Ozeane und Meere enthalten Kochsalz. Der Salzgehalt ist aber nicht überall gleich. Er schwankt zwischen 15 g pro Liter Meerwasser (in der Ostsee) und 260 g pro Liter (im Toten Meer).

Könnte man das gesamte in den Meeren gelöste Salz herausholen und damit das Festland bedecken, würde die Schicht 134 m hoch!

Das im Meerwasser gelöste Salz ist auch der Ursprung der Salzlager in der Erde – das kann man sich gut vorstellen. Vor Millionen von Jahren waren die großen Ozeane salzhaltig – ganz genauso wie heute. Sie bedeckten weite Teile des heutigen Europas.

Durch Bodenverschiebungen hob sich an einigen Stellen der Meeresboden und teilte dadurch z. B. eine Bucht vom Ozean ab (Bild 4). Es entstand ein Binnenmeer ohne Abfluss, teilweise auch auf dem Gebiet des heutigen Deutschlands.

Durch die Sonneneinstrahlung verdunstete das Wasser allmählich. Dadurch stieg der Salzgehalt des verbliebenen Wassers ständig an, bis die Lösung *gesättigt* war. Im Wasser bildeten sich Salzkristalle, die sich am Boden absetzten (Bild 5).

Schließlich verdunstete auch das restliche Wasser – das Salz blieb zurück. Der Wind blies dann Sand, Staub und Ton über die Salzschicht und deckte sie zu (Bild 6). Unter wasserdurchlässigen Schichten wurde das Salz später wieder gelöst. Unter wasserundurchlässigen blieb es dagegen als fester Stoff erhalten.

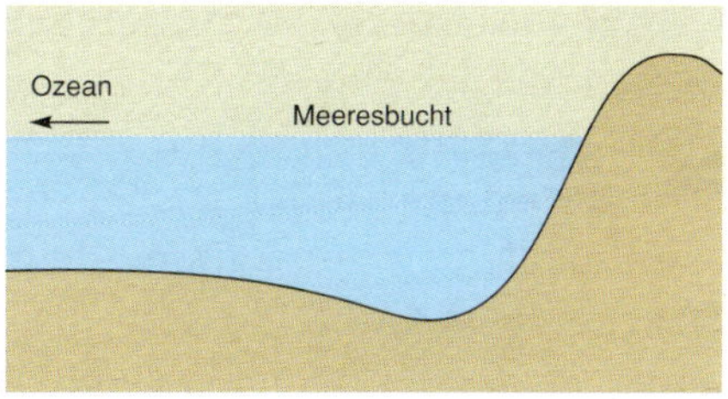

4

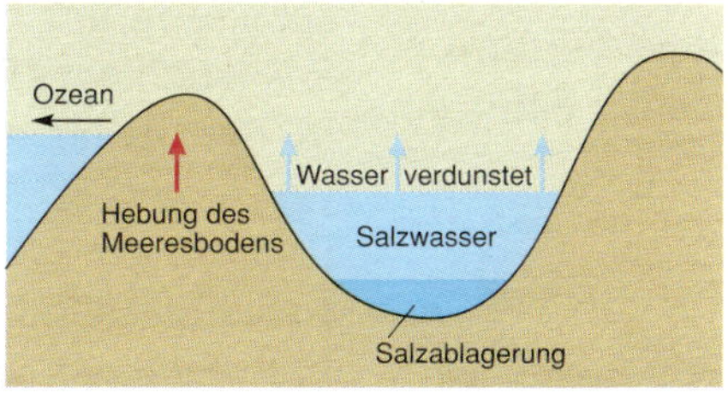

5

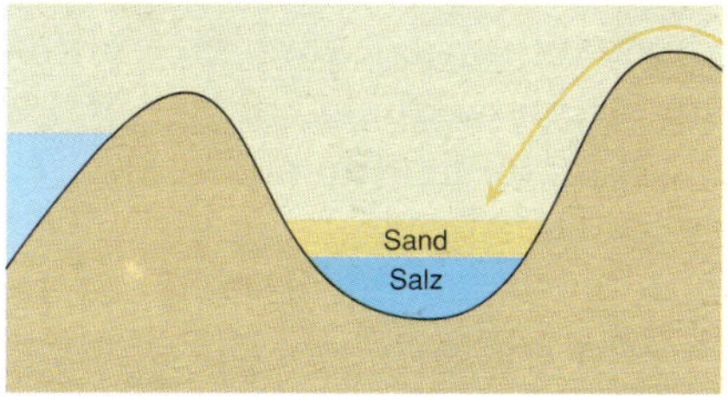

6

Aus der Geschichte: So wurde früher Salz gewonnen

Bauern, die in der Nähe von salzhaltigen Quellen wohnten, fiel auf, dass dort wenig wuchs. Da machten sie aus ihrer Not eine Tugend: Sie betätigten sich als „Sälzer" (Bild 7).

In einem Bericht aus dem 10. Jahrhundert heißt es:

„Die Leute nahmen, wenn sie Salz brauchten, von dem Wasser der salzhaltigen Quellen. Sie füllten damit ihre Kessel und stellten diese auf einen Steinofen. Darunter machten sie ein großes Feuer an. Die Sole wurde beim Versieden dick und trübe und es kristallisierte sich mit der Zeit ein festes und weißes Salz heraus."

Später wurde der Sälzerberuf zu einem geachteten Handwerk.

7

Eigentlich war die Vorgehensweise früher so ähnlich wie heute bei der Salzgewinnung durch **Sole**:

In *Siedehäusern* kochte man die Sole in eisernen Pfannen ein. Das Wasser verdunstete und zurück blieben die Salzkristalle.

Man zog das fertige Salz an den Rand der Pfanne und schaufelte es in spitze Körbe; so konnte das Salz ins Lager getragen werden.

Bevor das Salz die Siederei verließ, wurde es genau ausgewogen. Jeder Sack musste mit 50 kg Salz gefüllt sein.

Ein Zollbeamter überwachte diesen Vorgang und versiegelte die Säcke. Für jeden Sack war dann eine Steuer an den Landesherrn fällig.

Aus Umwelt und Technik: Salzgewinnung aus Sole

In Deutschland gibt es praktisch unerschöpfliche Salzlager; sie sind teilweise mehrere hundert Meter mächtig. Solche Salzlagerstätten findet man in mehreren Bundesländern. Die wichtigsten Standorte der deutschen Salzindustrie liegen im norddeutschen Tiefland, in Baden-Württemberg und Sachsen-Anhalt. In Bayern wird in Bad Reichenhall und Berchtesgaden Salz gewonnen.

Im Bergbau erfolgt die Salzgewinnung überwiegend durch Bohr- und Sprengverfahren. Aber auch riesige Schneidemaschinen tragen das unterirdische Salz ab (Bild 1). Die Salzbrocken werden zerbrochen, zermahlen und gesiebt, bevor sie weiterverarbeitet werden können.

Da jedoch nicht alle Lagerstätten bergmännisch abgebaut werden können, wurden andere Verfahren zur Salzgewinnung entwickelt. Ein Beispiel dafür ist die **Bohrlochsolung** (Bild 2).

Zunächst wird das unterirdische Salzlager von der Erdoberfläche her angebohrt. In das Innere eines Rohres mit großem Durchmesser hängt man ein zweites Rohr mit kleinerem Durchmesser, das *Zentralrohr*.

Nun wird Wasser mit Hilfe von Pumpen durch das äußere Rohr in das Salzlager gedrückt. Das Salz löst sich auf und es entsteht eine Salzlösung, die **Sole**. Sie enthält so viel gelöstes Salz, dass sie gesättigt ist.

Da man von über Tage her ständig weiteres Wasser in das Bohrloch pumpt, wird die gesättigte Sole im Zentralrohr nach oben gedrückt. Die so gewonnene Sole enthält kaum Verunreinigungen; diese bleiben im Salzlager zurück.

Damit Wasser und Sole nicht nach oben in andere Erdschichten eindringen, spritzt man eine „Schutzflüssigkeit“ ein. Sie kann auf Wasser und Sole schwimmen.

Bei diesem Verfahren der Salzgewinnung braucht man viel weniger Mitarbeiter als im Steinsalz-Bergbau. Alle Vorgänge werden hier nämlich durch Computer gesteuert und auch überwacht.

Die gewonnene Sole wird meist nicht an Ort und Stelle verarbeitet. Man leitet sie vielmehr durch Rohrleitungen zu Betrieben der chemischen Industrie. Aus einem Teil der Sole gewinnt man mit Hilfe elektrischer Energie Natrium und Chlor.

Ein anderer Teil der Sole wird in riesigen geschlossenen Kesseln eingedampft (Bild 3). So werden Salz und Wasser voneinander getrennt.

Die Bohrlochsolung kann nicht überall eingesetzt werden. Es muss vor allem eine sehr dicke Salzschicht in der Erde vorliegen. Durch das Ausspülen des Salzlagers bildet sich mit der Zeit ein Hohlraum in der Erde, eine sog. **Kaverne**. Sie kann einen Durchmesser von 80 m haben und 300 m hoch sein. (Die Breite eines Fußballfeldes entspricht dem Durchmesser der Kaverne. Denk dir für die Höhe drei Fußballfelder der Länge nach aufeinander gestellt.)

Auf einer solchen Kaverne lastet das mehrere hundert Meter dicke Deckgebirge. Damit sie nicht zusammenbricht, lässt man über der Kaverne eine Salzschicht von etwa 80 m Dicke stehen, die sog. *Salzschwebe*.

Wie beim Salzbergbau muss auch bei der Bohrlochsolung zwischen den Abbaustellen ein Sicherheitspfeiler stehen bleiben. So ist der Abstand zur nächsten Kaverne mindestens doppelt so groß wie der Durchmesser, also meist mehr als 160 m.

Die Kavernen können z. B. als *Vorratsspeicher* für Erdöl und Erdgas verwendet werden. Man nutzt sie aber auch als Deponien.

1

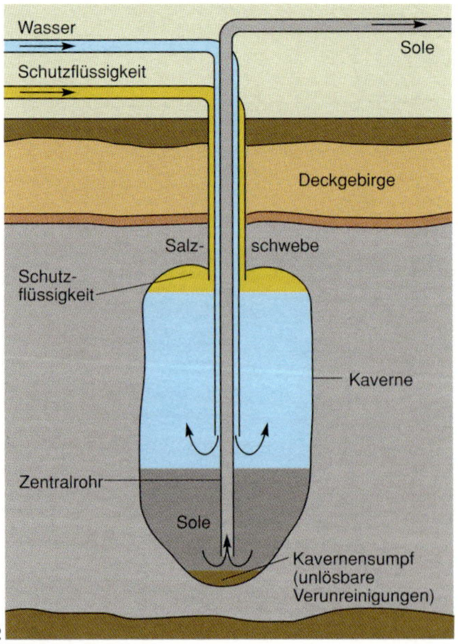

2

3

63476

Aus der Umwelt: Gradierwerke für die Gesundheit

Warst du schon einmal in einem Kurort? Wenn ja, dann bist du vielleicht auch an einem **Gradierwerk** entlanggelaufen (Bild 4). Solche Gradierwerke gibt es oft in Orten, in denen früher Salz gesiedet wurde.

Bei Gradierwerken gehen die Kurgäste langsam an einer hohen Dornenhecke vorbei. Über die Hecke rieselt von oben her **Sole** herab. Häufig bleiben sie hier auch stehen um die salzig schmeckende, erfrischende Luft einzuatmen. Oft handelt es sich bei den Kurgästen um Personen, die unter einer Erkrankung der Atemwege (z. B. der Bronchien) zu leiden haben.

Sole ist – wie du weißt – eine Salzlösung, d. h. ein Gemisch aus hauptsächlich Salz und Wasser.

4

Dadurch, dass dieses Gemisch an der Dornenhecke herunterrieselt, verdunstet ein Teil des Wassers. Sonnenwärme, Wind und die Verteilung der Sole an der Dornenhecke fördern diesen Vorgang.

Schwer lösliche, salzartige Stoffe aus der Sole setzen sich auf der Dornenhecke ab. Sie bilden dort eine graugelbe Kruste.

Der „Grad" des Salzgehalts der Sole steigt beim Verdunsten des Wassers an. Deshalb ist man wohl auch auf den Namen „Gradierwerk" gekommen.

Der Wind, der durch die Dornenhecke streicht, reißt kleine Soletröpfchen mit. Dadurch entsteht ein feiner Nebel, der eine heilende Wirkung auf die Atemwege hat.

Aus der Umwelt: Ohne Kochsalz könnten wir nicht leben

Kochsalz ist nicht nur ein Gewürz, mit dem man Speisen schmackhafter macht. Es ist auch ein *lebenswichtiger* Nahrungszusatz.

Die Körperflüssigkeit eines Erwachsenen enthält ungefähr 50 g Kochsalz – eine beachtliche Menge.

Auch das zeigt die Bedeutung des Kochsalzes: Wenn jemand nach heftigem Durchfall viel Flüssigkeit verloren hat, lässt man ihm eine *physiologische Kochsalzlösung* (Bild 5) in die Venen tropfen.

Sie enthält auf 1 Liter Wasser 9 g Kochsalz. Das entspricht ungefähr dem Salzgehalt unseres Blutes. Dadurch werden die wichtigsten Lebensvorgänge des Körpers aufrechterhalten.

Bei hohem Blutverlust reicht es nicht, dem Körper eine Kochsalzlösung zuzuführen. Auch andere Salzlösungen sind dann erforderlich. Sie werden unter dem Sammelbegriff *Elektrolyte* zusammengefasst.

Im *Magensaft* ist Salzsäure enthalten. Drüsen der Magenwand produzieren pro Tag etwa 1,5 l Magensaft – und dafür ist Kochsalz erforderlich; es wird dem Blut entnommen.

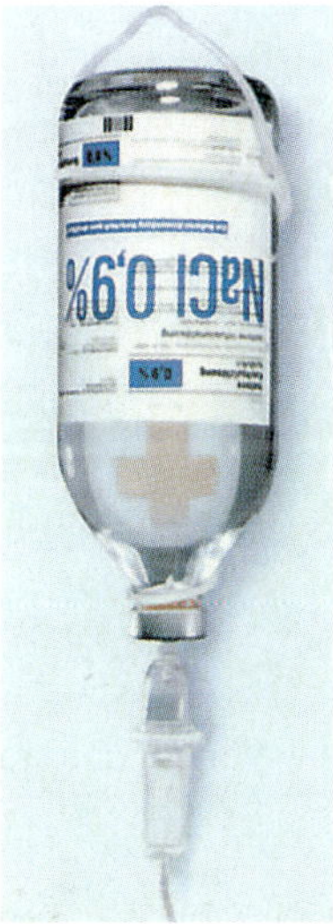

5

Wir müssen also unserem Körper täglich Kochsalz zuführen, beim Erwachsenen ungefähr 5 g. Da wir über Urin, Schweiß und Tränen Kochsalz ausscheiden, kommt es darauf an, dass wir es mit der Nahrung wieder aufnehmen – vor allem, wenn der Bedarf durch stärkeres Schwitzen höher ist als normal.

Auch hier gilt natürlich: „Allzu viel ist ungesund!" Ein Säugling kann mit Kochsalz sogar vergiftet werden! Der normale Tagesbedarf kann schon durch tierische Nahrung gedeckt werden; auch Tierkörper enthalten ja Kochsalz.

Manch einer nimmt gern stark gesalzene Speisen zu sich. Dadurch wird der Kochsalzgehalt des Blutes zu hoch. Der Körper „wehrt" sich dagegen und verlangt nach Wasser um das Zuviel an Kochsalz auszuschwemmen. Man merkt das meist daran, dass man besonders durstig wird.

Wenn man auf Dauer zu viel Salz mit der Nahrung aufnimmt, droht ein zu hoher Blutdruck. Das ist eine ernstzunehmende Erkrankung. Vorbeugend verwendet man deshalb heute weniger Kochsalz zum Würzen, dafür nimmt man umso mehr Küchenkräuter.

Aus Umwelt und Technik: Kochsalz im Haushalt und in der Industrie

Kochsalz, das zum Würzen von Speisen geeignet ist, wird **Speisesalz** genannt. Das bedeutet: Dieses Salz ist so rein, dass man es zur Zubereitung von Speisen verwenden kann. Je nach Herstellungsverfahren unterscheidet man zwischen *Meersalz*, *Steinsalz* und *Siedesalz/Salinensalz* (Bild 1).

In zahlreichen Industriebetrieben wird **Gewerbesalz** eingesetzt. Auch das ist Kochsalz; es wurde jedoch aus steuerlichen Gründen ungenießbar gemacht. Um irgendwelche Verwechslungen mit Speisesalz auszuschließen ist es oftmals eingefärbt (Bild 2).

Es gibt vielerlei Verwendungsmöglichkeiten für Kochsalz:

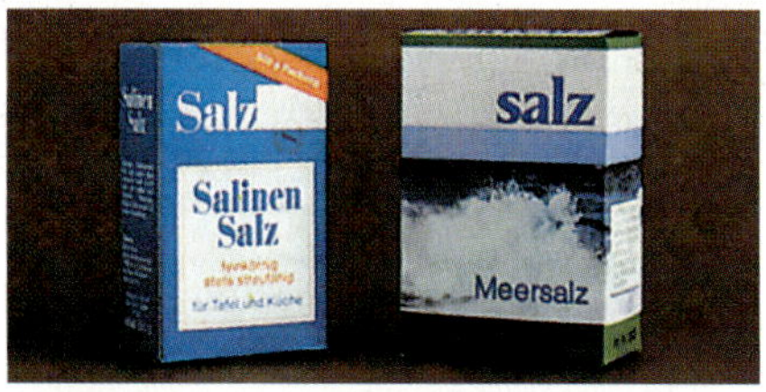

1

2

- in Gerbereien zum Konservieren von Tierhäuten,
- in der Textilindustrie zum Färben von Stoffen,
- in der Fischerei zum Einsalzen von Fischen,
- zur Produktion von Kraftfutter und Lecksteinen für die Vieh- und Wilfütterung,
- in der Keramikindustrie zur Herstellung von Glasuren,
- in der Kosmetikindustrie zur Herstellung von Badesalzen.

Als **Industriesalz** ist Kochsalz Ausgangsstoff für die chemische Industrie. Es wird zur Herstellung von Stoffen verwendet, aus denen andere Stoffe entwickelt werden (z. B. Kunststoffe, Seifen, Reinigungsmittel, Farbstoffe und Glas).

Aus dem Alltag: Streusalz – ja oder nein?

Solche Wirkungen hat Streusalz auf Bäume:

- O Das Salz gelangt im Winter in den Boden.
- O Salz verursacht eine Verkrustung und Verdichtung. Die Wasseraufnahme und Nährstoffaufnahme werden behindert.
- O Der Baum nimmt mit dem Wasser das Salz auf; dadurch wird es zu den Blättern transportiert.
- O Durch das Salz sterben die Blätter vom Rand her ab. Das Salz wird in den Zweigen gespeichert, sodass es im Frühjahr wieder in die Blätter steigt. So wächst der Salzgehalt des Baumes allmählich von Jahr zu Jahr.

Für Streusalz gibt es kaum Alternativen!

Zu diesem Schluss kommt eine Studie der Bundesanstalt für Straßenwesen. Zwar gelangt das im deutschen Salzbergbau gewonnene Kochsalz nach getaner Auftauarbeit über das Schmelzwasser in Böden und Pflanzen, doch nachhaltige Schäden der Natur konnten nicht nachgewiesen werden.

Trotzdem wurde die Verwendung von Streusalz im Winterdienst stark eingeschränkt. Mancherorts werden Gehwege z. B. nur noch mit Splitt gestreut. Neue Streugeräte lassen zudem die aufzubringende Salzmenge exakt dosieren: Streubreite, -menge und -richtung sind stufenlos einstellbar. Zudem wird das Salz vor dem Streuen angefeuchtet, sodass es nicht verweht wird.

Tipps fürs Salzstreuen

- O Ein Esslöffel pro Quadratmeter genügt!
- O Salz nicht auf Schnee streuen!
- O Schnee, der salzhaltig ist, nicht auf Grünflächen oder Baumscheiben ablagern!

Aus einer Polizeiverordnung

Bei Schnee- oder Eisglätte müssen die Gehwege mit Sand, Asche oder anderen geeigneten Stoffen lückenlos werktags bis 8 Uhr und feiertags bis 9 Uhr bestreut sein.

Schädigungen durch Streusalz bzw. Salzwasser

- O Es verwundet Hundepfoten durch Ätzen.
- O Es bildet auf Schuhen und Teppichen weiße Ränder.
- O Es fördert die Korrosion von Metallen (Rost am Auto).
- O Es schädigt Beton und Stahlbeton an Bauwerken.
- O Es beeinträchtigt die Funktion von Kläranlagen (Korrosion, Zerstörung von Bakterienkulturen).
- O Es belastet – wenn das Salzwasser abfließt – Bäche, Flüsse und Grundwasser.

63478

Einige Eigenschaften von Salzen

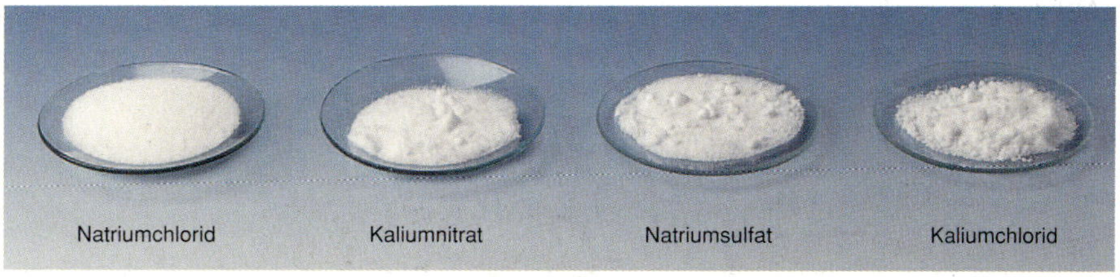

3

Viermal Salz – gleich aussehend und dennoch verschieden!

Info: Salz ist nicht gleich Salz

Wenn wir von *Salz* sprechen, meinen wir meist Kochsalz. **Es gibt viele Stoffe, die ähnliche Eigenschaften wie das Kochsalz haben: Sie alle gehören zur *Stoffklasse der Salze.***

Um Salze zu unterscheiden, gibt es mehrere Möglichkeiten:

Man betrachtet zum Beispiel ihre **Kristallform** (Bilder 4–6).

Oder man untersucht die **Löslichkeit des Salzes in Wasser**; dabei wird jeweils verglichen, wie viel Salz sich in 100 ml Wasser bei 20 °C löst (→ die Tabelle rechts).

Löslichkeit einiger Salze in Wasser

Name des Salzes	In 100 g Wasser lösen sich bei 20 °C	bei 80 °C
Natriumchlorid (Kochsalz)	35,9 g	38,1 g
Kaliumnitrat	31,7 g	169,0 g
Kupfersulfat	21,0 g	53,6 g
Calciumcarbonat (Kalkstein)	0,0015 g	–
Magnesiumchlorid	54,6 g	65,9 g
Magnesiumsulfat (Bittersalz)	35,5 g	62,8 g
Calciumsulfat (Gips)	0,2 g	0,2 g
Ammoniumchlorid (Salmiaksalz)	37,5 g	65,6 g

4 Kupfersulfat

5 Chromalaun

6 Kalkspat

Einige Salze färben die nicht leuchtende Flamme des Brenners in einer für sie charakteristischen Weise.

Salze sind Verbindungen eines Metalls mit anderen Stoffen (z. B. einem Nichtmetall). Das kannst du auch aus der Tabelle über die Löslichkeit der Salze ablesen.

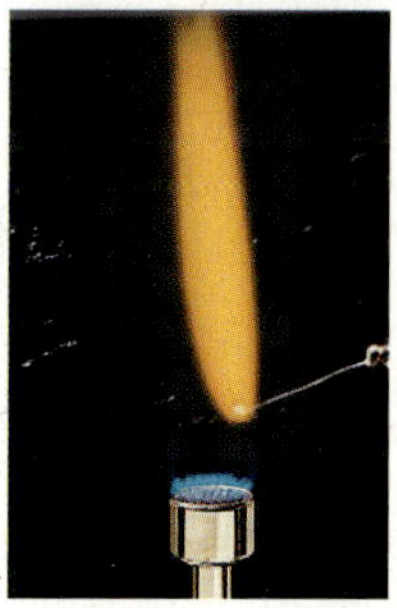
7

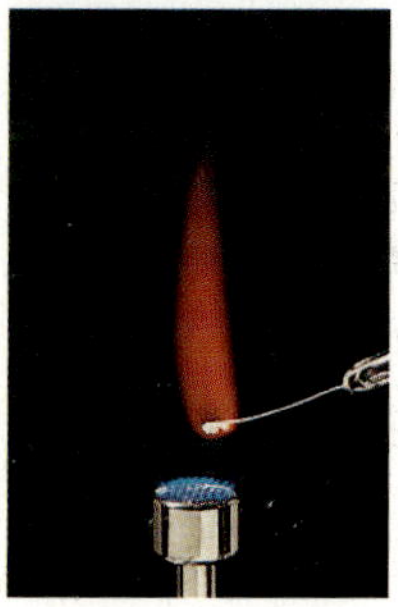
8

Durch die sog. **Flammenfärbung** lassen sich die Metallbestandteile in den Salzen nachweisen. Und die sind ganz unterschiedlich.

Bild 7 zeigt die eindrucksvolle Gelbfärbung der Flamme beim Bestandteil *Natrium*. In Bild 8 wird durch eine Rotfärbung *Calcium* angezeigt.

Schülerversuche

V1 *Dieser Versuch zeigt die* ***Wirkung von Kochsalz auf Pflanzen****.*
Wir lösen einen gestrichenen Teelöffel voll Kochsalz in 1/4 l Wasser auf. 2 Esslöffel dieser Salzlösung gießen wir in eine flache Glasschale (Deckel eines Einmachglases, Petrischale; evtl. etwas Watte hineinlegen). Darin lassen wir 20–30 Körner Kressesamen keimen und wachsen.
Zum Vergleich streuen wir die gleiche Menge Kressesamen in eine Glasschale, die 2 Esslöffel Leitungswasser enthält.
Beobachte eine Woche lang. Ersetze das verdunstete Wasser durch Leitungswasser.

V2 *Wie verhält sich* ***Kochsalzlösung beim Abkühlen****?*
Zunächst stellen wir uns eine gesättigte Kochsalzlösung her. Dazu lösen wir in einem zur Hälfte mit Wasser gefüllten Plastikbecher nach und nach so viel Kochsalz auf, bis sich ein Bodensatz bildet. In einen zweiten Plastikbecher füllen wir gleich viel Wasser.
Nun stellen wir beide Gefäße ins Tiefkühlfach eines Kühlschranks oder in die Tiefkühltruhe. Sieh jede halbe Stunde nach, ob die Flüssigkeiten schon gefroren sind.

V3 *Jetzt wird das Salz* ***Kaliumnitrat*** ◙ *untersucht. Dazu füllen wir ein Reagenzglas 4 cm hoch mit Wasser. Darin lösen wir nach und nach so viel Kaliumnitrat auf, bis die Lösung gesättigt ist.*
a) *Die gesättigte Lösung wird nun vorsichtig erwärmt und dabei ständig kräftig geschüttelt.*
Versuche deine Beobachtungen zu erklären.
Löst sich noch mehr Kaliumnitrat, wenn man weiter erwärmt?
b) *Die Lösung wird nun langsam abgekühlt. Was beobachtest du?*

V4 *Salze können* ***Flammen färben****. Vergleiche!*
a) *Zunächst halten wir ein Magnesiastäbchen in die nicht leuchtende Brennerflamme, bis sich die Flamme nicht mehr färbt.*
Dann tauchen wir das Stäbchen in Kochsalz (Natriumchlorid) und halten es wieder in die Flamme.
b) *Dasselbe wiederholen wir mit den anderen Salzen von Bild 3 der Vorseite (vom Magnesiastäbchen jeweils ein Stückchen abbrechen).*
Die Flammen bei Kaliumchlorid und Kaliumnitrat sehen wir uns noch genauer durch ein Cobaltglas an. (Das Cobaltglas filtert die Farben heraus, die durch Verunreinigungen entstehen können.)

A1 *Wozu wird bei euch zu Hause Kochsalz verwendet?*

A2 *Erkundige dich (z. B. bei älteren Leuten), auf welche Weise Kochsalz früher zum Haltbarmachen von Lebensmitteln verwendet wurde.*

A3 *Beschreibe, wie Kochsalzlösung auf Pflanzen wirkt.*

A4 *Weißt du noch, wie man eine Kältemischung herstellt?*
Du brauchst dazu die Dinge von Bild 1. Beschreibe den Versuch.

A5 *Große Teile der Alpen und einige unserer Mittelgebirge bestehen aus einem Salz, das man als wasserunlöslich bezeichnen kann.*
Suche es in der Tabelle auf der Seite 139.

A6 *Salz ist nicht gleich Salz.*
a) *Was will man mit dieser Behauptung ausdrücken?*
b) *Gib an, wie man Salze voneinander unterscheiden kann.*

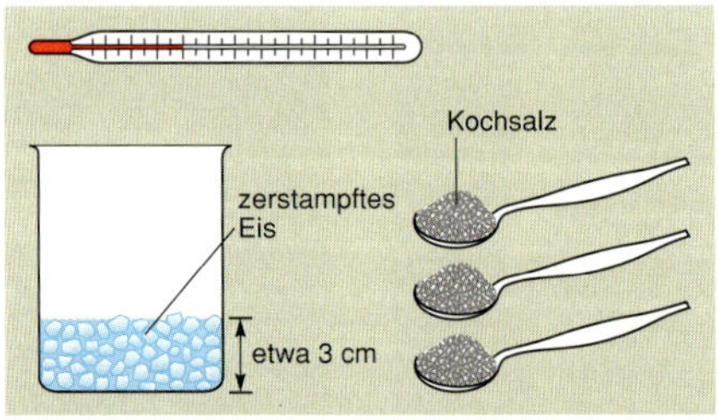

1

A7 *Ein Magnesiastäbchen wurde in eine Salzlösung getaucht und färbte die Brennerflamme gelb. Was wurde durch diese Flammenfärbung nachgewiesen?*

A8 *Die Tabelle zeigt, wie die Löslichkeit des Kochsalzes von der Wassertemperatur abhängt.*
Was kannst du aus ihr ablesen?

Löslichkeit in 100 g Wasser

Temperatur	Kochsalz
0 °C	35,6 g
20 °C	35,9 g
40 °C	36,4 g
60 °C	37,1 g
80 °C	38,1 g
100 °C	39,2 g

63480

Salze als Düngemittel

Sechs Milliarden wollen essen

Bekommen Pessimisten schließlich doch Recht? Von den 6 Milliarden Menschen auf der Erde wurde bisher nur jeder zweite richtig satt. 1,5 Milliarden litten an Unter- oder Fehlernährung, bei 500 Millionen war der Hunger ständiger Gast.

Und wenn die Bevölkerungszahl nun sogar auf 7 Milliarden Menschen zugeht – wie soll da das Nahrungsproblem gelöst werden?

Mit Blick in die Zukunft dürfen Industriestaaten und Entwicklungsländer die Chancen der Mineraldüngung nicht ungenutzt lassen.

Gefährliche Nitratanreicherung im Trinkwasser

Gefahr aus dem Wasserhahn droht in 24 deutschen Städten und Dörfern. In weiteren 77 ist die Wasserqualität bedenklich. Das ergab ein bundesweiter Test des Hamburger Magazins „Stern".

Jahrelang haben Bauern und Winzer immer größere Mengen an Nitrat als Stickstoffdünger auf ihre Felder und Äcker gekippt – frei nach der Devise „Viel hilft viel".

Innerhalb von 25 Jahren stieg der Verbrauch dieses Düngers in der Landwirtschaft pro Hektar von 33 auf 126 Kilogramm jährlich.

Bis zu 20 Jahre braucht die Chemikalie für die „Reise" vom Mutterboden bis in tiefe Grundwasserströme. Besonders belastet sind die Weinbaugebiete in Rheinhessen, Baden-Württemberg und Franken, wo der Dünger zwischen den Rebstöcken fast ohne Halt ins Erdreich wegsickert.

Die Zeitungsartikel berichten von der Notwendigkeit zu düngen und von den Gefahren, die damit verbunden sind.

Wie wirken Mineralsalze als Dünger?

V1 *Haben Düngemittel („Kunstdünger") tatsächlich etwas mit Salz zu tun?*

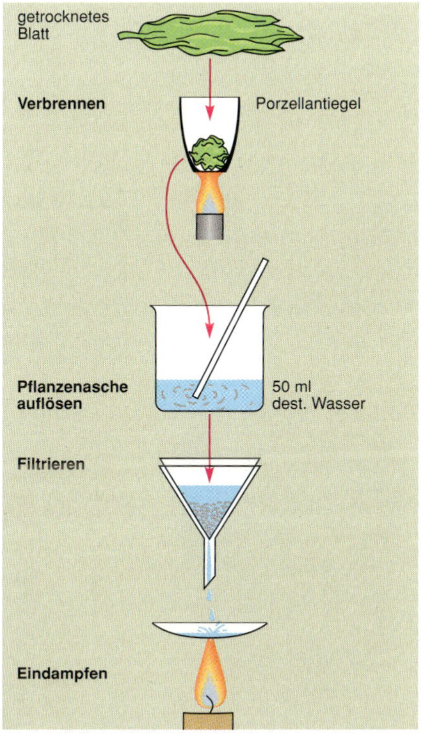

2

Löse einige Körner eines festen Düngemittels O, Xn *in Wasser auf. (Du kannst stattdessen auch einen flüssigen Blumendünger einsetzen.) Gib ein paar Tropfen davon auf eine flache Glasschale. Lass die Lösung verdunsten. Schau dir den Rückstand genauer mit der Lupe an.*

V2 *Pflanzen benötigen bestimmte Nährstoffe zum Wachsen. Wichtige Nährstoffe sind z. B. die Mineralsalze. Kann man diese Salze in den Pflanzen nachweisen? Führe dazu den in Bild 2 abgebildeten Versuch durch.*

V3 *Wir ziehen Pflanzen in einer Nährlösung. Dazu werden vorab Bohnen oder Maiskörner zum Keimen in eine Schale mit feuchtem Sägemehl gelegt. Wenn die Keimlinge ein paar Zentimeter lang sind, lassen wir einige in einer Nährlösung weiterwachsen (Bild 3). Die anderen setzen wir – zum Vergleich – in destilliertes Wasser. (Alle zwei Tage Luft durch die Flüssigkeit blasen! Verdunstetes Wasser wieder ersetzen!)*

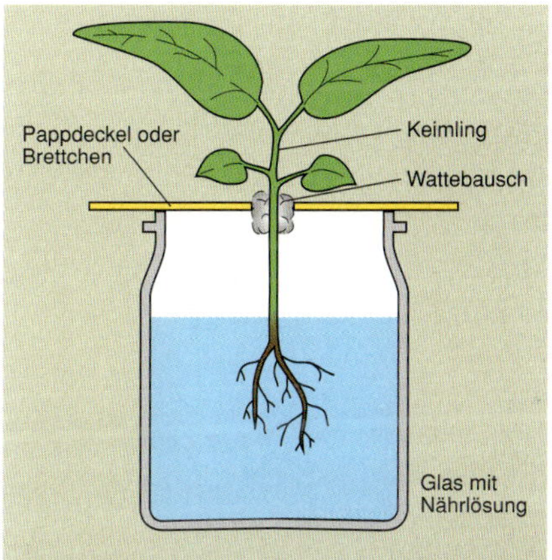

3 *Nährlösung: 4 Liter destilliertes Wasser, 4 g Calciumnitrat* O, Xi*, 1 g Kaliumnitrat* O*, 1 g Magnesiumsulfat, 1 g Eisenphosphat oder einige Tropfen einer Lösung von Eisen(III)-chlorid* Xn.

Aus der Umwelt: Mineralstoffe als Pflanzennahrung

Mineralsalze sind für die Deckung des Nährstoffbedarfs der Pflanzen von großer Bedeutung. Sie werden durch die Wurzeln der Pflanzen aus dem Erdboden aufgenommen. Zu den wichtigsten Nährstoffen bzw. Mineralsalzen gehören die *Nitrate* (Stickstoffsalze), die *Phosphate* und die *Kalisalze*.

Wenn die Pflanzen abgeerntet werden, gehen die Nährstoffe, die sie aus dem Boden aufgenommen haben, dem Boden verloren. Er würde nach ein paar Jahren unfruchtbar werden, wenn ihm diese verbrauchten Nährstoffe nicht wieder zugeführt würden. Das kann durch eine *organische Düngung* oder durch *Mineraldüngung* geschehen.

Bei der **organischen Düngung** werden Pflanzenreste, Asche, Gülle oder Mist *(organische Stoffe)* untergepflügt. Kleinstlebewesen oder Bakterien zersetzen sie – und zurück bleiben *Mineralsalze*.

Eine Form der organischen Düngung ist die *Gründüngung*. Dabei werden zunächst z. B. Klee oder Lupinen ausgesät. Diese Pflanzen sind besonders reich an Stickstoffverbindungen; mit Hilfe von bestimmten Bakterien können sie nämlich Stickstoff aus der Luft aufnehmen. Wenn diese Pflanzen untergepflügt werden, stellen sie einen guten Stickstoffdünger dar.

Bis vor rund 160 Jahren war nur die organische Düngung bekannt. Damals erhielt der Boden oft zu wenig Mineralsalze. Die Ernteerträge blieben gering, immer wieder gab es Hungersnöte.

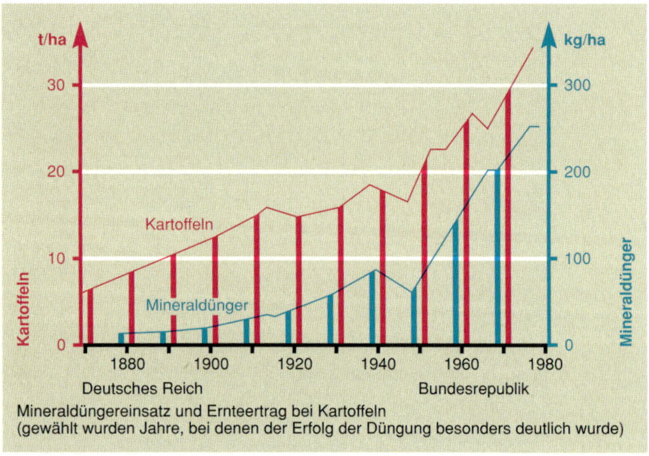

1 Mineraldüngereinsatz und Ernteertrag bei Kartoffeln
(gewählt wurden Jahre, bei denen der Erfolg der Düngung besonders deutlich wurde)

Dann wurde die **Mineraldüngung** eingeführt und die Ernteerträge verbesserten sich. Das ist in Bild 1 – am Beispiel der Kartoffel – dargestellt: In dem Maße, wie die Mineraldüngung anstieg (blaue Kurve), stiegen auch die Kartoffelerträge (rote Kurve) an. Zunehmend spielten auch ertragreichere Sorten eine Rolle. Mineraldünger enthalten die gleichen Stoffe wie organische Dünger – aber in festgelegten Mengen. Mit Mineraldüngern kann man *gezielt* düngen.

Pflanzen nehmen nur so viel Mineralsalze auf, wie sie tatsächlich benötigen. Der Überschuss an diesen Salzen wird durch Regenwasser gelöst und versickert im Boden. Eine *Überdüngung*, die dadurch entstehen kann, gefährdet also das Grundwasser.

A1 *In Bild 2 siehst du zwei Feldstücke, auf denen sich das Getreide unterschiedlich gut entwickelt hat.*
Woran dürfte das liegen? Erkläre!

2

A2 *Sieh dir noch einmal die beiden Zeitungsartikel auf der vorigen Seite an.*
Welcher Zwiespalt wird an den Aussagen dieser Artikel deutlich?

A3 *Weißt du noch, was eine Hydrokultur ist? Wodurch erhalten dabei die Pflanzen die notwendigen Mineralsalze?*

A4 *Worin gleichen sich organische Dünger und Mineraldünger? Worin unterscheiden sie sich?*

A5 *Um 1840 fand Justus von Liebig heraus, dass sich Pflanzen von Mineralstoffen des Bodens ernähren. Der Nährstoff, an dem es am meisten mangelt, begrenzt das Pflanzenwachstum. Wie wurde das in Bild 3 dargestellt? Erkläre!*

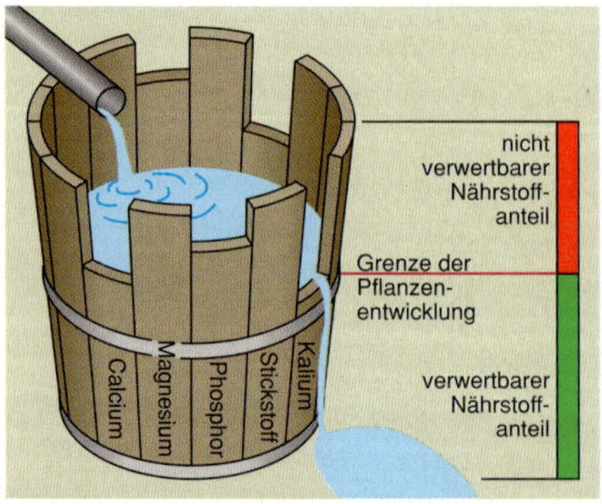

3

63482

Gefahr durch Düngung und Reinigung

Düngen, damit die Ernte gut wird.

4

Zwar nötig, aber für die Umwelt nicht ungefährlich …

Aus der Umwelt: Und schließlich „kippt das Gewässer um" …

Düngemittel sind für die Sicherung des Nährstoffbedarfs der Pflanzen von großer Bedeutung. Sie müssen durch *organische Düngung* (Bild 4) oder durch *Mineraldüngung* dem Boden zugeführt werden. Es gilt: Nur so viel düngen, wie die Pflanzen aufnehmen!

Jedenfalls muss vermieden werden, dass durch **Überdüngung** überschüssige Phosphate oder Nitrate in Flüsse, Seen oder ins Grundwasser gelangen.

Was wären die Folgen einer Überdüngung? Phosphate bilden die Nahrungsgrundlage für Pflanzen und damit für die Kleinstlebewesen im Wasser. Wenn zu viele Phosphate zur Verfügung stehen, nehmen die Pflanzen und Kleinstlebewesen enorm zu. Wenn sie dann absterben, beginnen die Probleme: Bakterien, die ihren Abbau bewirken, verbrauchen den im Wasser gelösten Sauerstoff; es bilden sich giftige Gase, die zum Tod der meisten Kleinlebewesen im Wasser führen. Man sagt: *Das Gewässer kippt um.* Damit wird es z. B. für die Trinkwassergewinnung unbrauchbar.

Von Fäkalien aus den **Toiletten** droht ebenfalls Gefahr. Sie enthalten große Mengen an Phosphaten. Die im Wasser gelösten Phosphate können zwar durch Kläranlagen mit einer chemischen Reinigungsstufe entfernt werden – doch chemische Reinigungsstufen sind nur dann vorgeschrieben, wenn das im Klärwerk gereinigte Wasser direkt in einen See fließt.

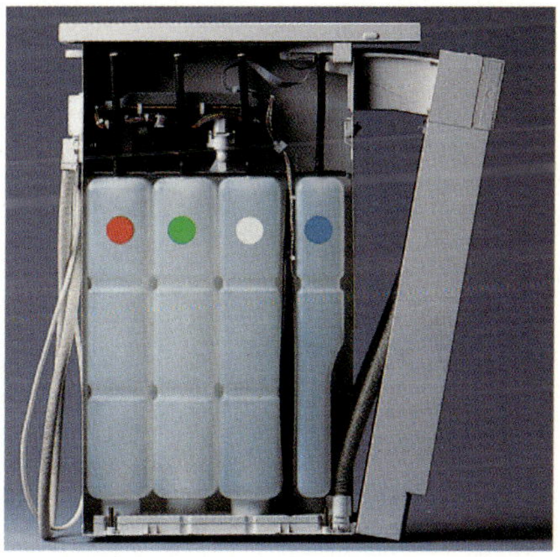
5

Waschmittel waren früher ebenfalls Hauptverursacher der Überdüngung. Noch vor wenigen Jahren bestand fast die Hälfte der Waschmittelbestandteile aus Phosphaten. Sie hatten vor allem dafür zu sorgen, dass der Kalkgehalt des Wassers unschädlich gemacht wird. Heute sind diese Phosphate durch weniger gefährliche Stoffe ersetzt worden.

Moderne Waschmittel sind Gemische von Chemikalien. Sie sind auf den höchstmöglichen Kalkgehalt des Wassers und für besonders schmutzige Wäsche zugeschnitten. Doch diese Bedingungen sind beim Wäschewaschen nicht immer gegeben.

Das Waschen ist durch die modernen Waschmittel leichter geworden. Deshalb wird die Wäsche heute viel öfter gewechselt. Dadurch ist der Pro-Kopf-Verbrauch an Waschmitteln in den letzten Jahren kräftig gestiegen. Er liegt nun bei ca. 10 kg im Jahr. Etwa 15 % des Wasserverbrauchs der privaten Haushalte entfällt auf das Wäschewaschen. Die dabei verwendete Waschlauge gelangt ins Abwasser.

Umweltbewusstes Waschen ist auch das Ziel für die Konstruktion moderner Waschmaschinen (Bild 5): Du brauchst nur die Gewebeart der Wäsche einzugeben – und die Maschine lässt die geringstmögliche Wassermenge zulaufen; aus vier Tanks wählt sie dann das Waschmittel aus, das für die Gewebeart am geeignetsten ist.

Wie entsteht der saure Regen?

Viele Seen (vor allem in Schweden) wurden durch **sauren Regen** schwer geschädigt.

1

2

Saurer Regen gilt auch als hauptsächliche Ursache für die weit verbreiteten **Waldschäden**.

Was ist eigentlich saurer Regen und wie entsteht er?
Sind daran die Nichtmetalloxide beteiligt, die die Luft verschmutzen?

V1 *Zu den Nichtmetalloxiden, die die Luft verschmutzen, gehören **Kohlenstoffdioxid** und **Schwefeldioxid**.*

a) *Wir untersuchen, ob Säuren entstehen, wenn diese Gase mit Wasser reagieren. Dazu führen wir zwei Versuche nach den Bildern 3 u. 4 durch.*

b) *Vor und nach jedem Versuch stellen wir mit Universalindikator den pH-Wert des Wassers fest.*

V2 *Zu Beginn eines Regengusses (und 20 min später) fangen wir etwas **Regenwasser** auf.*

Dann überprüfen wir beide Proben mit Universalindikatorpapier und lesen den pH-Wert ab. Vergleiche!

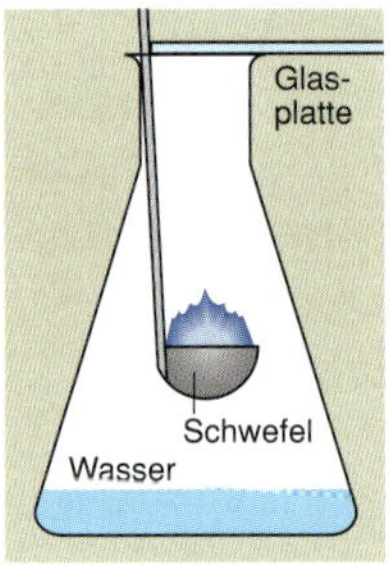

3

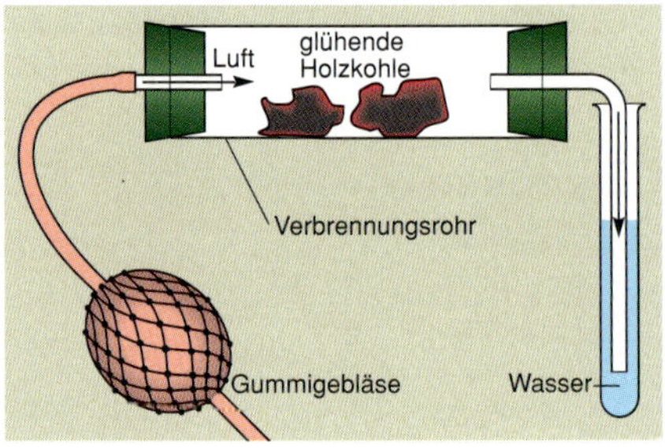

4

Info: So entsteht der saure Regen

Der Regen war schon immer leicht sauer. Noch bevor Fabriken entstanden oder Autos fuhren, befand sich nämlich **Kohlenstoffdioxid** in der Luft. (Es entsteht bei der Atmung und Verbrennung von Brennstoffen.)

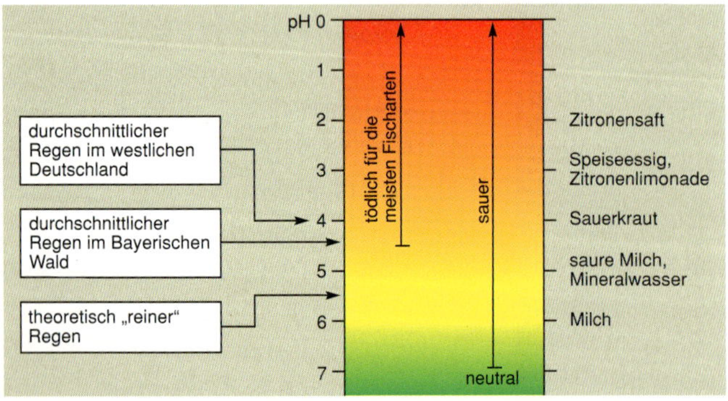

5

Bei der Reaktion von Kohlenstoffdioxid mit Wasser entsteht die **Kohlensäure** (H_2CO_3). Sie reagiert nur schwach sauer und bewirkt keine Schäden.

In Feuerungsanlagen von Kraftwerken und Industrienanlagen werden Kohle und Heizöl verbrannt. Da diese Brennstoffe Schwefel enthalten, entsteht dabei **Schwefeldioxid**. Dieses Gas reagiert mit der Luftfeuchtigkeit zu **schwefliger Säure** (H_2SO_3).

Der Stickstoff der Luft reagiert normalerweise nicht mit Sauerstoff. Bei hohen Temperaturen in Zylindern von Automotoren verbinden sich beide Gase zu **Stickstoffoxid**. Dieses wiederum bildet mit Wasser eine Säure: die **Salpetersäure** (HNO_3).

Diese (und andere) Säuren in der Luft können den Regen ziemlich sauer machen (Bild 5).

64964

Aus der Umwelt: Waldschäden durch sauren Regen

6

7

8

Der Wald ist krank – und manchmal „schreitet diese Krankheit unaufhörlich fort“. Das siehst du z. B. an den Bildern 6–8. Sie zeigen ein und dasselbe Waldstück im Abstand von einigen Jahren. Ein Glück, dass **Waldschäden** nicht immer so folgenschwer sind!

Forstarbeiter sind seit langem damit beschäftigt, schwer kranke Bäume zu fällen. Besonders auffällig ist, dass immer mehr Folgeerscheinungen der Luftverschmutzung – und damit des sauren Regens – den kranken Bäumen zusetzen: So spielen Schädlinge (z. B. Borkenkäfer) dabei eine immer größere Rolle.

Nadelbäume, die sehr krank sind, erkennt man an ihren stark gelichteten Kronen. Sie haben den größten Teil ihrer Nadeln verloren. Oft sind nur noch die Nadeln des letzten Triebes vorhanden (Bild 9).

Bei geschädigten Tannen sind deutlich Verfärbungen der Nadeln – von Gelb bis Rotbraun – zu erkennen (Bild 10). Danach fallen diese dann endgültig ab. Häufig wird im Holz ein *Nasskern* sichtbar (Bild 11), wenn eine stark geschädigte Tanne gefällt wird. Der Nasskern ist eine braunrot verfärbte, übel riechende Zone. In ihr sammeln sich Fäulnisbakterien an.

Daran wird deutlich, dass nicht nur Schadstoffe aus der Luft auf die Bäume einwirken; auch aus dem Erdboden nehmen die Bäume durch ihre Wurzeln Schadstoffe auf (Bild 12).

Laubbäume weisen (wenn sie krank sind) ebenfalls starke Veränderungen auf: Ihre Blätter haben z. B. unregelmäßige braune Flecken oder sie rollen sich zusammen. Auch färben sich kranke Bäume im Herbst früher als gesunde.

Bei starken Schädigungen von Bäumen werden die Astspitzen und Äste im oberen Bereich der Krone trocken. Die Baumkrone ist dann gegenüber gesunden Bäumen deutlich „verlichtet“.

Außerdem zeigt die Rinde kranker Laubbäume oft tiefe Risse. Oder sie weist im unteren Bereich des Stammes schwarze Flecken auf; aus diesen tritt eine klebrige Flüssigkeit aus. Oft bilden sich auch krebsartige Wucherungen.

9

10

11

12
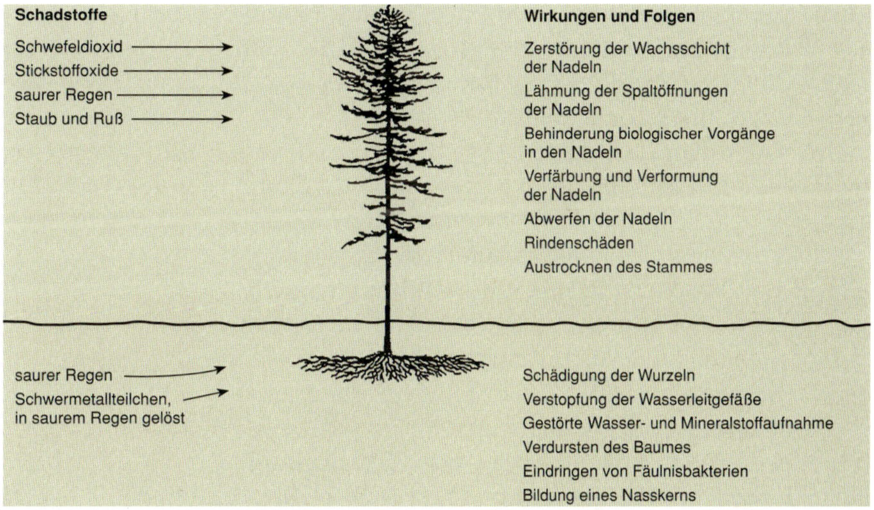

Der pH-Wert

1

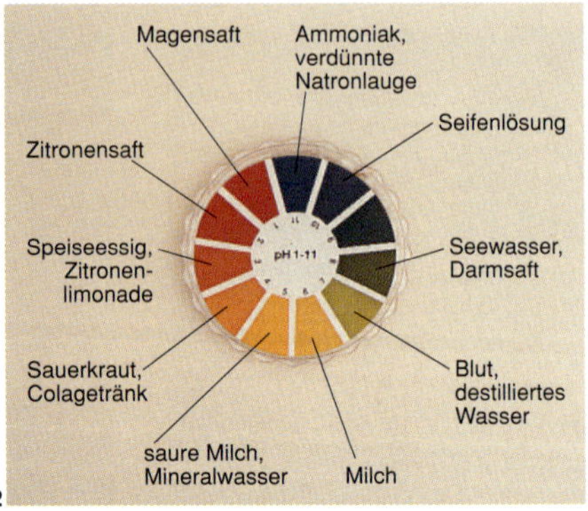

2

... Der pH-Wert unterscheidet sich doch nur um eine einzige Stufe!

V1 *Wir prüfen Essig, Seifenlösung, Zitronensaft und jeweils verdünnte Lösungen von Salzsäure* [Xi], *Schwefelsäure* [Xi], *Natronlauge* [Xi] *und Kalilauge* [Xi] *mit Universalindikator. Dabei lesen wir den pH-Wert ab.*

V2 *Wir brauchen eine saure Vergleichslösung mit dem pH-Wert 1.*
a) *Von der Vergleichslösung geben wir genau 1 ml in einen Messzylinder und verdünnen sie mit (neutralem) Wasser auf genau 10 ml.*
Welchen pH-Wert hat die verdünnte Lösung?
b) *Nun geben wir von der Vergleichslösung wieder genau 1 ml in einen Messzylinder und verdünnen sie mit Wasser auf genau 100 ml.*
Welchen pH-Wert hat die verdünnte Lösung jetzt?
c) *Überlege, welchen pH-Wert die verdünnte Lösung zeigt, wenn wir 1 ml der Vergleichslösung auf genau 1000 ml verdünnen.*
Prüfe deine Vermutung nach, wenn dir ein 1000-ml-Messzylinder zur Verfügung steht.
d) *Falls der pH-Wert in dieser Versuchsreihe mit einem pH-Meter gemessen wird, können bei den Messungen Abweichungen vom erwarteten Wert auftreten.*
Wie können diese Abweichungen entstehen?

Info: Wie man den pH-Wert einer Lösung bestimmen kann

Bestimmte Farbstoffe verändern bei Zugabe einer sauren oder alkalischen Lösung ihre Farbe: Sie zeigen Säure- oder Hydroxidlösungen (Laugen) an. Man nennt sie deshalb *Indikatoren* (lat. *indicator:* Anzeiger). Einige sind schon bekannt.

Der **Universalindikator** ist ein Gemisch aus verschiedenen Farbstoffen. Zum Experimentieren kann man ihn in flüssiger Form verwenden oder die mit dem Farbstoffgemisch getränkten Papierstreifen.

Auf der Verpackung des Universalindikators ist meist eine Farbskala wie in Bild 2 aufgedruckt. Vergleicht man die Indikatorfärbung mit dieser Farbskala, erkennt man, wie stark sauer bzw. wie stark alkalisch die untersuchte Lösung wirkt.

Jeder Farbe auf der Skala ist eine Zahl zugeordnet. Sie wird **pH-Wert** genannt. Die pH-Wert-Skala reicht von 0 bis 14 (in den Bildern 2 u. 3 jedoch nur von 1 bis 11).

Bei *pH 7* reagiert die untersuchte Lösung weder sauer noch alkalisch; sie ist **neutral**. Mit zunehmendem *Säuregrad* nimmt der pH-Wert ab. Eine Lösung mit dem *pH-Wert 1* ist *stark sauer*. Ist der *pH-Wert größer als 7*, so reagiert die untersuchte Lösung *alkalisch*. Bei pH 14 ist sie stark alkalisch.

3
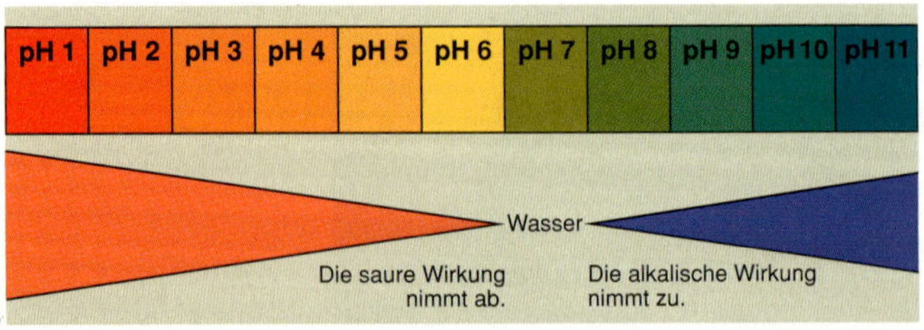

Info: Der pH-Wert ändert sich beim Verdünnen einer Lösung

Die pH-Wert-Skala lässt sich anhand eines Versuchs bestimmen. Wenn man genau 1 ml einer sauren Vergleichslösung mit dem pH-Wert 1 mit Wasser auf genau 10 ml verdünnt, so hat die Flüssigkeit danach den pH-Wert 2. Verdünnt man 1 ml derselben Vergleichslösung mit Wasser auf genau 100 ml, so zeigt sie danach den pH-Wert 3 usw. (Bild 4).

Der pH-Wert einer sauren Lösung steigt stets um eine Stufe an, wenn man die Lösung jeweils auf das Zehnfache verdünnt.

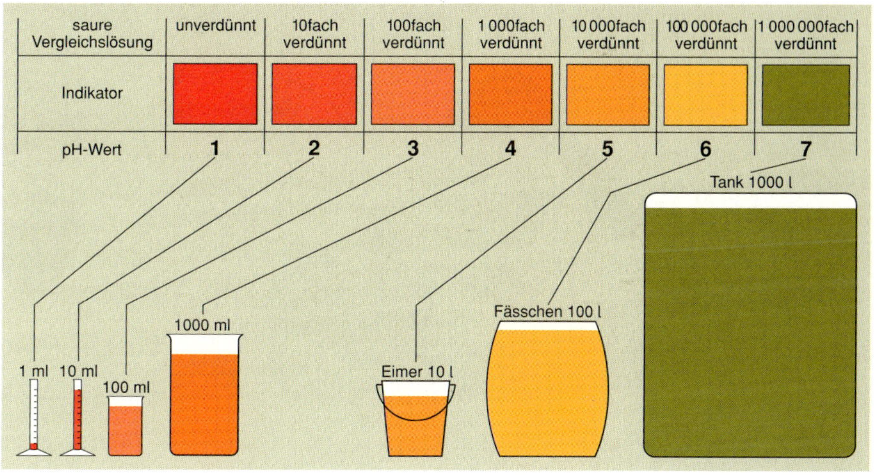

4

Der pH-Wert wird häufig auch mit einem **pH-Meter** gemessen. Dabei zeigt das Gerät den pH-Wert entweder direkt an (Digitalanzeige) oder man liest ihn an einer Zahlenskala ab. Dieses Messverfahren ist genauer als der Farbenvergleich mit der Farbskala.

A1 *Wie kann man feststellen, ob eine Flüssigkeit sauer reagiert? Nennne verschiedene Möglichkeiten und vergleiche sie.*

A2 *Du kennst Schadstoffe, die die Luft verschmutzen.*
a) *Welche sind an der Bildung des sauren Regens beteiligt?*
b) *Beschreibe, wie der saure Regen entsteht.*

A3 *Zu Beginn eines Regengusses ist der pH-Wert niedrig (bis pH 2,5). Doch nach wenigen Minuten steigt er auf 5,6. Erkläre!*

A4 *Vergleiche Essig und Zitronensaft mit den sauersten Niederschlägen, die bei uns festgestellt werden (Bild 3, Seite 144).*

Aus der Umwelt: Der pH-Wert muss stimmen!

Im **menschlichen Körper** spielt der pH-Wert eine wichtige Rolle. So findet man z. B. in den *Verdauungsorganen* ganz unterschiedliche pH-Werte: Der Speichel ist meist neutral, er kann aber auch leicht sauer oder alkalisch sein (pH-Wert 5–8,5). Im Magen findet man pH-Werte von 0,9 bis 1,5. Der Darmsaft ist dagegen leicht alkalisch (pH-Wert etwa 8).

Die Haut hat einen pH-Wert von etwa 5; sie zeigt also eine saure Reaktion. Seife, die alkalisch wirkt, kann den schützenden Fett- und Säuremantel der Haut zerstören. Für besonders empfindliche Haut wurden daher seifenfreie Reinigungsmittel entwickelt (Bild 5).

Sogar **im Schwimmbad** spielt der pH-Wert des Wassers eine Rolle. Du kennst z. B. das lästige Brennen in der Nase und in den Augen, das oft beim Baden auftritt. Das wird häufig nicht durch Chlor verursacht, sondern durch einen falschen pH-Wert des Wassers. Er sollte zwischen pH 7,2 und pH 7,5 betragen. Liegt er darüber, werden Augen und Schleimhäute gereizt. Deshalb wird neben dem Chlorgehalt auch der pH-Wert des Wassers überwacht.

Fische im **Aquarium** bevorzugen andere pH-Werte als wir Menschen: Seewasserfische pH-Wert 8–8,5, Süßwasserfische etwa pH 6,5–7. Da Leitungswasser fast neutral reagiert, ist es meist für Süßwasserfische geeignet. Für empfindliche Fische muss man mit besonderen Mitteln den pH-Wert einstellen.

5

Eigenschaften und Aufbau von Säuren

Säuren in unserer Umgebung

1

Zitrone oder Rotwein – was bewirkt eine **Säure** beim Blaukraut?

Vorsicht beim Umgang mit Säuren! Sie wirken ätzend.

Schülerversuche

V1 *Wir prüfen Stoffe mit Haushaltsindikatoren*

Benötigte Geräte und Stoffe:
Bechergläser (100 ml), Kochplatte; einige Blaukrautblätter, schwarzer Tee, verschiedene Früchte (z. B. Apfel, Zitrone, Apfelsine), verschiedene Flüssigkeiten aus dem Haushalt (z. B. Zuckerlösung, Kochsalzlösung, Entkalker)

Versuchsdurchführung:
a) *Zerschneide ein Blaukrautblatt. Übergieße die Streifen in einem Becherglas mit heißem Wasser. Gib einen Teelöffel voll Tee in ein zweites Becherglas und übergieße ihn auch mit heißem Wasser. Beide Lösungen werden nach gut 5 Minuten durch ein feines Sieb gegossen.*
b) *Setze zwei Versuchsreihen mit jeweils 7 Reagenzgläsern an. Die Reagenzgläser werden jeweils 2 cm hoch mit Blaukrautsaft bzw. mit scharzem Tee gefüllt. Gib einige Tropfen folgender Flüssigkeiten hinzu: Zitronensaft, Kochsalzlösung, gelösten Entkalker, Apfelsaft, Haushaltsessig, Zuckerlösung, Mineralwasser.*
Welche Veränderungen kannst du beobachten? Halte die Ergebnisse in einer Tabelle fest.
c) *Stelle aus zerkleinerten farbigen Blütenblättern (z. B. von Veilchen, Alpenveilchen, Flieder) Indikatoren her und prüfe die Stoffe von Versuchsteil b.*

V2 *Wir prüfen Stoffe mit Laborindikatoren*

Benötigte Geräte und Stoffe:
Reagenzgläser und Reagenzglasständer; verdünnte Essigsäure Xi, *verdünnte Schwefelsäure* Xi, *verdünnte Salzsäure* Xi, *Kochsalzlösung, Leitungswasser, Mineralwasser*
Als Indikatoren: Lackmuslösung, Universalindikator

Versuchsdurchführung:
a) *Prüfe, wie sich die Indikatoren bei Zugabe zu den genannten Flüssigkeiten verhalten (Schutzbrille!). Gib dabei stets die zu prüfende Flüssigkeit in ein sauberes Reagenzglas (1 cm hoch) und tropfe den Indikator hinzu. (Wenn Säure auf die Haut gelangt, schnell mit viel Wasser abspülen!)*
b) *Stelle die Ergebnisse deiner Untersuchungen in einer Tabelle nach folgendem Muster zusammen.*

Untersuchte Lösung	*Lackmuslösung*	*Universalindikatorlösung*
Leitungswasser		
Mineralwasser		
Kochsalzlösung		
Essigsäure		
Salzsäure		
Schwefelsäure		

64968

Schülerversuche

V3 Wir prüfen den pH-Wert.

Die saure Reaktion von verdünnten Säuren kann man in feiner Abstufung prüfen. Dazu dient der pH-Wert. Er kann mit Universalindikator bestimmt werden. Genauere Werte liefert ein pH-Meter.

Benötigte Geräte und Stoffe:

Bechergläser (250 ml und 100 ml), Reagenzgläser, Reagenzglasständer, ggf. pH-Meter, Messzylinder (100 ml), Glasstab; verdünnte Salzsäure Xi, destilliertes Wasser, Universalindikator

Versuchsdurchführung:

a) *Gib 1 ml verdünnte Salzsäure in ein Reagenzglas und setze einige Tropfen Universalindikator zu. Bestimme den pH-Wert der verdünnten Salzsäure durch Vergleich mit der Farbskala oder mit dem pH-Meter.*

b) *Miss genau 10 ml verdünnte Salzsäure ab. Gib sie zu 90 ml Wasser. Rühre um und bestimme den pH-Wert erneut. Beschreibe die Veränderung.*

c) *Du kannst die Verdünnungsreihe beliebig fortsetzen. Dazu nimmst du von der jeweils bereits verdünnten Lösung 10 ml, füllst sie auf 100 ml auf und bestimmst den pH-Wert neu.*
Was erwartest du? Prüfe an einem Beispiel, ob deine Vermutung stimmt.

V4 Wir prüfen die elektrische Leitfähigkeit.

Benötigte Geräte und Stoffe:

Elektrische Energiequelle (Wechselspannung 6 V), Lämpchen (6V; 1,8W) mit Fassung, Strommesser, Leitungskabel, Kohlestäbe, Bechergläser (100 ml), Glasstab, Tropfpipette; destilliertes Wasser, verdünnte Salzsäure Xi und Schwefelsäure Xi

Versuchsaufbau:

Siehe nebenstehende Schaltskizze (Bild 2).

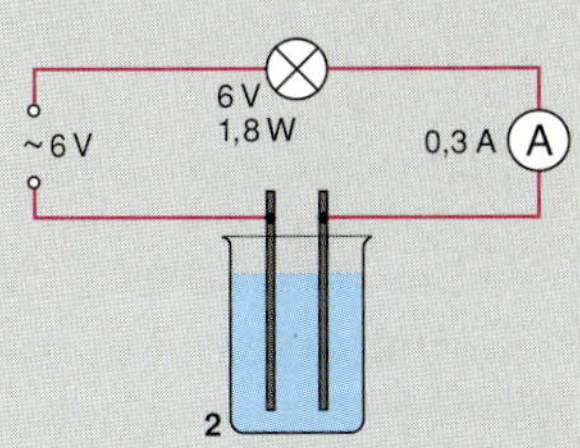

2

Versuchsdurchführung:

a) *Prüfe zunächst die elektrische Leitfähigkeit von Wasser.*

b) *Gib nun 5 Tropfen der verdünnten Salzsäure hinzu und rühre mit dem Glasstab um (Schutzbrille!). Der Strom bleibt eingeschaltet.*
In Abständen werden noch zweimal je 5 Tropfen Salzsäure zugegeben. Rühre jeweils vorsichtig um. Beschreibe deine Beobachtungen.

c) *Wiederhole den Versuch mit der verdünnten Schwefelsäure.*

V5 Wir untersuchen die Reaktion von Säuren mit unedlen Metallen und Kalkstein.

Benötigte Geräte und Stoffe:

Reagenzgläser, Reagenzglasständer; verdünnte Schwefelsäure Xi, verdünnte Salzsäure Xi, Essigsäure (Haushaltsessig), Zink (geraspelt), Magnesiumband, kleine Marmorstücke

Versuchsdurchführung:

a) *Fülle verdünnte Salzsäure in drei Reagenzgläser (etwa 3 cm hoch). Gib ins erste Glas ein Stück Zink, ins zweite ein Stück Magnesium und ins dritte ein Marmorstückchen (Kalkstein).*

b) *Falls sich ein Gas entwickelt, prüfe, um welches Gas es sich handelt.*

c) *Führe den Versuch anschließend auch mit der Schwefelsäure und der Essigsäure durch. Lass die Gläser eine Zeit lang stehen und beobachte.*

A1 *Wie beantwortest du die Frage zu Bild 1?*

A2 *Bild 3 zeigt zwei Möglichkeiten, wie man Limonade mit einem Indikator prüfen kann. Welche Möglichkeit ist die günstigere? Begründe deine Antwort.*

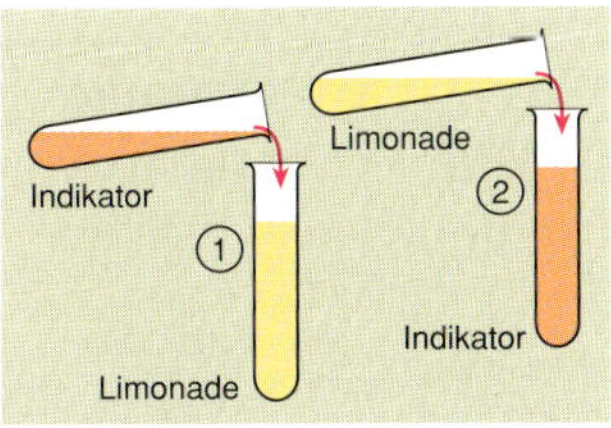

3

A3 *Nenne gemeinsame Eigenschaften von Säuren.*

A4 *Junge Blüten der Platterbse sind rot; sie werden kurz vor dem Verblühen blau. Wenn man die blauen Blüten auf einen Ameisenhaufen wirft, bekommen sie rote Tupfen. Versuche das zu erklären.*

A5 *Mit Hilfe von Säuren kann man kleine Mengen verschiedener Gase herstellen. Beschreibe!*

Aus der Umwelt: Überall saure Lösungen

Aus der Werbung für einen Spezialreiniger:

> Dieser Spezialreiniger ist ein saurer Reiniger, der wenig schäumt, angenehm riecht und mild, aber doch kraftvoll reinigt.
> Das Entfernen von Kalk- und Schmutzablagerungen, leichten Zementschleiern, Rost usw. ist mit diesem Reiniger kein Problem mehr.
> Säureempfindliche Oberflächen (z. B. Marmor) mit stark verdünntem Spezialreiniger und nur kurz behandeln.

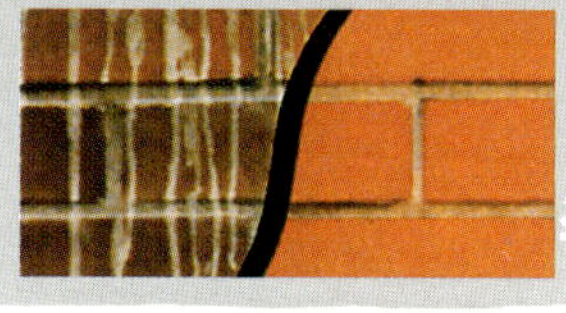

1

In diesem Spezialreiniger wirkt eine Säure. Saure Lösungen begegnen uns im täglichen Leben häufig. Meist wissen wir zwar, dass etwas sauer reagiert, aber uns ist nicht bewusst, dass dabei verschiedene Säuren wirken können. Hier einige Beispiele.

Ameisensäure verspritzen die Ameisen gegenüber ihren „Feinden". Sie ist in Entkalkern für Heißwassergeräte und Kaffeemaschinen enthalten.

Die **Citronensäure** gibt einer Gruppe von Früchten ihren Namen, den Zitrusfrüchten. Dazu gehören Zitronen, Apfelsinen, Grapefruits und Mandarinen.

Essigsäure ist z. B. in den verschiedenen Essigsorten enthalten, die im Haushalt verwendet werden.

Kohlensäure verleiht einigen Getränken ihren „prickelnden" Geschmack. Sie ist in Mineralwässern, Limonaden, Bier und Schaumwein enthalten.

Milchsäure kommt in saurer Milch vor (z. B. Dickmilch, Joghurt), in sauren Gurken, im Sauerkraut (Sauerkohl) und in der Silage für die Tierfütterung.

Phosphorsäure ist – stark verdünnt – in Colagetränken enthalten.

Schwefelsäure spielt eine große Rolle in der chemischen Industrie. Wir haben mit ihr nur in der Autobatterie zu tun.

Salzsäure ist auch im Magensaft enthalten.

Aus Umwelt und Technik: Säuren haben „mehrere Gesichter"

Eine Säure kann reizend oder ätzend sein. Diese Eigenschaften werden mit Symbolen (Bilder 2 u. 3) gekennzeichnet.

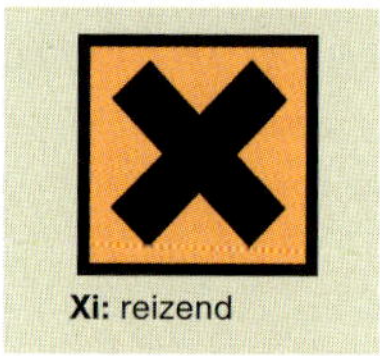

2

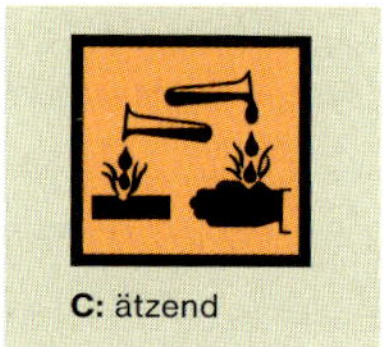

3

„Reizend" bedeutet, dass auf der Haut Rötungen auftreten und dass es zu Schorfbildung kommt. Bei einer „ätzenden" Wirkung wird die Haut nicht nur oberflächlich zerstört, sondern auch tiefer liegendes Gewebe. Beim Umgang mit Säuren ist also stets größte Vorsicht geboten.

Eine Säure wirkt in konzentrierter Form anders als in verdünnter. So ist z. B. reine, 100%ige Essigsäure stark ätzend, sie verursacht Blasen auf der Haut. Die verdünnte, 5%ige Essigsäure dient als Speiseessig.

Es gibt Säuren, die unabhängig von der Konzentration stark oder schwach wirken. Schwefelsäure wirkt auch in starker Verdünnung ätzend. Kohlensäure wirkt immer schwach.

Es gibt giftige und ungiftige Säuren. So gehört z. B. die Blausäure zu den gefährlichsten Giften, die es gibt; sie wirkt tödlich. Ascorbinsäure – das Vitamin C – ist dagegen sogar lebensnotwendig.

Im Haushalt werden fast nur verdünnte Säuren verwendet. Trotzdem sind z. B. Essigessenz oder die Ameisensäure aus Entkalkungsmitteln noch so stark ätzend, dass ein Schluck lebensgefährlich ist.

Kennzeichnung	Name der Säure	Beispiele für die Verwendung
reizend oder ätzend	Schwefelsäure	in Autobatterien; zur Herstellung und Reinigung von Chemikalien
reizend oder ätzend oder keine	Salzsäure	Lötwasser; Entkalker; zum Ätzen von Metallen
	Phosphorsäure	zur Herstellung von Düngemitteln; als Säuerungsmittel in Colagetränken
	Essigsäure	Konservierungsmittel; Speiseessig
keine	Citronensäure	in Brausepulvern; zum Entrosten und zur Tintenfleckentfernung
	Kohlensäure	in Erfrischungsgetränken

Info: Säuren reagieren mit Kalk und mit unedlen Metallen

Unsere Versuche zeigen: **Saure Lösungen reagieren mit Kalk. Dabei entsteht Kohlenstoffdioxid.** Der Kalk wird zersetzt.

Diese Reaktion läuft auch ab, wenn saurer Regen auf Bauwerke einwirkt. Da Marmor chemisch der gleiche Stoff ist wie Kalk, darf man Marmorplatten nicht mit Essig säubern. Diese Reaktion kann man auch anwenden um Kohlenstoffdioxid herzustellen.

Kalk ist ein Salz der Kohlensäure. Er kann durch einige Säuren zersetzt werden (Bild 4).

Saure Lösungen reagieren mit unedlen Metallen. Dabei entsteht Wasserstoff und das Metall wird zersetzt (Bild 5).

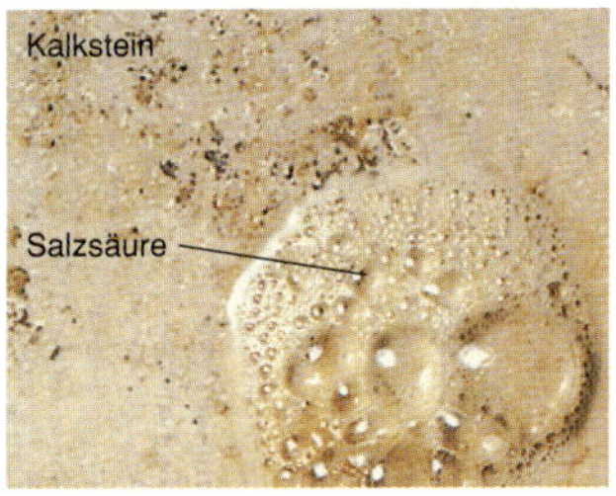

4

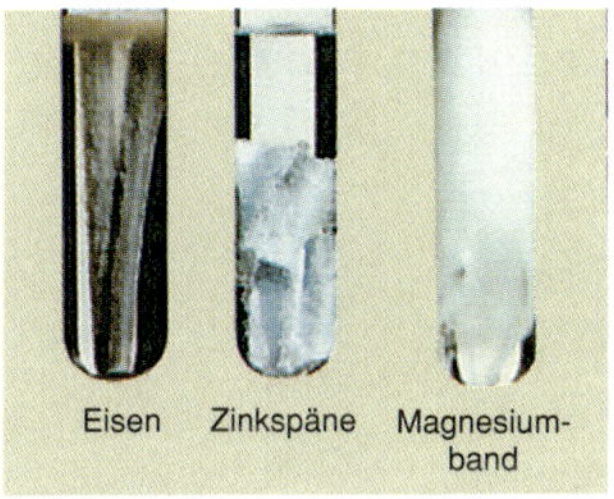

5

Diese Reaktion kann man nutzen, wenn man Wasserstoff herstellen will. Sie findet aber auch in unserer Umgebung statt, wenn z. B. saurer Regen auf unedle Metalle wie Aluminium, Zink oder Eisen einwirken kann oder wenn Batteriesäure (Schwefelsäure) auf Metallteile des Autos gelangt. Dabei wird das Metall zersetzt.

Da Metalle keinen Wasserstoff enthalten, können wir aus der Reaktion schließen, dass die Säuremoleküle das Element Wasserstoff enthalten müssen.

Die Reaktion mit unedlen Metallen ist eine charakteristische Reaktion saurer Lösungen.

Info: Der gemeinsame Aufbau von Säuren

Kohlenstoffdioxid und Schwefeldioxid reagieren mit Wasser und bilden Säuren. Sie färben Lackmus rot. Auch andere Oxide von *Nichtmetallen* reagieren auf diese Weise. Die Reaktionen lassen sich folgendermaßen ausdrücken:

Kohlenstoffdioxid + Wasser → Kohlensäure
$CO_2 + H_2O \rightarrow H_2CO_3$
Schwefeldioxid + Wasser → schweflige Säure
$SO_2 + H_2O \rightarrow H_2SO_3$
Phosphorpentaoxid + Wasser → Phosphorsäure
(sie hat die Formel H_3PO_4)
Stickstoffoxide + Wasser → Salpetersäure (HNO_3)

Die allgemeine Wortgleichung lautet:

Nichtmetalloxid + Wasser → Säure.

Diese sauerstoffhaltigen Säuren entstehen bei der Reaktion eines Nichtmetalloxids mit Wasser. Es gibt aber auch Säuren wie z. B. die Salzsäure, deren Moleküle keine Sauerstoffatome enthalten.

In einem Versuch haben wir beobachtet, dass immer Wasserstoff entsteht, wenn ein unedles Metall (z. B. Zink) mit einer verdünnten Säure reagiert. Der Wasserstoff stammt aus der Säure, denn **alle Säuren enthalten in ihren Molekülen Wasserstoffatome.**

$Zn + H_2SO_4 \rightarrow H_2 + ZnSO_4$
$Zn + 2\,HCl \rightarrow H_2 + ZnCl_2$

Der Wasserstoff der Säuren ist Träger der Säureeigenschaften. Er ist allen Säuren gemeinsam und bewirkt die typischen Reaktionen aller Säuren.

Alle übrigen Atome des Säuremoleküls bilden den **Säurerest**. Jede Säure hat einen anderen Säurerest. **Man kann die Säuren an ihren Säureresten unterscheiden.** Die Namen der Säurereste geben einen Hinweis darauf, aus welchem Nichtmetalloxid sie entstanden sind (→ die Tabelle unten).

Die Salzsäure und Säuren, die in Früchten enthalten sind, entstehen nicht aus Nichtmetalloxiden und Wasser. Der Wasserstoff der Säuren ist aber auch bei diesen Säuren der Träger der Säureeigenschaften.

Säure	Name des Säurerestes
Kohlensäure (H_2CO_3)	Carbonat
Phosphorsäure (H_3PO_4)	Phosphat
Salpetersäure (HNO_3)	Nitrat
schweflige Säure (H_2SO_3)	Sulfit
Schwefelsäure (H_2SO_4)	Sulfat
Salzsäure (HCl)	Chlorid

Info: Konzentrationsangaben in Chemie und Umwelt

Um die Wirkung einer Säure beurteilen zu können, muss man wissen, ob sie verdünnt oder unverdünnt vorliegt. ***Verdünnte Säure* enthält Wasser, *konzentrierte Säure* enthält wenig oder gar kein Wasser.**

Als **Konzentration** einer Lösung kann man den *Masseanteil* oder den *Volumenanteil* des gelösten Stoffes an der gesamten Lösung angeben. **Je größer der Masseanteil oder der Volumenanteil des gelösten Stoffes an der Lösung ist, desto konzentrierter ist die Lösung.**

Es gibt verschiedene **Konzentrationsangaben**. Die *Massenkonzentration* gibt an, *wieviel g eines Stoffes in 1 kg Lösung* enthalten sind. *Beispiel:* Verdünnte Schwefelsäure mit der Massenkonzentration 30 g/kg enthält in einem kg Lösung 30 g Schwefelsäure.

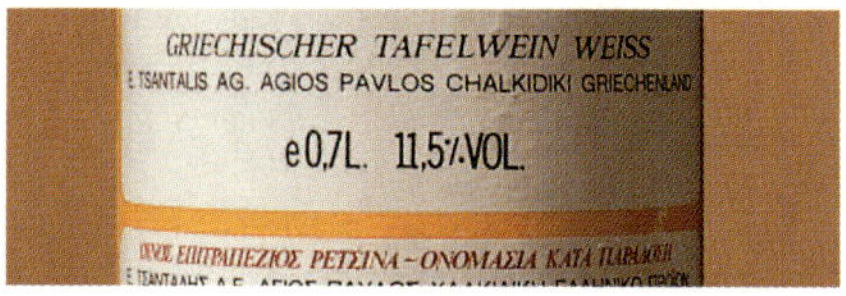

1

Die *Volumenkonzentration* gibt an, wieviel ml eines Stoffes in 1 l Lösung enthalten sind. *Beispiel:* Verdünnte Schwefelsäure mit der Volumenkonzentration 30 ml/l enthält in 1 l Lösung 30 ml Schwefelsäure.

Im täglichen Gebrauch wird die Konzentration meist in **Prozent** angegeben. Auch hier wird zwischen Masseprozent (%) und Volumenprozent (% mit dem Zusatz „Vol.") unterschieden. Dabei bedeutet die Angabe *1%ig:* Die Lösung enthält 1 g gelösten Stoff in 100 g Lösung. *Beispiel:* 3%ige Schwefelsäure enthält 3 g Schwefelsäure in 100 g verdünnter Säure.

Die Angabe 1 % Vol. bedeutet: Die lösung enthält 1 ml gelösten Stoff in 100 ml Lösung. *Beispiel:* Der Wein in der Flasche mit der Angabe 11,5%Vol. auf dem Etikett (Bild 1) enthält 11,5 ml Alkohol in 100 ml Wein.

Aus der Umwelt: Bauwerke haben unter saurem Regen gelitten

An „Kopfschmerzen" ...

leidet Bremens Wahrzeichen, der *Roland*. Der Kopf des Steinmanns, der aus dem Jahr 1404 stammt, hat durch Umwelteinflüsse schon stark an Konturen verloren. Er soll durch eine Kopie ersetzt werden.

Das stand 1982 in der Zeitung. Und tatsächlich ist es heute so: Vor dem Bremer Rathaus steht eine Kopie – und der *Roland* (Bild 2) landete im Museum ...

2

Dabei hatte der Roland 550 Jahre gut überstanden. Dann aber veränderten saurer Regen, Abgase und die Verwitterung durch Wasser und Frost sein Gesicht.

Überhaupt zeigten die Bauten aus Naturstein in den letzten Jahrzehnten beschleunigte Verwitterungen. Der saure Regen zerstört Sand- und Kalkstein besonders leicht: Die Säure reagiert mit dem Gestein und dabei entstehen wasserlösliche Stoffe. Sie werden vom Regen ausgewaschen und weggespült. So wurde die Oberfläche des Natursteins rau und bröckelig. Bild 3 zeigt, wie eine Säule an der *Bayerischen Staatsbibliothek* in München aussah.

Es kostet Mühe und Geld, historische Bauwerke vor dem Zerfall zu schützen: Häufig werden verwitterte Gesteinsteile durch neue ersetzt – wie bei der Staatsbibliothek (Bild 4). Dazu verwendet man oft vulkanisches Gestein (Basalt); das enthält nämlich keinen Kalk und wird deshalb durch sauren Regen nicht angegriffen.

Anders beim Kölner Dom: Große Flächen wurden gereinigt und mit Steinschutzmitteln behandelt. Sie machen den Stein Wasser abweisend, sodass der Regen daran herunterläuft. Gesteinsteile, die man abnehmen kann, werden mit flüssigem Kunststoff getränkt und so abgedichtet.

3

4

64972

Aus Umwelt und Technik: Schwefelsäure in der Autobatterie

Ein Auto wird mit Hilfe eines *Anlassers* (ein Elektromotor) gestartet, der den elektrischen Strom aus der Autobatterie, dem *Bleiakkumulator* (Bild 5), bezieht. In dessen Kunststoffgehäuse befinden sich Bleiplatten. Diese sind entweder positiv oder negativ geladen und abwechselnd angeordnet. Dazwischen befinden sich isolierende Schichten.

Der Akku ist stets mit chemisch reiner, verdünnter **Schwefelsäure** von genau festgelegter Zusammensetzung gefüllt. Wenn der Akku Strom liefert, wird er **entladen**. Dabei verändert sich die *Konzentration* der Schwefelsäure: Ihr Anteil im Wasser nimmt ab.

Der Akku muss also **nachgeladen** werden. Das geschieht während der Fahrt mit Hilfe der Lichtmaschine. Dabei nimmt die Konzentration der Säure wieder zu. Mit einem sog. *Aräometer* (Senkwaage; Bild 6) kann man die Konzentration der Säure prüfen.

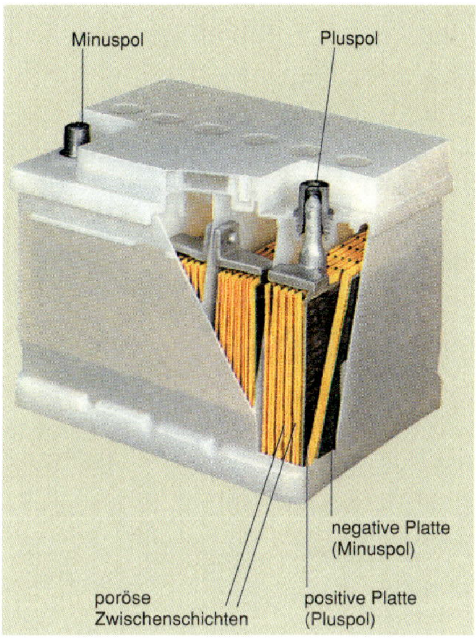

5

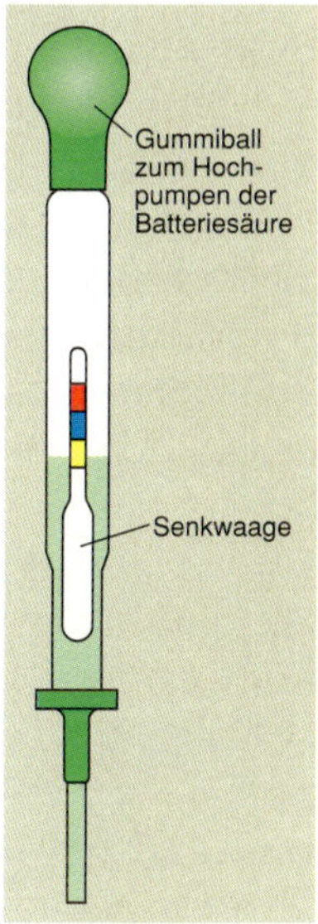

6

Aus Umwelt und Technik: Kohlensäure im Mineralwasser

Mineralwasser schmeckt gut, löscht den Durst und erfrischt. Außerdem ist es kein „Dickmacher".

Vor allem wenn wir geschwitzt haben, ist Mineralwasser ein wichtiges Getränk. Mit dem Schweiß haben wir nämlich Mineralstoffe verloren – und solche Stoffe (Salze) sind im Mineralwasser gelöst.

Eigentlich ist Mineralwasser nichts anderes als ein besonderes Grundwasser. Es sammelt sich in tiefen Erdschichten, die reich an löslichen Mineralstoffen sind. Wenn dann noch im Erdinnern (durch vulkanische Vorgänge) *Kohlenstoffdioxid* freigesetzt wird, ist das Mineralwasser **kohlensäurehaltig** (Bild 7). Beim Abfüllen des Mineralwassers geht ein großer Teil des Kohlenstoffdioxids verloren. Es wird aber aufgefangen und dem Mineralwasser unter hohem Druck wieder zugesetzt. Deshalb hörst du beim Öffnen einer Mineralwasserflasche meist ein leises Zischen.

Gehörst du zu denen, die zwar das Erfrischende am Mineralwasser schätzen – aber eine „Limo mit Geschmack" vorziehen (Bild 8)?

Stell sie dir doch aus ausgepressten Früchten selbst her! Für das „Prickeln" sorgt wieder **Kohlensäure**. Du erhältst sie, wenn du aus einem Siphon Kohlenstoffdioxid in den Fruchtsaft presst (Bild 9).

7

8

9

Aus Umwelt und Technik: Salzsäure im Magen

Aus einem Polizeibericht: „Die gerichtsmedizinische Untersuchung des Magens hat ergeben, dass der Tod 5–6 Stunden vor Auffinden der Leiche eingetreten sein muss.“ Wie konnte man das feststellen?

Der Magensaft enthält 0,5 % Salzsäure. Sie tötet die Bakterien ab, die wir ständig mit unserer Nahrung aufnehmen. Deshalb können Nahrungsmittel im Magen nicht gären oder faulen.

Außerdem spielt die Salzsäure eine wichtige Rolle bei der Verdauung: Im Magensaft befindet sich *Pepsin* (ein Enzym), das die Verdauung von Eiweißstoffen (z. B. in Fleisch) einleitet. Es wird aber nur in saurer Umgebung wirksam, und die liefert die Salzsäure.

Weshalb wird aber der Magen selbst nicht angegriffen und wie anderes Fleisch verdaut? Die Magenwand ist durch einen besonderen Schleim geschützt. Wenn dieser Magenschleim an einer Stelle fehlt, wird der Magen an dieser Stelle angegriffen. Es entsteht ein Magengeschwür.

Wenn der Tod eintritt, verliert die Magenwand ihren Schutz und wird nun vom Magensaft verdaut. Daraus, wie weit diese Verdauung fortgeschritten ist, kann man auf den Zeitpunkt des Todes schließen.

Auch das lästige *Sodbrennen* geht auf die Säure im Magen zurück. Wenn die Salzsäure einmal vom Magen her in die Speiseröhre gelangt, greift sie dort die empfindliche, nicht geschützte Schleimhaut an.

Der brennende Schmerz in der Speiseröhre entsteht also schon durch 0,5%ige Salzsäure. Du kannst dir jetzt sicher vorstellen, welche Auswirkungen ein versehentlicher Schluck einer stärker konzentrierten Säure hat!

Zusammenfassung

Der saure Regen bedroht unsere Umwelt

Wenn Brennstoffe verbrennen, entsteht nicht nur das ungiftige Kohlenstoffdioxid. Es entstehen auch die **Schadstoffe** Kohlenstoffmonooxid, Schwefeldioxid und Stickstoffoxide.

Einige Verbrennungsprodukte verbinden sich mit der Luftfeuchtigkeit zu Säuren. So entsteht der **saure Regen**.

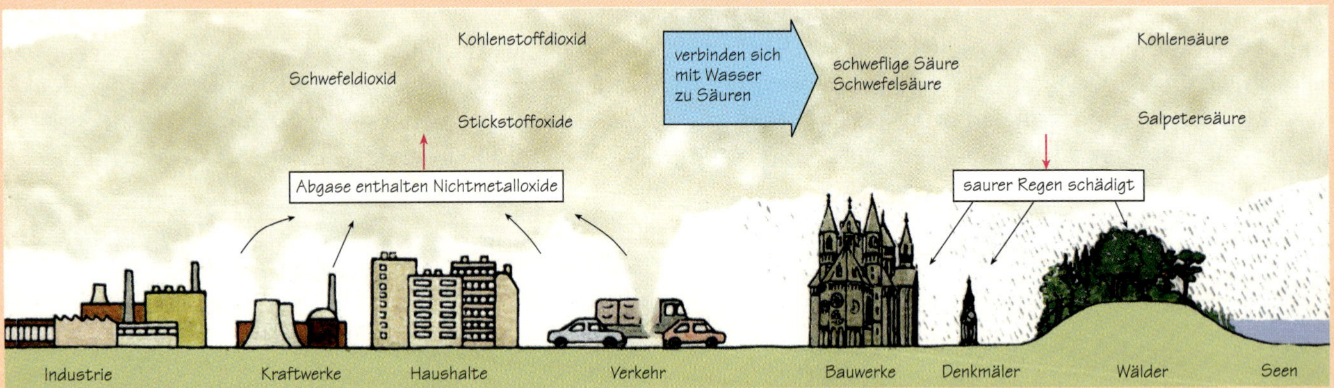

1

Durch den sauren Regen wird das **Wasser** in vielen Seen so sauer, dass Fische nicht mehr darin leben können.

Der saure Regen schädigt nicht nur die Nadeln und Blätter der **Bäume**, sondern dringt auch durch die Wurzeln ein. So trägt er zur Entstehung der Waldschäden bei.

Denkmäler und **Bauwerke** aus Sandstein oder Kalkstein werden durch den sauren Regen allmählich zersetzt. Sie verwittern viel schneller als früher.

64974

Säuren in unserer Umwelt

In der Küche verwenden wir Nahrungsmittel, die sauer schmecken. Sie enthalten ungefährliche Säuren (z. B. *Essigsäure* und *Citronensäure*). In Erfrischungsgetränken ist *Kohlensäure* enthalten.

In der Technik sind andere Säuren von Bedeutung, z. B. *Schwefelsäure* und *Salzsäure*. Diese Säuren sind gefährlich, weil sie ätzend wirken und beim Menschen gesundheitliche Schäden hervorrufen können.

Wie Säuren entstehen können und zusammengesetzt sind

Säuren entstehen z. B. dann, wenn einige Nichtmetalloxide mit Wasser reagieren:

Kohlenstoffdioxid + Wasser → Kohlensäure
$CO_2 + H_2O \rightarrow H_2CO_3$
Schwefeldioxid + Wasser → schweflige Säure
$SO_2 + H_2O \rightarrow H_2SO_3$
Stickstoffoxide + Wasser → Salpetersäure
Phosphorpentaoxid + Wasser → Phosphorsäure
(Bilder 2–4).

Die allgemeine Wortgleichung lautet:

Nichtmetalloxid + Wasser → Säure.

Jede Säure besteht aus **Wasserstoff** und einem **Säurerest**. Die Säurereste sind unterschiedlich; man kann die Säuren daher an ihren Säureresten unterscheiden.

2

3

4

Einige Eigenschaften von Säuren

Verdünnte Säuren haben einige *gemeinsame Eigenschaften*, die aber nicht bei allen Säuren gleich stark ausgeprägt sind.

5

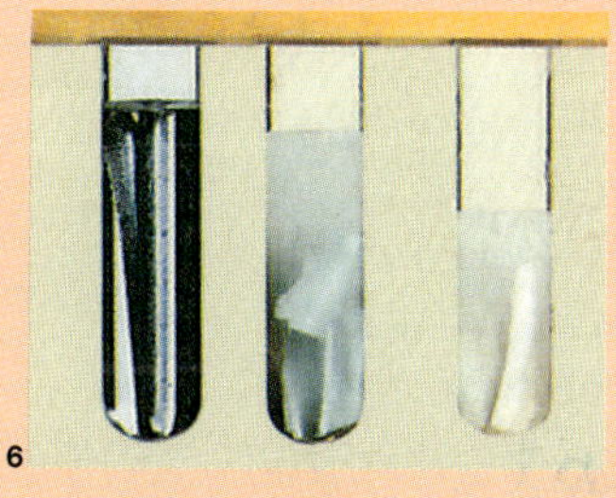
6

- Sie schmecken sauer.
- Sie färben Indikatoren in charakteristischer Weise, z. B. Universalindikator, rot (Bild 5).
- Ihr pH-Wert ist stets kleiner als 7.
- Sie leiten den elektrischen Strom.
- Sie reagieren mit Kalk, dabei wird Kohlenstoffdioxid frei.
- Wenn man eine Säure auf ein unedles Metall einwirken lässt, entsteht Wasserstoff (Bild 6).

Alles klar?

1. *Bild 1 zeigt die Entstehung des sauren Regens und seine Wirkung. Werte es aus.*

2. *Erkläre den Zusammenhang zwischen Kohlenstoffdioxid und Kohlensäure.*

3. *Man könnte einer Zahnpasta etwas Zitronensaft beimischen, damit sie besser schmeckt. Warum dürfte man diese Zahnpasta aber nicht in Tuben aus Metall füllen?*

4. *Sonja will Kalkablagerungen aus einem Aluminium-Wasserkessel mit Salzsäure entfernen. Ob sie Erfolg damit hat? Begründe deine Antwort.*

5. *Welcher Bestandteil von verdünnten Säuren verursacht ihre saure Reaktion?*

6. *Welche Bedeutung hat der Säurerest bei den Säuren?*

7. *Beschreibe, wie man kleine Mengen Wasserstoff und Kohlenstoffdioxid herstellen kann.*

Einige Säuren und ihre Salze

Salzsäure – eine Lösung von Chlorwasserstoffgas in Wasser

1

In Bild 1 siehst du, wie Wasserstoff in Chlor verbrannt wird.
Dabei entsteht Chlorwasserstoff.
Leider lässt sich das Reaktionsprodukt nur schlecht untersuchen.
Wie ist z. B. seine Löslichkeit?

V1 *(Lehrerversuch) Bild 2 zeigt, wie man größere Mengen Chlorwasserstoff* C,T *herstellen kann. (Trichter darf nicht nass werden!)*

a) *Was ist im Rundkolben und im Becherglas zu beobachten?*

b) *Welchen Geruch stellt man nach kurzer Zeit fest? (Vorsicht!)*

c) *Ein Stück feuchtes Indikatorpapier wird möglichst dicht an die Öffnung des Trichters gehalten. Beschreibe deine Beobachtung.*

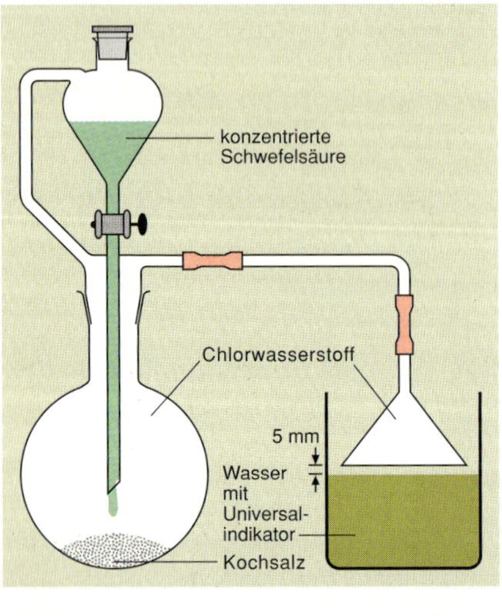

2

V2 *Wir prüfen den pH-Wert der Lösung im Becherglas. Wie ist ihre elektrische Leitfähigkeit?*

V3 *(Lehrerversuch) Zwei Glaskolben werden mit Chlorwasserstoff* C,T *gefüllt und verschlossen.*

a) *Der Versuch wird nach Bild 3 aufgebaut. Was geschieht, wenn das Glasrohr ins Wasser taucht?*

b) *Eine Lage feuchtes Filterpapier wird am Thermometer befestigt (Bild 4). Dann hält man das Thermometer in den anderen Kolben. Beobachte die Temperatur.*

V4 *Ein Reagenzglas wird etwa 1 cm hoch mit konzentrierter Salzsäure* C *gefüllt (Stativ, Schutzbrille! Säure auf der Haut schnell mit viel Wasser abspülen!).*

a) *Wie verändert sich ein feuchtes Stück Indikatorpapier direkt über der Reagenzglasöffnung?*

b) *Nun halten wir ein trockenes Stück Indikatorpapier über die Reagenzglasöffnung und ein Indikatorpapier, das mit Wundbenzin* F *oder mit Aceton* F *angefeuchtet wurde.*

c) *Der Versuch wird wie in Bild 5 ergänzt und die Salzsäure etwas erwärmt. Das Wasser wird dann mit Universalindikator geprüft.*

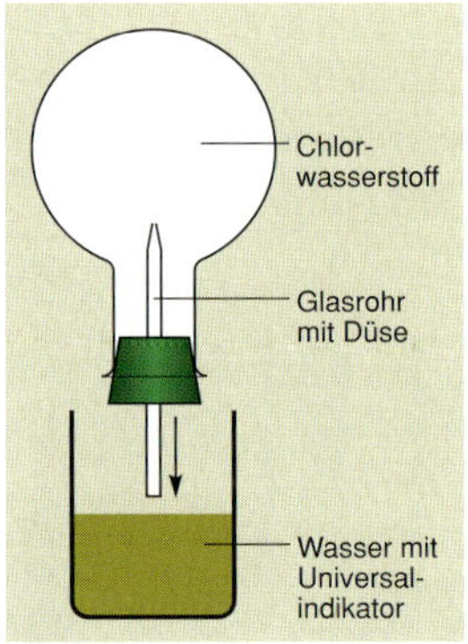

3

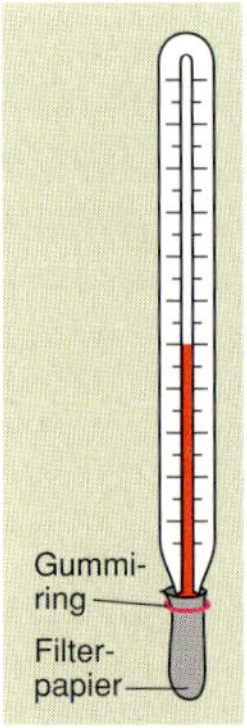

4

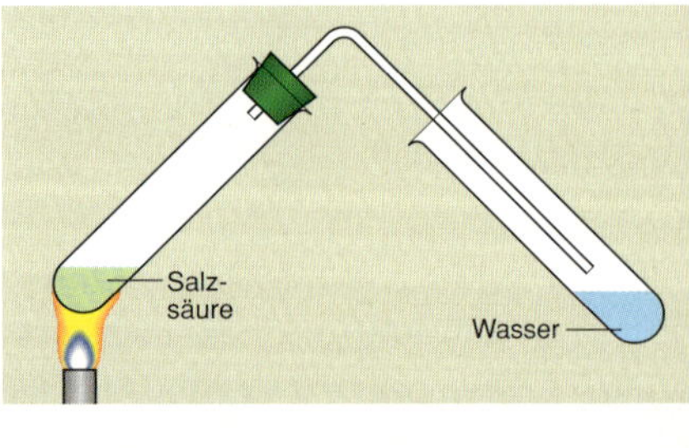

5

64976

Info: Zusammensetzung und Reaktionen der Salzsäure mit Metallen

Chlorwasserstoff löst sich sehr gut in Wasser: Bei 20 °C lösen sich 442 Liter Chlorwasserstoff in 1 Liter Wasser.

Die entstehende Lösung reagiert stark sauer; es ist **Salzsäure**. Die Salzsäure leitet den elektrischen Strom; sie muss also **Ionen** enthalten.

Der schwedische Chemiker *Svante Arrhenius* nahm 1884 an, dass die Chlorwasserstoffmoleküle beim Lösen in Wasser in Wasserstoff-Ionen und Chlorid-Ionen zerfallen.

Diesen Vorgang bezeichnet man als **Dissoziation** (lat. *dis:* auseinander; *socius:* Gefährte). Er kann durch die folgende Reaktionsgleichung (auch *Dissoziationsgleichung* genannt) angegeben werden:

$HCl \rightarrow H^+ + Cl^-$

Wenn verdünnte Salzsäure auf ein unedles Metall (z. B. Zink) einwirkt, entsteht Wasserstoff (Bild 6). In der verdünnten Salzsäure befinden sich Wassermoleküle, Wasserstoff-Ionen und Chlorid-Ionen (die Säurerest-Ionen der Salzsäure). Gibt man ein Stück Zink in die Säure, so werden die Zinkatome zu Zink-Ionen.

6

$Zn \rightarrow Zn^{2+} + 2\,e^-$

Gleichzeitig werden aus Wasserstoff-Ionen Wasserstoffmoleküle.

$2\,H^+ + 2\,e^- \rightarrow H_2$

Schließlich enthält die Lösung nur noch Zink-Ionen und Chlorid-Ionen. Beim Eindampfen bilden sich daraus Ionenkristalle von Zinkchlorid.

$Zn^{2+} + 2\,Cl^- \rightarrow ZnCl_2$

Gesamtreaktion: $Zn + 2\,HCl \rightarrow ZnCl_2 + H_2$

Entsprechend reagieren auch andere unedle Metalle mit Salzsäure. Dabei entstehen die Salze der Salzsäure, die **Chloride**.

Aus Umwelt und Technik: Vorsicht beim Umgang mit Salzsäure!

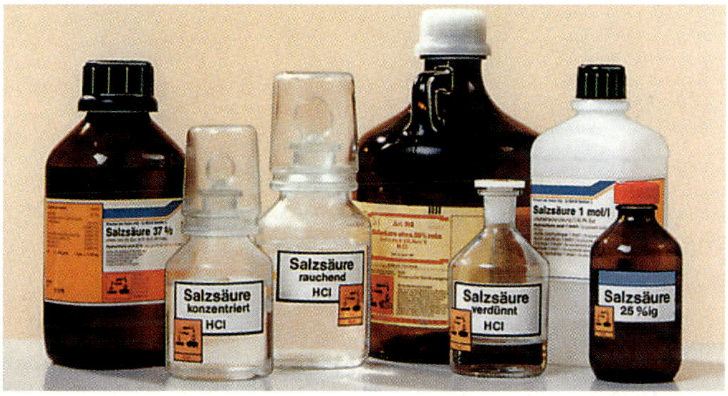

7

Auf den Flaschenetiketten von Bild 7 erkennst du, dass es Salzsäure in verschiedenen Konzentrationen gibt.

Beim Umgang mit dieser Säure sind die *Gefahrenhinweise* und *Sicherheitsratschläge* auf den Etiketten (z. B. wie in Bild 8) besonders zu beachten!

R 34: Verursacht Verätzungen.
R 37: Reizt die Atmungsorgane.

S 2: Darf nicht in die Hände von Kindern gelangen.
S 26: Bei Berührung mit den Augen gründlich mit Wasser abspülen und Arzt konsultieren.

8

A1 *Vergleiche die Verbrennung von Wasserstoff in Sauerstoff und in Chlor.*
Nenne jeweils die Reaktionsprodukte. Beschreibe auch die Vorgänge im Bereich der Teilchen.

A2 *Trockenes Indikatorpapier zeigt über konzentrierter Salzsäure kaum eine Reaktion, feuchtes Indikatorpapier wird dagegen sofort rot. Versuche das zu erklären.*

A3 *Beschreibe zunächst die Unterschiede zwischen Chlorwasserstoff, Salzsäure und einer Salzlösung.*
Gib dann an, welche Teilchen jeweils darin vorliegen.

Die Kohlensäure

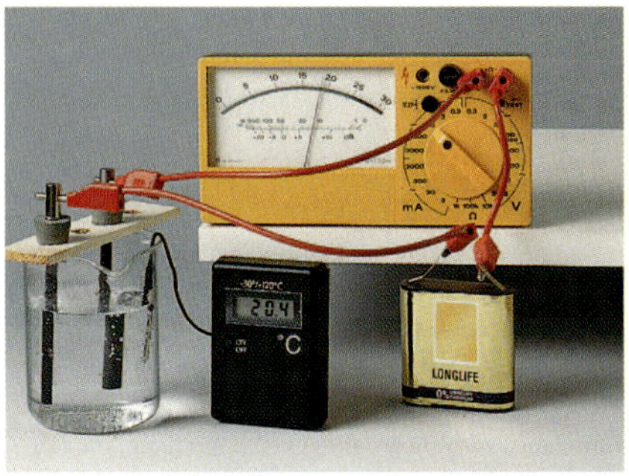
1

2

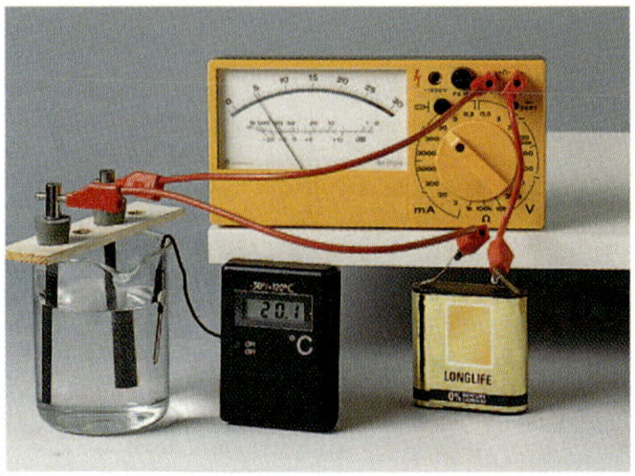
3

Mineralwasser mit viel **Kohlensäure** leitet den elektrischen Strom (Bild 1).
Wenn es erhitzt (Bild 2) und wieder abgekühlt wird, verändert sich die Leitfähigkeit (Bild 3).
Woran liegt das?

V1 *In einem Erlenmeyerkolben erwärmen wir etwas Mineralwasser aus einer frisch geöffneten Flasche (Siedesteinchen!).*
Das entstehende Gas leiten wir durch Kalkwasser Xn. *Beschreibe deine Beobachtungen.*
Beobachte auch die Veränderungen im Mineralwasser.

V2 *Destilliertes Wasser wird kurz bis zum Sieden erhitzt und abgekühlt. Dann fügen wir einige Tropfen Universalindikator hinzu.*
Wir geben 30 ml dieses Wassers in eine Waschflasche und lassen eine Weile Kohlenstoffdioxid hindurchperlen.
Verteile die Flüssigkeit auf zwei Bechergläser. Erwärme dann eine Probe.
Wie unterscheiden sich die beiden Proben? Versuche zu erklären.

V3 *Diesmal prüfen wir, ob sich die Leitfähigkeit von destilliertem Wasser ändert, wenn wir Kohlenstoffdioxid hineinleiten.*

Info: Bildung und Zerfall der Kohlensäure

Kohlenstoffdioxid CO_2 reagiert nur sehr langsam und in geringem Umfang mit Wasser zu **Kohlensäure**.

$$CO_2 + H_2O \rightleftharpoons H_2CO_3$$

Ein Teil der Kohlensäuremoleküle zerfällt sofort in Ionen.

$$H_2CO_3 \rightleftharpoons H^+ + HCO_3^-$$

Die Lösung enthält nun Wasserstoff-Ionen und *Hydrogencarbonat-Ionen*. Sie reagiert sauer und leitet elektrischen Strom.

Jedes Kohlensäuremolekül enthält jedoch *zwei* Wasserstoffatome. Deshalb kann das Hydrogencarbonat-Ion ein weiteres Wasserstoff-Ion abspalten.

$$HCO_3^- \rightleftharpoons CO_3^{2-} + H^+$$

Wenn man also Kohlenstoffdioxid in Wasser einleitet, enthält die Lösung neben Wassermolekülen und einigen Kohlensäuremolekülen auch Wasserstoff-Ionen, Hydrogencarbonat-Ionen und *Carbonat-Ionen*.

Dabei *reagieren* jedoch nur etwa 0,2 % der Kohlenstoffdioxidmoleküle mit Wassermolekülen. 99,8 % der Kohlenstoffdioxidmoleküle sind einfach im Wasser gelöst. **Die Säurewirkung der Kohlensäure ist daher nur sehr schwach.**

Reine Kohlensäure H_2CO_3 lässt sich nicht aus ihrer wässrigen Lösung gewinnen. Beim Erwärmen zerfällt die Kohlensäure wieder in ihre Ausgangsstoffe. (Deshalb leitet erhitztes Mineralwasser den elektrischen Strom weniger gut als kaltes.)

Bildung und Zerfall der Kohlensäure sind *umkehrbare Reaktionen*. Das zeigt der Doppelpfeil in der Reaktionsgleichung an.

A1 *Mineralwasser enthält meist gelöstes Kohlenstoffdioxid. Ist dafür die Bezeichnung Kohlensäure gerechtfertigt?*

A2 *In Versuch 3 wird die elektrische Leitfähigkeit einer Kohlenstoffdioxidlösung geprüft. Erkläre die Beobachtung.*

64978

Carbonate – die Salze der Kohlensäure

5

4 6

Kalkstein *(Calciumcarbonat)* in verschiedenen Formen:
als Kalkfelsen (Bild 5), als Versteinerung (Bild 4) und als Kristall (Bild 6).

Kalkstein besteht im Wesentlichen aus Calciumcarbonat ($CaCO_3$). Er ist hauptsächlich aus Schalen im Meer lebender Pflanzen und Tiere entstanden. Weitere Formen von Calciumcarbonat sind z. B. Kalkspat, Marmor und Kreide.

Kalkspat (Calcit) ist sehr reines Calciumcarbonat. Es bildet häufig durchsichtige, schön geformte Kristalle. Diese können mikroskopisch klein bis metergroß werden. Meistens befinden sie sich in Hohlräumen von Kalkgesteinen.

Marmor ist dichter, reiner Kalkstein, der aus richtungslos gruppierten Calcitkristallen besteht. Er ist unter hohem Druck in tiefen Schichten der Erde entstanden. Häufig zeigt Marmor Verfärbungen, die auf verschiedene Metalloxide zurückzuführen sind. Man erkennt z. B. eine bräunliche Bänderung, wenn er durch geringe Mengen von Eisenoxid verunreinigt ist. Weltberühmt ist der weiße Marmor von Carrara (Oberitalien).

Kreide ist lockerer Kalkstein. Er ist aus den Kalkgehäusen von Kleinlebewesen des Meeres entstanden. Im Gegensatz zu dichten Kalksteinen färbt die Kreide ab; sie wurde deshalb früher als Tafelkreide verwendet.

Aus einem Lexikon

Vorbereitende Aufträge

1. *Informiere dich in einem Lexikon über die Begriffe „Kalk“ und „Kalkstein“.*
(Ein Beispiel für einen Lexikontext steht oben.)

2. *Sammle Stoffe, die Calciumcarbonat enthalten könnten.*
Dazu gehören z. B. Granit, Kalkspat, Marmor, Kalkstein, Basalt, Sandstein, Ziegelstein, Muschelgehäuse, Perlmutt, Koralle, Eierschale, Schneckengehäuse.

3. *Gib auf deine Proben je einige Tropfen Essig.*
Was geschieht daraufhin?

V1 *Wir geben einige Tropfen verdünnte Salzsäure* Xi *auf Stoffe, die Calciumcarbonat enthalten. (Siehe den vorbereitenden Auftrag 2.)*
Teile die überprüften Stoffe in zwei Gruppen ein. Gibt es innerhalb der Gruppen Unterschiede?

V2 *So können wir untersuchen, ob Calciumcarbonat in Wasser löslich ist (Bild 7).*

a) *Ein Becherglas wird zu zwei Dritteln mit destilliertem Wasser gefüllt (Bild 7, 1). Ein kleines Stück Kalkstein wird in einer Reibschale fein zermahlen und in das Wasser gegeben (Bild 7, 2).*
Löst sich der Kalkstein im Wasser?

b) *Wir leiten unter ständigem Umrühren Kohlenstoffdioxid in das destillierte Wasser (Bild 7, 3). Du weißt, dass Wasser mit Kohlenstoffdioxid zu Kohlensäure reagiert. Löst sich der Kalkstein nun?*

c) *Filtriere die Lösung. Lass etwas davon auf einem Uhrglas verdunsten. Vergleiche mit Leitungswasser.*

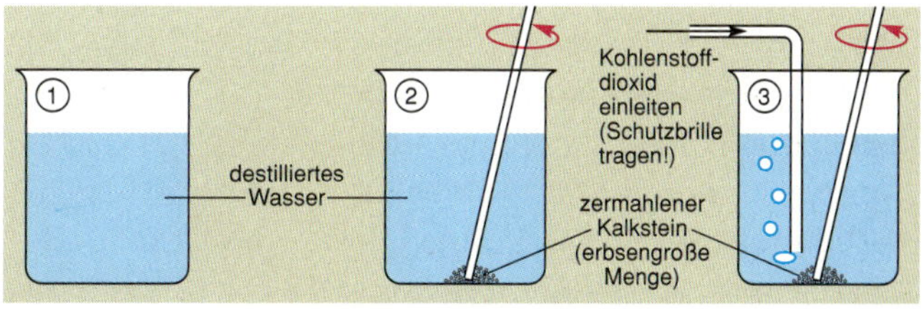

7

Info: Carbonate und Hydrogencarbonate

Die Carbonate gehören zur Stoffgruppe der Salze. Sie sind die Salze der Kohlensäure. Als *Säurerest* haben sie den Carbonatrest CO_3^{2-}.

Beispiele für Carbonate sind *Calciumcarbonat* (*Kalkstein*, $CaCO_3$) und *Natriumcarbonat* (*Soda*, Na_2CO_3). Auch *Kaliumcarbonat* (*Pottasche*, K_2CO_3) gehört dazu; es wird oft zum Backen verwendet.

Gemeinsames Merkmal der Carbonate (und damit ihr *Nachweis*) ist: **Bei Zugabe von verdünnter Salzsäure brausen sie auf** (Bild 1).

In der Natur begegnet uns das **Calciumcarbonat** (Kalkstein) auf Schritt und Tritt. Es ist in reinem Wasser nur schwer löslich. In kohlenstoffdioxidhaltigem Wasser (Kohlensäure) löst es sich dagegen besser. Es geht dabei in ein anderes Carbonat – in **Calciumhydrogencarbonat** – über.

Calciumcarbonat ist für die Bauindustrie von großer Bedeutung. Viele ältere Bauwerke sind direkt aus Kalkstein gebaut. Der verwittert jedoch leicht. Für den modernen Hausbau verwendet man eher Kalksandstein.

Von der Menge des produzierten **Natriumcarbonats (Soda)** wird etwa die Hälfte in der Glasproduktion eingesetzt. Kleinere Mengen von Soda braucht man in praktisch allen Industriezweigen.

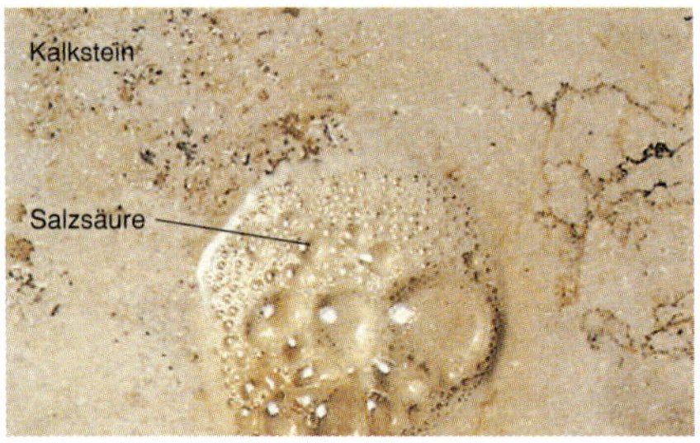

1

Info: Vom Werden und Vergehen des Kalksteins

Kalkfelsen und Kalksteine bleiben nicht so, wie sie sind: Im Laufe der Zeit verlieren z. B. die Kalkalpen an Höhe; auch Felsen (z. B. die Kalkfelsen auf Rügen) nehmen an Masse ab. Wie ist das zu erklären?

Kalkstein ist (chemisch gesehen) **Calciumcarbonat** ($CaCO_3$). Reines Wasser kann ihn kaum verändern; er ist in Wasser nur sehr schwer löslich. (In 1 Liter Wasser können sich bei 25 °C nur 0,014 g Kalkstein lösen.)

Anders ist es aber, wenn (Regen-)Wasser und Kohlenstoffdioxid aus der Luft beständig auf Kalkstein einwirken (Bild 2): **Im kohlenstoffdioxidhaltigen Regenwasser (Kohlensäure) geht Kalkstein in eine gut lösliche Form über – in Calciumhydrogencarbonat.**

Der gelöste Kalkstein gelangt durch die Flüsse vom Kalksteingebirge zu den Seen und Meeren. Dort läuft unter Mitwirkung vieler Meerestiere (Muscheln, Algen und Schnecken) der *umgekehrte Vorgang* ab: **Kohlenstoffdioxid wird abgegeben und das Calciumhydrogencarbonat geht wieder in Calciumcarbonat über.**

Aus Calciumcarbonat bauen Meeresorganismen ihre Kalkgehäuse auf. Sie sterben dann ab und verwesen, sodass die Kalkschalen und Kalkgehäuse auf den Meeresboden sinken. Dort bilden sie mächtige Ablagerungen.

Kalkablagerungen und Korallen können so unverändert überdauern, bis sie durch Veränderungen in der Erdkruste wieder an die Oberfläche gelangen. So können erneut kalkreiche Landschaften und Gebirge entstehen. Auch sie werden wieder verwittern.

Wenn man das Werden und Vergehen des Calciumcarbonats betrachtet, kann man also von einem **Kalkkreislauf** sprechen.

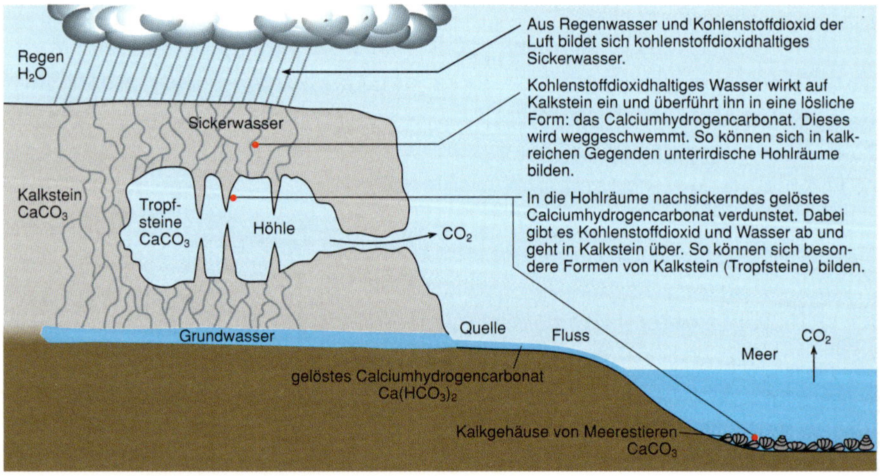

2

64980

Info: Hartes Wasser – weiches Wasser

Dass selbst das beste Leitungswasser nicht chemisch rein ist, weißt du. Es enthält – je nach seiner Herkunft – unterschiedliche Mengen an verschiedenen Salzen: vor allem Calcium- und Magnesiumsalze (z. B. Calciumhydrogencarbonat und Calciumsulfat).

Diese Salze nennt man **Härtebildner**. Man sagt: Sie haben das Wasser „gehärtet".

Wasser mit einem geringen Gehalt an Härtebildnern nennt man *weiches Wasser*, Wasser mit einem hohen Gehalt ist *hartes Wasser*.

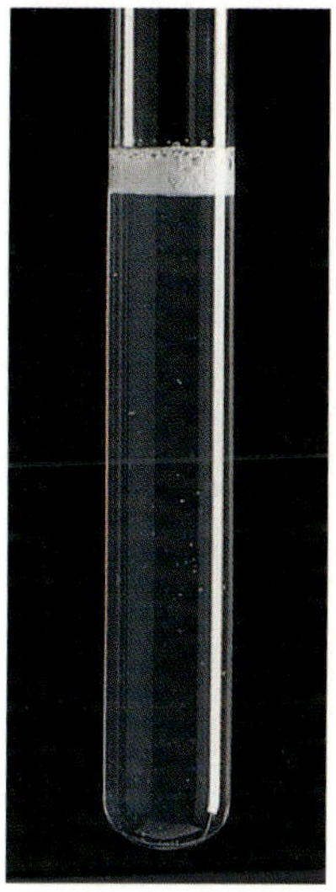
3

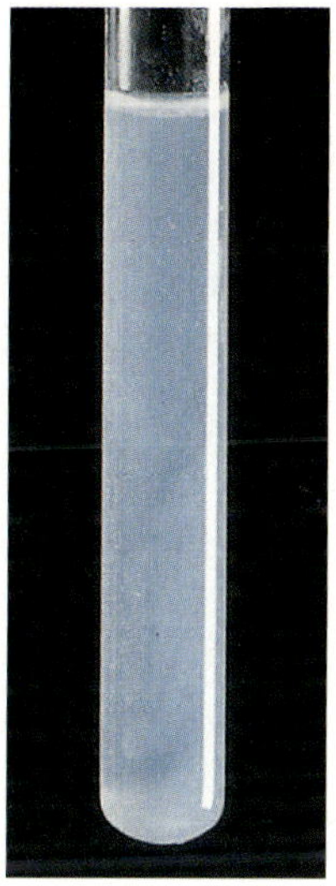
4

Die Wasserhärte kann in „Graden deutscher Härte" (abgekürzt: °d) angegeben werden. Man hat festgelegt: Wasser mit einem Gehalt von 10 mg Calciumoxid je Liter hat die Härte 1 °d.

Wenn Wasser die Härte 7 °d hat, gilt es als weich, mit einer Härte von über 21 °d gilt es als sehr hart.

Eine **Unterscheidung nach Härte*bereichen*** des Wassers *(weich – mittelhart – hart – sehr hart)* ist heute allerdings gebräuchlicher.

Wie lassen sich die Calcium- oder Magnesiumsalze aus dem Wasser entfernen? Wie kann man Wasser *enthärten*? Das hängt von der Art der gelösten Salze ab.

Wenn es sich um Hydrogencarbonate handelt, hilft schon ein Erhitzen des Wassers. Dann gehen diese Salze in schwer lösliche Carbonate über; diese bilden einen Niederschlag. Das Wasser ist frei von Härtebildnern. Es ist weich. Seife schäumt darin sofort auf.

Wenn es sich um Sulfate handelt, müssen dem Wasser spezielle Enthärter zugesetzt werden. Moderne Waschmittel enthalten sie bereits.

In einer Gegenüberstellung zeigen die beiden Bilder 3 u. 4, wie weiches Wasser und hartes Wasser auf das Hineintropfen von Seifenlösung reagieren:

Wenn man bei weichem Wasser die Mischung schüttelt, bildet sich sofort weißer Schaum (Bild 3).

Bei hartem Wasser vereinigen sich die Härtebildner des Wassers und die Seife zu einer schmierigen Masse, der **Kalkseife** (Bild 4).

Info: Die Benennung von Salzen

Die Namen von Salzen sind aus zwei Teilen zusammengesetzt: **Der erste Teil des Namens wird von dem beteiligten Metall gebildet, der zweite Teil von dem Namen des Säurerest-Ions.**

Beispiel: Ein Salz besteht aus **Calcium**-Ionen und dem Säurerest der Kohlensäure, den **Carbonat**-Ionen. Das Salz hat dann den Namen **Calciumcarbonat**. Die Namen von einfachen Salzen werden ohne Bindestrich geschrieben.

Manche Metalle können mit einem Säurerest-Ion verschiedene Salze bilden. Hierzu zählt z. B. das Eisen, das zweiwertig oder dreiwertig sein kann. Damit man die beiden Salze voneinander unterscheiden kann, muss man dann zusätzlich die Wertigkeit des Metalls in Klammern hinter den Namen des Metalls setzen, z. B. Eisen(II)-chlorid.

In der Tabelle findest du noch ein paar Beispiele, wie man Salze richtig benennt.

Beispiele für die Bildung und Benennung von Salzen

Säure	Säurerest-Ionen	Metall-Ionen	Salz
Salzsäure, HCl	Chlorid-Ion, Cl^-	Zink-Ion, Zn^{2+}	Zinkchlorid, $ZnCl_2$
Kohlensäure, H_2CO_3	Carbonat-Ion, CO_3^{2-}	Calcium-Ion, Ca^{2+}	Calciumcarbonat, $CaCO_3$
Schwefelsäure, H_2SO_4	Sulfat-Ion, SO_4^{2-}	Eisen-Ion, Fe^{2+}	Eisen(II)-sulfat, $FeSO_4$
Salpetersäure, HNO_3	Nitrat-Ion, NO_3^-	Kalium-Ion, K^+	Kaliumnitrat, KNO_3
Phosphorsäure, H_3PO_4	Phosphat-Ion, PO_4^{3-}	Natrium-Ion, Na^+	Natriumphosphat, Na_3PO_4

Schwefelsäure und Sulfate

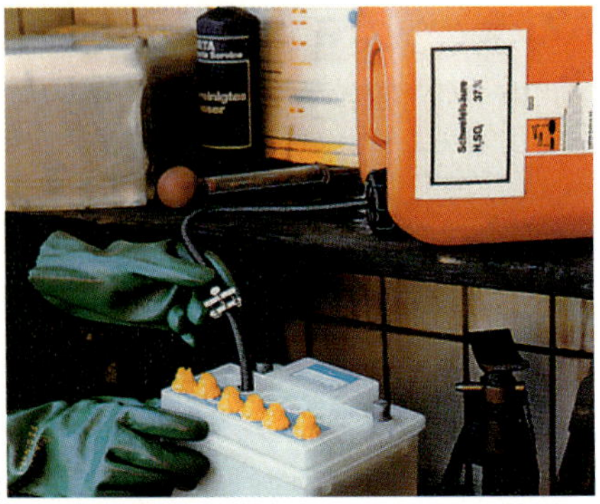
1

Hier siehst du die wohl einzige Möglichkeit, bei der du die Verwendung von Schwefelsäure direkt beobachten könntest (Bild 1): Verdünnte Schwefelsäure wird in eine neue Autobatterie gegossen.

Was du nicht beobachten kannst: Die Schwefelsäure wird zur Herstellung neuer Stoffe (z. B. andere Säuren, Düngemittel) und zur Reinigung von Stoffen (z. B. Altöl) verwendet. Sie gehört zu den wichtigsten Säuren für die chemische Industrie.

Sicherheitsmaßnahmen, die beim Umgang mit konzentrierter Schwefelsäure unbedingt beachtet werden müssen: Schutzscheibe, Schutzkleidung, Schutzbrille.

V1 *Wir prüfen, ob eine verdünnte Schwefelsäure* Xi *den elektrischen Strom leitet.*

V2 *(Lehrerversuch) Bariumchloridlösung (über 25%* Xn*) ist ein* ***Nachweismittel für die Sulfat-Ionen*** *(SO_4^{2-}-Ionen) der Schwefelsäure.*
Es wird zunächst eine verdünnte Lösung von Bariumchlorid T *hergestellt. Dazu löst man 1 Spatel Bariumchlorid in ca. 20 ml destilliertem Wasser. Dann füllt man ein Reagenzglas ca. 3 cm hoch mit der Lösung und tropft nach und nach ein wenig verdünnte Schwefelsäure* Xi *dazu (Bild 2).*

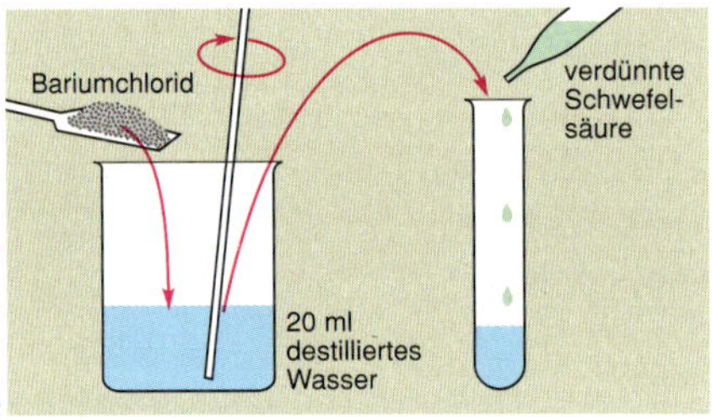

2

Wenn sich ein weißer Niederschlag von Bariumsulfat ($BaSO_4$) bildet, sind Sulfat-Ionen in der Lösung vorhanden.

V3 *Wir füllen vier Reagenzgläser jeweils etwa 3 cm hoch mit verdünnter Schwefelsäure* Xi*.*
Wie reagieren darin Späne von Magnesium F*, Zink* F*, Eisen und Kupfer?*
Beobachte eine Zeit lang und beschreibe.

Die Bilder 3–8 zeigen **Ergebnisse von Lehrerversuchen** mit Schwefelsäure.

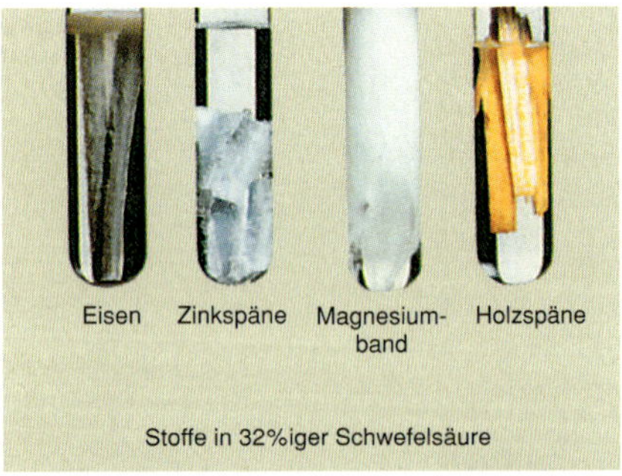

3

5

7

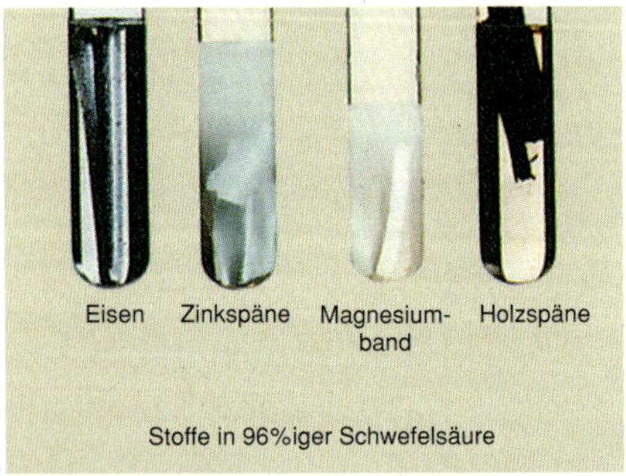

4

6

8

64982

Info: Eigenschaften der Schwefelsäure

Reine **konzentrierte Schwefelsäure** ist eine farblose, geruchlose und ölig fließende Flüssigkeit. Diese Säure hat mit 1,84 g/cm³ fast die doppelte Dichte von Wasser und siedet bei 338 °C.

Konzentrierte Schwefelsäure zeigt die typischen Eigenschaften von sauren Lösungen nur schwach (oder gar nicht). Die konzentrierte Schwefelsäure enthält **keine Ionen**, sie besteht vielmehr aus Molekülen mit der Formel H_2SO_4.

Konzentrierte Schwefelsäure ist stark **hygroskopisch**, d.h., sie nimmt „begierig" Wasser auf (Bilder 7 u. 8). Deshalb verwendet man sie z. B. zum Trocknen von Gasen.

Auch das Verkohlen von Holz, Zucker oder Fleisch unter Einwirkung von Schwefelsäure (Bilder 5 u. 6) hängt damit zusammen. Die Stoffe sind Verbindungen aus Kohlenstoff, Wasserstoff und Sauerstoff. Schwefelsäure zersetzt diese Verbindungen und reißt das Wasser an sich. Zurück bleibt schwarzer Kohlenstoff.

Konzentrierte Schwefelsäure ruft auf der Haut schmerzhafte, schlecht heilende Verätzungen und Verbrennungen hervor. Deshalb ist beim Umgang mit dieser Säure größte Vorsicht erforderlich. (Dies gilt auch für andere stark wirkende Säuren.)

Hohe **Unfallgefahr** besteht beim Verdünnen der Schwefelsäure: Wenn sie mit Wasser vermischt wird, erwärmt sie sich sehr stark. Dabei können Wasser und Säure aus dem Gefäß spritzen und Verletzungen hervorrufen.

Daher: Beim Verdünnen der Schwefelsäure *die Säure langsam in Wasser gießen*, dabei stets umrühren und die Temperatur beobachten! Niemals Wasser in die Säure gießen!

Merke: *Erst das Wasser, dann die Säure – sonst geschieht das Ungeheure!*

Verdünnte Schwefelsäure zeigt alle Reaktionen einer sauren Lösung; sie enthält nämlich Ionen.

Beim Verdünnen entstehen aus den Schwefelsäuremolekülen Wasserstoff- und Säurerest-Ionen.

$H_2SO_4 \rightarrow 2\,H^+ + SO_4^{2-}$ (Sulfat-Ion)

Sulfat-Ionen sind die Säurerest-Ionen der Schwefelsäure.

Verdünnte Schwefelsäure reagiert mit unedlen Metallen (z. B. mit Magnesium; Bild 3).

$Mg + 2\,H^+ + SO_4^{2-} \rightarrow Mg^{2+} + SO_4^{2-} + H_2$

Der entstehende Wasserstoff wird frei. Die Magnesium- und Sulfat-Ionen bleiben in der Lösung.

Aus der Umwelt: Wichtige Sulfate in Chemie und Technik

In der Technik und auch in der Umwelt finden wir Sulfate. Die Übersicht zeigt, wo sie vorkommen und wie sie verwendet werden.

Name	Formel*	Vorkommen	Verwendung
Natriumsulfat (Glaubersalz)	$Na_2SO_4 \cdot 10\,H_2O$	Salzlager, Mineralquellen	Glas- und Papierherstellung
Kaliumsulfat	K_2SO_4	Kalisalzlager	Düngemittel
Magnesiumsulfat (Bittersalz)	$MgSO_4 \cdot 7\,H_2O$	Mineralquellen	Papierherstellung, Arzneimittel, Düngemittel
Calciumsulfat (Gips)	$CaSO_4 \cdot 2\,H_2O$	Gipslagerstätten	im Baugewerbe, Tafelkreide
Kupfersulfat (Kupfervitriol)	$CuSO_4 \cdot 5\,H_2O$	technisch hergestellt	Schädlingsbekämpfung, Galvanotechnik
Eisensulfat	$FeSO_4 \cdot 7\,H_2O$	technisch hergestellt	in der Färberei, in Kläranlagen
Zinksulfat	$ZnSO_4 \cdot 7\,H_2O$	technisch hergestellt	Galvanotechnik (Verzinken)

* In vielen Salzen ist „Kristallwasser" gebunden. Das wird in der Formel durch den Zusatz „$\cdot$ n H_2O" angegeben. (Lies: „mit H_2O".)

Schülerversuche

V1 *Wir untersuchen* ***Mineralwasser*** *mit Kohlensäure.*
a) *Gib eine kleine Menge Mineralwasser (ca. 20 ml) in ein Glas. Was erwartest du, wenn du Rotkohlsaft hineingießt? Überprüfe deine Vermutung.*
b) *Fülle etwas Mineralwasser in eine Flasche und verschließe sie mit dem Daumen. Schüttle die Flasche dann kräftig.*
Was stellst du fest, wenn du den Daumen langsam anhebst?
c) *Schüttle, bis du beim Anheben des Daumens keine Veränderung mehr feststellst. Vergleiche dann den Geschmack der Flüssigkeit mit dem von frischem Mineralwasser.*
Führe auch die Probe mit dem Rotkohlsaft durch. Vergleiche mit frischem Mineralwasser.

V2 *Gieße ein Glas frisches* ***Mineralwasser*** *in einen Topf mit hellem Boden. (Lege – wenn nötig – ein Blatt Papier in den Topf.)*
a) *Gib so lange Rotkohlsaft ins Wasser, bis die Färbung deutlich sichtbar wird.*

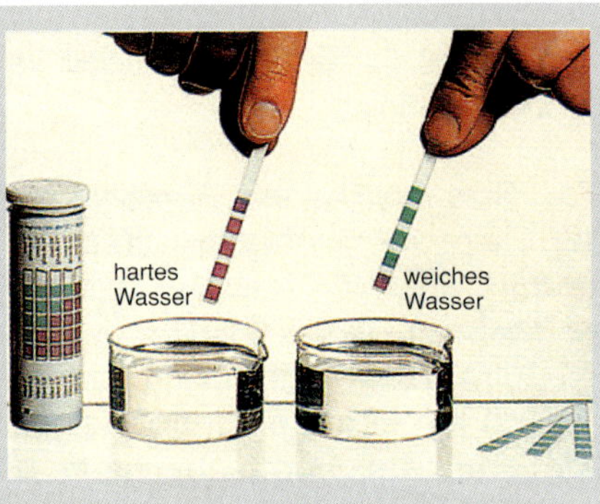

1

b) *Erhitze dann die Flüssigkeit, bis sie zu sieden beginnt. Was geschieht dabei?*

V3 *Welche Vorgänge laufen ab, wenn das Kohlenstoffdioxid aus dem* ***Mineralwasser*** *entweicht?*
a) *Wir brauchen eine neue Flasche Mineralwasser, die zuvor gut gekühlt wurde. Daraus füllen wir ein Becherglas halb voll und prüfen den pH-Wert.*
b) *Wir lassen das Glas etwa 10 Minuten lang stehen und prüfen noch einmal den pH-Wert.*
c) *Nun wird die Flüssigkeit erhitzt. Wie ist der pH-Wert jetzt?*

V4 *Wir untersuchen die* ***Reaktion von Metallen mit Säuren.*** *Wir geben Magnesiumband, Aluminiumfolien und Eisenspäne jeweils in ein Reagenzglas mit verdünnter Schwefelsäure [Xi].*
Jedes Mal wird das entstandene Gas geprüft und nach Beendigung der Reaktion die Flüssigkeit eingedampft. Vergleiche!

V5 *Für einige Versuche wird* ***Seifenlösung*** *benötigt. Hier ein Rezept: 1 g zerkleinerte (Kern-) Seife wird in 100 ml lauwarmem destilliertem Wasser aufgelöst (Dauer 10–15 min). Diese Lösung ist einige Stunden lang haltbar.*

V6 *Je ein Reagenzglas wird etwa 4 cm hoch mit destilliertem Wasser bzw. mit Leitungswasser gefüllt. In beide werden 2 Tropfen* ***Seifenlösung*** *gegeben.*
a) *Wir halten die Gläser mit dem Daumen zu und schütteln sie. Beobachte und vergleiche!*
b) *Prüfe die* ***Härte*** *der Wasserproben mit Teststäbchen (Bild 1).*
c) *Wir untersuchen in gleicher Weise weitere Wasserproben (Mineralwässer, Regenwasser).*

Bastelanleitung für ein Namensschild aus Aluminium

Hier wird ein besonderes chemisches Verfahren nachgeahmt, das *Tiefätzen von Metallen*. Dabei wird das Metall mit einer sauren Ätzflüssigkeit behandelt.

Du brauchst:
1 kleines Stück Aluminiumblech (Dicke: 0,5 mm)
1 starke Schere (Blechschere)
Kerzenwachs
1 Porzellanschale
1 Flachpinsel
1 Glasschale für die Ätzflüssigkeit
Ätzflüssigkeit (Salzsäure 20 % [Xi]) Gefäß mit heißem Wasser
Schutzbrille, feuerfeste Unterlage

So wird's gemacht:
Zunächst schneidest du dir das Schild in der gewünschten Größe zu. Erhitze das Wachs in der Porzellanschale und bestreiche das Schild auf beiden Seiten sorgfältig mit flüssigem Wachs. Das Wachs muss das Blech überall abdecken. Mit dem Pinselstiel ritzt du deinen Namen (oder was du sonst möchtest) in die Wachsschicht ein. Das Metall muss an diesen Stellen völlig frei von Wachs sein.

Nun schüttest du die Ätzflüssigkeit in die Glasschale und legst das Schild für ca. 20 Minuten zum Ätzen des Metalls hinein (Bild 2). Dann legst du das Schild in heißes Wasser, damit sich das Wachs ablöst.

2

64984

Weitere wichtige Säuren

Im Zeitungsausschnitt rechts werden einige Eigenschaften der **Salpetersäure** genannt.

Welche *Vorsichtsmaßnahmen* ergeben sich daraus für das Experimentieren mit Salpetersäure im Unterricht?

Giftige Gaswolke bedrohte Kassel

Giftige Dämpfe von Salpetersäure haben vorübergehend die Bewohner des Kasseler Stadtteils Bettenhausen bedroht. Die Dämpfe waren beim Umfüllen eines Kesselwagens aus einer defekten Absaugvorrichtung entwichen. Die Giftschwaden wurden von Feuerwehrmännern unter Einsatz schwerer Atemschutzgeräte und Säureanzüge mit Wassersprühern bekämpft.

Info: Salpetersäure und Nitrate

Salpetersäure entsteht, wenn Stickstoffdioxid mit Wasser und Sauerstoff reagiert.

$4\,NO_2 + 2\,H_2O + O_2 \rightarrow 4\,HNO_3$

3

Reine Salpetersäure ist eine farblose, ätzende Flüssigkeit. Wenn man sie bei Tageslicht stehen lässt, zerfällt sie in ihre Ausgangsstoffe. Das so entstehende Stickstoffdioxid löst sich in der Säure und verursacht eine leichte Gelbfärbung (Bild 3).

Beim Verdünnen mit Wasser zerfällt die Salpetersäure in Wasserstoff-Ionen und Nitrat-Ionen.

$HNO_3 \rightarrow H^+ + NO_3^-$

Die Salpetersäure lässt sich in jedem Verhältnis mit Wasser mischen. Je nach ihrer Konzentration reagiert Salpetersäure mit unterschiedlichen Metallen:

Sehr stark verdünnte Salpetersäure (unter 12 %) reagiert mit unedlen Metallen (z. B. Magnesium und Zink; nicht aber mit Kupfer). Dabei wird Wasserstoff frei. Eine solche Reaktion ist auch von anderen sauren Lösungen her bekannt.

$Mg + 2\,H^+ + 2\,NO_3^- \rightarrow Mg^{2+} + 2\,NO_3^- + H_2$

Mit zunehmender Konzentration der Salpetersäure entsteht statt Wasserstoff mehr und mehr Stickstoffmonooxid bzw. Stickstoffdioxid. Die Säure reagiert nun auch zunehmend heftiger mit Kupfer.

Konzentrierte Salpetersäure reagiert sogar mit Silber und Quecksilber unter Bildung von Stickstoffoxiden, jedoch nicht mit Gold oder Platin.

Bei der Reaktion von Salpetersäure mit Metallen (bzw. Metalloxiden) entstehen Salzlösungen. Wenn man diese Lösungen eindampft, erhält man *Salze*, die **Nitrate** (→ folgende Tabelle).

Wichtige Salze der Salpetersäure

Name	Eigenschaften	Verwendung
Ammoniumnitrat NH_4NO_3	gut wasserlöslich; explosionsgefährlich; zerfällt beim Erhitzen in Stickstoff, Sauerstoff und Wasser	zur Herstellung von Sprengstoffen; als Düngemittel (z. B. mit Ammoniumsulfat vermischt)
Natriumnitrat $NaNO_3$	gut wasserlöslich; schmilzt beim Erhitzen; zersetzt sich dann zu Natriumnitrit ($NaNO_2$) und Sauerstoff	natürliche Vorkommen (sog. Chilesalpeter) als Düngemittel; früher: Herstellung von Salpetersäure
Kaliumnitrat KNO_3	gut wasserlöslich; schmilzt beim Erhitzen; zersetzt sich dann zu Kaliumnitrit (KNO_2) und Sauerstoff	als Düngemittel; früher zur Herstellung von Salpetersäure und Sprengstoff („Schwarzpulver")
Silbernitrat $AgNO_3$	gut wasserlöslich; die Lösung reagiert mit Halogenid-Ionen (Cl^-, Br^-, I^-), sie dient zu deren Nachweis	in der Medizin als Ätzmittel („Höllenstein") gegen Hautwucherungen, z. B. Warzen

Info: Phosphorsäure und Phosphate

Herkunft der Phosphatbelastung der Oberflächengewässer (1988):

menschl. Ausscheidungen	35,0 %
Industrie	18,5 %
Waschmittel	17,6 %
Boden und Düngung	13,4 %
Viehhaltung	13,2 %
Niederschläge	2,3 %

1

2

So war das noch vor etwas mehr als 10 Jahren (Bild 1).

Aufgrund gesetzlicher Auflagen, die schon seit 1978 gelten, erfolgte eine schrittweise Verringerung des Phosphatgehalts vor allem in Waschmitteln. In vielen europäischen Ländern (z. B. Deutschland, Schweiz, Italien) sind heute praktisch keine Phosphate mehr in Waschmitteln enthalten (Bild 2). Trotzdem gibt es noch immer Probleme mit Phosphaten in Gewässern.

Bei der Verbrennung von Phosphor entsteht ein **Phosphoroxid** mit der Formel P_4O_{10}. Es reagiert sehr „begierig“ mit Wasser. Dabei entsteht **Phosphorsäure**.

$$P_4O_{10} + 6\,H_2O \rightarrow 4\,H_3PO_4$$

Reine **Phosphorsäure** bildet bei Raumtemperatur wasserklare, harte Kristalle. Diese schmelzen bei 42 °C und lösen sich sehr gut in Wasser.

Eine *konzentrierte* Lösung der Phosphorsäure (z. B. die handelsübliche 80–85%ige Phosphorsäure) ist zähflüssig wie Sirup.

Die *verdünnte* wässrige Lösung zeigt die typischen sauren Reaktionen. Sie ist jedoch nicht giftig und wird deshalb manchmal Erfrischungsgetränken zugesetzt, um ihnen einen säuerlichen Geschmack zu verleihen.

Die Salze der Phosphorsäure werden **Phosphate** genannt. Einige Phosphate sind wichtige Bestandteile von Düngemitteln, z. B. das *Calciumphosphat*: Es kommt in der Natur in großen Lagerstätten vor; daraus werden andere Phosphorverbindungen und reiner Phosphor hergestellt. Calciumphosphat ist auch der Hauptbestandteil der Knochen und Zähne.

A1 *Nitrate und Phosphate können nützen aber auch schaden. Erläutere das an Beispielen.*

A2 *Konzentrierte Säuren reagieren anders als verdünnte. Erkläre!*

A3 *Vergleiche die Formeln von Salpetersäure und Phosphorsäure. Es gibt nur ein Natriumnitrat, aber drei verschiedene Natriumphosphate. Erkläre!*

Aus Umwelt und Technik: Phosphatbelastung in Oberflächengewässern

Mit dem Abwasser aus Haushalten und Industriebetrieben gelangen große Mengen Phosphate in unsere Seen und Flüsse.

An gefährdeten Seen können jedoch Anlagen errichtet werden, die das Phosphat aus dem Wasser entfernen. Darin versetzt man das Wasser mit einem *Flockungsmittel*, das aus einem löslichen Eisen- oder Aluminiumsalz besteht. Dabei bildet sich ein schwer löslicher Niederschlag aus Eisen- oder Aluminiumphosphat, an den sich Schmutzstoffe anlagern.

Der Niederschlag setzt sich ab und das gereinigte Abwasser fließt dann zurück in den See.

Der Bau und der anschließende Betrieb einer solchen Anlage ist sehr teuer. Günstiger wäre es, wenn von vornherein weniger Phosphate ins Abwasser gelangen würden.

Dazu können wir beitragen, indem wir z. B. im Haushalt keine phosphathaltigen Reinigungsmittel verwenden.

Auch ein sparsamer Einsatz von Düngemitteln in der Landwirtschaft ist wichtig. In ländlichen Regionen wird nämlich ein Teil der Phosphate aus Düngemitteln von den Feldern in die Oberflächengewässer geschwemmt.

64986

Zusammenfassung

Säuren und ihre Eigenschaften

Beim Lösen von Chlorwasserstoff in Wasser entstehen frei bewegliche, positiv geladene Wasserstoff-Ionen und negativ geladene Chlorid-Ionen (die Säurerest-Ionen der Salzsäure).

$HCl \rightarrow H^+ + Cl^-$

Auch wenn andere Säuren in Wasser gelöst werden, dissoziieren die Säuremoleküle in Wasserstoff-Ionen und Säurerest-Ionen.

$H_2SO_4 \rightarrow 2\,H^+ + SO_4^{2-}$

Allgemein gilt:

Wässrige Säurelösungen enthalten frei bewegliche, positiv geladene Wasserstoff-Ionen und negativ geladene Säurerest-Ionen.

Typische Säureeigenschaften sind z. B. die Reaktionen mit Indikatoren und mit unedlen Metallen. Sie werden durch die Wasserstoff-Ionen hervorgerufen. Unterschiede zwischen den verschiedenen Säuren beruhen auf den unterschiedlichen Säurerest-Ionen.

Säuren und ihre Salze

Säuren bilden z. B. durch die Reaktion mit unedlen Metallen Salze.
Beispiel: Zink reagiert mit Schwefelsäure zu Zinksulfat und Wasserstoff.

$Zn + H_2SO_4 \rightarrow ZnSO_4 + H_2$

Säuren und ihre Säurerest-Ionen

Säure		Säurerest-Ion		Name des Salzes
Salzsäure	HCl	Chlorid-Ion	Cl^-	Chlorid
Salpetersäure	HNO_3	Nitrat-Ion	NO^{3-}	Nitrat
Schwefelsäure	H_2SO_4	Sulfat-Ion	SO_4^{2-}	Sulfat
schweflige Säure	H_2SO_3	Sulfit-Ion	SO_3^{2-}	Sulfit
Kohlensäure	H_2CO_3	Carbonat-Ion	CO_3^{2-}	Carbonat
Phosphorsäure	H_3PO_4	Phosphat-Ion	PO_4^{3-}	Phosphat

Alles klar?

1. *Verdünnte Säurelösungen reagieren sauer. Nenne Eigenschaften, die unter „saure Reaktion" zusammengefasst werden.*

2. *Welcher Bestandteil von verdünnten Säuren verursacht ihre saure Reaktion?*

3. *Erläutere den Begriff Säurerest. Gib dabei den Namen und das chemische Zeichen einiger Säurerest-Ionen an.*

4. *Welche Regel ist beim Verdünnen von Säuren zu beachten? Begründe sie.*

5. *Notiere zu den Bildern 3–8, Seite 162, Eigenschaften von Schwefelsäure.*

6. *Nenne unterschiedliche Eigenschaften von konzentrierter und verdünnter Schwefelsäure.*

7. *Konzentrierte Schwefelsäure lagert und transportiert man häufig in eisernen Behältern. Warum geht das nur bei der konzentrierten Schwefelsäure?*

3

8. *Wie kann man kleine Mengen Wasserstoff herstellen?*

9. *Welche Ionen sind in verdünnter Schwefelsäure enthalten?*

10. *Verdünnte Schwefelsäure reagiert mit Zink. Beschreibe!*

11. *Beim Tiefätzen von Metallen in der Technik (Bild 3) werden Asphaltlack und ein Ätzmittel verwendet. Beschreibe!*

Laugen und ihre Eigenschaften

Laugen in unserer Umgebung

1

Bild 1 zeigt mehrere Reinigungsmittel aus dem Haushalt, die Laugen enthalten. Wie wirken sie?

Schülerversuche

V1 ***Wir prüfen Stoffe mit verschiedenen Indikatoren.***

Benötigte Geräte und Stoffe:

Reagenzgläser und Reagenzglasständer; Leitungswasser, Mineralwasser, Kochsalzlösung, Zuckerlösung, Lösung von Geschirrspültabs, Vollwaschmittellösung, verdünnte Natronlauge Xi

Als Indikatoren: Blaukrautsaft, schwarzer Tee, Lackmuslösung, Universalindikator und Phenolphthaleinlösung

Versuchsdurchführung:

a) *Prüfe, wie sich die genannten Flüssigkeiten bei Zugabe der Indikatoren verhalten (Schutzbrille!). Gib dabei stets die zu prüfende Flüssigkeit in ein sauberes Reagenzglas (1 cm hoch) und tropfe den Indikator hinzu.*

b) *Stelle die Ergebnisse deiner Untersuchungen in einer Tabelle zusammen.*

V2 ***Wir prüfen, wie sich verschiedene Flüssigkeiten anfühlen.***

Benötigte Stoffe:

Kernseifenlauge, Speiseessig, Zitronensaft, Kochsalzlösung, stark verdünnte Natronlauge Xi*, Mineralwasser, Vollwaschmittellösung, Spülmittel*

Versuchsdurchführung:

a) *Wir verreiben die Flüssigkeiten zwischen den Fingern (anschließend Hände waschen!).*

b) *Wir ordnen die Flüssigkeiten in einer Tabelle nach folgendem Muster an:*

So fühlen sich die Flüssigkeiten an	
wie Wasser	*seifig, glitschig*

c) *Prüfe auch den pH-Wert der Flüssigkeiten und ordne ihnen die Begriffe* ***Säuren*** *und* ***Laugen*** *richtig zu.*

V3 ***Wir prüfen die elektrische Leitfähigkeit.***

Benötigte Geräte und Stoffe:

Elektrische Energiequelle (Wechselspannung 6 V), Lämpchen (6 V; 1,8 W) mit Fassung, Strommesser, Leitungskabel, Kohlestäbe, Bechergläser (100 ml), Glasstab, Tropfpipette; destilliertes Wasser, Kernseifenlauge, verdünnte Natronlauge Xi

Versuchsdurchführung:

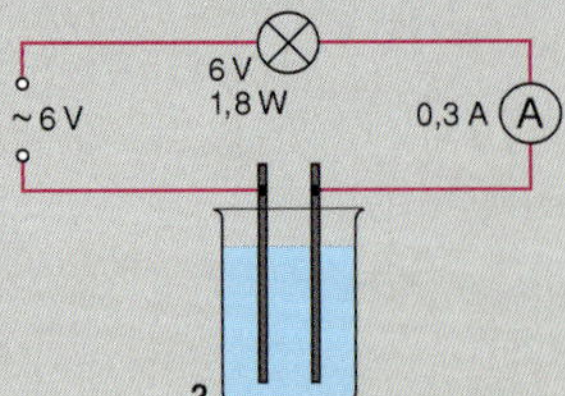

2

a) *Wir prüfen die elektrische Leitfähigkeit von Wasser (Bild 2).*

b) *Gib nun 5 Tropfen der verdünnten Natronlauge hinzu und rühre mit dem Glasstab um (Schutzbrille!). Der Strom bleibt eingeschaltet.*
In Abständen werden noch zweimal je 5 Tropfen Natronlauge zugegeben. Rühre jeweils vorsichtig um. Beschreibe deine Beobachtungen.

c) *Wiederhole den Versuch mit der Seifenlösung.*

64988

Info: Laugen sind gefährlich!

Laugen wirken ätzend. Dabei greifen sogar verdünnte und vor allem erhitzte Laugen die Haut, die Haare und überhaupt sämtliche Körperzellen an.

Verätzungen verursachen schmerzhafte Wunden und oft Narben. Besonders Spritzer auf die Hornhaut des Auges sind gefährlich. Die Hornhaut kann dabei so stark verletzt werden, dass man erblindet.

Eine besondere Eigenschaft der Laugen ruft immer wieder Unfälle hervor: **Wenn Laugen erwärmt werden, beginnen sie oft schlagartig zu sieden**. Das ist besonders bei einem schmalen Gefäß (Reagenzglas) gefährlich. Sie können dabei aus dem Glas spritzen.

Kleine Laugentropfen, die in der Öffnung von Spritzflaschen hängen, können beim Anheben verspritzen. Folgende Sicherheitshinweise beachten!

- Auch bei einfachen Versuchen mit Laugen eine **Schutzbrille** tragen!
- Laugen möglichst nicht bis zum Sieden erhitzen!
- Flaschen mit Laugen (oder Säuren) immer ***unterhalb*** der Augenhöhe aufbewahren! Das gilt auch für ätzende Reinigungsmittel im Haushalt.
- *Rohrreiniger* zeigen die wesentlichen Laugeneigenschaften. Deshalb beim Umgang damit die Hinweise auf den Gefäßen unbedingt beachteten!

Aus dem Alltag: Es geht auch ohne scharfe Laugen!

Kratzen im Hals und Hustenreiz – das können Folgen der Küchenarbeit sein.

Da hatte jemand nur versucht mit einem *Backofenreiniger* eingebrannte Reste in der Backröhre zu entfernen: Er hatte den Ofen auf 40 °C geheizt und dann die Wände der Backröhre eingesprüht – mit den beschriebenen Folgen.

Es gibt aber durchaus Putzmittel, die weder uns noch der Umwelt schaden. Ganz und gar umweltfreundliche Reinigungsmittel gibt es allerdings nicht – auch wenn uns der sog. „Umweltengel" (Bild 3) schon einen gewissen Anhaltspunkt gibt. Am falschen Ort, zum falschen Zweck und in falscher Dosierung können auch ungefährliche Mittel zu Gesundheitsschäden und zur Belastung der Umwelt führen.

3

Man kommt im Haushalt praktisch mit vier Putz- und Reinigungsmitteln aus:

- einem *Geschirrspülmittel* (für Geschirr, Fliesen, Spiegel, Fenster und Schrankwände)
- einem *Allzweckreiniger* oder *Schmierseife* (z. B. zum Reinigen von Fußböden, Türen, Fensterbänken und Backöfen)
- einem milden *Scheuermittel* (für Badewanne, Dusche, Waschbecken, Spüle und Toilette)
- einem einfachen *Haushaltsessig* (gegen Kalkränder in Waschbecken oder an Wasserhähnen, zum Entkalken von Heißwassergeräten)

Auf jeden Fall sollten alle Reinigungsmittel so sparsam wie möglich eingesetzt werden. Dann schonen wir sowohl die Gesundheit als auch die Umwelt.

A1 *Laugen dürfen niemals in Getränkeflaschen gefüllt werden – genauso wie Säuren. Begründe!*

A2 *Warum dürfen Gefäße mit Laugen nicht oberhalb der Augenhöhe aufbewahrt werden?*

A3 *Beim Erhitzen von Laugen muss man besonders vorsichtig sein. Begründe diese Aussage.*

A4 *Wenn kleine Spritzer von Seifenlösung ins Auge gelangen, rufen sie meist ein Brennen hervor. Woran liegt das?*

A5 *Kleidungsstücke aus Wolle werden in Feinwaschmitteln gewaschen.*
Vergleiche einige Eigenschaften eines normalen Waschmittels mit einem Feinwaschmittel.
Löse dazu jeweils einen halben Teelöffel Waschmittel in einem Glas Wasser auf. Stelle dann den pH-Wert der Lösungen fest. Prüfe, wie sie sich anfühlen und wie sie auf Wolle wirken.

A6 *Warum nehmen Chemiker als Indikator keinen Blaukrautsaft? Er ist billig, einfach herzustellen und zeigt Säuren und Laugen an.*

Hydroxide

1

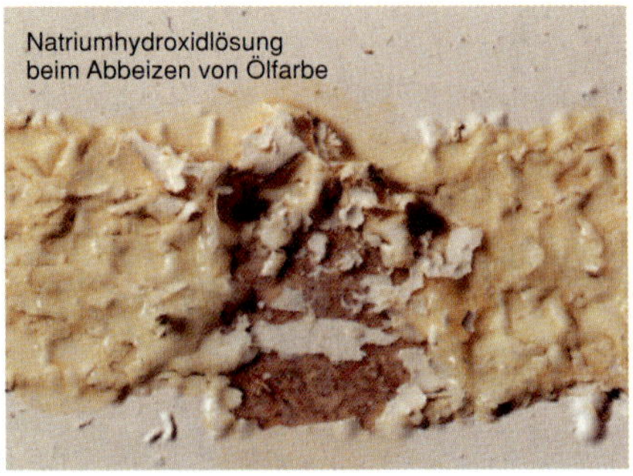

2

Was sind eigentlich Hydroxide?
Welche Eigenschaften haben diese Stoffe?

Bei allen Versuchen mit Hydroxiden unbedingt eine Schutzbrille tragen!

V1 *Wir füllen etwa 20 ml destilliertes Wasser in ein Becherglas.*
a) *Zunächst überprüfen wir die elektrische Leitfähigkeit und stellen den pH-Wert fest.*
b) *Dann lösen wir ein Plätzchen Natriumhydroxid* C *darin auf. Dann prüfen wir wieder die Leitfähigkeit und den pH-Wert.*

V2 *Diesmal füllen wir destilliertes Wasser etwa 3 cm hoch in ein Becherglas. Dann fügen wir eine Spatelspitze Lithiumoxid* C *oder Calciumoxid* C *hinzu. Dabei rühren wir vorsichtig um. Anschließend prüfen wir wieder die Leitfähigkeit und den pH-Wert der Flüssigkeit.*

V3 *Das Calciumoxid* C *bildet mit Wasser eine milchige Aufschlämmung. Diese wird so lange filtriert, bis sie ganz klar ist.*
a) *Was geschieht, wenn man vorsichtig Luft durch das Filtrat bläst (Bild 3; Vorsicht, Spritzgefahr!)?*
b) *Wir vergleichen einige Eigenschaften des Filtrats (z. B. Indikatorfärbung, elektrische Leitfähigkeit) mit denen von Kalkwasser* Xn *aus der Schulsammlung. Was kannst du aus den Beobachtungen schließen?*

V4 *Wir geben ein 4–5 cm langes Stück Magnesiumband in ein Reagenzglas mit destilliertem Wasser und erwärmen das Reagenzglas vorsichtig. Wenn deutlich eine Gasentwicklung auftritt, versuchen wir das Gas zu bestimmen (→ Nachweismethoden im Anhang). Nach einigen Minuten prüfen wir die Leitfähigkeit und den pH-Wert der Flüssigkeit im Reagenzglas.*

V5 *Wir verbrennen etwas Eisenwolle und Magnesiumband; das entstehende Oxid geben wir jeweils zu einem Tropfen Wasser auf ein Uhrgläschen (Bild 4). Die Flüssigkeiten werden mit Indikatorpapier geprüft. Beschreibe!*

V6 *Ein Gemisch aus je 1 Spatellöffel pulverisiertem, trockenem Natriumhydroxid* C *und Eisenpulver wird in ein schwer schmelzbares Reagenzglas gefüllt. Das Gemisch wird kräftig erhitzt und das entstehende Gas über Wasser aufgefangen (Bild 5). Welches Gas ist entstanden? Welche Reaktion läuft ab?*

3

4

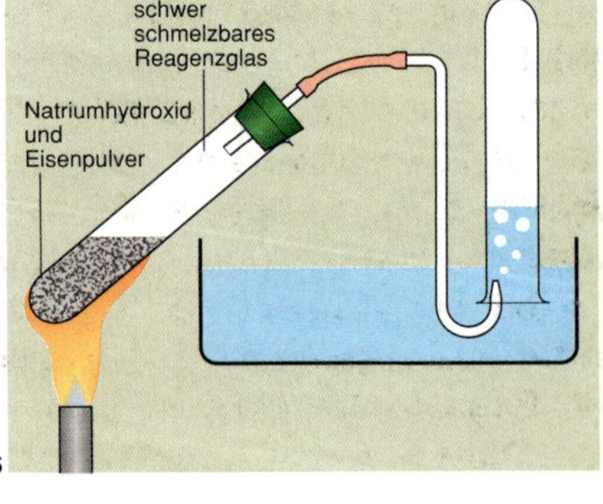

5

64990

Info: Wie Hydroxide entstehen können

Die **Oxide** der Alkalimetalle reagieren mit Wasser, ebenso die Oxide einiger Metalle der II. Hauptgruppe des PSE (z. B. Magnesium und Calcium). Dabei entsteht jeweils eine Lösung, die alkalisch reagiert. Da sie den elektrischen Strom leitet, müssen sich in der Lösung **Ionen** befinden.

Die Lösung enthält tatsächlich **Hydroxid-Ionen** $\mathbf{OH^-}$. Sie bewirken die alkalischen Reaktionen von Hydroxidlösungen. Dabei ist der pH-Wert ein Maß dafür, wie stark alkalisch eine Hydroxidlösung wirkt: Je größer die Konzentration an Hydroxid-Ionen in der Lösung ist, desto höher ist ihr pH-Wert.

Die Lösung enthält auch **Metall-Ionen**; sie gehen aus dem Metalloxid in die Lösung über. Aus beiden Ionenarten wird der Name der Lösung abgeleitet.

Beispiel: Calciumoxid reagiert mit Wasser zu *Calciumhydroxidlösung*.

$CaO + H_2O \rightarrow Ca^{2+} + 2\,OH^-$

In der Umgangssprache werden Hydroxidlösungen auch **Laugen** genannt (z. B. *Natronlauge*), ihre alkalischen Eigenschaften auch *Laugeneigenschaften*. Wenn man eine Hydroxidlösung eindampft, erhält man nicht das ursprüngliche Metalloxid zurück. Es scheidet sich vielmehr das feste **Hydroxid** ab, das aus Metall-Ionen und Hydroxid-Ionen aufgebaut ist. *Beispiele* für die Zusammensetzung einiger Hydroxide zeigt die Tabelle unten.

Im Wasser „zerfallen" die Hydroxide wieder in Metall-Ionen und Hydroxid-Ionen. Man sagt: Die Hydroxide *dissoziieren* (lat. *dis-:* auseinander; *socius:* Gefährte).

Aufgrund der frei beweglichen Ionen leiten Hydroxidlösungen den elektrischen Strom.

Beispiel: Natriumhydroxid dissoziiert in Natrium-Ionen und Hydroxid-Ionen.

$NaOH \rightarrow Na^+ + OH^-$

Einige Hydroxide und ihre Zusammensetzung

Name des Hydroxids	Formel	Ionen
Lithiumhydroxid	$LiOH$	$Li^+ + OH^-$
Natriumhydroxid	$NaOH$	$Na^+ + OH^-$
Kaliumhydroxid	KOH	$K^+ + OH^-$
Magnesiumhydroxid	$Mg(OH)_2$	$Mg^{2+} + 2\,OH^-$
Calciumhydroxid	$Ca(OH)_2$	$Ca^{2+} + 2\,OH^-$

Info: Ein anderer Weg zu den Hydroxidlösungen

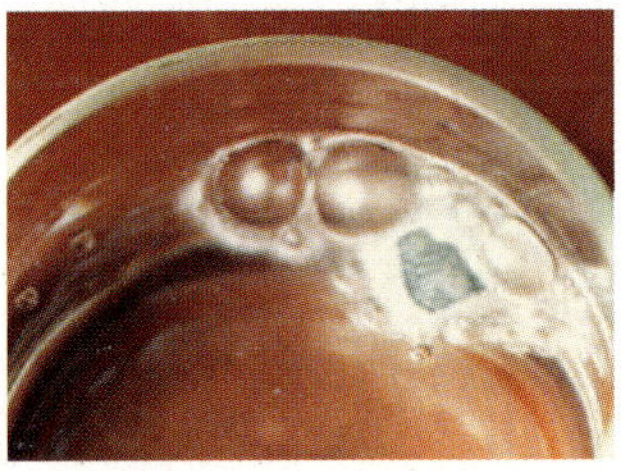
6

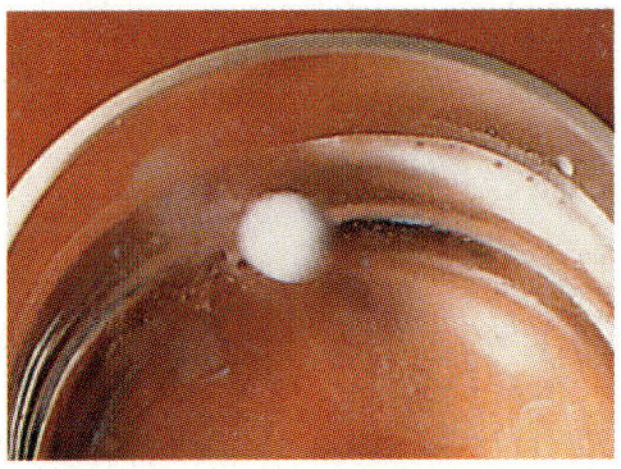
7

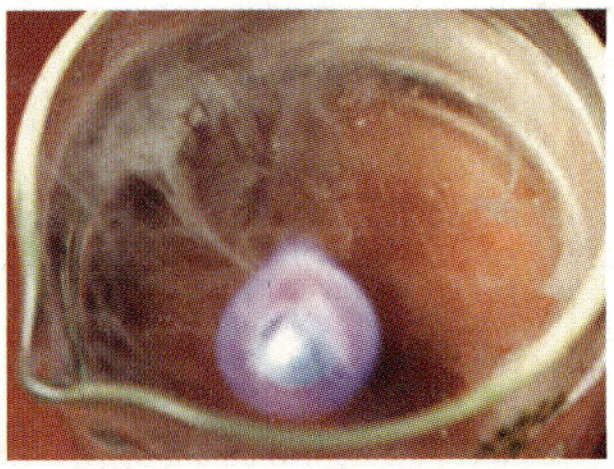
8

Die Metalle der I. und II. Hauptgruppe reagieren auch *direkt* mit Wasser zu Hydroxidlösungen.

Natrium reagiert sehr stürmisch mit Wasser (Bild 7). Dabei erhitzt es sich so stark, dass es zu einer Kugel zusammenschmilzt, die auf dem Wasser hin und her schwimmt. Die entstehende *Natriumhydroxidlösung* reagiert alkalisch. Sie enthält also außer Natrium-Ionen auch Hydroxid-Ionen.

Bei der Reaktion von Natrium mit Wasser entsteht auch *Wasserstoff*. Die Reaktion lässt sich durch die folgende Reaktionsgleichung beschreiben:

$2\,Na + 2\,H_2O \rightarrow 2\,Na^+ + 2\,OH^- + H_2$ | exotherm

Lithium (Bild 6) und **Kalium** (Bild 8) reagieren ebenfalls mit Wasser. Dabei entstehen – wie bei der Reaktion von Natrium mit Wasser – alkalische Lösungen: Lithiumhydroxidlösung und Kaliumhydroxidlösung. Allgemein gilt:

Metallhydroxidlösungen können durch zwei verschiedene Reaktionen entstehen:
- **wenn Metalle der I. und II. Hauptgruppe mit Wasser reagieren; dabei wird Wasserstoff frei;**
- **wenn die entsprechenden Oxide mit Wasser reagieren.**

Aus Umwelt und Technik: Die Verwendung von Natronlauge

Der Natronlauge können wir häufig begegnen. Oft ist sie ein wesentlicher *Bestandteil von Reinigungsmitteln.* Die Verwendung von Natriumhydroxid im Rohrreiniger kennst du schon. Auch Backofenreiniger kann Natriumhydroxid oder Natronlauge enthalten. Brauereien setzen Natronlauge zur Reinigung der Flaschen ein (Bild 1).

In Süddeutschland ist das *Laugengebäck* (Bild 2) weit verbreitet. Es erhält seine appetitliche Farbe und den besonderen Geschmack, indem man es vor dem Backen kurz in Natronlauge eintaucht.

Natronlauge eignet sich als *Abbeizmittel*, mit dem man eingetrocknete, alte Ölfarben z. B. von Möbeln oder Fensterrahmen entfernen kann (Bild 3). Auch in der Landwirtschaft wird Natronlauge verwendet: Wenn eine Maul- und Klauenseuche auftritt, werden die Viehställe mit Natronlauge *desinfiziert.*

Manche Großküchen behandeln sogar Kartoffeln mit verdünnter Natronlauge. Die Schalen weichen dabei auf und können mit einem Wasserstrahl von der Kartoffel weggespritzt werden.

Große Mengen Natronlauge werden in der Industrie verbraucht, meistens um andere Stoffe herzustellen. Die Natronlauge kann z.B. *Öle und Fette zerlegen*, dabei entsteht Seife. Die meiste Natronlauge wird zur Aluminiumgewinnung gebraucht.

1

2

3

Aus Umwelt und Technik: Calciumhydroxid – ein weiteres Metallhydroxid

Neben Natriumhydroxid ist *Calciumhydroxid* ein weiteres bedeutendes Metallhydroxid. **Calciumhydroxid** („Löschkalk") ist in der Bautechnik Ausgangsstoff zur Herstellung von *Kalkmörtel.*

Die sehr häufig zum Hausbau eingesetzten *Kalksandsteine* werden praktisch aus Calciumhydroxid und Sand hergestellt: In vollautomatischen Pressen wird die Mischung unter hohem Druck zu Rohlingen gepresst. Diese werden dann in sog. Härtekesseln bei Temperaturen von 160–220 °C unter Dampfdruck etwa 4–8 Stunden lang getrocknet und damit gehärtet.

Calciumhydroxidlösung wird bei der Zuckergewinnung aus Zuckerrüben eingesetzt.

Im Chemieunterricht lernt man frühzeitig mit Calciumhydroxid umzugehen: Calciumhydroxidlösung, auch als *Kalkwasser* bekannt, ist nämlich das **Nachweismittel für Kohlenstoffdioxid**.

Wenn man Kohlenstoffdioxid auf Calciumhydroxidlösung einwirken lässt, wird die anfangs klare Lösung milchig trüb.

Das Kohlenstoffdioxid reagiert mit Calciumhydroxid in der Lösung zu *Calciumcarbonat*, einem in Wasser schwer löslichen Stoff. Er bildet winzige Kristalle, die zunächst in der Lösung schweben und sich dann am Boden des Gefäßes wieder absetzen. Deshalb wird die Lösung nach einiger Zeit wieder klar.

A1 *Natriumhydroxid und Calciumhydroxid werden auch als Ätznatron beziehungsweise als Ätzkalk bezeichnet. Erkläre, worauf diese Bezeichnung beruht.*

A2 *Beschreibe, wie man Calciumhydroxid herstellen kann.*

A3 *Eine Natriumhydroxidlösung wird eingedampft. Beschreibe!*

A4 *Welche Ionen bewirken die alkalische Reaktion einer Hydroxidlösung?*
Nenne Beispiele für solche alkalischen Reaktionen.

64992

Aus Umwelt und Technik: Rohrreiniger im Haushalt

Viele Menschen sind beim Umgang mit Säuren vorsichtig, bei Laugen aber meistens recht sorglos. Das kann gefährlich werden – besonders bei einigen Reinigungsmitteln im Haushalt, z. B. bei Rohrreinigern.

Rohrreiniger sind Gemische, die stark alkalisch wirkende Stoffe enthalten. Das lässt sich aus den Angaben über die Zusammensetzung eines typischen Rohrreinigers schließen:

Inhaltsstoffe	in %
Natriumhydroxid	70
Natriumcarbonat	13
Aluminiumgranulat	2
Natriumnitrat	15

Das Auflösen von Rohrreiniger in Wasser ist ein stark **exothermer Vorgang**. Durch die Hitze und die stark alkalische Wirkung der

4

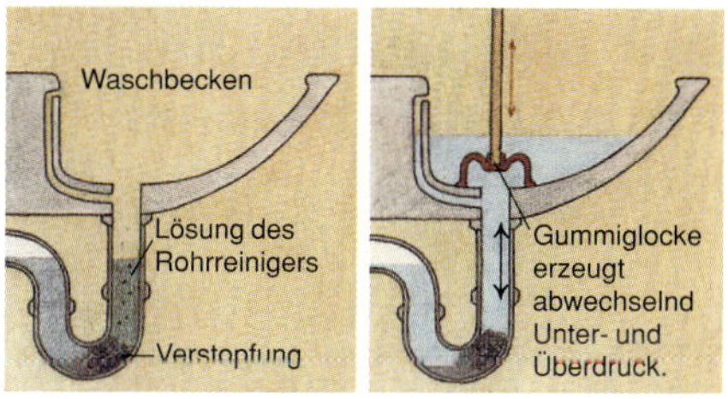

5

Flüssigkeit lösen sich z. B. Haare auf, die in verstopften Rohren oft vorhanden sind. Fette werden in wasserlösliche Stoffe umgewandelt.

Die Aluminiumkörner im Rohrreiniger reagieren mit der stark alkalischen Lösung unter Bildung von Wasserstoff. Damit sich jedoch kein explosionsfähiges Gasgemisch („Knallgas") bildet, werden dem Rohrreiniger noch Nitrate (z. B. Natriumnitrat) beigegeben. Sie reagieren mit dem Aluminium unter Bildung von Ammoniak. (Den Geruch nach Ammoniak findet man z. B. in ungepflegten Toilettenanlagen.)

Diese Gasentwicklung fördert die Auflockerung des Schmutzes im Rohr und vermindert zugleich die Gefahr einer Explosion.

Rohrreiniger gehören zu den gefährlichsten Chemikalien im Haushalt!

Besonders gefährlich ist es, unterschiedliche Reinigungsmittel gleichzeitig anzuwenden.

A5 *Bei der Arbeit mit Rohrreinigerlösung darf man keine Aluminiumgefäße benutzen. Begründe diese Vorsichtsmaßnahme.*

A6 *Beim Gebrauch von Rohrreinigern im Haushalt muss man unbedingt die Gebrauchsanweisung beachten. Nenne Gründe dafür.*

A7 *Wenn unterschiedliche Reiniger vermischt werden, kann giftiges Chlorgas entstehen. Suche solche Hinweise auf Reinigern.*

Zusammenfassung

Laugen und ihre Eigenschaften

Bei der Reaktion von Calciumoxid mit Wasser entsteht Calciumhydroxidlösung. Sie enthält frei bewegliche positiv geladene Calcium-Ionen und negativ geladene Hydroxid-Ionen.

$CaO + H_2O \rightarrow Ca^{2+} + 2\ OH^-$

Wenn Natrium mit Wasser reagiert wird Wasserstoff frei und es entsteht Natriumhydroxidlösung (Natronlauge). Sie enthält frei bewegliche positiv geladene Natrium-Ionen und negativ geladene Hydroxid-Ionen.

$2\ Na + 2\ H_2O \rightarrow 2\ Na^+ + 2\ OH^- + H_2$

Allgemein gilt:

Wässrige Hydroxidlösungen (Laugen) enthalten frei bewegliche positiv geladene Metall-Ionen und negativ geladene Hydroxid-Ionen.

Typische Eigenschaften der Hydroxidlösungen werden durch die Hydroxid-Ionen hervorgerufen.

- Sie fühlen sich seifig an.
- Sie wirken ätzend (z. B. auf Haut, Haare, Wolle).
- Sie reagieren typisch mit Indikatoren (z. B. färben sie Lackmusfarbstoff blau).
- Sie leiten den elektrischen Strom.

Die Neutralisation

Säurelösungen reagieren mit Hydroxidlösungen

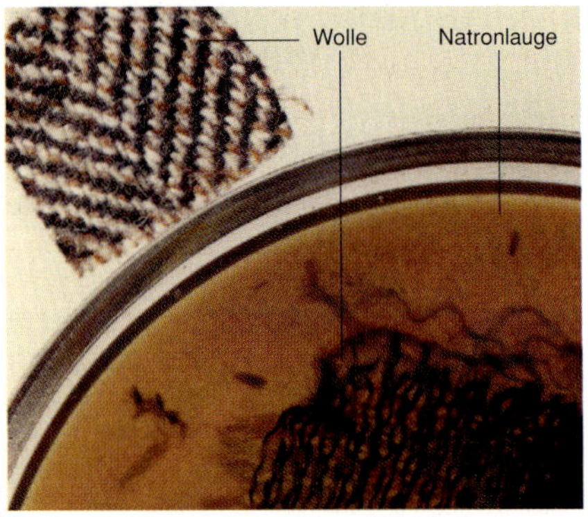

1

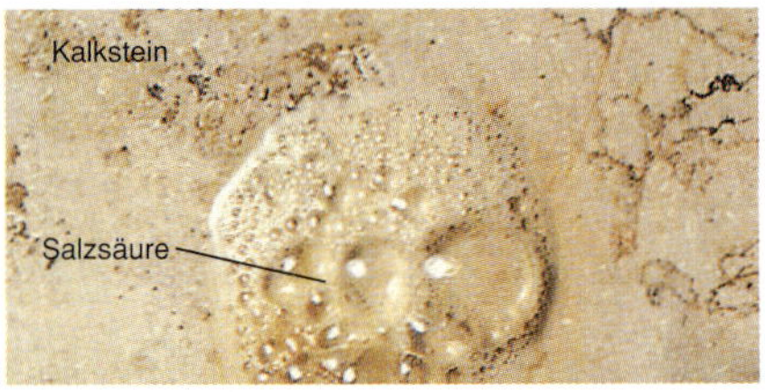

2

Viele Säuren und Laugen sind gefährliche Stoffe.
Beim Umgang mit ihnen ist besondere Vorsicht geboten.

3

Was passiert, wenn man sie zusammenschüttet?

V1 *Was geschieht, wenn wir etwas verdünnte Natronlauge (bis 2 %)* Xi *mit verdünnter Salzsäure* Xi *mischen (Schutzbrille!)?*
Um das zu untersuchen, füllen wir etwa 20 ml der Lauge in ein Becherglas und geben etwas Universalindikator (oder Lackmusfarbstoff) hinzu.
a) *Nun fügen wir mit einer Pipette tropfenweise verdünnte Salzsäure hinzu. Dabei beobachten wir die Temperatur der Flüssigkeit (Bild 4; gut umrühren!).*

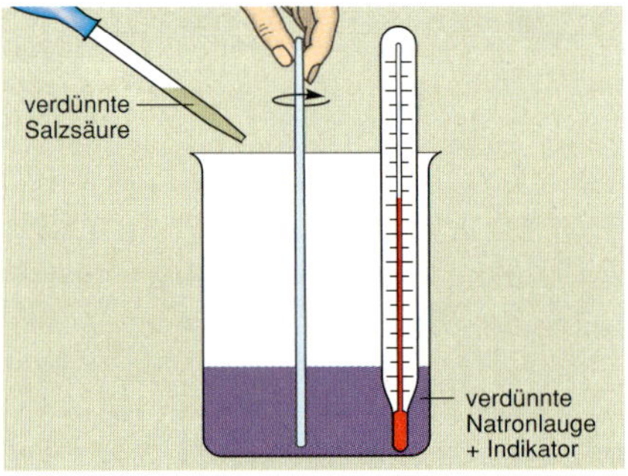

4

b) *Das Hinzutropfen der Säure wird beendet, sobald der Indikator genau pH 7 anzeigt (Lackmus: violette Färbung).*
Wir prüfen die Flüssigkeit zwischen den Fingern.
c) *Mit einer sauberen Pipette füllen wir ca. 3 ml der Flüssigkeit in ein Reagenzglas und geben Zink hinzu.*
d) *Nun geben wir einige Tropfen der Flüssigkeit aus dem Becherglas auf einen Objektträger. Wir lassen die Flüssigkeit verdunsten. Betrachte den Rückstand unter dem Mikroskop (ca. 70fache Vergrößerung). Vergleiche mit dem Aussehen von Kochsalzkristallen.*

A1 *Aus der gefährlichen Natronlauge und der gefährlichen Salzsäure entsteht bei der Neutralisation ein harmloser Stoff.*
Erkläre, wie es zur Neutralisation kommt und was der Begriff neutral bedeutet.

A2 *Überprüfe mit Hilfe eines Indikators, ob man Zitronensaft mit Zucker neutralisieren kann.*

A3 *Nenne die allgemeine Reaktionsgleichung für eine Neutralisation.*

A4 *Welches ist der wesentliche chemische Vorgang, der bei jeder Neutralisation abläuft?*

A5 *Kaliumhydroxidlösung wird einmal mit Salzsäure und einmal mit verdünnter Schwefelsäure neutralisiert. Welche Salze erhält man beim Eindampfen der beiden Flüssigkeiten?*

A6 *Wenn man beim Baden im Meer mit einer Feuerqualle in Berührung kommt, überträgt diese eine Säure auf die Haut: Die Haut rötet sich, schwillt an und schmerzt. Dagegen hilft das Betupfen der betroffenen Stelle mit verdünntem Salmiakgeist (Ammoniumhydroxidlösung). Erkläre, wie dieses Gegenmittel wirkt.*

A7 *Welchen Sinn siehst du darin, dass man saure und alkalische Abfälle gemeinsam in einem großen Gefäß sammelt?*

A8 *Wie verhältst du dich, wenn deine Kleidung Spritzer von verdünnter Lauge abbekommen hat?*

Info: Wie Säuren und Basen miteinander reagieren

Wenn man z. B. eine bestimmte Menge verdünnte Salzsäure und eine bestimmte Menge verdünnte Natriumhydroxidlösung miteinander reagieren lässt, erhält man schließlich eine **neutrale Lösung**.

Die Natriumhydroxidlösung verliert dabei ihre alkalischen Eigenschaften, die Salzsäure verliert ihre Säureeigenschaften. *Welche chemische Reaktion läuft dabei ab?*

Wasserstoff-Ionen H^+ aus der Salzsäure und Hydroxid-Ionen OH^- aus der Natriumhydroxidlösung reagieren miteinander. **Bei dieser Reaktion vereinigt sich je ein Wasserstoff-Ion mit einem Hydroxid-Ion. Auf diese Weise entsteht ein Wassermolekül.**

$H^+ + OH^- \rightarrow H_2O$

Diese chemische Reaktion wird als Neutralisation bezeichnet (lat. *neuter:* keiner von beiden).

Wenn andere Säurelösungen mit Hydroxidlösungen reagieren, laufen die gleichen Vorgänge ab: Wasserstoff-Ionen reagieren mit Hydroxid-Ionen zu Wassermolekülen.

Die Neutralisation verläuft exotherm; es wird Energie in Form von Wärme *(Neutralisationswärme)* frei. Dabei ist es gleichgültig, welche Säure mit welcher Lauge reagiert. Die Neutralisationswärme für die Bildung von Wasser aus Wasserstoff-Ionen und Hydroxid-Ionen ist für die gleiche Anzahl entstehender Wassermoleküle immer gleich.

Wenn man eine Säure durch langsames Zutropfen einer Lauge neutralisiert, kann man die Reaktion gut verfolgen, indem man einen Indikator zugibt. Dieser ändert seine Farbe im Laufe der Reaktion, da die Konzentration der Wasserstoff-Ionen immer mehr abnimmt, bis die Lösung schließlich neutral ist.

Manche Indikatoren ändern ihre Farbe schlagartig im pH-Bereich 7, z. B. Bromthymolblau, sodass der **Neutralisationspunkt** leicht erkennbar ist.

Die Metall-Ionen aus der Hydroxidlösung und die Säurerest-Ionen aus der Säurelösung bleiben zunächst in Lösung. Wenn man das Wasser verdampft, bilden die Metall-Ionen und die Säurerest-Ionen ein *Ionengitter*. Es entsteht ein **Salz**. So entsteht z. B. bei der Neutralisation einer Natriumhydroxidlösung mit Salzsäure Natriumchlorid (Kochsalz).

$$Na^+ + OH^- + H^+ + Cl^- \rightarrow H_2O + \underbrace{Na^+ + Cl^-}_{NaCl} \mid \text{exotherm}$$

In der chemischen Industrie müssen saure oder alkalische Abwässer neutralisiert werden, damit sie keine Umweltschäden anrichten. Wenn z. B. schwefelsaures Abwasser mit Calciumhydroxid neutralisiert wird, entsteht unter anderem auch Calciumsulfat.

Aus Umwelt und Technik: Neutralisation und Bakterien

Zu den biologischen Reinigungsstufen von Kläranlagen gehören riesige *Belebtbecken*. Darin „verdauen" unzählige *Bakterien* den Schmutz aus den Abwässern.

Die Bakterien können jedoch nur leben, wenn die Abwässer annähernd neutral sind. Besonders in der chemischen Industrie entstehen jedoch große Mengen an stark sauren oder alkalischen Abwässern. Sie müssen zum Schutz der Bakterien neutralisiert werden.

In den Kläranlagen vieler chemischer Betriebe befindet sich deshalb vor der biologischen Reinigungsstufe eine sog. *Neutralisationsstufe* (Bild 5). Darin wird der pH-Wert des einströmenden Abwassers überwacht. Dazu dient ein Messfühler mit pH-Meter.

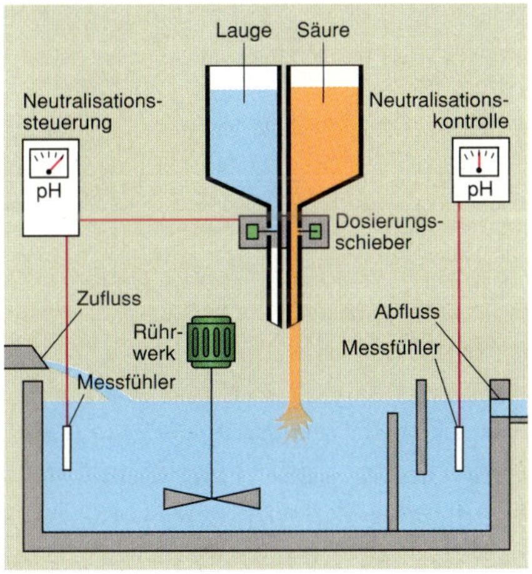

5

Wenn der angezeigte Wert vom Sollwert abweicht, wird automatisch die zur Neutralisation erforderliche Menge an Säure bzw. Lauge dem Abwasser zugeführt.

Zur Neutralisation von *Säuren* sind Natronlauge oder Calciumhydroxidlösung gebräuchlich, zur Behandlung *alkalischer* Abwässer Salzsäure oder Schwefelsäure.

Für die neutralisierten Abwässer ist ein pH-Wert-Bereich von 6–8,5 vorgeschrieben.

Salze

Info: Salze – Reaktionsprodukte von Säuren mit Hydroxiden

Bei der Neutralisation entstehen aus Wasserstoff-Ionen und Hydroxid-Ionen Wassermoleküle. Die entstehende Lösung ist neutral.

In der Lösung befinden sich aber auch die positiven Ionen des Hydroxids, das sind meist Metall-Ionen, und die negativen Ionen der Säure, das sind die Säurerest-Ionen. Beim Eindampfen bilden sich daraus Salzkristalle.

$H_2SO_4 + Ca(OH)_2 \rightarrow CaSO_4 + H_2O$

Salze sind Stoffe, deren wässrige Lösungen Säurerest-Ionen und meist Metall-Ionen enthalten.

Salze oder Salzlösungen entstehen aber nicht nur bei der Neutralisation. Bei der Reaktion von Säuren mit unedlen Metallen fällt zwar die Bildung von Wasserstoff wegen der Gasentwicklung auf, aber gleichzeitig entsteht eine Salzlösung.

Beispiel: Zink reagiert mit Salzsäure.

$Zn + 2\,HCl \rightarrow ZnCl_2 + H_2$

Info: Von den Elementen zum Salz – ein Überblick

Chemische Verbindungen können nicht nur aus Elementen entstehen. Sie können auch durch chemische Reaktionen aus anderen Verbindungen hergestellt werden. Die folgende Übersicht beschreibt Beispiele.

Elemente reagieren mit Sauerstoff zu Oxiden.
Beispiele:

Die Oxide reagieren mit Wasser zu Hydroxiden oder zu Säuren.
Beispiele:

Durch Neutralisation bilden sich daraus weitere Verbindungen.
Beispiel:

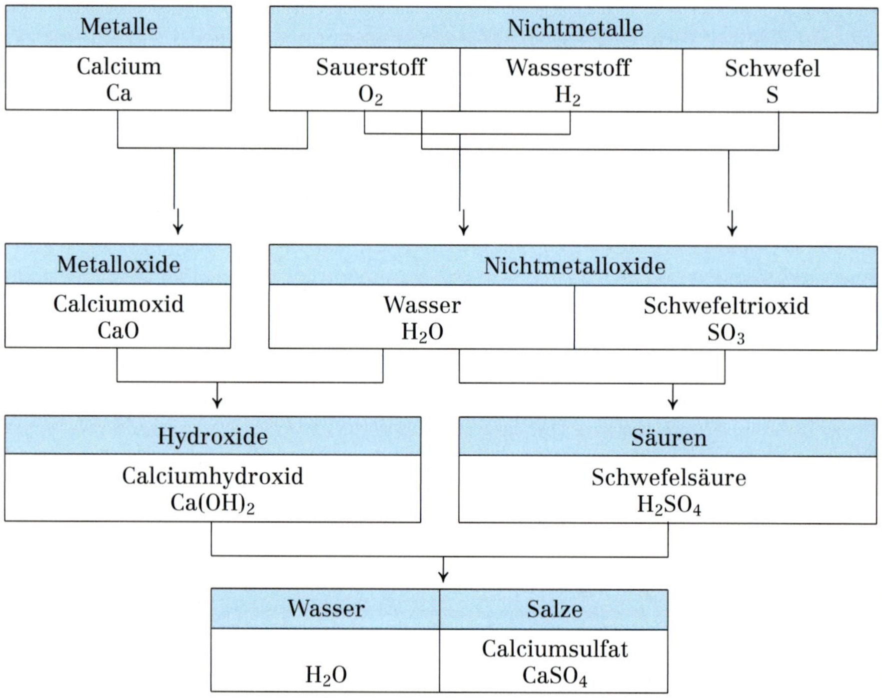

A1 *Magnesiumchlorid kann sowohl durch Redoxreaktion als auch durch Neutralisation entstehen. Erkläre!*

A2 *Beschreibe mindestens zwei Reaktionen mit Reaktionsgleichung, die zur Bildung von Natriumchlorid führen.*

A3 *Calciumcarbonat kann bei unterschiedlichen Reaktionen entstehen. Nenne und beschreibe die Reaktionen, die du kennst.*

64996

Zusammenfassung

Säuren, Hydroxide und Salze

Säuren, Hydroxiden und Salzen ist gemeinsam, dass ihre wässrigen Lösungen den elektrischen Strom leiten. Sie enthalten frei bewegliche Ionen.

Säuren sind Stoffe, deren wässrige Lösungen Wasserstoff-Ionen und Säurerest-Ionen enthalten. Die Wasserstoff-Ionen bewirken die saure Reaktion. *Beispiel Schwefelsäure:*

$H_2SO_4 \rightarrow 2\,H^+ + SO_4^{2-}$

Hydroxide sind Stoffe, deren wässrige Lösungen Hydroxid-Ionen und meist Metall-Ionen enthalten. Die Hydroxid-Ionen bewirken die alkalische Reaktion. *Beispiel Calciumhydroxid:*

$Ca(OH)_2 \rightarrow Ca^{2+} + 2\,OH^-$

Salze sind Stoffe, deren wässrige Lösungen Säurerest-Ionen und meist Metall-Ionen enthalten.

Beispiel Calciumsulfat: $CaSO_4 \rightarrow Ca^{2+} + SO_4^{2-}$

Säurelösungen reagieren mit Hydroxidlösungen

Lässt man eine verdünnte Säure mit einer bestimmten Menge einer Hydroxidlösung reagieren, gehen die sauren bzw. alkalischen Eigenschaften der beiden Flüssigkeiten verloren. Es entsteht eine neutrale Flüssigkeit. Diesen Vorgang nennt man **Neutralisation**.

Bei jeder Neutralisation reagiert je 1 Wasserstoff-Ion aus der sauren Lösung mit je 1 Hydroxid-Ion aus der alkalischen Lösung. Dabei entstehen Wassermoleküle.

Bei jeder Neutralisation wird *Neutralisationswärme* frei.

$H^+ + OH^- \rightarrow H_2O$ | exotherm

Die neutrale Flüssigkeit ist eine *Salzlösung*. Sie enthält noch Metall-Ionen und Säurerest-Ionen.

Beim Eindampfen der Lösung bilden die Metall-Ionen und die Säurerest-Ionen ein *Kristallgitter*. Es entsteht also ein festes **Salz**.

Der Name des Salzes leitet sich aus den Namen der Metall-Ionen und der Säurerest-Ionen ab.

Alles klar?

1. *Ist eine Lösung, die einen pH-Wert von 4 aufweist, sauer oder alkalisch?*

2. *5 ml einer Natriumhydroxid-Lösung haben den pH-Wert 11. Wie viel Wasser musst du hinzugefügen, um einen pH-Wert von 12 zu erhalten?*

3. *Erkläre den Begriff „Neutralisation". Welche chemische Reaktion wird mit diesem Begriff gekennzeichnet? Gib dazu die Ionengleichung an.*

4. *Kaliumhydroxidlösung wird mit Salzsäure neutralisiert. Anschließend wird die Lösung eingedampft. Gib den Namen und die Formel des Endprodukts an.*

5. *Vergleiche Eigenschaften und Zusammensetzung von Natriumhydroxid und Natriumchlorid.*

6. *In Deutschland kalkt man seit einigen Jahren Waldgebiete, die besonders unter saurem Regen leiden. So werden z.B. im Harz 16 t Kalk pro Jahr und Hektar ausgestreut. Was will man damit erreichen?*

7. *Ein Schüler hat eine Säure mit einer Lauge vermischt. Er meint: „Davon könnte ich ruhig etwas trinken, der Lackmusstreifen zeigt ja eine neutrale Flüssigkeit an." Welche Gefahr hat er übersehen?*

8. *Warum sollte man bei einer Säureverätzung der Haut die betroffene Stelle nicht mit einer stark alkalischen Flüssigkeit behandeln ?*

9. *Mückenstifte zeigen eine schwach alkalische Wirkung. Sie lindern den Juckreiz bei Insektenstichen. Was für Flüssigkeiten spritzen die Insekten demnach beim Stechen in die Haut?*

Grundwissen

Einteilung und Bau der Stoffe

Das Kugel-Teilchenmodell

Was ist ein Modell?

Ein Modell ist ein praktisches Hilfsmittel um bestimmte Sachverhalte verständlich zu machen. Es ist ein erdachtes (aber unvollständiges) Bild des Originals.

Das **Kugel-Teilchenmodell** stellt dar, dass sämtliche Stoffe aus kleinsten Teilchen aufgebaut sind; wir stellen sie uns zunächst als kleine Kügelchen vor.

Mit diesem Modell kann man sich z. B. die Aggregatzustände der Stoffe erklären (Bilder 1–3).

Im **festen** Zustand sind die Teilchen „fest gepackt“, sie können ihren Platz nicht verlassen, führen dort aber Schwingungen aus.

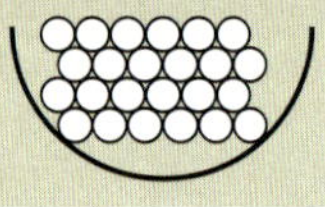

1

Im **flüssigen** Zustand bleiben die Teilchen zwar noch zusammen, sie können jetzt aber Platzwechsel vornehmen; die Abstände zwischen den Teilchen sind größer als im festen Zustand.

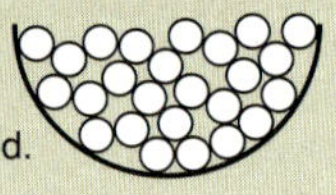

2

Im **gasförmigen** Zustand bewegen sich die Teilchen sehr schnell im ganzen Raum, der ihnen zur Verfügung steht.

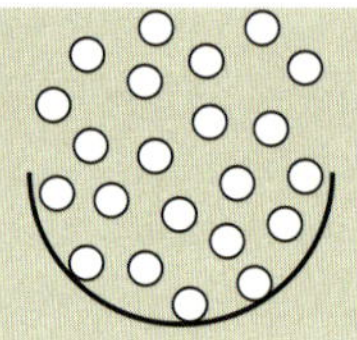

3

Stoffe sind aus Teilchen aufgebaut

Reinstoffe

sind reine, einheitliche Stoffe ohne Beimengungen. Sie sind aus gleichen Teilchen *eines* Stoffes aufgebaut.

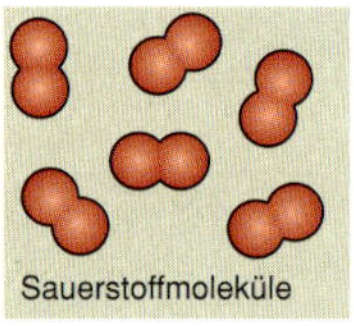

4 Sauerstoffmoleküle

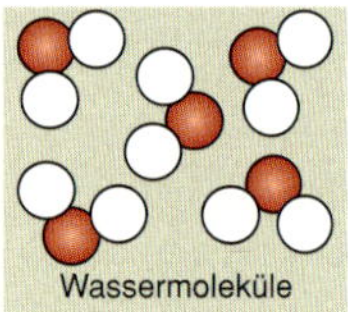

5 Wassermoleküle

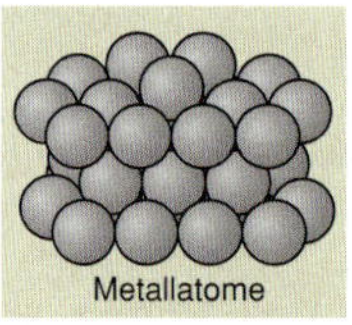

6 Metallatome

Stoffgemische

sind miteinander vermischte Reinstoffe. Sie sind aus einem Gemisch von Teilchen *mehrerer* Stoffe aufgebaut.

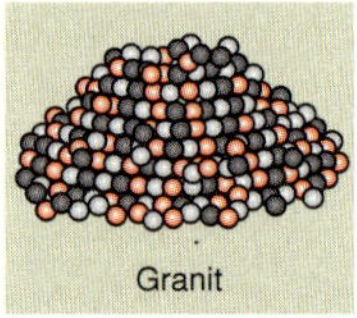

7 Granit

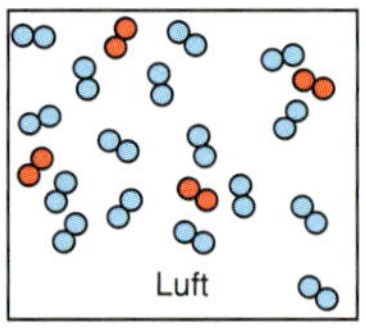

8 Luft

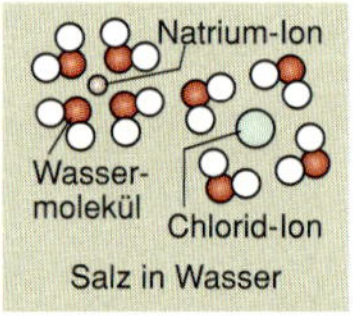

9 Salz in Wasser

Elemente

sind nur aus *einer Atomsorte* aufgebaut

Verbindungen

sind aus Atomen verschiedener Elemente (also aus *mehreren Atomsorten*) aufgebaut

Atome

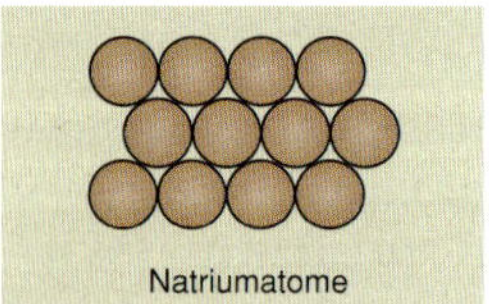

10 Natriumatome

Moleküle

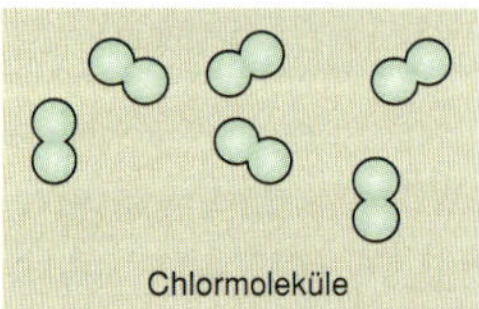

11 Chlormoleküle

Moleküle

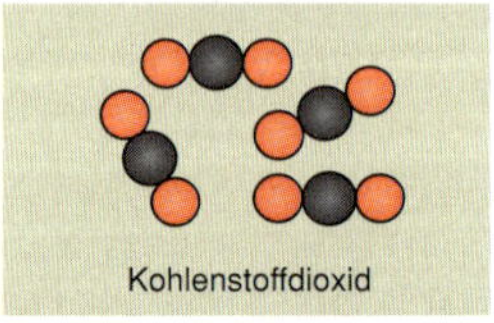

12 Kohlenstoffdioxid

Ionengitter

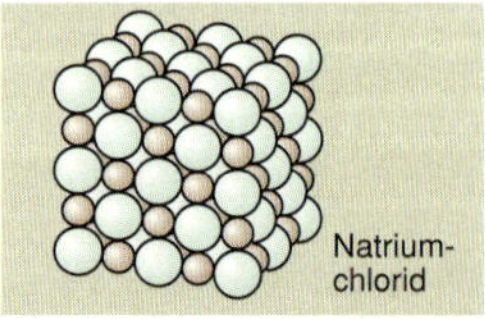

13 Natriumchlorid

64998

Der Atombau

Daltons Atomtheorie

Die wichtigsten Aussagen von **Daltons Atomtheorie** lauten folgendermaßen:

- Jedes Element besteht aus kleinsten, chemisch nicht weiter zerlegbaren Teilchen, den Atomen.
- Die Atome eines Elements sind untereinander gleich. Sie haben die gleiche Größe und Masse.
- Es gibt so viele Atomarten, wie es chemische Elemente gibt. Diese Atomarten unterscheiden sich vor allem in ihrer Masse.
- Atome können nicht neu geschaffen, aber auch nicht zerstört werden. Die Atome sind also unveränderlich.
- Bei chemischen Reaktionen bleiben die Atome erhalten, sie gruppieren sich lediglich um.
- In chemischen Verbindungen treten die Atome in bestimmten einfachen Zahlenverhältnissen auf.

Das Kern-Hülle-Modell

Jedes Atom besteht aus einem Atomkern und einer Atomhülle.

Der **Atomkern** besteht aus zweierlei Kernbausteinen: den positiv geladenen *Protonen* sowie den neutralen *Neutronen*.

Die **Atomhülle** wird durch die negativ geladenen *Elektronen* gebildet.

Die Elektronen bewegen sich in bestimmten Abständen – den *Elektronenbahnen* – um den Atomkern herum. Alle Elektronen, die sich in der Atomhülle auf derselben Elektronenbahn befinden, haben das gleiche Energieniveau.

Die Ladung eines Protons und die eines Elektrons haben den gleichen Betrag. Jedes Atom hat gleich viele positive wie negative Ladungsträger. Deshalb sind Atome als Ganzes elektrisch neutral.

Alle Atome eines Elements haben die gleiche Protonenzahl. Sie wird auch **Ordnungszahl** genannt.

Zählt man die Protonen und Neutronen eines Atoms zusammen, so ergibt sich die **Massenzahl**.

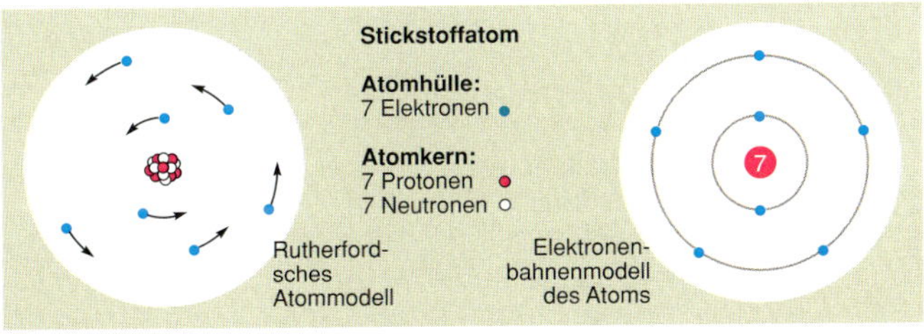

14

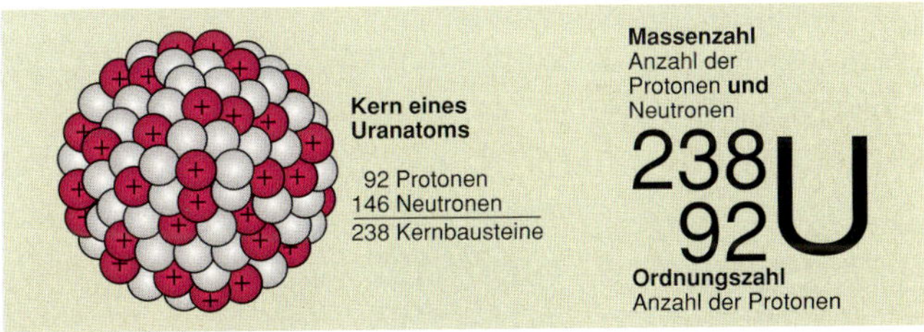

15

Relative Atom- und Molekülmassen

Atome haben eine so geringe (absolute) Masse, dass man sie nicht mit einer Waage messen, sondern nur berechnen kann. Deshalb arbeitet man mit der *relativen Atommasse* (Verhältnismasse) im Vergleich mit $\frac{1}{12}$ eines Kohlenstoffatoms.

$\frac{1}{12}$ eines Kohlenstoffatoms = 1 u.

- Die relative Atommasse eines Elements kann man aus dem PSE ablesen.
- Die relative Molekülmasse einer Verbindung ist die Summe der relativen Atommassen aller Atome, aus denen das Molekül besteht.
  Beispiel H_2O: 1 + 1 + 16 = 18
- Die relative Molekülmasse einer Ionenverbindung ist die Summe der relativen Atommassen aller Atome, aus denen eine „Formeleinheit“ der Verbindung besteht.

Das Periodensystem der Elemente (PSE)

Das PSE ist eine gesetzmäßige Anordnung der chemischen Elemente. Es enthält viele Informationen, die wir ihm entnehmen können.

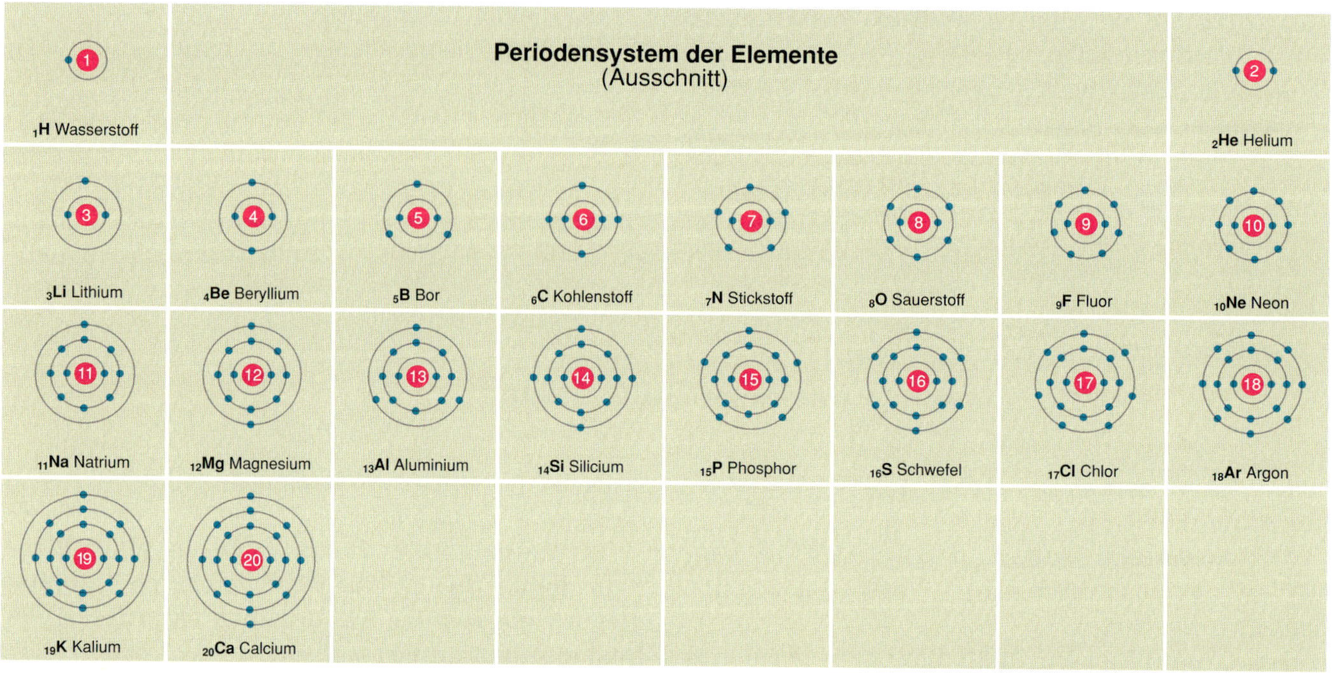

1

Periodensystem der Elemente (Hauptgruppen)

Zusammenhänge:

Die **Nummer der Hauptgruppe** entspricht der Zahl der Außenelektronen.

Elemente, deren Atome *gleich viele Außenelektronen* haben, stehen untereinander in derselben *Hauptgruppe.*

Die **Nummer der Periode** entspricht der Zahl der besetzten Elektronenschalen.

Elemente, deren Atome *gleich viele besetzte Elektronenschalen* haben, stehen nebeneinander in derselben *Periode.*

Perioden	I	II	III	IV	V	VI	VII	VIII
			Hauptgruppen					
1	1,00797 H 1							4,0026 He 2
2	6,939 Li 3	9,0122 Be 4	10,811 B 5	12,011 C 6	14,007 N 7	15,999 O 8	18,998 F 9	20,183 Ne 10
3	22,990 Na 11	24,312 Mg 12	26,982 Al 13	28,086 Si 14	30,974 P 15	32,064 S 16	35,453 Cl 17	39,948 Ar 18
4	39,102 K 19	40,08 Ca 20	69,72 Ga 31	72,59 Ge 32	74,922 As 33	78,96 Se 34	79,909 Br 35	83,80 Kr 36
5	85,47 Rb 37	87,62 Sr 38	114,82 In 49	118,69 Sn 50	121,75 Sb 51	127,60 Te 52	126,90 I 53	131,30 Xe 54
6	132,90 Cs 55	137,34 Ba 56	204,37 Tl 81	207,19 Pb 82	208,98 Bi 83	(209) *Po 84	(210) *At 85	(222) *Rn 86
7	(223) *Fr 87	(226) *Ra 88						

Relative Atommasse (Bezugsgröße: 1/12 der Masse des Kohlenstoffisotops C 12) → 1,00797

Elementsymbol → H

Ordnungszahl (entspricht der Zahl der Protonen im Atomkern und der Zahl der Elektronen) → 1

* **radioaktive Elemente**

( ) **Relative Atommasse** des langlebigsten Isotops

Aggregatzustand unter Normalbedingungen:

C fest

Br flüssig

O gasförmig

Metalle

Halbmetalle (Elemente mit metallischen und nichtmetallischen Eigenschaften)

Nichtmetalle

Edelgase

2

Wie die Teilchen in den Stoffen zusammenhalten

Kräfte zwischen den Teilchen halten die Teilchen zusammen. Atome haben das Bestreben eine voll besetzte Außenschale *(Edelgasschale)* zu erhalten. Dadurch erreichen sie dann einen stabilen, energiearmen Zustand (**Edelgas-** oder **Oktettregel**).

Gleiche Atome können (mit Ausnahme der Edelgasatome) durch *gemeinsame Elektronenpaare* aneinander gebunden sein: das ist die **Elektronenpaarbindung**.

Elektrisch unterschiedlich geladene Teilchen (z. B. Ionen) sind durch *elektrostatische Anziehung* miteinander verbunden: dann liegt **Ionenbindung** vor.

Zwischen diesen beiden Extremfällen gibt es Übergänge, z. B. die *polare Elektronenpaarbindung* und die *Wasserstoffbrückenbindung*.

Bindungsarten im Vergleich

	Atombindung	**Ionenbindung**
Bindungspartner	Nichtmetallatome/Nichtmetallatome	positive Ionen/negative Ionen
Darstellung im Modell	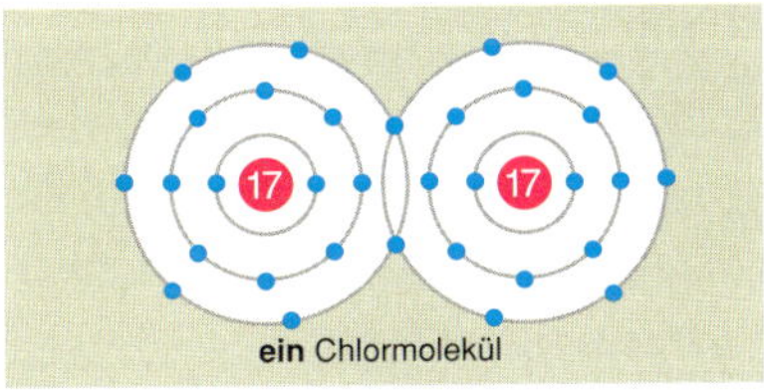 3	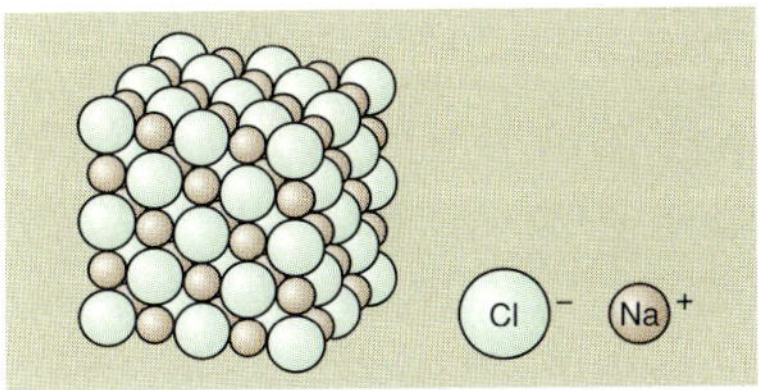 4
Beispiele	H_2; O_2; N_2; Cl_2; CH_4; HCl; H_2O	NaCl; Fe_2O_3; MgO; KOH; Na_2SO_4
Bindungsmechanismen	Überlappung der Elektronenschalen und gemeinsamer Besitz von Elektronenpaaren (deshalb auch *Elektronenpaarbindung* genannt)	Übertragung von Elektronen auf die einzelnen Atome unter Bildung von positiv geladenen Ionen (z. B. Metall-Ionen) und negativ geladenen Ionen (z. B. Nichtmetall-Ionen, Säurerest-Ionen, Hydroxid-Ionen); Ausbildung von Ionengittern durch deren gegenseitige Anziehung
Besonderheiten	*Polare Atombindung:* Bei Elementen mit unterschiedlicher Kernladung entstehen Ladungsverschiebungen im Molekül. Das kann zu Dipolmolekülen führen. 	In Salzschmelzen und Salzlösungen sind die Ionen frei beweglich (Zerstörung der Gitterstruktur). Die elektrische Leitfähigkeit beruht auf der Bewegung von Ionen in der Flüssigkeit bei angelegter Spannung. Salzschmelzen und Salzlösungen verändern sich chemisch bei Stromfluss.

Die chemische Zeichensprache

Was wir aus Symbolen und Formeln ablesen können

Ein chemisches **Symbol** steht für	• ein Element • ein Atom des Elements
Beispiel: **Fe** bedeutet	• Element Eisen • ein Eisenatom
Eine chemische **Formel** steht für	• eine Verbindung • eine Formeleinheit oder ein Molekül der Verbindung
Beispiel: $\mathbf{H_2O}$ bedeutet	• Wasser • ein Molekül Wasser • Zahlenverhältnis der Atome 2 : 1

Was wir aus einer Reaktionsgleichung herauslesen können

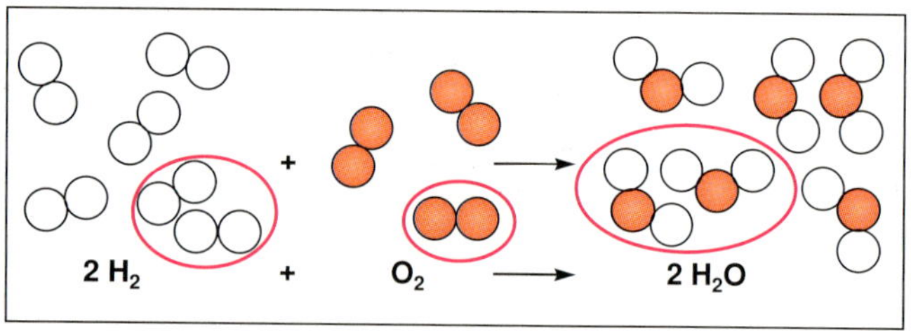

1

Beispiel: $2\ H_2 + O_2 \rightarrow 2\ H_2O$ | exotherm

- Wasserstoff und Sauerstoff reagieren zu Wasser.
- Die Reaktion verläuft exotherm.
- Wasserstoffmoleküle und Sauerstoffmoleküle reagieren miteinander im Zahlenverhältnis 2 : 1.
- Jeweils 2 Wasserstoffmoleküle reagieren mit 1 Sauerstoffmolekül zu 2 Wassermolekülen.

Wie wir Formeln und Reaktionsgleichungen aufstellen können

Schritte zum Aufstellen einer Formel:

1. Schritt: Elementsymbole aufschreiben.	H	O
2. Schritt: Wertigkeiten ermitteln.	I	II
3. Schritt: Das kleinste gemeinsame Vielfache (kgV) der Wertigkeiten bilden.	2	
4. Schritt: Das kgV durch die jeweilige Wertigkeit dividieren, wir erhalten den Index.	2 : I = 2	2 : II = 1
Die Formel lautet: (Der Index 1 wird nicht geschrieben.)	$\mathbf{H_2O}$	

Schritte zum Aufstellen einer Reaktionsgleichung:

1. Wortgleichung aufstellen.
   Wasserstoff + Sauerstoff → Wasser | exotherm
2. Symbole und Formeln eintragen.

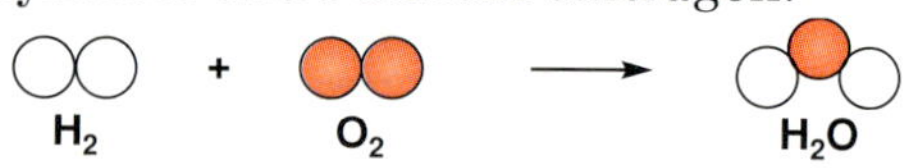

3. Faktoren einsetzen. (Achtung! Indizes nicht ändern! Du weißt ja: Der *Index* ist Bestandteil der Formel eines Stoffes – und die ist unveränderlich.)

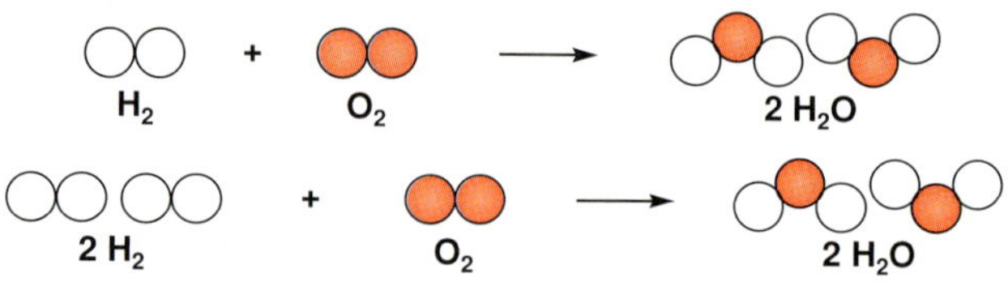

4. Ergebnis überprüfen.

65002

Chemische Reaktionen

Merkmale chemischer Reaktionen

Durch chemische Reaktionen entstehen chemische Verbindungen. Im einfachsten Fall reagieren dabei zwei Elemente miteinander.

Umgekehrt können chemische Verbindungen durch chemische Reaktionen wieder zerlegt werden. Jede chemische Reaktion ist durch bestimmte Merkmale gekennzeichnet.

Merkmale	Beispiele	
Stoffumwandlung: Ausgangsstoffe → Reaktionsprodukte	Bildung von Chlorwasserstoff: Wasserstoff + Chlor → Chlorwasserstoff 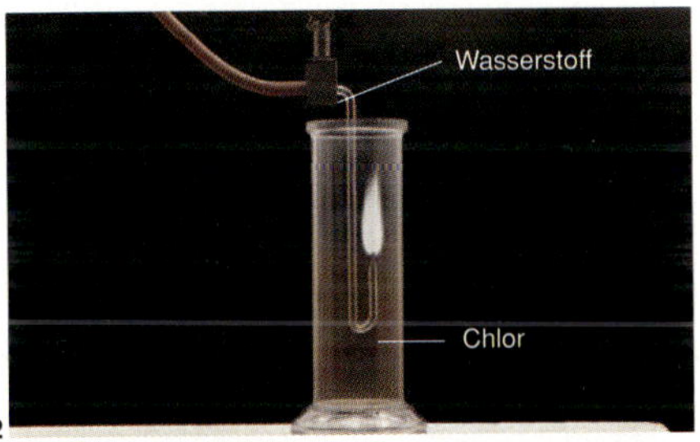 2	Zerlegung von Bleisulfid: Bleisulfid → Blei + Schwefel 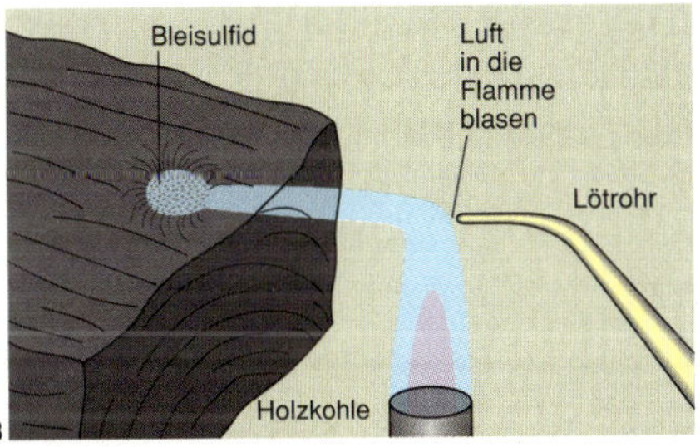 3
Energieumwandlung: Der Energiegehalt der Stoffe und die Reaktionswärme können ineinander umgewandelt werden. Die Reaktionswärme ergibt sich aus der Differenz zwischen dem Energiegehalt der Reaktionsprodukte und dem der Ausgangsstoffe.	exotherm (Energie der Ausgangsstoffe > Energie der Reaktionsprodukte) 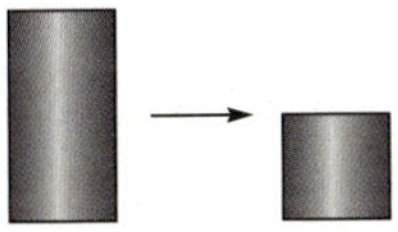 (Wärmeabgabe an die Umgebung) 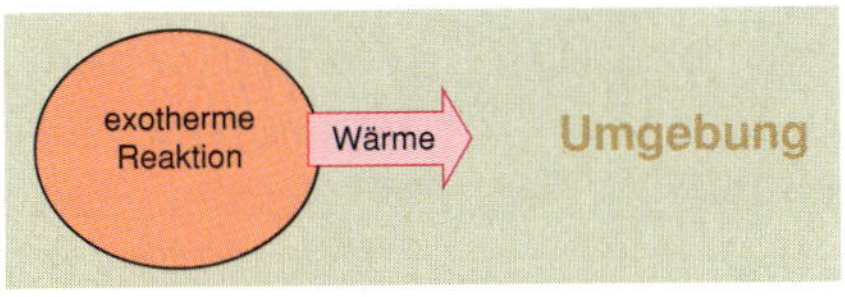 4	endotherm (Energie des Ausgangsstoffes < Energie der Reaktionsprodukte) 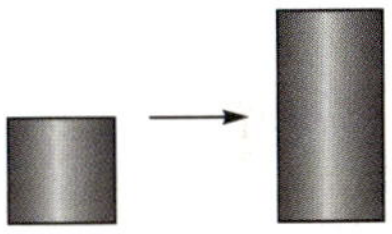 (Wärmeaufnahme aus der Umgebung) 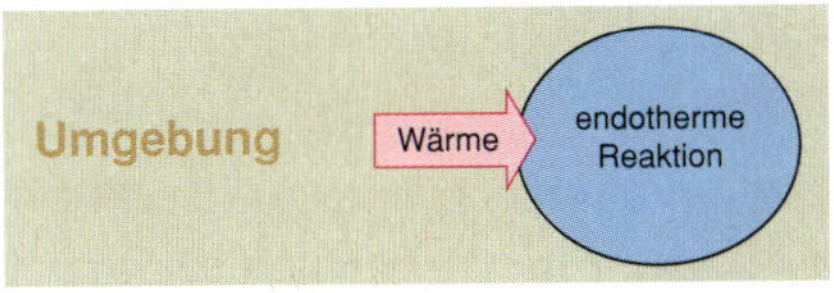 5
Veränderung der Teilchen: Teilchen der Ausgangsstoffe → Teilchen der Reaktionsprodukte	Wasserstoffmoleküle + Chlormoleküle → Chlorwasserstoffmoleküle $H_2 + Cl_2 \rightarrow 2\,HCl$ | exotherm 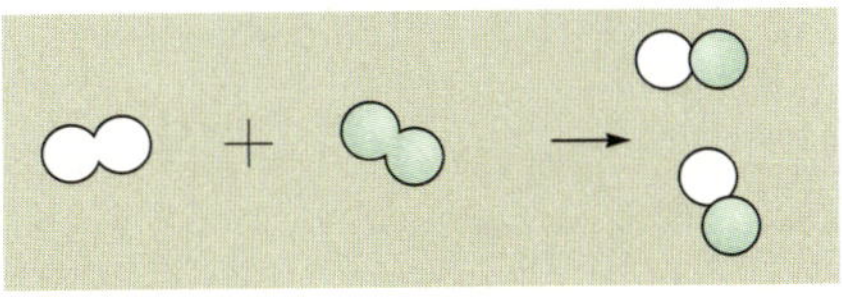 6	Blei-Ionen/Sulfid-Ionen → Bleiatome + Schwefelmoleküle $8\,PbS \rightarrow 8\,Pb + S_8$ | endotherm 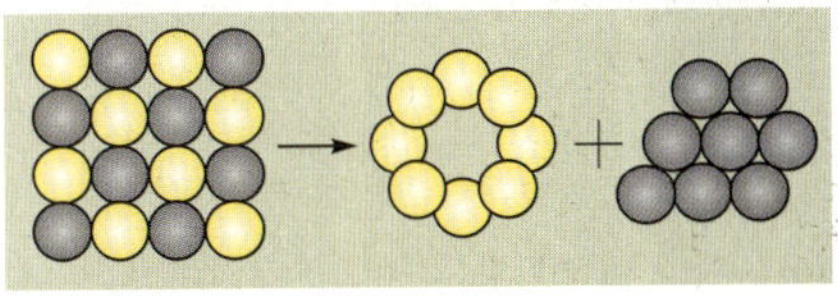 7

Voraussetzungen für chemische Reaktionen

Eine wichtige Voraussetzung für jede chemische Reaktion ist die Möglichkeit der Teilchen zusammenstoßen zu können.

Aber nicht jeder Zusammenstoß führt zu einer Reaktion. Erst wenn **Teilchen mit einer bestimmten Mindestenergie** zusammenstoßen, kommt es zur Reaktion. Deshalb unterscheidet man *wirksame* und *unwirksame* Zusammenstöße.

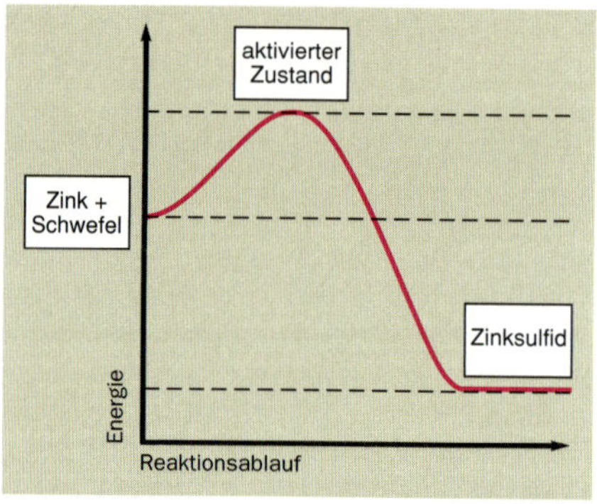

1

Die Teilchen der Ausgangsstoffe müssen mit einer bestimmten Mindestenergie wirksam zusammenstoßen. Dafür ist häufig Energiezufuhr (Aktivierungsenergie) erforderlich.

Die zum „Start" einer Reaktion erforderliche Energie wird **Aktivierungsenergie** genannt. Wie wir uns das vorstellen können, zeigt Bild 1.

Bei *exothermen* Reaktionen wird Energie (als Wärme) an die Umgebung abgegeben. Die Reaktionsprodukte sind also energieärmer als die Ausgangsstoffe.

Stoffe mit geringerem Energieinhalt sind chemisch stabiler (beständiger) als energiereichere Stoffe.

Exotherme Reaktionen laufen ab, weil durch die Umwandlung energiereicher Stoffe in energieärmere Stoffe ein stabilerer Zustand erreicht wird.

Bei *endothermen* Reaktionen wird Energie (als Wärme) aus der Umgebung aufgenommen. Die Reaktionsprodukte sind also energiereicher als die Ausgangsstoffe.

Endotherme Reaktionen laufen ab, wenn gleichzeitig die Unordnung der Teilchen zunimmt.

Die Wirkung von Katalysatoren

Katalysatoren sind Stoffe, die chemische Reaktionen auslösen oder beeinflussen, ohne selbst dabei verbraucht zu werden.

Ein *Beispiel* ist Platin. An fein verteiltem Platin kann Wasserstoff entzündet werden (Bild 3).

An geeigneten Katalysatoren können Teilchen miteinander reagieren, die ohne Katalysator gar nicht oder erst nach ausreichender Aktivierung miteinander reagieren würden. Katalysatoren setzen die erforderliche Aktivierungsenergie herab. Wie man sich das vorstellen kann zeigen die Bilder 4 u. 5.

Viele chemische Reaktionen können durch geeignete Katalysatoren beeinflusst werden. Ein Beispiel

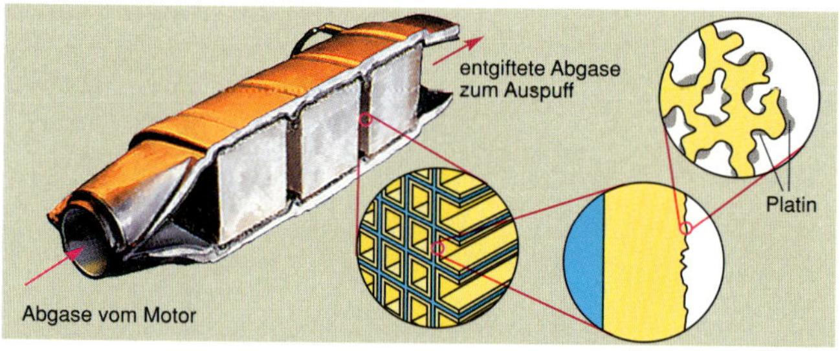

2

zum Umweltschutz ist der Katalysator zur Entgiftung der Autoabgase (Bild 2).

Biokatalysatoren oder Enzyme beeinflussen und ermöglichen oft erst die Stoffwechselvorgänge (biochemische Reaktionen) in lebenden Organismen.

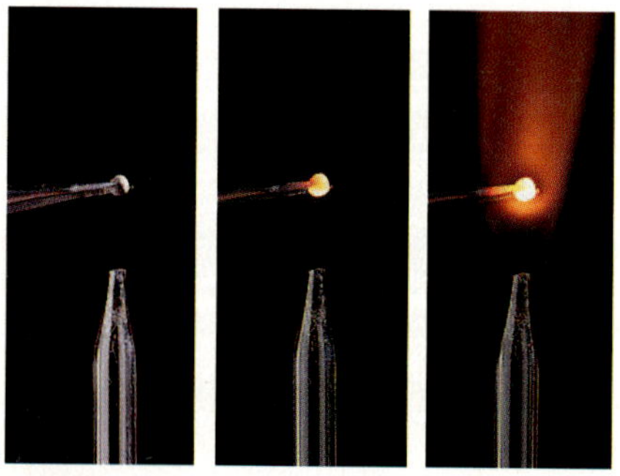
3

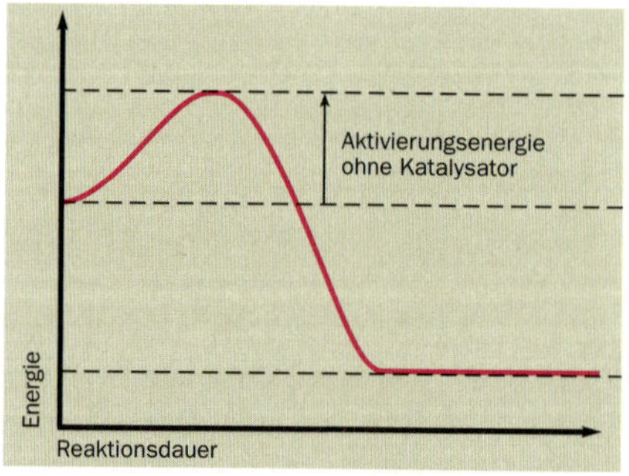

4

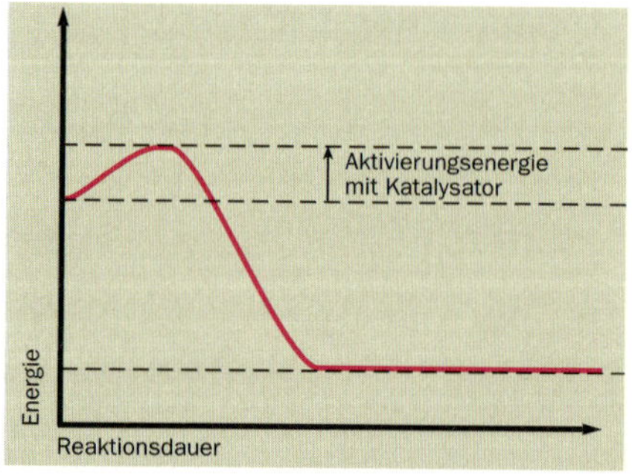

5

65004

Wie chemische Verbindungen in andere umgewandelt werden können

Elemente reagieren mit Sauerstoff zu Oxiden.
Beispiele:

Die Oxide reagieren mit Wasser zu Hydroxiden oder zu Säuren.
Beispiele:

Durch Neutralisation bilden sich daraus weitere Verbindungen.
Beispiel:

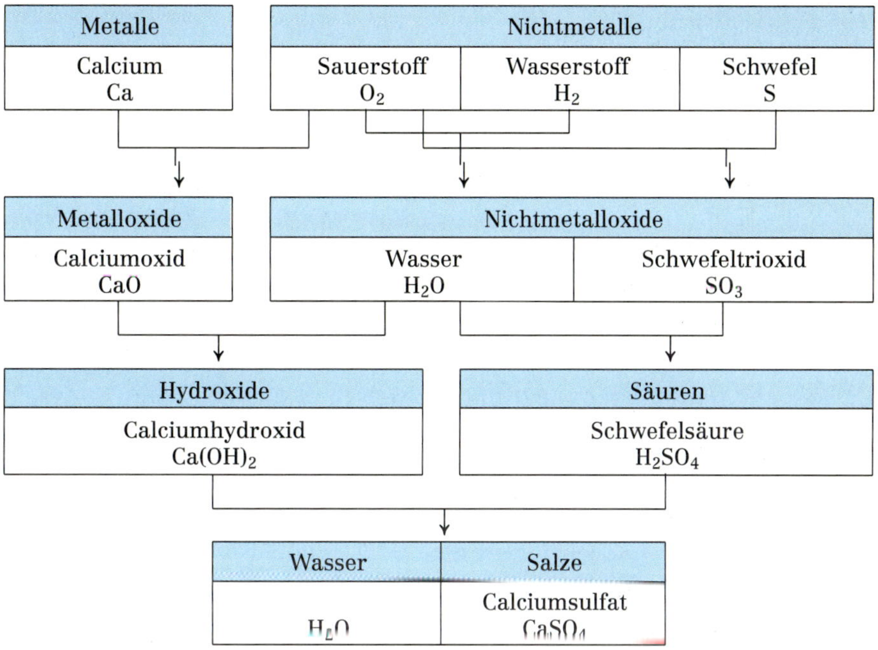

Oxidation – Reduktion – Redoxreaktion

Oxidation = Sauerstoffaufnahme

Eine Oxidation ist eine chemische Reaktion, bei der ein Stoff mit Sauerstoff reagiert. Dabei entsteht ein Oxid.

Beispiel: Magnesium reagiert mit Sauerstoff zu Magnesiumoxid. Das Magnesium wird dabei oxidiert.

$2\,Mg + O_2 \rightarrow 2\,MgO$ | exotherm

Reduktion = Sauerstoffabgabe

Eine Reduktion ist eine Reaktion, bei der z. B. ein Metall aus seinem Oxid durch Sauerstoffabgabe gewonnen wird.

Beispiel: Quecksilber(II)-oxid wird durch Erhitzen in Quecksilber und Sauerstoff zerlegt. Dabei wird Quecksilberoxid zu Quecksilber reduziert.

$2\,HgO \rightarrow 2\,Hg + O_2$ | endotherm

Redoxreaktion = Sauerstoffübertragung

Oxidation und Reduktion können auch zugleich ablaufen. Dabei wird der Sauerstoff von einem Oxidationsmittel (dem Sauerstoffspender) auf ein Reduktionsmittel (den Sauerstoffempfänger) übertragen. Eine solche Reaktion nennt man eine Redoxreaktion.

Beispiel: Kupferoxid wird durch Erhitzen mit Kohlenstoff zu Kupfer reduziert. Dabei wird der Kohlenstoff zu Kohlenstoffdioxid oxidiert (Bild 6).

$2\,CuO + C \rightarrow 2\,Cu + CO_2$

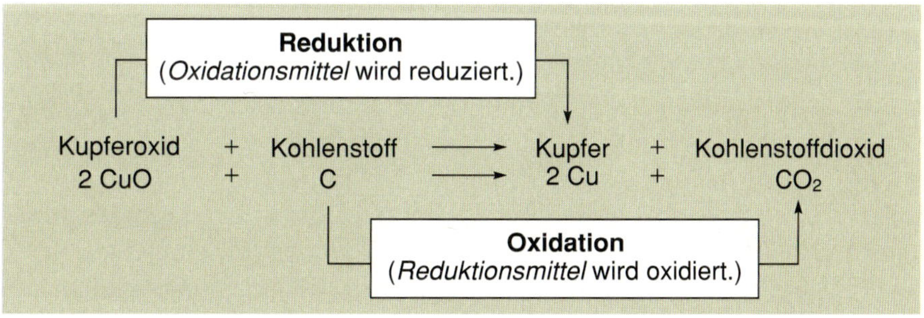

6

Neutralisation

Der pH-Wert

Säuren und Laugen zeichnen sich durch ihre sauren bzw. alkalischen Eigenschaften aus. Der Grad dieser Eigenschaften wird durch den pH-Wert angezeigt, der in einer **Skala von 1–14** angegeben wird.

Saure Lösungen besitzen einen **pH-Wert der kleiner als 7** ist. Je kleiner der pH-Wert ist, desto saurer reagiert die Lösung.

Alkalische Lösungen haben einen **pH-Wert** der **größer als 7** ist. Je größer der pH-Wert ist, desto stärker alkalisch reagiert die Lösung.

Lösungen, die weder sauer noch alkalisch reagieren, sind **neutral**. Sie haben einen **pH-Wert von 7**.

Der pH-Wert kann mit Universalindikator oder dem pH-Meter bestimmt werden.

In den Verdauungsorganen des menschlichen Körpers spielt der pH-Wert eine wichtige Rolle: Der Speichel ist meist neutral, er kann aber auch leicht sauer oder alkalisch sein (pH-Wert 5–8,5). Im Magen findet man pH-Werte von 0,9 bis 1,5. Der Darmsaft ist dagegen leicht alkalisch (pH-Wert etwa 8).

Säuren reagieren mit Hydroxidlösungen

Lässt man eine verdünnte Säure mit einer bestimmten Menge einer Hydroxidlösung reagieren, gehen die sauren bzw. alkalischen Eigenschaften der beiden Flüssigkeiten verloren. Dabei entsteht eine neutrale Flüssigkeit. Diesen Vorgang nennt man **Neutralisation**.

Bei jeder Neutralisation reagiert jeweils 1 Wasserstoff-Ion aus der sauren Lösung mit je 1 Hydroxid-Ion aus der alkalischen Lösung. Dabei entstehen Wassermoleküle.

Bei jeder Neutralisation wird *Neutralisationswärme* frei.

$H^+ + OH^- \rightarrow H_2O$ | exotherm

Die neutrale Flüssigkeit ist eine *Salzlösung.* Sie enthält noch Metall-Ionen und Säurerest-Ionen. Beim Eindampfen der Lösung bilden die Metall-Ionen und die Säurerest-Ionen ein *Ionengitter.* Es entsteht also ein **Salz**.

Der Name des Salzes leitet sich aus den Namen der Metall-Ionen und der Säurerest-Ionen ab.

Eigenschaften einiger Stoffe

Wasserstoff und Sauerstoff im Vergleich

Wasserstoff H_2	**Sauerstoff O_2**
Farbloses, geruchloses Gas; Dichte ist geringer als die der Luft; brennbar, unterhält die Verbrennung nicht; im Gemisch mit Sauerstoff oder Luft **explosiv**; Prüfung mit Knallgasprobe.	Farbloses, geruchloses Gas; Dichte ist größer als die der Luft; nicht brennbar, fördert die Verbrennung; Prüfung mit Glimmspanprobe.

Säuren und Laugen

Säuren	**Laugen (Hydroxide)**
Stoffe, deren wässrige Lösungen Wasserstoff-Ionen und Säurerest-Ionen enthalten; $HCl \rightarrow H^+ + Cl^-$ Vorsicht! Viele Säuren wirken **ätzend**! Prüfung mit Indikatoren pH-Wert saurer Lösungen < 7	Stoffe, deren wässrige Lösungen Hydroxid-Ionen und meist Metall-Ionen enthalten; $NaOH \rightarrow Na^+ + OH^-$ Vorsicht! Viele Laugen wirken **ätzend**! Prüfung mit Indikatoren pH-Wert alkalischer Lösungen > 7

65006

Chemie und Umwelt

Die Luft ist verschmutzt

Brennstoffe haben sehr große Kohlenstoffanteile und geringe Anteile an Schwefel.

Wenn diese Brennstoffe verbrennen, entstehen – außer Asche – vor allem gasförmige Verbrennungsprodukte (z. B. Kohlenstoffdioxid, Kohlenstoffmonooxid sowie Schwefeldioxid und Stickstoffoxide). Diese Nichtmetalloxide werden auch als **Schadstoffe** bezeichnet. Sie können nämlich der Gesundheit und der Umwelt schaden.

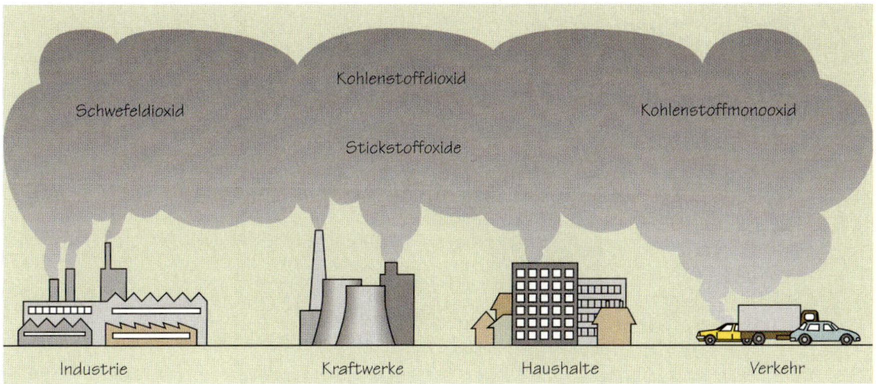

1

Auswirkungen der Luftverschmutzung sind z. B. eine Verstärkung des **Treibhauseffekts** und die Bildung von **Smog**.

Um die Luftverschmutzung zu verringern, wurden einige Gesetze und Verordnungen erlassen. Seitdem bemüht man sich, die entstehenden Abgase besser zu reinigen. Das ist aber kostspielig und aufwendig.

Feuermachen und Brandbekämpfung

Für ein Feuer braucht man einen **brennbaren Stoff**.

Wenn der Stoff brennen soll, braucht er **Sauerstoff**. Auch muss der Stoff auf eine ganz bestimmte **Entzündungstemperatur** erhitzt werden.

Die brennbaren Stoffe müssen erhitzt werden, damit sie *Dämpfe* bilden. Erst diese entzünden sich, wenn die jeweilige Entzündungstemperatur erreicht ist. Das gilt für feste und für flüssige Stoffe.

Ein *Beispiel* zeigt Bild 2: Feuermachen im Ofen.

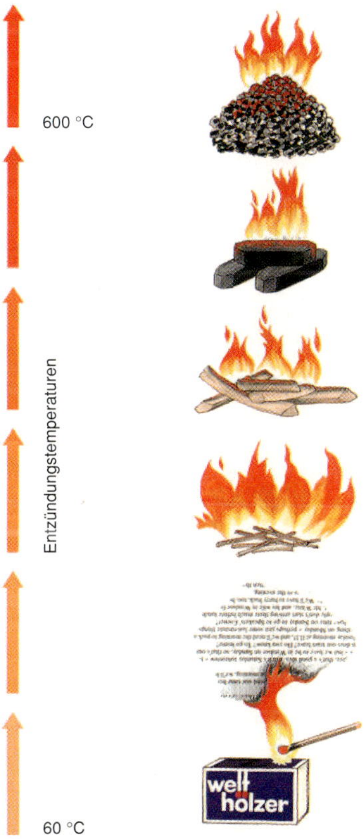

2

Beim **Löschen** (und wenn man einem drohenden Brand vorbeugen will) versucht die Feuerwehr dem Feuer mindestens eine dieser Voraussetzungen zu entziehen. *Es gibt deshalb dreierlei Methoden, einen Brand zu bekämpfen.*

1. Dem Feuer wird die „Nahrung entzogen". Das heißt: Von dem brennbaren Material wird so viel wie möglich entfernt.

2. Die brennenden Stoffe werden bis unter ihre Entzündungstemperatur abgekühlt.

Dazu wird meist Wasser verwendet. Bei Fett ist Wasser ungeeignet, da das Fett verspritzt und weiterbrennt. Auch Brände von feuergefährlichen Flüssigkeiten oder elektrischen Anlagen dürfen nicht mit Wasser gelöscht werden.

3. Man verhindert, dass frische Luft (Sauerstoff) an die Flamme herankommt. Die Flamme wird „erstickt".

Häufig werden dabei Schaumlöscher eingesetzt. Der Schaum deckt den Brandherd luftdicht ab. Kleine Brände kann man mit Decken, Sand oder Erde ersticken.

Erkundung eines Chemiebetriebs

Wir bereiten eine Betriebserkundung vor

1

Der Besuch eines Chemiebetriebs (Bild 1) gehört zu den Zielen und Aufgaben des Chemieunterrichts – besonders im Chemiestandort Bayern. Dabei muss es sich nicht unbedingt um einen Betrieb der chemischen Großindustrie handeln. Auch eine Brauerei, eine Molkerei, ein Wasserwerk oder ein Metallverarbeitungsbetrieb in der Nähe können uns Einblick in Herstellung, Bearbeitung und Anwendung chemischer Produkte geben.

Die Fachleute in den Betrieben sind in der Regel gern bereit Fragen zu beantworten, und sie lassen sich auch mal „über die Schulter" schauen.

Damit der Betriebsbesuch ein Erfolg wird, muss im Vorfeld viel Arbeit geleistet werden. Die einfache Besichtigung eines Betriebs bringt nämlich recht wenig, eine Betriebserkundung dagegen viel.

Für die Erkundung sind folgende Vorarbeiten notwendig:

1. Der Chemielehrer nimmt Kontakt zu dem betreffenden Betrieb auf und klärt Termin und Ablauf. Dabei muss auch besprochen werden, ob während der Erkundung Fotoapparat und Videokamera eingesetzt werden dürfen.
2. In Betrieben gelten besondere Sicherheitsmaßnahmen, z. B. „Helm tragen" oder „Nichts berühren". Diese Maßnahmen müssen vorher besprochen werden. Sie dienen der Sicherheit im Betrieb, aber auch der persönlichen Sicherheit.
3. Die Klasse wird in Gruppen eingeteilt. Jede Gruppe übernimmt eine andere Aufgabe. Sie überlegt auch, wie die Ergebnisse abschließend ausgewertet werden: Poster, Vortrag, Schaukasten …

Checkliste für eine Betriebserkundung

Die Checkliste erinnert beim Rundgang an die Fragen, die in der Auswertung beantwortet werden sollten. Jede Gruppe schreibt ihre eigene Checkliste!

- ○ Welche Produkte werden hergestellt?
- ○ Wie ist die Produktionsstätte angelegt?
- ○ Welche Rohstoffe werden eingesetzt?
- ○ Wie werden diese Rohstoffe beschafft?
- ○ Was kosten diese Rohstoffe?
- ○ Was kosten die Endprodukte?
- ○ Welche chemischen Grundlagen liegen der Produktion zugrunde?
- ○ Welche Verfahren und Techniken werden angewandt? Welche davon sind umweltfreundlich?
- ○ Wie weit ist der Stand der Automatisierung (Einsatz von Computern)?
- ○ Gibt es eine eigene Forschungsabteilung? Woran arbeiten die Mitarbeiter?
- ○ Wird Marktforschung betrieben?
- ○ Wie hoch sind Transport- und Energiekosten?
- ○ Welcher Art sind die Abfälle, was wird zu ihrer Beseitigung getan (Umweltschutzmaßnahmen)?
- ○ Welche Maßnahmen zur Sicherheit am Arbeitsplatz und zum Gesundheitsschutz gibt es?
- ○ Welche Berufe kann man erlernen (Berufsbild)?
- ○ Wie lange dauert die Ausbildung, an wen wendet man sich?
- ○ Wie hoch sind Lohn und Gehalt?
- ○ Kann man sich weiterqualifizieren, welche Aufstiegsmöglichkeiten gibt es?
- ○ Wie viele Mitarbeiter hat der Betrieb?
- ○ Welche Arbeitsweise herrscht vor – Teamarbeit oder Einzelarbeit?
- ○ Wie ist die Arbeitszeit geregelt? Wird z. B. in Schichten gearbeitet?

65008

Mögliche Formen der Auswertung

Da die Klasse während der Betriebserkundung in Gruppen aufgeteilt wurde, muss die **Auswertung** sehr gründlich erfolgen. Nur dadurch erhalten *alle* Schüler ein umfassendes Bild von dem besuchten Chemiebetrieb.

Folgende Varianten zur Auswertung bieten sich hierbei an:

- Referate, Berichte
- Fotos und Zeichnungen, Poster
- Videoaufnahmen (z. B.: Vom Rohstoff zum Fertigprodukt)
- grafische Darstellungen
- Ausstellung von Rohstoffen und Fertigprodukten
- Diskussion im Plenum
- Information der Presse

Als Abschluss sollte die Klasse gemeinsam einen Brief an die Geschäftsführung schreiben und sich für die Betriebsbesichtigung bedanken.

Aus Umwelt und Technik: Sicherheit am Arbeitsplatz

Sicherheitsvorkehrungen wurden Anfang des vorigen Jahrhunderts in den Labors und auch in Fabriken nicht allzu ernst genommen. Deshalb kam es häufig zu Unfällen. Sie reichten von Verletzungen der Arbeiter und Angestellten bis zu schweren Explosionen ganzer Fabrikhallen.

Wer *heute* einen Chemieberuf ergreift, erwirbt von Anbeginn der Ausbildung und im Lauf seiner späteren Berufstätigkeit vielfältige Kenntnisse und Erfahrungen über Gefahren und Risiken, die mit seiner Tätigkeit verbunden sind.

Die auf dem Gebiet der Sicherheit notwendigen Kenntnisse und Fertigkeiten sind ebenso wichtig wie die Kenntnisse im Bereich des Fachwissens.

Zur Ausbildung gehört:

- den sicheren Umgang mit Chemikalien zu beherrschen,
- ablaufende Prozesse zu überwachen und gegebenenfalls steuernd einzugreifen,
- sich selbst und die Kollegen vor Gefahren zu schützen,
- in Gefahrensituationen sachkundig zu reagieren,
- verantwortlich gegenüber der Umwelt zu handeln,
- mögliche Gefahren beim Einsatz von Chemieprodukten durch den Verbraucher zu kennen und durch Gefahrenhinweise vermeidbar zu machen.

Die Sicherheit aller in Chemieberufen Beschäftigten ist durch zahlreiche Gesetze, Verordnungen, Vorschriften und Richtlinien weitgehend geregelt. Die Aktenordner und Bücher über Sicherheit am Arbeitsplatz füllen heute viele Regale. (Auch im Unterricht hast du Verhaltensregeln zum Umgang mit Chemikalien und zu deren Entsorgung kennen gelernt.)

Das lässt erkennen, dass alles Erdenkliche vorausschauend getan werden muss, um von vornherein alle Gefahren und Risiken möglichst gering zu halten. (Es muss ja nicht gleich so „ausarten" wie in Bild 2.) Irgenwann wird nämlich alles, was schiefgehen kann, wahrscheinlich auch einmal schief gehen.

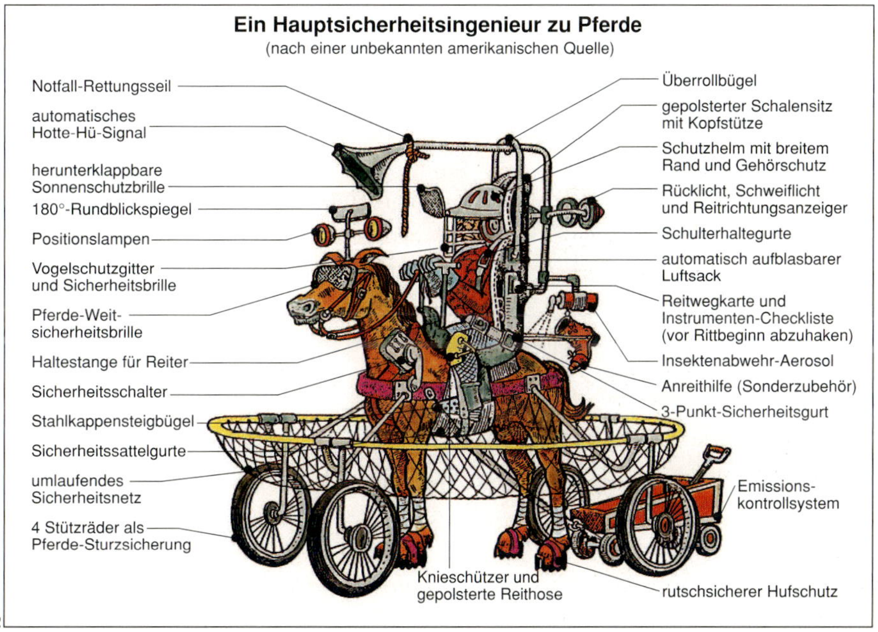

2

Berufe in der chemischen Industrie

Die Möglichkeiten, einen Beruf in der chemischen Industrie zu erlernen, sind außerordentlich vielseitig. Da gibt es *Prozessleitelektroniker/-innen*, die in verschiedenen Betrieben für einen störungsfreien Produktionsablauf sorgen. *Textilveredler/-innen* arbeiten z. B. in Färbereien und Druckerein. *Papiermacher/-innen* haben direkt mit dem Grundstoff Holz zu tun. Der *Molkereifachmann*/die *Molkereifachfrau* verarbeitet Milch zu den verschiedensten Milchprodukten. Dann werden *Laboranten* in den verschiedensten Bereichen ausgebildet, z. B. im Textilbetrieb und Fotofachgeschäft.

Im Folgenden sollen einige Berufe etwas genauer vorgestellt werden.

Chemielaborant/Chemielaborantin

Ausbildungsort: Betrieb und Berufsschule;
Ausbildungsdauer: $3\frac{1}{2}$ Jahre

1

Unser Arbeitsplatz ist das Labor. Wir ermitteln die Zusammensetzung von Stoffen und stellen neue Stoffe her. Dabei setzen wir modernste technische Geräte ein. Wir erfüllen qualifizierte Arbeit in Forschung und Entwicklung, bei Produktionskontrolle und Verfahrenstechnik. Umweltschutz ist für uns ein wesentliches Anliegen. Der Einsatz von text- und datenverarbeitenden Systemen erleichtert unsere Arbeit. Die Fähigkeit zu vorausdenkendem Planen und Bereitschaft zu Teamarbeit sind wichtige Voraussetzungen für den Beruf.

2

Pharmazeutisch-technische Assistenten/Assistentinnen

Ausbildungsort: Fachschule und meist Apotheke;
Ausbildungsdauer: $2\frac{1}{2}$ Jahre

3

Unser Arbeitsplatz ist meist die Apotheke. Der wichtigste Teil der Arbeit ist die Herstellung von Medikamenten, die für einen Patienten individuell angefertigt werden müssen. Ein Schwerpunkt ist es auch, Kunden zu beraten. Ausbildungsschwerpunkte sind Arzneimittelkunde, Herstellung von Arzneimitteln, Grundlagen der Chemie, Botanik und Ernährungskunde. Wer Spaß an Chemie hat und keine Angst davor, viele lateinische Namen zu lernen, der ist hier richtig. Ein Beruf mit Zukunft und (noch) freien Ausbildungsplätzen.

4

65010

Kunststoff-Formgeber/Kunststoff-Formgeberin

Ausbildungsort: Betrieb und Berufsschule;
Ausbildungsdauer: 3 Jahre

5

6

Kunststoffe aller Art und Form in hoher Qualität sind heute in allen Bereichen der Technik und des täglichen Lebens unentbehrlich.
Um Kunststoffen die gewünschte Form zu geben, setzen wir in der Produktion modernste Maschinen ein. Dabei behalten wir die Regel- und Kontrollinstrumente stets im Auge, um gleich bleibende Qualität der verschiedenen Produkte sicherzustellen.
Zu unserem Aufgabenbereich gehört auch die Überwachung der Steuerung des gesamten Fertigungsprozesses bis hin zur Qualitätskontrolle.
In unserem interessanten Beruf gibt es verschiedene Fachrichtungen. Aufgrund unserer umfassenden Ausbildung finden wir uns jedoch in kürzester Zeit in jedem Verarbeitungsverfahren zurecht.

Industriekaufmann/Industriekauffrau

Ausbildungsort: Betrieb und Berufsschule;
Ausbildungsdauer: 3 Jahre

7

7

Chemische Industrie ohne Industriekaufleute? Das wäre undenkbar!
Wir sorgen z. B. für die Beschaffung von Material, beraten unsere Kunden, kalkulieren die Preise und verkaufen unsere Produkte.
In unserer umfassenden Ausbildung lernen wir alle Formen moderner Bürotechnologie kennen.
Kontaktfreude, Verhandlungsgeschick, logisches Denken, Organisationstalent und Durchsetzungsvermögen sind wichtige persönliche Voraussetzungen für unseren Beruf.

Ausgelernt – und nun weiter?

Viele ehemalige Lehrlinge qualifizieren sich nach einigen Jahren Berufstätigkeit weiter.

Sie nehmen dazu an Lehrgängen teil, die etwa 2 Jahre lang dauern und wieder mit einer Prüfung abschließen. Erfolgreichen Teilnehmern eröffnet sich der Aufstieg z. B. zum Industriemeister oder zum Fachwirt. Diese Mitarbeiter gehören bald zur mittleren Führungsebene und sorgen für den reibungslosen Ablauf aller Funktionen innerhalb des Betriebs.

Eine weitere Schul- bzw. Hochschulausbildung ist möglich. So kann man sich zu einer hochqualifizierten Fachkraft weiterbilden.

Sicherheit im Chemieunterricht

Vom richtigen Umgang mit dem Brenner

Die Brennerflamme

Bei den meisten Brennern zum Experimentieren kann man zwei Flammen einstellen:

a) Die leuchtende Flamme:

Das Luftloch am Brennerrohr bleibt zunächst geschlossen. Der Gashahn wird geöffnet und das ausströmende Gas am oberen Brennerrand entzündet.

Das Gas verbrennt mit gelber, leuchtender Flamme. Daher nennt man diese Flamme auch Leuchtflamme. Sie hat eine Temperatur von etwa 1000 °C und ist eine rußende Flamme.

b) Die nichtleuchtende Flamme:

Während die Leuchtflamme des Brenners brennt, wird das Luftloch unten am Brenner langsam geöffnet. Durch die kleine Öffnung strömt Luft von außen in das Brennerrohr ein. Dadurch entsteht das deutlich hörbare Rauschen.

Die Luft vermischt sich in der Randzone mit dem Gas, das aus der Leitung austritt. Je weiter das Luftloch geöffnet wird, desto mehr Luft vermischt sich mit dem Gas. Das Gas verbrennt immer heftiger und die Flamme wird heißer. Aus der Leuchtflamme wird eine schwach blaue, nichtrußende Heizflamme.

Die Flammenzonen

An der Heizflamme unterscheidet man zwei Zonen: einen inneren *Kern* und einen äußeren *Mantel*.

Im Mantel kann eine Temperatur von über 1500 °C erzeugt werden; dabei ist der obere Teil der Flamme am heißesten. Im Kern befindet sich das Brenngas.

Sicherer Umgang

a) Gasbrenner:

Bei ihm kommt das Gas aus dem städtischen Gasnetz oder aus einer großen Stahlflasche. Man muss bei der Entnahme Folgendes beachten:

- Der Schlauch darf nicht porös oder brüchig sein.
- Er muss fest auf dem Anschlussstutzen sitzen.
- Der Gasstrom muss so eingestellt werden, dass die Flamme nicht ausgeht.
- Zum Löschen das Ventil der Gasleitung zudrehen.
- Bei Gasgeruch im Zimmer müssen sofort die Fenster geöffnet werden.

b) Kartuschenbrenner:

Bei ihm kommt das Gas aus einer kleinen Kartusche. Folgendes ist zu beachten:

- Kartuschen sollten nur vom Lehrer ausgetauscht werden.
- Kartuschen dürfen nie in der Nähe offener Flammen gewechselt werden.
- Zwischen dem Oberteil des Brenners und der Kartusche muss unbedingt eine Dichtung liegen.
- Die Klammern an der Kartusche dürfen nicht geöffnet werden, solange sich noch Gas in der Kartusche befindet.
- Der Brenner muss stets aufrecht und fest stehen; er darf nicht gekippt werden.
  Beim Experimentieren darf er nicht schräg gehalten werden.
- Zum Löschen der Flamme muss einfach der Gashahn zugedreht werden.

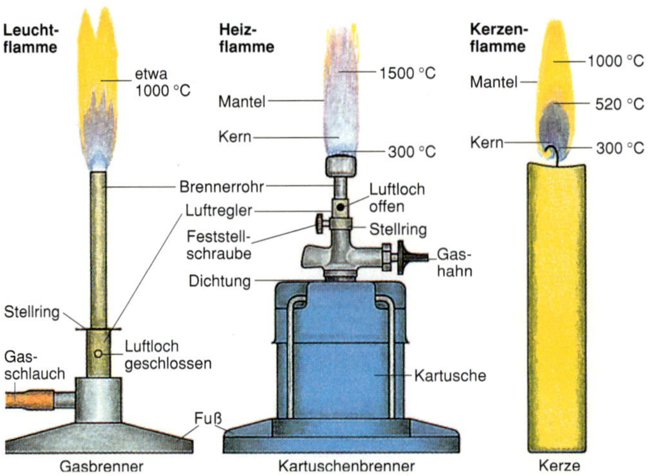

63488

Verhaltensregeln und Hinweise zur Entsorgung

Verhaltensregeln

1. Die Fachräume dürfen nicht ohne Aufsicht durch die Lehrer betreten werden.

2. Bei der Verwendung von Stoffen sind Gefahrstoffbezeichnung, Gefahrenhinweise (R-Sätze) und Sicherheitsratschläge (S-Sätze) mit den Arbeitsbedingungen zu vergleichen*.

3. Für die Gefahrstoffe findet man die R- und S-Sätze z. B. auf den Etiketten der Chemikaliengefäße.

4. In Fachräumen ist grundsätzlich ein umsichtiges und vorsichtiges Verhalten erforderlich:

- Offene Gashähne, Gasgeruch, beschädigte Steckdosen und Geräte sowie andere Gefahrenstellen sind sofort zu melden.
- Geräte, Chemikalien und Schaltungen dürfen nicht ohne Genehmigung des Lehrers berührt werden. Desgleichen dürfen Anlagen für elektrische Energie, Gas und Wasser nicht eingeschaltet werden.
- Im Experimentierraum ist das Essen und Trinken verboten.
- Den Anweisungen des Lehrers ist unbedingt Folge zu leisten, besonders beim Experimentieren (→ auch *Einige Grundregeln zum Experimentieren*).
- Die vom Lehrer ausgehändigte Schutzausrüstung (z. B. -brille, -handschuhe) muss getragen werden.

5. Chemikalien dürfen normalerweise nicht in den Ausguss gegossen werden. Sie gehören (nach Anweisung des Lehrers) in dafür vorgesehene Gefäße.

6. Im Gefahrfall unbedingt Ruhe bewahren und die Anweisungen des Lehrers befolgen!

Je nach Art des Gefahrstoffes können folgende Maßnahmen notwendig werden:

- den Klassenraum verlassen,
- erste Hilfe leisten,
- Schulleiter und Ersthelfer informieren.

Bei **Bränden** kann Folgendes notwendig werden:

- Klassenraum verlassen,
- Brand mit geeigneten Löschmitteln bekämpfen (z. B. Löschsand, Löschdecke, Feuerlöscher),
- Alarmplan beachten.

* Eine Garantie für die Richtigkeit der im Buch verwendeten Gefahrstoffdaten wird nicht übernommen. Rechtlich verbindlich sind ausschließlich die entsprechenden Gesetze mit ihren jeweiligen Anhängen. Eine Haftung für Schäden, gleich welcher Art, die sich aus der Anwendung dieser Informationen ergeben, wird nicht übernommen.

Hinweise zur Entsorgung

Viele Stoffe sind gesundheits-, luft- oder wassergefährdend, explosionsgefährlich oder brennbar. Die Luft, der Boden und das Wasser werden belastet, wenn sie in die Umwelt gelangen.

Auf dem Weg über die pflanzlichen Nahrungsmittel und über das Trinkwasser (häufig auch über die Atemluft) gelangen sie in unseren Körper und können die Gesundheit gefährden.

Aus Gründen des Umwelt- und Gesundheitsschutzes dürfen wir umweltbelastende Stoffe, die beim Experimentieren zurückbleiben, und solche, die wir nicht mehr verwenden können, nicht ins Abwasser oder in den Hausmüll geben. Vielmehr müssen wir diese Stoffe so beseitigen, dass sie zu keinerlei Gefährdungen führen. Diese Vorgehensweise bezeichnet man als *Entsorgung*.

Entsorgung ist in der Schule in begrenztem Umfang möglich: Manche der gefährlichen Stoffe lassen sich z. B. auf chemischem Weg ganz einfach in ungefährliche Stoffe *umwandeln*. Die ungefährlichen Reaktionsprodukte dürfen dann ins Abwasser oder in den Hausmüll gegeben werden.

Wenn eine solche Stoffumwandlung in der Schule nicht möglich oder angebracht ist, müssen die betreffenden Stoffe *gesammelt* und für die Entsorgung bereitgestellt werden. Die gesammelten Abfälle werden dann von Zeit zu Zeit durch ein Entsorgungsunternehmen von der Schule abgeholt.

Beim Sammeln von Stoffen muss man darauf achten, dass keine Stoffe zusammenkommen, die miteinander reagieren. Dadurch könnten nämlich womöglich gesundheitsgefährdende Stoffe freigesetzt werden; auch könnte es bei explosionsartigen Reaktionen zu Personen- und Sachschäden kommen.

Im Unterricht wird dir der Lehrer sagen, was du mit den Reststoffen vom Experimentieren tun musst.

Das Sammeln von Stoffen und ihre Bereitstellung für die Entsorgung wird nach *Abfallarten* vorgenommen. Diese sind in den gesetzlichen Grundlagen über die Entsorgung festgelegt. Dazu gehört die genaue Bezeichnung der Abfallart.

Zum Nachschlagen

Die chemischen Elemente und ihre Symbole

Element	Symbol	Element	Symbol	Element	Symbol
Actinium	Ac	Hafnium	Hf	Radium	Ra
Aluminium	Al	Hassium	Hs	Radon	Rn
Americium	Am	Helium	He	Rhenium	Re
Antimon	Sb	Holmium	Ho	Rhodium	Rh
Argon	Ar	Indium	In	Rubidium	Rb
Arsen	As	Iod	I	Ruthenium	Ru
Astat	At	Iridium	Ir	Rutherfordium	Rf
Barium	Ba	Kalium	K	Samarium	Sm
Berkelium	Bk	Kohlenstoff	C	Sauerstoff	O
Beryllium	Be	Krypton	Kr	Scandium	Sc
Bismut	Bi	Kupfer	Cu	Schwefel	S
Blei	Pb	Lanthan	La	Seaborgium	Sg
Bohrium	Bh	Lawrencium	Lr	Selen	Se
Bor	B	Lithium	Li	Silber	Ag
Brom	Br	Lutetium	Lu	Silicium	Si
Cadmium	Cd	Magnesium	Mg	Stickstoff	N
Caesium	Cs	Mangan	Mn	Strontium	Sr
Calcium	Ca	Meitnerium	Mt	Tantal	Ta
Californium	Cf	Mendelevium	Md	Technetium	Tc
Cer	Ce	Molybdaen	Mo	Tellur	Te
Chlor	Cl	Natrium	Na	Terbium	Tb
Chrom	Cr	Neodym	Nd	Thallium	Tl
Cobalt	Co	Neon	Ne	Thorium	Th
Curium	Cm	Neptunium	Np	Thulium	Tm
Dubnium	Db	Nickel	Ni	Titan	Ti
Dysprosium	Dy	Niob	Nb	Uran	U
Einsteinium	Es	Nobelium	No	Vanadium	V
Eisen	Fe	Osmium	Os	Wasserstoff	H
Erbium	Er	Palladium	Pd	Wolfram	W
Europium	Eu	Phosphor	P	Xenon	Xe
Fermium	Fm	Platin	Pt	Ytterbium	Yb
Fluor	F	Plutonium	Pu	Yttrium	Y
Francium	Fr	Polonium	Po	Zink	Zn
Gadolinium	Gd	Praseodym	Pr	Zinn	Sn
Gallium	Ga	Promethium	Pm	Zirconium	Zr
Germanium	Ge	Protactinium	Pa		
Gold	Au	Quecksilber	Hg		

63490

Schmelztemperatur, Siedetemperatur und Dichte einiger Stoffe

Feste Stoffe, Flüssigkeiten	Schmelztemperatur in °C	Siedetemperatur in °C	Dichte (20 °C) in $\frac{g}{cm^3}$
Alkohol	–115	78,3	0,789
Aluminium	660	2467	2,70
Benzin		60...95	ca. 0,7
Benzol	5,5	80	0,879
Blei	327	1744	11,34
Eisen	1535	2750	7,87
Gold	1064	2807	19,32
Holz	590		0,4 ...1,2
Iod	114	184	4,93
Kochsalz	801	1413	2,16
Kohlenstoff			
Diamant	3550	4827	3,52
Graphit	3650	4827	2,24
Kupfer	1083	2567	8,92
Magnesium	649	1107	1,74
Meerwasser	1,6	104	ca. 1,03
Messing, MS 72	920	1160	8,56
Paraffin	54...60		0,8 ...0,9
Phosphor (rot)	590		2,4
Platin	1769	4300	21,45
Quecksilber	–39	357	13,55
Schwefel	119	445	1,96
Silber	961	2200	10,5
Wasser,dest.	0	100	0,998
Wolfram	3380	5500	19,3
Zink	420	907	7,14
Zinn	232	2260	7,29

Gase	Schmelztemperatur in °C	Siedetemperatur in °C	Litergewicht (0 °C) in $\frac{g}{l}$
Helium	–272,1	–269	0,1785
Kohlenstoffdioxid		–79 (sublimiert)	1,9768
Krypton	–157	–153	3,744
Luft			1,293
Sauerstoff	–219	–183	1,429
Stickstoff	–210	–196	1,2505
Wasserstoff	–259	–253	0,0899

Schmelztemperaturen einiger Salze

Bleichlorid $PbCl_2$	501 °C
Calciumchlorid $CaCl_2$	30 °C
Kaliumchlorid KCl	770 °C
Kupferchlorid $CuCl_2$	620 °C
Lithiumchlorid LiCl	605 °C
Natriumchlorid NaCl	801 °C
Zinkiodid ZnI_2	446 °C
Kaliumnitrat KNO_3	334 °C
Natriumnitrat $NaNO_3$	271 °C

Entzündungstemperaturen einiger Stoffe

Streichholzkopf	ca. 60 °C
Papier	ca. 250 °C
Holzkohle	150–220 °C
Benzin	220–300 °C
Heizöl	250 °C
Paraffin (Kerzenwachs)	250 °C
trockenes Holz	ca. 300 °C
Butangas	400 °C
Spiritus	425 °C
Propangas	460 °C
Erdgas	ca. 600 °C
Steinkohle	350–600 °C
Koks	700 °C

Zusammensetzung der Luft

Name des Gases	100 cm^3 Luft enthalten
Stickstoff	78,09 cm^3
Sauerstoff	20,95 cm^3
Argon	0,93 cm^3
Kohlenstoffdioxid	ca. 0,03 cm^3
Neon	0,0018 cm^3
Helium	0,0005 cm^3
Krypton	0,0001 cm^3
Wasserstoff	0,000 05 cm^3
Xenon	0,000 009 cm^3
Wasserdampf	0–7 cm^3

Eigenschaften einiger Metalle

Name	Aussehen	Härte	Leitet den elektr. Strom	Dichte (20 °C) in g/cm³	Schmelz-temperatur	Siede-temperatur
Aluminium	weiß glänzend	weich	ja	2,70	660 °C	2467 °C
Blei	bläulich weiß glänzend	sehr weich	ja	11,34	327 °C	1751 °C
Eisen	grauweiß glänzend	hart	ja	7,87	1535 °C	2750 °C
Gold	hellgelb glänzend	weich	ja	19,32	1063 °C	2807 °C
Kupfer	braunrot glänzend	weich, aber härter als Gold	ja	8,92	1083 °C	2567 °C
Magnesium	weiß glänzend	mittelhart	ja	1,74	649 °C	1107 °C
Quecksilber	weiß glänzend	flüssig	ja	13,55	–39 °C	357 °C
Zink	grauweiß glänzend	hart und spröde	ja	7,14	420 °C	907 °C
Zinn	weiß glänzend	sehr weich, aber härter als Blei	ja	7,29	232 °C	2260 °C

Eigenschaften einiger Nichtmetalle

Name	Aussehen	Geruch	Löslich in Wasser	Löslich in Alkohol(96 %)	Leitet den el. Strom	Dichte (20 °C) in g/cm³	Schmelz-temperatur	Siede-temperatur
Kohlenstoff								
– Diamant	farblos, durchsichtige Kristalle	geruchlos	nein	nein	nein	3,52	3550 °C	4827 °C
– Graphit	grauschwarz; glänzende Schuppen	geruchlos	nein	nein	ja	2,24	ca. 4000 °C	4827 °C
Schwefel	gelb, glänzende Kristalle	geruchlos	nein	etwas	nein	1,96	119 °C	445 °C
Iod	blauschwarze Kristalle	stechend	etwas	gut	nein	4,93	114 °C	184 °C
Phosphor (rot)	weinrotes Pulver	geruchlos	nein	nein	nein	2,20	590 °C	–

Eigenschaften einiger anderer Stoffe

Name	Aussehen	Zustand bei 20 °C	Geruch	Löslich in Wasser	Löslich in Alkohol (96 %)	Leitet den el. Strom	Schmelz-temperatur	Siede-temperatur
Kerzenwachs (z. B. Stearin)	weiß, oft gefärbt; matt	fest	geruchlos	nein	nein	nein	ca. 50 °C	ca. 230 °C
Zucker	weiße Kristalle	fest	geruchlos	ja	sehr wenig	nein	ca. 180 °C	
Alkohol (Weingeist)	farblos, klar	flüssig	herb, scharf	ja		nein	–115 °C	78 °C
Benzin	farblos, klar	flüssig	mild	nein	ja (nur in reinem Alkohol)	nein		60–95 °C
Glycerin	farblos, klar	dickflüssig	geruchlos	ja	ja	nein	18 °C	290 °C
Spiritus	farblos, klar	flüssig	leicht stechend	ja	ja	nein	ca. –98 °C	65–78 °C

63492

Gebräuchliche Legierungen

Name	Bestandteile	Verwendung
Duraluminium	bis 90 % Aluminium, Rest Magnesium und Kupfer	Flugzeug- u. Bootsbau, Gehäuse, Leitern
Hartblei	ca. 90 % Blei, Rest Antimon	Akkubleiplatten, Kabelmäntel
Edelstahl	71 % Eisen, 20 % Chrom, Rest Nickel u. a.	harter Spezialstahl
Weißgold	ca. 70 % Gold, bis 20 % Silber, Rest Nickel	Schmuck, Münzen
Bronze	86–94 % Kupfer, Rest Zinn	Glocken, Münzen, Maschinenlager
Messing	63–72 % Kupfer, Rest Zink	Schrauben, Beschläge, Griffe, Maschinenteile
Konstantan	60 % Kupfer, 40 % Nickel	elektrische Widerstände
Münzmetall	ca. 55 % Kupfer, Rest Zinn	Münzen
Neusilber	73–80 % Kupfer, 15–20 % Nickel, bis 7 % Zink	Bestecke, feinmechanische Geräte
Lötzinn	ca. 60 % Zinn, ca. 37 % Blei, Rest Antimon	Löten

Größenverhältnisse einiger Atome, Moleküle und Ionen

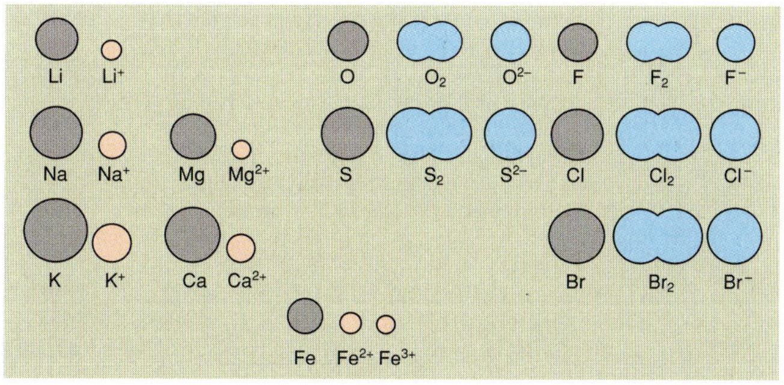

Nachweis einiger Stoffe

Chlor [T,N]	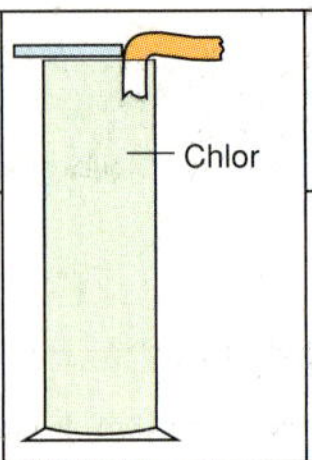	a) Angefeuchtetes *Universalindikatorpapier* wird durch Chlor *rot*, dann *farblos*. b) Kaliumiodid-Stärke-Papier wird blau.
Sauerstoff [O]	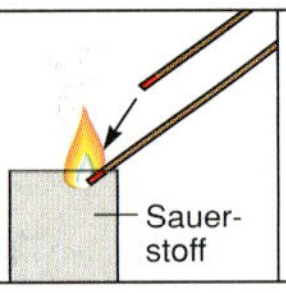	In reinem Sauerstoff *flammt ein glimmender Holzspan auf.*
Wasserstoff [F+]		Mit Luft vermischt *verbrennt* Wasserstoff *explosionsartig*. Diese „Knallgasprobe" darf nur in offenen Gefäßen durchgeführt werden.
Stickstoff, Kohlenstoffdioxid	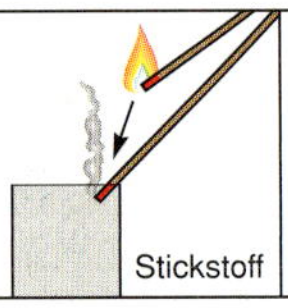	Ein brennender *Holzspan erlischt.*
Kohlenstoffdioxid, Kohlensäure	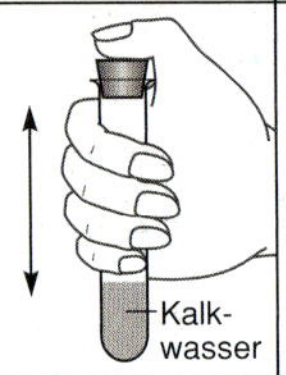	Wenn man Kohlenstoffdioxid durch eine *Calciumhydroxidlösung (Kalkwasser* [Xn]) leitet oder wenn man Kohlensäure mit Kalkwasser schüttelt, bildet sich eine *weiße Trübung.*
Wasser	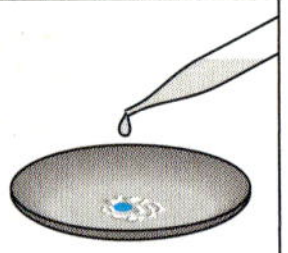	a) *Weißes Kupfersulfat* wird durch Wasser *hellblau.* b) *Blaues Cobalt(II)-chlorid-Papier* wird *rot.*
Schwefeldioxid [T], **schweflige Säure** [Xn]	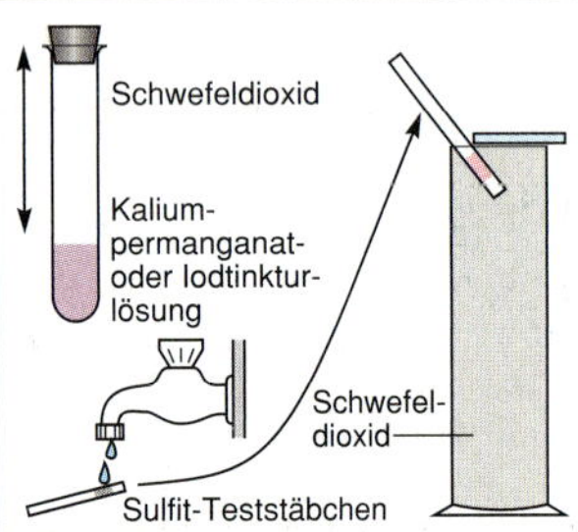	a) Eine schwach violette *Kaliumpermanganatlösung* [Xn] wird beim Schütteln mit *Schwefeldioxid* bzw. mit *schwefliger Säure entfärbt.* b) Bei *Sulfit-Teststäbchen* wird die Testzone *rosa* gefärbt: je kräftiger die Färbung, desto höher die Konzentration. c) Ein mit *Iod-Kaliumiodidlösung* [Xn] getränktes, feuchtes Papier wird *entfärbt.*
Stickstoffdioxid [T+]	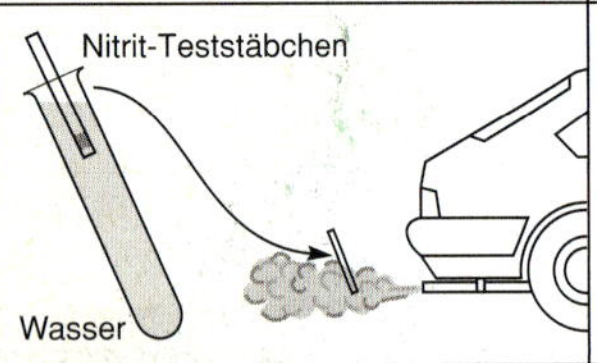	Stickstoffdioxid kann mit einem *Teststäbchen* nachgewiesen werden; die Testzone färbt sich *violett*: je dunkler die Färbung, desto höher die Konzentration.
Säuren allgemein [C] **Laugen allgemein** [C]		a) *Universalindikatorpapier* zeigt mit **Säuren** – je nach dem pH-Wert – eine *rot- bis gelborange Färbung.* b) *Universalindikatorpapier* zeigt mit **Laugen** – je nach dem pH-Wert – eine *grüne bis blaue Färbung.*
Einige Metalle und deren Verbindungen	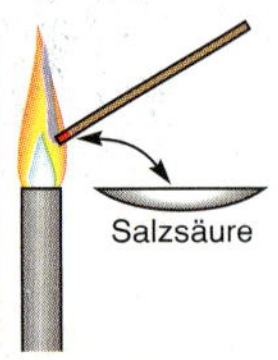	Einige Metalle und deren Verbindungen *färben eine Flamme („Flammenfärbung"):* **Natrium** *gelb*, **Lithium** *rot*, **Calcium** *ziegelrot*, **Kupfer** *blaugrün* und **Kalium** *blassviolett* (Flamme durch Cobaltglas hindurch betrachten!).

Nachweis einiger Säurerest-Ionen

Carbonat-Ionen:

Tropft man etwas *Salzsäure* [C] auf Carbonate oder Hydrogencarbonate (oder eine entsprechende Lösung), ist eine Gasentwicklung festzustellen. Es entsteht *Kohlenstoffdioxid* – nachzuweisen durch eine Trübung von Calciumhydroxidlösung (Kalkwasser) [Xn].

Chlorid-Ionen:

Eine salpetersaure Chloridlösung [Xi] (z. B. von Natriumchlorid) wird mit einer Lösung von *Silbernitrat* [C] versetzt. Es entsteht ein *flockiger, weißer Niederschlag* aus Silberchlorid.

Nitrat-Ionen:

Eine Mischung gleicher Mengen je einer *Lösung von Eisen(II)-sulfat* [Xn] und *verdünnter Salpetersäure* [C] wird mit *konzentrierter Schwefelsäure* [C] unterschichtet. Es bildet sich an der Grenzfläche ein *brauner Ring*.

Phosphat-Ionen:

Verdünnte Phosphorsäure (oder Phosphatlösung) [Xi] wird mit einer *salpetersauren Ammoniummolybdatlösung* [Xi] versetzt. Es entsteht ein *tiefgelber Niederschlag*.

Sulfat-Ionen:

Eine salzsaure Sulfatlösung [Xi] wird mit einer *Lösung von Bariumchlorid* [T] versetzt. Daraufhin bildet sich langsam ein *weißer Niederschlag*.

65013

Periodensystem der Elemente (Hauptgruppen)

Die **Nummer der Hauptgruppe** entspricht der Zahl der Außenelektronen.

Elemente, deren Atome *gleich viele Außenelektronen* haben, stehen untereinander in derselben *Hauptgruppe*.

Die **Nummer der Periode** entspricht der Zahl der besetzten Elektronenschalen.

Elemente, deren Atome *gleich viele besetzte Elektronenschalen* haben, stehen nebeneinander in derselben *Periode*.

Perioden	Ia	IIa		IIIa	IVa	Va	VIa	VIIa	VIIIa
1	1,00797 H 1								4,0026 He 2
2	6,939 Li 3	9,0122 Be 4		10,811 B 5	12,011 C 6	14,007 N 7	15,999 O 8	18,998 F 9	20,183 Ne 10
3	22,990 Na 11	24,312 Mg 12		26,982 Al 13	28,086 Si 14	30,974 P 15	32,064 S 16	35,453 Cl 17	39,948 Ar 18
4	39,102 K 19	40,08 Ca 20		69,72 Ga 31	72,59 Ge 32	74,922 As 33	78,96 Se 34	79,909 Br 35	83,80 Kr 36
5	85,47 Rb 37	87,62 Sr 38		114,82 In 49	118,69 Sn 50	121,75 Sb 51	127,60 Te 52	126,90 I 53	131,30 Xe 54
6	132,90 Cs 55	137,34 Ba 56		204,37 Tl 81	207,19 Pb 82	208,98 Bi 83	(209) *Po 84	(210) *At 85	(222) *Rn 86
7	(223) *Fr 87	(226) *Ra 88							

Relative Atommasse (Bezugsgröße: 1/12 der Masse des Kohlenstoffisotops C 12) → 1,00797

Ordnungszahl (entspricht der Zahl der Protonen im Atomkern und der Zahl der Elektronen) → 1

H ← **Elementsymbol**

Tc Symbol in Kursivschrift: **künstliches Element**

* **radioaktives Element**

( ) **Massenzahl** des langlebigsten Isotops

Aggregatzustand unter Normalbedingungen:

C fest

Br flüssig

O gasförmig

Metalle, Hauptgruppen

Metalle, Nebengruppen

Halbmetalle (Elemente mit metallischen und nichtmetallischen Eigenschaften)

Nichtmetalle

Edelgase

Periodensystem der Elemente (Haupt- und Nebengruppen)

Perioden	Ia (Hauptgruppen)	IIa	IIIb (Nebengruppen)		IVb	Vb	VIb	VIIb	VIIIb	VIIIb	VIIIb	Ib	IIb	IIIa	IVa	Va	VIa	VIIa	VIIIa
1	1,00797 H 1																		4,0026 He 2
2	6,939 Li 3	9,0122 Be 4												10,811 B 5	12,011 C 6	14,007 N 7	15,999 O 8	18,998 F 9	20,183 Ne 10
3	22,990 Na 11	24,312 Mg 12												26,982 Al 13	28,086 Si 14	30,974 P 15	32,064 S 16	35,453 Cl 17	39,948 Ar 18
4	39,102 K 19	40,08 Ca 20	44,956 Sc 21		47,90 Ti 22	50,942 V 23	51,996 Cr 24	54,938 Mn 25	55,847 Fe 26	58,933 Co 27	58,71 Ni 28	63,54 Cu 29	65,37 Zn 30	69,72 Ga 31	72,59 Ge 32	74,922 As 33	78,96 Se 34	79,909 Br 35	83,80 Kr 36
5	85,47 Rb 37	87,62 Sr 38	88,905 Y 39		91,22 Zr 40	92,906 Nb 41	95,94 Mo 42	(97) *Tc 43	101,07 Ru 44	102,90 Rh 45	106,4 Pd 46	107,87 Ag 47	112,40 Cd 48	114,82 In 49	118,69 Sn 50	121,75 Sb 51	127,60 Te 52	126,90 I 53	131,30 Xe 54
6	132,90 Cs 55	137,34 Ba 56	138,91 La 57		178,49 Hf 72	180,95 Ta 73	183,85 W 74	186,2 Re 75	190,2 Os 76	192,2 Ir 77	195,09 Pt 78	196,97 Au 79	200,59 Hg 80	204,37 Tl 81	207,19 Pb 82	208,98 Bi 83	(209) *Po 84	(210) *At 85	(222) *Rn 86
7	(223) *Fr 87	(226) *Ra 88	(227) *Ac 89		(261) *Rf 104	(262) *Db 105	(263) *Sg 106	(264) *Bh 107	(265) *Hs 108	(268) *Mt 109									

Sach- und Namenverzeichnis

Verzeichnis der Bild- und Textquellen

Anthony, Starnberg: 72.1; Attendorner Tropfsteinhöhle: 6.1; BASF, Limburgerhof: 142.2; Bavaria, Gauting: 6.6, 6.15 u. 16, 21.3, 23.7, 32.1 u. 2, 66.6 u. 7, 82.1, 126.3, 143.4; Bayer, Leverkusen: 6.8; BHS, München: 32.4, 136.3; BMW, München: 102.1 u. 2; BP, London: 24.2; Desaga, Heidelberg: 35.13-15; Deutsche Luftbild, Hamburg: 84.1; Deutsche Solvay, Solingen: 32.3, 136.1; Deutsches Kupferinstitut, Berlin: 22.2 u. 4, 23.6 u. 8; Deutsches Museum, München: 52.3 u. 4; Diamant Informations-Dienst, Frankfurt/Main: 25.4 u. 5; dpa, Frankfurt/Main: 23.7, 75.5, 89.6, 106.1, 145.10, 190.3 u. 4; Dräger, Lübeck: 74.1; European Space Agency, Darmstadt: 6.2; Gesellschaft für ökologische Forschung/O. Baumeister, München (aus: Kein schöner Wald): 145.6-8; Göbel, Spielberg: 52.2, 98.1, 184.2; Göttler, Freiburg: 134.2; Historia-Photo, Hamburg: 134.1; Hoechst (Werk Gendorf), Burgkirchen: 6.9 u. 11, 188.1, 190.1 u. 2, 191.5-8; Hoppecke, Brilon: 153.5; IFA, München: 25.3, 74.2, 153.8, 172.1, 173.1; Informationsdienst Deutsche Salzindustrie, Bonn: 137.5; Irmer, München: 6.10, 159.4; Kali und Salz, Kassel: 29.5, 128.1; Knabe, Mülheim: 145.9; Krupp Atlas Elektronik, Bremen: 10.6; Kurbetriebsgesellschaft, Bad Kösen: 137.4; Machmüller, Berlin: 70.1; Mauritius, Mittenwald: 21.7, 69.12, 70.2, 120.2, 152-4; Medenbach, Witten: 159.6; Messer Griesheim, Düsseldorf: 75.4; Müller, Neulussheim: 20.1, 22.1, 31.3; Niedersächsische Landesfeuerwehrschule, Celle: 70.3; Offermann, Arlesheim/Schweiz: 21.4, 24.1, 42.1-3, 132.2 u. 3, 139.4-6; Pelizaeus-Museum, Hildesheim: 8.1; Philips, Hamburg: 10.8; Piag/Krause, Baden-Baden: 81.7; Preußischer Kulturbesitz, Berlin: 20.2, 108.1; Reichelt, Donaueschingen: 145.11; Rosen, Adenbüttel: 60.1; Ruhrkohle AG, Essen: 6.7; Siemens, München: 10.9, 22.3, 143.5; Silvestris, Kastl: 6.4-17, 66.3 u. 5, 66.10, 144.2, 159.5; Stadtwirtschaft, Erfurt: 9.5; Süddeutscher Verlag, München: 8.2; Südwestsalz-Vertriebs GmbH, Bad Friedrichshall: 138.2; Tevini, Karlsruhe: 9.4; travelphoto, Veitshöchheim: 90.1; Ullstein Bilderdienst, Berlin: 66.9, 103.5; USIS, Bonn: 6.5; Wacker-Chemie, München: 6.12; WMF, Geislingen: 21.5; Zefa, Düsseldorf: 6.18, 30.1, 66.1, 71.4, 72.2, 96.3.
Alle anderen Fotos: Cornelsen, Berlin.
Titelbild: Getty Images, München.